绿色建筑的国际合作与技术应用

孟 冲 邓月超 戴瑞烨 主编

中国计划出版社

·北 京·

图书在版编目（CIP）数据

绿色建筑的国际合作与技术应用 / 孟冲，邓月超，戴瑞烨主编. -- 北京 : 中国计划出版社，2024.8
ISBN 978-7-5182-1547-8

Ⅰ. ①绿… Ⅱ. ①孟… ②邓… ③戴… Ⅲ. ①生态建筑－国际合作－研究－中国 Ⅳ. ①TU-023

中国国家版本馆CIP数据核字(2023)第146020号

策划编辑：张　颖　刘　原　　责任编辑：张　颖　刘　涛
封面设计：韩可斌
（封面照片由中建科工集团有限公司、云南省设计院集团有限公司、北京建工集团有限责任公司提供）

中国计划出版社出版发行
网址：www. jhpress. com
地址：北京市西城区木樨地北里甲 11 号国宏大厦 C 座 4 层
邮政编码：100038　电话：（010）63906433（发行部）
北京捷迅佳彩印刷有限公司印刷

787mm×1092mm　1/16　21 印张　509 千字
2024 年 8 月第 1 版　2024 年 8 月第 1 次印刷

定价：90.00 元

本书编委会

主　　编：孟　冲　邓月超　戴瑞烨

副 主 编：李任戈　李　琼　冀志江　黄艳秋　袁艳平　李嘉耘

编写委员：陈煜珩　曾志文　顾中煊　解　帅　周锦志　刘茂林
曾璐瑶　谢尚群　汪　顺　吕　宇　刘蕊蕊　彭惠旺
荣俊豪　赵　昭　赖　飞　吴昊天　廖　彪　魏　莹
王晓燕　王晨阳　潘　琳　张　帆　郭军伟　高　成
吕丽娜　Johannes Kreissig　马是哲　张　凯　赵戈平
杜杨燕　Md. Hasanuzzaman　Luu Thi Hong　张　然
王晓飞　胡　安　徐　瑛　李丹蕊

编写单位：中国建筑科学研究院有限公司
中国城市科学研究会
中建科工集团有限公司
华南理工大学
中国建筑材料科学研究总院有限公司
西安建筑科技大学
西南交通大学
北京建工数智技术有限公司
云南省设计院集团有限公司
青岛海尔空调器有限总公司
北京市城市规划设计研究院
中国城市规划设计研究院
重庆大学
德国可持续建筑委员会
英国建筑研究院集团
马来亚大学
越南建筑材料研究院
上海朗绿建筑科技股份有限公司

序

大力发展绿色建筑是我国国家战略，是新时代我国建筑方针的明确要求。自首届“绿色建筑大会”由六部委联合举办至今，已满二十载。在这重要的二十年中，我国绿色建筑发展既肩负着城市可持续发展的历史使命，又承载着人民群众对美好生活的向往和追求，经历了诸多困难和挑战。比如，我国地域辽阔，环境、资源、经济、文化等禀赋差异导致的标准体系的适用性问题；社会、经济、科技、产业飞速发展带来的技术与产品迭代问题；不同收入阶层需求变化、设计与建设成本提高带来的普及推广问题等。

我们深知，发展绿色建筑不仅仅是建筑技术创新和标准执行的问题，更是关系到提升人民群众生活质量、获得感、幸福感和应对气候变化等重大问题。因此，我们迎难而上，始终坚持“以人民为中心”的原则，坚持尊重自然、顺应自然、保护自然的生态文明理念，将绿色建筑与生态文明建设、“双碳”目标紧密结合，持续开展科技攻关与工程实践，取得了举世瞩目的成绩。

现阶段，我国已构建了全球最全面的绿色建筑标准体系，实现了全过程、全类别、多层级覆盖，并在此基础上探索了健康建筑、立体园林建筑、超低能耗建筑等更高性能要求的绿色建筑形式。同时，我们建立了行之有效的绿色建筑管理体系，从中央到地方，从单体到城区，从政策到立法，形成了协同联动的良好局面。如今，我国已累计完成了118. 5亿m^2的绿色建筑建设，并制定了到2025年城镇新建建筑全面执行绿色建筑标准的宏伟目标。这些举措不仅显著提升了城乡建设质量，增强了人民群众的获得感、幸福感，提高了建筑的综合减碳能力，也充分彰显了我国深厚的人文关怀和大国魅力。

从全球范围来看，秉承可持续发展理念的绿色建筑作为先进的建筑形式和生产力代表，在国际上的认知度和接受度比较高，多年以来无论是发达国家还是发展中国家都在大力推广和建设。当前的时代背景下，我国建筑企业正在积极开拓国际市场以谋求新的经济增长点，我国所取得的绿色建筑领域的丰富经验将为建筑企业“走出去”提供先天的技术“通行证”和全面的技术保障。“构建人类命运共同体”是我国一以贯之的国际原则，在共建“一带一路”倡议下，我国绿色建筑技术和标准的国际化发展，将成为改善全球人居环境、增强沿线人民福祉、助力城市可持续发展的巨大财富，也将为推动“一带一路”沿线国家互利共赢、开放包容、可持续发展贡献巨大力量。

在此背景下，本书编写组在深入研究“一带一路”沿线国家的建筑环境和技术需求基础上，提出了切实可行的绿色建筑国际化解决方案；并通过与沿线国家开展合作，将我国先进的绿色建筑技术和经验推广到了更广泛的区域，帮助这些国家解决建筑能耗和环境污染问题，共同实现可持续发展目标。这些研究成果和实践经验经凝练形成此书。此书内容兼具理论深度和实践操作性，不仅为我国绿色建筑国际化提供了系统指导，也为“一带一路”沿线国家的绿色建筑相关研究人员、工程师、政策制定者等提供了宝贵参考。

展望未来，绿色建筑的国际合作与推广应用不是一朝一夕之功，需要长期的努力和坚持。我期待编写组能够持续深耕，为我国乃至全球绿色建筑事业的发展贡献更多智慧。同时，也呼吁更多的企业和科技工作者加入到绿色建筑的行列中来，共同推动绿色建筑事业发展，为建设美丽中国、实现全球可持续发展贡献力量。

仇保兴

2024 年 6 月 18 日

国际欧亚科学院院士

住房和城乡建设部原副部长

前 言

绿色建筑，是在建筑的全生命周期内采用节约资源、保护环境、减少污染的方式，为人们提供健康、适用、高效的使用空间，最大限度地实现人与自然和谐共生的高质量建筑。自1992年联合国环境与发展大会召开后，可持续发展的理念便开始推广，绿色建筑逐渐成为21世纪全球建筑可持续发展的新趋势。近三十年，发展绿色建筑已成为世界各国的共识。绿色建筑几乎发展至世界各地。

我国绿色建筑起步相对较晚。2006年，我国首部《绿色建筑评价标准》GB/T 50378发布实施，绿色建筑发展逐步启动。经过近二十年发展，我国绿色建筑已实现从无到有、从少到多、从个别城市到全国范围的发展，标准规范体系不断完善，相关管理制度日益成形，技术水平逐渐提高，项目类型不断增多，产业趋向规模化，绿色建筑进入高质量发展时期。

2013年，国家主席习近平先后提出共建“丝绸之路经济带”和“21世纪海上丝绸之路”的重大倡议，即共建“一带一路”倡议。倡议提出以来，面对气候变暖对全球经济社会发展带来的不利影响，我国始终秉持绿色发展理念，与“一带一路”共建国家积极开展合作，共同应对气候变化和推动落实联合国2030年可持续发展议程。绿色建筑是推进绿色“一带一路”基础设施建设的重要手段之一，也是我国建筑业“走出去”的重要内容。在“一带一路”倡议下，我国建筑业在海外的蓬勃发展形势为绿色建筑的国际化发展创造了条件。

为推动我国绿色建筑的国际化发展，国家重点研发计划——“‘一带一路’共建国家绿色建筑技术和标准研发与应用（2020YFE0200300）”项目团队从2020年6月起，与国外相关机构开展合作，结合我国技术优势，以满足“一带一路”共建国家需求为目标，研发了包括结构体系选型与安全高效装配技术、安全耐久型围护结构节能构造技术、基于复合通风的热环境营造策略、绿色园区智慧管理技术、空气品质提升技术、可再生能源与建筑节能技术、“一带一路”沿线热环境评价及营造技术、环境改善功能性绿色建材等在内的多种适用性绿色建筑关键技术；研编了适用于“一带一路”共建国家的绿色建筑评价标准和重点技术标准，建立了绿色建筑评价认证国际合作机制，搭建了国际化的联合认证平台，完成了“一带一路”共建国家的绿色建筑国际评价示范，逐步研究形成了包括技术、标准、模式、示范等在内的绿色建筑“走出去”的系统解决方案。在该项目的支持下，项目承担单位中国建筑科学研究院有限公司组织项目组编撰本书，力求为我国绿色建筑“走出去”提供标准依据、技术指引和案例参照。

本书共分四篇。

第一篇为概述，分为两章。回顾了世界绿色建筑与中国绿色建筑的发展历程，总结了绿色建筑的发展现状，并对未来绿色建筑的发展趋势作出展望。

第二篇为标准，分为两章。介绍了中国国家标准《绿色建筑评价标准》 GB/T 50378、美国 LEED 评价体系、英国 BREEAM 评价体系、德国 DGNB 评价体系、法国 HQE 评价体系以及部分“一带一路”共建国家绿色建筑评价体系，并将中国国家标准《绿色建筑评价标准》 GB/T 50378 与其他国家绿色建筑标准体系进行了比较，帮助读者了解中外绿色建筑标准的异同。

第三篇为技术，分为五章。以“安全耐久、健康舒适、生活便利、资源节约、环境宜居”五大指标为架构，从发展概述、技术内容、适用范围与应用前景、效益等角度介绍了研发的绿色建筑关键技术，为读者在实际项目中应用绿色建筑技术提供指引。

第四篇为案例，分为两章。介绍了来自四个“一带一路”共建国家的绿色建筑项目以及四个国际双认证项目案例。通过对这些案例的详细分析，使读者深入了解中国绿色建筑标准在向世界各国推广应用的探索与实践，了解不同国家绿色建筑项目的技术应用情况。

本书经编制组多次推敲修改才得以完成，凝聚了编制组各位专家的集体智慧，与大家的辛苦付出密不可分，在此致以衷心的感谢。同时，由于时间仓促和编者水平所限，书中难免存在疏忽和不足之处，恳请广大读者批评指正。

本书编委会

2024 年 5 月

目 录

第一篇 概 述

第二篇 标 准

第三篇　技　术

第四篇　案　例

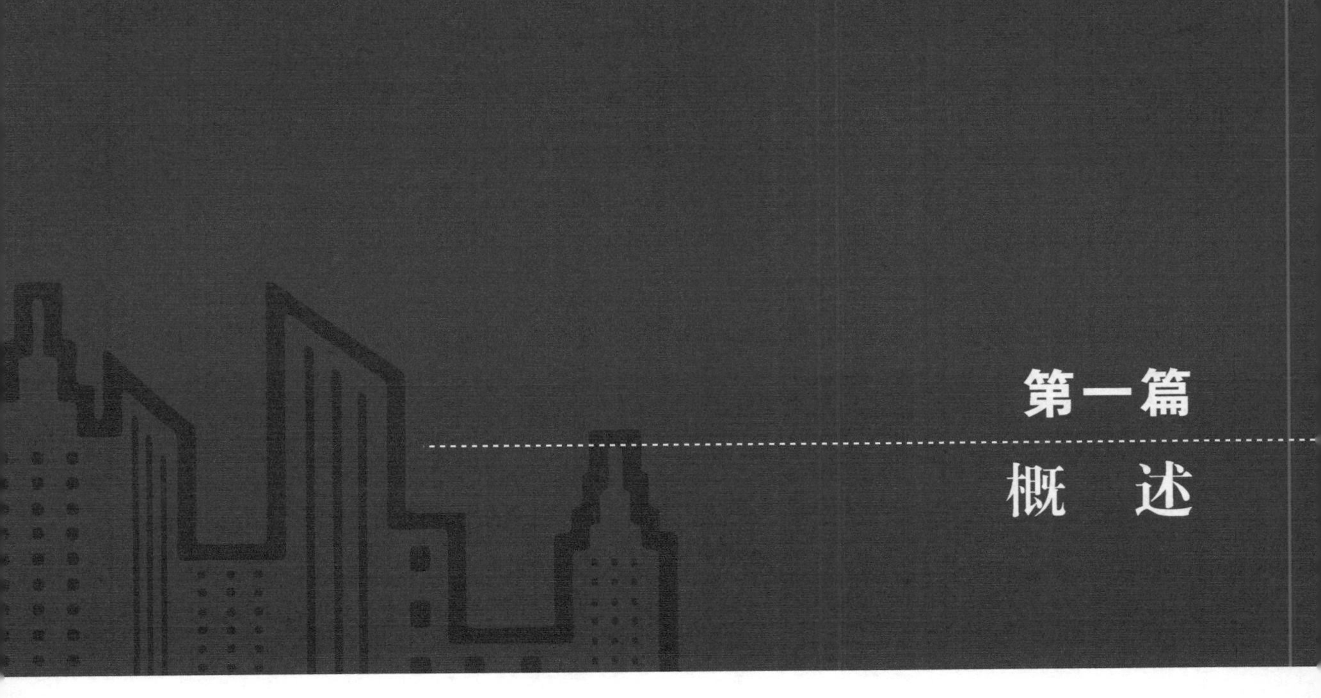

第一篇
概　述

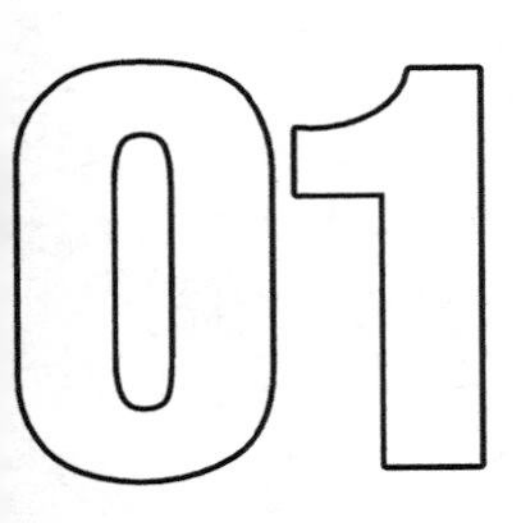

扫码看全书清晰彩图

本篇旨在通过回顾世界绿色建筑与中国绿色建筑的发展历程，梳理不同国家绿色建筑的发展现状，分析不同国家绿色建筑发展的相似性与差异性，并对未来绿色建筑的发展趋势做出展望。首先，分析世界绿色建筑的起源与整体发展现状，使读者了解世界绿色建筑的发展历程，而后梳理与总结不同国家绿色建筑的相关政策、标准、项目认证情况，分析不同国家、不同地域绿色建筑发展的差异性，并对世界绿色建筑的发展趋势进行设想。再以我国绿色建筑的发展历程为切入点，详细介绍我国绿色建筑发展历程与发展现状，对绿色建筑的相关支持激励政策、标准体系、项目认证、国际合作情况等进行详细分析，最后从低碳、健康、智慧、金融、国际化五方面提出我国绿色建筑的现有不足并对未来发展方向进行展望。

1 世界绿色建筑发展概况

工业革命以来，人类社会的高速发展带来了生态恶化、环境破坏、资源危机等问题，绿色建筑作为建筑领域可持续发展理念的体现载体，成为人类应对生态环境挑战的重要选择。本章回顾了世界绿色建筑的发展历程，并对部分国家绿色建筑发展现状进行介绍，进一步分析了世界绿色建筑的发展趋势。

1.1 世界绿色建筑发展历程

随着全球对生态保护、资源节约和可持续发展等方面的逐渐重视，从 19 世纪 60 年代起，绿色建筑这一主题便逐渐成为关注重点。世界绿色建筑的发展可根据绿色建筑理念与标准化的发展情况分为“理念萌芽——初步发展——世界范围推广——内涵丰富”四个主要阶段，发展历程如表 1–1 所示。

表 1–1 世界绿色建筑发展历程表

发展阶段	重要事件	年份	世界绿色建筑标准化进展
理念萌芽	保罗·索勒瑞提出“生态建筑”理念	1960	—
	奥戈亚发表《设计结合气候：建筑地方主义的生物气候研究》	1963	
	《设计结合自然》的出版（伊恩·伦诺克斯·麦克哈格著）标志着生态建筑学的正式诞生	1969	
	石油危机使建筑节能技术的应用得到重视	1970	
	第一届全球环境大会发表《联合国人类环境宣言》；第一届联合国人类住区会议应对城市化问题发表《温哥华人类住区宣言》	1972	
	世卫组织（WHO）首次提出“可持续发展”口号	1980	
	《我们共同的未来》确立可持续发展思想	1987	
	政府间气候变化专门委员会 IPCC 成立	1988	
	《蒙特利尔议定书》生效	1989	

续表1-1

发展阶段	重要事件	年份	世界绿色建筑标准化进展
初步发展	—	1990	英国 BREEAM
	联合国里约热内卢地球峰会签署《关于环境与发展的里约热内卢宣言》（又称《地球宪章》）、《21 世纪议程》《关于森林问题的原则声明》《联合国气候变化框架公约》，首次提出“绿色建筑”概念	1992	美国 Energy Star
	国际建筑师协会第 18 次大会发表《芝加哥宣言》； 美国绿色建筑委员会成立	1993	加拿大 BEPAC
	—	1994	芬兰 PromisE
	中国香港环保建筑协会	1996	中国香港 HK BEAM； 法国 HQE
	《京都议定书》	1997	瑞典 Eco Effect
	—	1998	美国 LEED
	—	1999	中国台湾 GBLS； 澳大利亚 NABERS/ABGR； 荷兰 Eco Quantum
世界范围推广	韩国绿色建筑委员会成立	2000	丹麦 BEAT； 加拿大 Green Globes； 挪威 Ecoprofile
	—	2001	日本 CASBEE
	世界绿色建筑委员会（WGBC）成立； 加拿大绿色建筑委员会成立； 美国绿色建筑委员会举办第一届 Greenbuild 国际绿色建筑峰会暨博览会	2002	韩国 GBCC
	—	2003	澳大利亚 Green Star； 印度 Teri
	新西兰绿色建筑委员会成立	2005	新加坡 Green Mark； 以色列 SI 5281
	阿联酋绿色建筑委员会成立	2006	中国《绿色建筑评价标准》GB/T 50378—2006； 德国 DGNB
	南非、阿根廷、土耳其、菲律宾、越南、以色列绿色建筑委员会成立	2007	迪拜 EPRS； 墨西哥 SICES； 卡塔尔 GSAS

续表1-1

发展阶段	重要事件	年份	世界绿色建筑标准化进展
世界范围推广	全球金融危机； 英国出台《气候变化法》（*Climate Act*）； 黎巴嫩绿色建筑委员会成立	2008	美国 ICC 700
	俄罗斯、马来西亚、印度尼西亚、斯里兰卡、卡塔尔绿色建筑委员会成立； COP15 与《哥本哈根协议》	2009	意大利 ITACA protocol； 马来西亚 GBI； 菲律宾 BERDE； 南非 Green Star SA； 泰国 TREES
	沙特、智利绿色建筑委员会成立	2010	越南 LOTUS； 阿联酋 Pearl； 斯里兰卡 GREENSL
	—	2011	印度尼西亚 GREENSHIP； 埃及 GPRS
	埃及绿色建筑委员会成立	2012	黎巴嫩 ARZ
	中国提出共建"一带一路"倡议； 巴基斯坦绿色建筑委员会成立	2013	土耳其 B. E. S. T.
	哈萨克斯坦、尼日利亚绿色建筑委员会成立	2014	中国《绿色建筑评价标准》GB/T 50378—2014； 智利 CES
内涵丰富	联合国大会第七十届会议通过《2030年可持续发展议程》； COP21 通过《巴黎协议》； 第三届世界减灾大会通过《2015—2030年仙台减轻灾害风险框架》	2015	世界银行 EDGE； 俄罗斯 Green Zoom； 美国健康建筑标准 WELL
	卢旺达绿色建筑委员会成立； 联合国住房和城市可持续发展大会（人居三）通过《新城市议程》	2016	中国《健康建筑评价标准》T/ASC 02—2016； 美国健康建筑标准 Fitwel； 土耳其 CEDBIK； 巴基斯坦 SEED
	—	2017	哈萨克斯坦 ӨMIP； 奥地利 KLIMAAKTIV
	世界绿色建筑委员会（WGBC）启动"净零碳建筑承诺"计划	2018	美国 LEED ZERO； 德国碳中和建筑与场地框架
	—	2019	中国《绿色建筑评价标准》GB/T 50378—2019； 沙特 Mostadam

续表1-1

发展阶段	重要事件	年份	世界绿色建筑标准化进展
内涵丰富	新冠疫情在全球范围暴发引起对建筑健康性能的重视	2020	波兰 Certyfikat ZIELONY DOM
	—	2021	中国《健康建筑评价标准》T/ASC 02—2021

1.1.1 绿色建筑理念萌芽（1960—1989年）

绿色建筑理念的萌芽源于生态建筑理念的提出。20世纪60年代，西方建筑师意识到现代建筑逐渐疏离了人与自然的联系和交流。同时，不加节制的开发建设和对自然资源的过渡开采，给环境带来沉重负担。为促进人、环境与建筑三者的平衡，美籍意大利建筑师保罗·索勒瑞（Paola Soleri）将生态学（Ecology）思想引入建筑学（Architecture），并将两词合并为“Arcology”，提出了“生态建筑”的新理念。他在《生态建筑学：人类想象中的城市》（*Arcology*：*The City in the Image of Man*）一书中系统阐述了生态建筑学的概念，他认为生态建筑能利用当地环境特点及气候、地势、阳光等自然因素，保障生态系统等健康运行[1]。相较于传统城市，生态建筑学观点中的城市是一种高度综合、集中式的三维城市，以提高能源、资源利用效率，减少能耗，消除因城市规模扩张而导致的各种负面影响为目标，共同创造新的城市聚居环境[2]。

这一理念在当时得到了建筑界的积极响应。1963年，维克多·奥戈亚（Victor Olgyay）在《设计结合气候：建筑地方主义的生物气候研究》（*Design with Climate*：*Bioclimatic Approach to Architectural Regionalism*）一书中，提出建筑设计与地域、气候相协调的理论。1969年，伊恩·伦诺克斯·麦克哈格（Ian Lennox McHarg）出版了《设计结合自然》（*Design with Nature*），提出人、建筑、自然和社会应协调发展，并探索了建造生态建筑的有效途径与设计方法，标志着生态建筑学的正式诞生[3]。

20世纪70年代，石油危机的爆发使人们清醒地意识到，以牺牲生态环境为代价的高速发展是难以持续的。耗用大量自然资源的建筑产业必须改变发展模式，走可持续发展之路。利用可再生能源、提升围护结构热工性能等各种建筑节能技术应运而生，节能建筑成为绿色建筑发展的先导。

20世纪80年代，节能建筑体系逐渐完善，并在英国、法国、德国、加拿大等发达国家广为应用。同时，由于建筑物密闭性提高后室内环境问题逐渐突显，不少办公楼存在严重的病态建筑综合症（Sick Building Syndrome），影响楼内工作人员的身心健康和工作效率。自此，以健康为中心的建筑环境研究成为发达国家建筑研究的热点。

1.1.2 绿色建筑初步发展（1990—1999年）

20世纪90年代，随着人们对全球性环境问题的不断重视，国际气候变化适应政策进一步发展，可持续发展理念迅速得到了世界各国的认同和接受，成为全球社会经济发展的共同目标。

1992年，在巴西里约热内卢召开的联合国环境与发展大会上通过了《关于环境与发展的里约热内卢宣言》（又称《地球宪章》）、《21世纪议程》《关于森林问题的原则声明》三项文件，并对《联合国气候变化框架公约》进行了开放签字。这些会议文件和公约指出，和平、发展和保护环境是互相依存、不可分割的，世界各国应在环境与发展领域加强国际合作，为建立一种新的、公平的全球伙伴关系而努力，有利于保护全球环境和资源，标志着“可持续发展”这一重要思想在世界范围达成共识。“绿色建筑”这一理念首次出现在国际会议上，大会将一项联合国地方政府荣誉奖颁发给了美国奥斯汀市的社区绿色建筑发展计划，该计划旨在通过提高社区的环境保护意识，形成符合环境利益的健康发展方式。《京都议定书》作为补充条款于1997年在日本京都《联合国气候变化框架公约》参加国第三次会议上制定通过，重申了缔约方适应气候变化的相关义务和“将大气中的温室气体含量稳定在一个适当的水平，进而防止剧烈的气候改变对人类造成伤害”的目标。

在可持续发展理念的影响下，1993年国际建筑师协会第18次大会召开。会议以“处于十字路口的建筑 建设可持续发展的未来”为主题，发表了著名的《芝加哥宣言》，提出建筑业可持续发展五项原则：①保持和维护生物多样性；②最小化资源利用；③降低对土壤、大气和水的污染；④保障建筑卫生、安全和舒适；⑤提高环保意识。

在1990—1999年的十年间，部分国家和地区先行开展了绿色建筑相关实践，成立绿色建筑委员会并制定了多项绿色建筑评价标准，标志着绿色建筑进入了初步发展阶段。1990年，英国制定了《建筑研究院环境评价法》（*Building Research Establishment Environmental Assessment Method*，BREEAM），旨在规范并推广绿色建筑设计，减少建筑能耗，使建筑与环境和谐相处，并希望通过发展绿色建筑来改善环境问题。英国BREEAM是世界上首个绿色建筑评价体系，为其他国家绿色建筑评价体系的建立提供了借鉴。

此后，多个国家和地区陆续成立了绿色建筑相关的组织，并研究制订了绿色建筑评价标准。例如，为解决能源问题，美国绿色建筑委员会USGBC（US Green Building Council）在1994年起草了绿色建筑评价体系，即领导型的能源与环境设计评级系统（Leadership in Energy and Environmental Design Building Rationg System，LEED），并于1998年启用，用于推广和认证绿色建筑与绿色社区，成为推动建筑市场转型的有力工具。此外，加拿大的BEPAC、芬兰的PromisE、中国香港的HK BEAM、法国的HQE、瑞典的Eco Effect、中国台湾的GBLS、澳大利亚的NABERS/ABGR和荷兰的Eco Quantum等均为各国绿色建筑的实践和推广起到了指导和促进作用。

1.1.3 绿色建筑在世界范围推广（2000—2014年）

21世纪，绿色建筑行业进入快速发展阶段。英国BREEAM、美国LEED等主流绿色建筑评价标准相继对评价指标进行了革新，并在全球范围内展开了实践。2002年，世界绿色建筑委员会WGBC（World Green Building Council）正式成立，最初的成员包括澳大利亚、巴西、加拿大、印度、日本、墨西哥、西班牙和美国8个国家，截至2022年底，已发展成为拥有71个成员国和2个联盟合作伙伴的全球绿色建筑委员会行动网络。WGBC旨在为世界各地绿色建筑的发展提供支持，依托覆盖5个区域（美洲、非洲、亚太地区、欧洲、中东和北非地区）的协作平台，促进成员国间的相互合作。

随着世界各国对绿色建筑技术研究的深入，丹麦、加拿大、挪威、德国、墨西哥、意大利等欧美国家，日本、韩国、新加坡、中国、马来西亚、菲律宾、越南、印度尼西亚、泰国等亚太地区国家，以及迪拜、卡塔尔、埃及等中东国家陆续建立了绿色建筑评价标准体系。

2008 年，英国作为欧盟国家中积极应对气候变化的先行者，颁布了《气候变化法案》（*Climate Change Act*），首次提出了到 2050 年将温室气体排放量减少到 1990 年的 80% 的要求，也成为世界上首个专门针对减缓和适应气候变化立法的国家[4]。《气候变化法案》由 6 个部分组成，分别是碳排放目标及预算、气候变化委员会、排放贸易体系、气候变化的适应、其他条款、补充规定。前 4 个部分作为规范温室气体减排的核心，为英国确立了温室气体减排的长期目标和经济上可行的全安排路径，确保了目标的落实。此后，美国等国家也发布了气候变化法案，规范建筑行业温室气体排放，进一步推动了绿色建筑由量变到质变的发展。

1.1.4 绿色建筑内涵逐渐丰富（2015 年至今）

（1）“健康”成为绿色建筑的重要内涵。

随着可持续发展理念在全球范围内不断深化，各国对绿色建筑的研究不断深入，其内涵也逐渐发展丰富。2015 年，联合国大会第七十届会议上通过了《2030 年可持续发展议程》，于 2016 年 1 月 1 日正式启动。新议程呼吁各国采取行动，为实现 17 项可持续发展目标而努力。这些目标涉及可持续发展的社会、经济和环境 3 个层面，减贫、健康、环保等 17 个领域。基于全球在此基础上达成的广泛共识，各国绿色建筑发展中更加关注使用者需求，逐渐融入了健康的理念。美国的 WELL、Fitwel 以及中国的《健康建筑评价标准》T/ASC 02—2016 相继颁布实施，形成了健康建筑完整的评价体系，为健康建筑设计、建造、运营提供了技术依据。

美国 WELL 健康建筑标准是世界上首部以促进健康为目标的建筑认证标准。WELL（v1）包含空气、水、营养、光、健身、舒适、精神 7 大类别，在此基础上进一步区分了规律作息、康复力、活力、生长发育、长寿、压力、睡眠、体型、精力和注意力等日常活动特征，并将其与 7 大类别联系起来，最终形成 102 项规定。2018 年，WELL（v2 试行版）推出，评价体系在原有基础上进行重组和升级，评价类别拓展成空气、水、营养、光、健身、热舒适、声环境、材料、精神、社区 10 大类，更全面涵盖建筑健康的相关内容。WELL 的主要特点在于将有关健康的科学和医学研究，与建筑设计实践相结合，为建筑师设计对人体健康有利的建筑提供科学依据。此外，WELL 健康建筑注重精神因素和营养因素，从饮食、医学、生活方式等多方面提供改善居住者健康状态的建议。截至 2023 年 8 月，已有超过 127 个国家或地区的 43 700 多个项目申请了 WELL 认证，注册面积超过 4.48 亿 m^2，获得 WELL 认证或评价的项目超过 26 300 个。超过 20% 的《财富》世界 500 强企业使用 WELL 进行认证，包括美国医疗保健公司康西哥（Centene）、跨国移动电话运营商 T-Mobile 和金融服务公司摩根大通集团（J. P. Morgan Chase & Co）。

美国 Fitwel 健康建筑评价体系旨在通过可操作的建筑设计和运营方法，改善使用者的健康状况并提高工作效率。Fitwel 由美国疾病控制和预防中心与美国总务管理局联合发起，公共卫生、建筑设计和统计等多个领域专业人员共同参与研发，非盈利组织活力设计中心负责运营。Fitwel 以促进社区健康、减少发病率和缺勤率、支持弱势群体的社会公平、提升幸福感、增加获取健康食物的机会、保障使用者安全、增加体力活动等为目的，制定了用于不同建筑的技术策略。以 Fitwel（v2.1 ST）为例，其技术框架涉及选址、建筑入口、室外空间、入口和地面、楼梯、室内环境、工作区、共享空间、用水供应、就餐区、食品售卖机和小吃店、紧急程序等方面，共定义了70余项评价指标和对应的设计策略。

中国建筑学会标准《健康建筑评价标准》T/ASC 02—2016 是我国首部以“健康建筑”理念为基础研发的评价标准，适用于民用建筑健康性能的评价。该标准规定了健康建筑的评价指标，充分考虑了与健康密切相关的空气、水、舒适、健身、人文、服务6方面技术内容要求，涵盖了人所需的生理、心理、社会3方面健康要素，并考虑了设计和运行两个阶段的建筑健康性能评价。根据不同建筑类型（公共建筑和居住建筑）的特点分别设置了评价指标权重，并根据总得分划分了健康建筑等级，引领了我国健康建筑的发展。

（2）“低碳”成为绿色建筑的重要内涵。

2015年，第21届联合国气候变化大会在巴黎举行。会议通过了《巴黎协定》，承诺与世界工业化水平之前相比，把全球气温的平均上升幅度最大控制在2℃以内，努力争取控制在1.5℃以内。为了实现这一目标，各国需要尽快实现碳达峰与碳中和。2021年，全球建筑行业碳排放量占能源消耗和工艺流程相关碳排放总量的37%左右，其中建筑运行碳排放约占比28%。在此背景下，世界多个国家制定了建筑行业零碳目标，并依托于现有绿色建筑标准体系制定了一系列低碳建筑标准来支持目标的实现[5]。

法国绿色建筑委员会与法国政府合作，于2016年底在法国绿色建筑评价标准 HQE 体系下开发了正向能源和减碳评价方法（E^+C^-），鼓励减少现场及场外可再生能源发电以及全寿命期碳排放[6]。

日本于2016年在建筑能效标签系统（Building Energy Lable System，BELS）的基础上推出了 ZEB 零能耗建筑认证，鼓励建筑通过提升保温性能、使用高效设备，同时利用太阳能实现建筑全年一次能源消耗（建筑用途的直接能源消耗）达到净零排放，努力构建能源节约型建筑。根据能耗情况，认证分为四个类型：ZEB、Nearly ZEB（接近 ZEB）、ZEB Ready（ZEB 就绪）和 ZEB Oriented（ZEB 定向）[7]。

德国于2018年5月提出《碳中和建筑和场地框架》。该文件以德国绿色建筑评价标准体系 DGNB（Deutsche Gesellschaft für Nachhaltiges Bauen）（2018版）为基础，规定了碳中和建筑的碳会计、碳披露、碳管理等内容。

美国建筑净零评价体系 LEED ZERO 于2018年11月在全球绿色建筑峰会上正式推出。在 LEED 系列标准的基础上，以提高建筑性能、减少温室气体排放为核心提出了一套全新的框架，包含 LEED 零水耗认证、LEED 零能耗认证、LEED 零碳认证和 LEED 零废弃物认证四大类别。

英国于2019年发布了《净零碳建筑框架》，内容包括净零碳建筑的原则、技术要求、测量和验证的方法，这些可用于指导净零碳建筑实践、评级工具的开发和政策的制定。该框架与2018版 BREEAM 高等级新建建筑的要求具有较高的一致性。

1.2 世界绿色建筑发展现状

经过三十多年的发展，绿色建筑理念逐渐由欧美发达国家向亚洲、非洲、拉丁美洲的发展中国家发展。绿色建筑的发展状况与政策引导、认证标准、经济利益等有关，政策和法规为绿色建筑发展明确了总体目标和方向，标准为绿色建筑建设提供了具体指导，促进了建筑领域的技术创新与发展，而经济利益则会提高地产开发商等利益相关方发展绿色建筑的积极性。

从政策支持角度看，东西方国家促进绿色建筑实施的措施略有不同。在日本、中国、新加坡等东方国家，由政府组织制定相关标准并配合强制措施逐步实施，在建筑物的规划和设计阶段进行严格管理。美国等西方国家则采用联邦、州等地方一级的分区法规，并采用非政府组织制定的建筑标准推动绿色建筑发展。

从标准化角度看，世界很多国家都制定了本国绿色建筑标准，如葡萄牙、法国、意大利、英国、德国、丹麦、瑞典、土耳其、俄罗斯等。绿色建筑已经成为全世界范围内建筑行业发展的必然趋势。

从经济利益角度看，各国政府通常采用税收减免、财政补贴等经济激励措施对符合特定标准要求的项目提供优惠和支持。一些非政府的大型金融机构也会采取提供绿色建筑贷款优惠等绿色金融手段为建筑产业提供绿色转型动能。

此外，在英国等绿色建筑发展到较先进水平的国家，除了相关的政策和经济支持外，对伦理和社会价值的考量在绿色建筑的发展中也扮演了重要的角色，开发者将可持续发展作为社会责任执行。

本节将从法律法规、激励政策、标准应用三方面对英国、美国、日本、德国、法国、新加坡及澳大利亚的绿色建筑的发展进行介绍。

1.2.1 英国

（1）**法律法规**。英国绿色建筑法律法规体系由国际条约和国内法两部分构成。国际条约包括全球性条约，如《京都议定书》《巴黎协定》等；还包括有关协定和欧盟法令，如《建筑能源性能指令》《建筑产品指令》等。国内法由基本法案、行政管理法规或专门法规和标准规范三个层次组成（表1-2）。这些法律法规形成了自上而下的法律体系，从各个方面规定了绿色建筑的政策和标准，有力地推动了英国绿色建筑的发展。

表1-2 英国绿色建筑相关法律法规体系

类别	名称	主要内容
基本法案	《建筑法案》	英格兰和威尔士地区建筑设计、建造和改造必须遵守的最低标准
	《住宅节能法案》	规定地方政府有义务编制居住建筑节能报告
	《气候变化法案》	规定政府必须致力于削减 CO_2 以及其他温室气体的排放，到2025年将碳排放量在1990年的水平上降低80%
	《可持续和安全建筑法案》	对建筑全寿命期可持续性及安全性进行了规定，包括能源、用水、生物多样性等方面要求
法规（次级立法）	《建筑法规》	建筑的节能性能、可再生能源利用和碳减排的最低性能标准
	《建筑能效法规》	建筑能源证书制度和空调系统的检查制度

续表1-2

类别	名称	主要内容
标准规范	《我们的能源未来：创造低碳经济》白皮书	提出了实现建筑零碳排放的愿景
	《可持续住宅规范》	提供了一套指导“可持续住宅”设计和建造的评价指标

注：《可持续住宅规范》已废止。

英国《建筑法规》的内容主要源于《建筑法案》第一章，从技术和管理方面对基本法案的执行要求做了详细的规定。2022年6月，《建筑法规》中F部分（通风）、L部分（燃料和电力节约）的修订以及新增的O部分（防热）、S部分（电动汽车充电设施）正式生效，从2023年6月15日起全面实施。《建筑法规》修订及新增部分主要针对建筑碳减排量、能源效率、围护结构传热系数、供暖和照明系统效率、电动汽车充电条件等方面提出了新的要求，标志着英国建筑行业向更清洁、更绿色的方向迈进，以支持英国2050年碳中和目标的实现。

建筑能效证书的实施是英国推广建筑节能的有效措施之一。2007年颁布的《建筑能效法规》首次提出了英国建筑能效证书（住宅建筑能效证书EPCs、公共建筑展示能效证书DECs）制度和空调系统的检查制度，要求所有建筑在施工期对其能效进行评价，或者每十年更新时进行重新评价，并要求所有大于1 000m^2的公共建筑均需将其能效证书陈列在显要位置，以接受公众和主管单位的监督。

（2）**激励政策**。英国政府通过增收能源税、贷款优惠、税收减免和节能补贴等经济激励政策培育绿色建筑产业。英国所有用户的电费中均包含化石燃料税，税率为2.2%，用于可再生能源发电的补贴。此外，英国政府资助的节能信托基金为住宅节能改造计划提供补助，鼓励企业和家庭购买节能产品，帮助企业和家庭自主发电，并对节能设备投资和技术开发项目提供贴息贷款或免（低）息贷款。在资金投入方面，英国政府将10亿英镑用于各项建筑减碳计划。例如，延长“绿色家园补助（Green Homes Grant）”1年，帮助住户进一步提高建筑能效及更换化石燃料供热系统；通过资助“公共建筑去碳化计划（Public Sector Decarbonization Scheme）”，减少学校、医院和公共建筑的碳排放；通过“房屋升级补助金（Homes Upgrade Grant），帮助农村地区建筑改造；通过“社会住房去碳化基金（Social Housing Decarbonization Fund）”，继续升级能效最低的社会住房。对于房屋租赁，该政策进一步加强了可出租房屋的能效提升改造要求，以减轻租户的负担。同时，英国政府能源公司义务（ECO）计划延长至2026年，要求大型能源供应商采取措施，帮助低收入家庭进行能效升级。通过这些计划，280万户家庭住宅的能效将得到提升，到2030年，150万户家庭住宅的能效将被提升至EPC等级C[8]。

（3）**绿色建筑评价标准应用现状**。BREEAM在英国被广泛应用，其为专业组织和建筑行业做出了巨大的努力逐步使其成为所有新建筑和翻新建筑项目的强制要求。自1990年颁布以来，BREEAM在欧洲绿色建筑认证市场份额超过了80%，并在亚洲和美洲迅速扩大认证市场。全球超过200万栋建筑进行了BREEAM认证，帮助数千家企业改善了工作环境，提高了建筑能效。截至2019年，BREEAM项目覆盖了世界上89个国家，在其影响下，多国基于BREEAM的基础建立了绿色建筑标准。发展至今，BREEAM也在不断完善与发展，标准的可操作性大大提升。

1.2.2 美国

（1）**法律法规**。美国作为联邦制国家，各州权利相对较大，联邦政府一般制定基本法和总统令等，各州政府在此基础上再各自出台更适用于当地的法令[7]。

联邦层面，2005 年出台的《能源政策法案》是现阶段美国实施绿色建筑、建筑节能的法律依据之一。法案提倡能源节约和提高能源效率、能源供应多样化、开发替代能源，对联邦建筑执行的节能标准作出规定，即采用美国采暖、制冷和空调工程师协会（ASHRAE）标准《除低层住宅建筑外的建筑物能效标准》90.1-2004，并规定未来联邦建筑必须达到一定的能效指标；要求在 2015 年后联邦政府各机构的能源使用要消减至 2003 年的 80%[8]。

美国各州在国家法规规范基础上制定了适合当地的法令和标准规范，提出了绿色建筑的发展目标或强制性的绿色建筑建设要求，详见表 1-3。

表 1-3 美国地方绿色建筑政策

州	城市	政策文件	条件	绿色建筑要求
亚利桑那州	菲尼克斯	《菲尼克斯市建筑标准》（2005）	获得债券基金的项目	LEED 认证
加利福尼亚州	萨克拉门托	第 2004-751 号决议（2004）	5 000ft² 以上的市政建筑	LEED 银级
	圣地亚哥	CMR 02-060（2003）、议会政策 900-14（2010）	新建和 5 000ft² 以上的改造市政建筑	LEED 银级
	旧金山	《旧金山绿色建筑条例》（2012）、N 88-04 号法令（2004）	（1）25 000ft² 以上的新建或改造商业建筑； （2）5 000ft² 以上的新建或改造市政建筑	（1）LEED 银级； （2）LEED 金级
	圣何塞	《圣何塞绿色建筑条》例（2009）	25 000ft² 以上的新建商业和工业建筑	LEED 银级
科罗拉多州	丹佛	EO 123（2007）	新建和 5 000ft² 以上的改造市政建筑	LEED 银级
康涅狄格州	斯坦福	《斯坦福法令 1071》（2007）	5 000ft² 以上市政建筑	LEED 银级
华盛顿特区		71-07 号决议（2007）、《绿色建筑法》（2012）	（1）政府建筑； （2）商业建筑； （3）公立学校	（1）LEED 银级； （2）LEED 认证； （3）LEED 金级
佛罗里达州	迈阿密	市政法规条例（2009）	50 000ft² 以上新建建筑	LEED 银级
	圣彼得斯堡	No. 359-H 法令（2019）	5 000ft² 以上市政建筑	LEED 金级
	坦帕	第 2008-111 号法令	5 000ft² 以上市政建筑	LEED 银级

续表1-3

州	城市	政策文件	条件	绿色建筑要求
马萨诸塞州	波士顿	波士顿分区第37条法令	所有项目	LEED认证
密苏里州	堪萨斯城	110235号条例（2011）	5 000ft^{2}以上新建市政建筑	LEED金级
	圣路易斯	67414号法令（2007）	新建和5 000ft^{2}以上的改造市政建筑	LEED银级
纽约州	曼哈顿	地方法令86号	（1）成本200万美元以上市政建筑； （2）学校和医院	（1）LEED银级； （2）LEED认证
俄勒冈州	波特兰	第243213号决议（2009）	（1）新建市政建筑； （2）市政建筑内部改造； （3）既有市政建筑改造	（1）LEED金级； （2）LEED银级； （3）LEED银级
宾夕法尼亚州	匹兹堡	第2008－0027号法令（2009）	10 000ft^{2}或成本200万美元以上的市政建筑	LEED银级
德克萨斯州	达拉斯	《达拉斯市绿色建筑条例》（2008）	50 000ft^{2}以上的新商业建筑	LEED认证
	休斯顿	第15 2004号决议（2004）	10 000ft^{2}以上的市政建筑	LEED银级

（2）**激励政策**。上述联邦及地方层面法律法规通过强制要求规范了建筑绿色性能，财政补贴、税费优惠等政策对绿色建筑的推广起到了激励作用。《2005能源政策法案》中包括了课税减免和扣除的规定，商业建筑能源节约达到美国采暖、制冷和空调工程师协会（ASHRAE）标准《除低层住宅建筑外的建筑物能效标准》90. 1—2004规定的50%可获得1. 8美元/ft^{2}的课税减免；对于商业建筑，如果使用太阳能或燃料电池设备可享有30%的税收扣除；对于新建住宅，如果所消耗的能源低于标准建筑消耗的50%就有资格享受课税扣除；对于住户来说，选择节能设备可获得500~2 000美元不等的课税扣除。地方层面，2000年纽约州首次采用了以税收为基础的绿色建筑激励计划。此后，俄勒冈州和马里兰州等多个州将他们的财政激励与第三方认证系统相结合。根据俄勒冈州的法定指令，美国能源部将LEED作为帮助项目获得税收抵免的适用标准。

除经济激励政策外，较有效和普及的绿色建筑激励策略之一是通过组织管理措施激励市场，即对实施绿色建筑的开发商给予额外的建筑密度、高度的奖励或给与加快工程项目建设申请程序的奖励。

（3）**绿色建筑评价标准应用现状**。LEED体系的发展阶段与BREEAM相似，经过初期的标准扩充完善到后期的发展改革，标准更加简练，内涵更加丰富。目前，LEED已经成为全世界应用最广泛的评价体系，在世界上175个国家和地区得到应用，已注册认证的项目超过9. 2万个，总面积约为190亿m^2。

1.2.3 日本

（1）**法律法规。**日本政府一直在通过法律、法规和政策来指导国家建筑节能工作和促进绿色建筑的发展。日本的法律法规体系包括法律、政府令、省令、地方法规细则等层级，不同层级之间相互衔接，并辅以一系列标准规范文件支撑。日本建筑领域最主要的强制性法律文件是《建筑基准法》，与建筑绿色性能相关的法律有《节约能源法》《地球温暖化对策推进法》《促进住宅品质保证法》《长期优良住宅普及促进法》《低碳城市推广法》等，其中既有限定性强制性内容，也有促进性、鼓励性内容，具体内容见表 1-4。

自 2004 年起，日本名古屋市、大阪市、横滨市等地的 24 个地方公共团体在建设项目申报制度中导入了建筑环境综合性能评价认证系统 CASBEE。这些地方政府规定，在新建或扩建一定规模以上（通常为 2 000m^2 以上）的建筑物时，必须提交 CASBEE 评价结果，其结果将在各地方政府的网站上公布。

表 1-4　日本绿色建筑相关法律法规

名称	主要内容
《节约能源法》	确立了节约能源的基本原则，要求一定规模的建筑提交建筑节能报告书，进行节能整改。规范了政府、企业和个人之间的用能管理关系和节能行为，为日本的节能管理提供了工作依据
《地球温暖化对策推进法》	对建筑节能减排明确了具体要求，通过金融融资、节能法引导、相关性能标识制度、技术人员的培养、相关企业的自主行为等普及推广节能性能优良的住宅与建筑
《促进住宅品质保证法》	规定了新建住宅基本构造部分的瑕疵责任担保期为“10 年义务制”，确立了针对各种住宅的“住宅性能标识制度”
《长期优良住宅普及促进法》	推进“二百年高品质住宅”建设，各地方政府对符合要求的新建住宅计划项目进行认证

（2）**激励政策。**日本有着相对完善的绿色建筑补偿机制，其中包含补贴政策与优惠政策两个方面。补贴政策是对于那些建设可持续住宅以及采用环保材料进行装修的居民给予积分奖励，居民可以累积积分用以兑换需要的商品。同时对于居民在建筑装修过程中购买的建材费用给予补贴，对那些使用节能减排系统、可再生资源的住户和社区进行补助，从而鼓励居民和社区建造可持续住宅。优惠政策则主要体现在贷款利率方面的优惠，如下调符合标准的可持续住宅的贷款率，对大力建造可持续住宅的企业采取减免相关税收的政策，对可持续住宅和 CASBEE 认证项目提供利率优惠等。此外，日本政府还采取免除住宅节能改造相关所得税、免除住宅节能改造相关固定资产税、促进能源供求结构改革投资税制（购买节能设备等时，享受法人税、所得税方面的优惠税率）等激励政策[9]来促进绿色建筑发展。

（3）**绿色建筑评价标准应用现状。**日本建筑环境节能机构（IBEC）推出的建筑环境综合性能评价认证系统 CASBEE 根据认证对象分为建筑、独栋住宅、不动产、街区、健康住宅五大类。

CASBEE目前被国家、地方自治团体、民间企业等多种不同的组织采用。日本在2012年开始实施的低碳建筑认定制度中，CASBEE被选为认证标准之一。在作为国家资助制度的可持续性建筑物等先导事业（低碳型）中，也将CASBEE的评价结果作为项目评选时的标准。此外，公共机构也参考CASBEE实施了补贴制度和低息贷款制度。CASBEE的激励制度正在不断完善和发展。

依据地方团体建设项目申报要求，截至2019年3月底，各地方团体累计申报项目数量超过2.6万件。此外，截至2020年8月，累计超过1 000个建筑项目申请并获得了CASBEE评价认证，其中各项认证制度的累计认证数如表1-5所示。自2004年推出以来，各类认证制度的项目总量增长迅速（图1-1），作为环境性能建筑物的证明手段，CASBEE的影响力正逐渐扩大。

表1-5 CASBEE评价认证制度和累计认证数

序号	认证制度	认证项目数/个
1	建筑（新建、既有、改造、短期使用）	约410
2	独栋住宅	约230
3	不动产	约360
4	街区	6
5	健康住宅	23

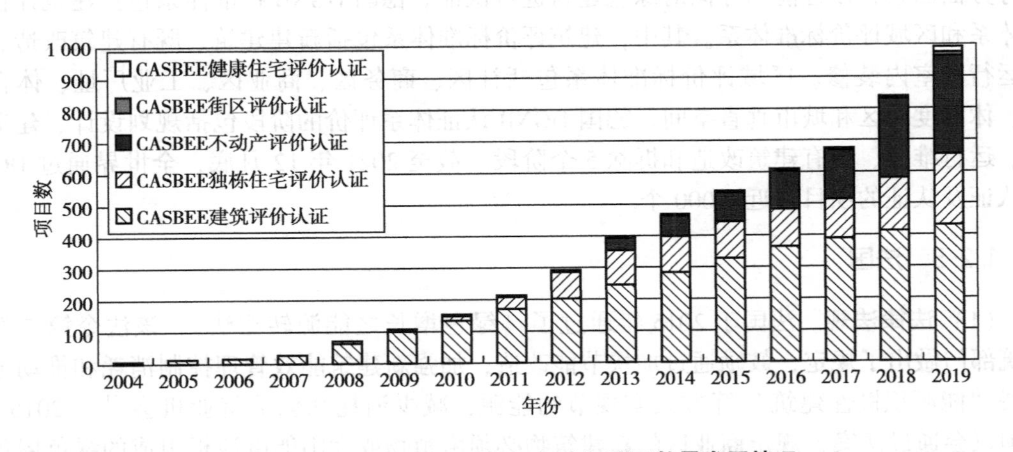

图1-1 CASBEE 2004—2019年认证项目数量发展情况

CASBEE评价认证机关通过IBEC认定，负责实施认证制度中的申请受理、物件审查、认证书交付等认证相关的全部业务。截至2020年8月，共有14家机构获得授权开展认证业务。

1.2.4 德国

（1）**法律法规**。2009年，德国政府发布第三版《促进建筑物节能的法案》，此版本为所有新建住宅和非住宅建筑设定了新强制性的最低节能标准。德国《可再生能源法》于

2010 年首次颁布，并于 2014 年进行大幅修订，该文件从法律层面要求建筑使用可再生能源。2015 年，联邦环境、自然保护、建筑和核安全部发布《可持续建筑指南》，强制规定德国大部分城市街区的新建建筑需符合德国 DGNB 绿色建筑要求。

2019 年 11 月 15 日，德国联邦议院通过《气候保护法》，核心目标是到 2030 年温室气体排放比 1990 年减少 55%，到 2050 年实现碳中和，且目标只能提高，不能降低。这部法律为保障德国实现碳减排目标提供了严格的法律框架，明确了各个产业部门在 2020—2030 年的刚性年度减排目标，具有传导压力、落实责任、倒逼目标实现的强约束作用。2020 年 9 月，作为落实德国联邦《气候保护法》的重要行动措施和实施路径，《气候保护计划 2030》出台，该计划将减排目标在能源、工业、建筑、运输、农业、废弃物管理六大部门进行了分解，规定了部门减排措施、减排目标调整、减排效果定期评估的法律机制。

2021 年 5 月 12 日，《气候保护法》进行修订和加强，排放目标将更为严格，提出于 2045 年实现“碳中和”的“两步走”路线图：一是到 2030 年，德国应实现温室气体排放总量较 1990 年减少 65%，高于 2019 年设定的目标。二是德国需在 2045 年实现“碳中和”，比 2019 年的计划提前 5 年。

（2）**激励政策**。根据《可持续建筑指南》要求，2015 年德国开发银行通过低息贷款和投资补贴为通过德国 DGNB 认证的住宅建筑、社会基础设施建筑、商业非住宅建筑和部分个人改造的住宅建筑提供财政支持。2016 年，《能源节约法》重新修订，为鼓励业主建造绿色建筑，德国地方政府为地方项目提供额外的激励措施。

（3）**绿色建筑评价标准应用现状**。德国可持续建筑评价体系 DGNB 由德国可持续建筑委员会和德国联邦政府共同编制。认证体系包含绿色生态、建筑经济、建筑功能与社会文化等方面因素，以性能为导向对绿色建筑进行认证。德国 DGNB 标准体系包括建筑评价标准体系和区域评价标准体系。其中，建筑评价标准体系包括新建建筑、既有建筑改造、建筑运行和室内装修。区域评价标准体系包括社区、商务区、商业区、工业厂址、体育场馆、休闲度假区和城市垂直空间。德国 DGNB 认证体系评价的阶段包括规划设计、建造施工、运行维护、既有建筑改造和拆除 5 个阶段。截至 2021 年 12 月底，全世界通过 DGNB 预认证及认证的项目数近 9 000 个。

1.2.5 法国

（1）**法律法规**。法国于 2015 年通过了《绿色增长之能源转型法》，该法令第二卷对建筑部门做出了规定，鼓励通过加快节能改造，加强新建筑能效管理控制消耗和推动地区发展“能源积极性建筑”等方式实现节约能源，减少消耗和创造就业机会[11]。2015 年，法国议会通过法案，规定商业区的新建筑物必须由植物或太阳能电池板组成的绿色屋顶覆盖。以巴黎为例，截至 2019 年，巴黎已经拥有超过 $100hm^2$ 的“绿色屋顶”。2022 年，法国开始实施新的环境法规，强化了建筑公司的义务，要求其继续提高建筑物的能源性能和舒适度。

（2）**激励政策**。作为 2015 年巴黎气候大会的承办国和《巴黎协定》的重要推动者，法国在应对气候变化和保护环境方面一直走在世界前列。法国每年推动建筑行业绿色发展的财政需求超 25 亿欧元[12]。为了满足这一需求，法国推出了灵活的财政激励政策，吸引更多的资金流入绿色金融市场，从而为建筑行业的绿色发展提供资金支持。

法国政府通过税收抵免和补贴等方式推动建筑节能。自 2014 年 9 月起，法国采取节能措施的住宅可获得高达30%的税收减免（个人最高限额8 000欧元，夫妻最高限额16 000欧元，家庭中每增加一人，最高限额增加400欧元）[13]。投资于建筑节能措施的家庭还可减免部分增值税和财产税。法国国家住房局（Agence Nationale de l'Habitat，ANAH）对低收入业主提供60%的房屋节能改造费用补贴。为鼓励私人投资绿色建筑，法国政府还实施了绿色贷款、能源服务合同等创新性金融举措。

（3）**绿色建筑评价标准应用现状。**法国高质量环境体系HQE（High Quality Environmental）由HQE协会和建筑科技中心（CSTB）制定，于1992年实施。与其他绿色建筑评价体系相比，HQE认证体系更强调对使用者健康的关注，建筑对使用者健康与舒适的影响权重占到50%。法国HQE认证体系拥有超过38万座经过认证的建筑物和房屋，有6 900万m^2的认证建筑，涵盖了建筑（新建）维护、建筑运营、城市规划，其中住宅建筑认证最多，共有107 796套住房获得HQE认证。法国HQE认证体系目前已在26个国家得到应用，包括法国、德国、中国、意大利、西班牙、比利时、俄罗斯、加拿大等。

1.2.6 新加坡

（1）**法律法规。**新加坡十分重视通过立法工作，逐步加大对建筑绿色化的引导。1980年新加坡建设局（Building and Construction Authority，BCA）出台《建筑节能标准》，开始推动建筑节能。2008年4月根据《建筑管制法》增加的《建筑管制条例》要求，建筑面积超过2 000m^2的新建和重大改建扩建项目，须有专业人员对其设计是否符合环境可持续性标准进行评判，即达到绿色建筑标志（Green Mark）50分的“认证级”要求；2012年，《建筑管制法》的修订强化了对既有建筑的要求，既有建筑和新建的办公、商厦、酒店建筑物业主每年须将能源消耗数据和相关的建筑信息报送至新加坡建设局，强制实行最低环境可持续规范，中央空调系统必须开展每三年一次的能耗审计。

（2）**政策规划。**新加坡于2006年、2009年、2014年分别出台了三期“绿色建筑总蓝图”，推动绿色建筑发展，通过由政府带头建设绿色建筑、对高星级绿色建筑项目给予激励、设立最低要求、注重加强绿色建筑技术培训和公共培训，实现了从新建建筑及既有建筑绿色化推广到引导用户与租户绿色行为的过渡。2021年3月，新加坡建设局公布了第四个绿色建筑总体规划，即到2030年，新加坡80%的建筑将成为绿色建筑，且建筑节能率相较于2005年提高80%。同时，从2030年起，新加坡80%的新建建筑将实现超低能耗。

（3）**绿色建筑评价标准应用现状。**新加坡Green Mark认证体系是新加坡建设局于2005年推出的绿色建筑认证。Green Mark认证体系是第一个专门为热带气候而设的绿色建筑评级系统，其他东盟国家也广泛采用。截至2020年底，新加坡有超过4 000个建筑项目达到了BCA绿色建筑认证，建筑面积约为1.23亿m^2，占新加坡总建筑面积的43%以上。Green Mark已在亚太及非洲地区的16个国家认证了300余个绿色建筑项目。

1.2.7 澳大利亚

（1）**法律法规。**澳大利亚国土面积广阔、自然资源丰富，同时人口基数小，传统建设项目在资源节约利用方面重视程度较低。然而近年来，澳大利亚受全球气候变化影响加剧，自然灾害频发。随着可持续发展与绿色建筑理念在全球的普及，澳大利亚政府出台了一系列法律法规，以促进建筑绿色低碳发展。

澳大利亚的宪法未对建筑安全、健康和舒适等问题做出要求。早期建筑相关规定是由各州和地区政府各自负责，导致了各州议会法案和建筑监管体系纷杂不清。20世纪70年代初，澳大利亚州际统一建筑法规常务委员会首次发布用于建筑监管的技术规范——《澳大利亚示范统一建筑规范》。1988年澳大利亚建筑法规协调委员会取代州际统一建筑法规常务委员会发布了第一版《澳大利亚建筑规范》（*Building Code of Australia*，BCA）。在后续版本中，《澳大利亚建筑规范》多次更新了住宅及公共建筑能耗相关要求。2011年《国家建筑规范》（*National Construction Code*，NCC）整合了《澳大利亚建筑规范》（第一、二卷）和《澳大利亚管道规范》（第三卷），成为澳大利亚建筑设计和施工的基本规定。2022年，澳大利亚建筑部通过了《国家建筑规范》的修订，其中要求新建住宅达到“全国房屋能源评级计划（Nationwide House Energy Rating Scheme，NatHERS）”7星级并制定年度能源利用预算，以促进可再生能源利用。2023年，澳大利亚提高了商业和政府办公建筑的能耗标准，鼓励太阳能光伏系统等分布式能源技术的应用。

除基础性规范外，澳大利亚还对租赁住宅、商业和政府建筑的能效信息进行公开，对建筑能耗检测评定、建筑设备和办公设备能效等方面做出要求。2010年，商业建筑能效公示计划（Commercial Building Disclosure，CBD）推出，它要求自2011年起澳大利亚境内凡是建筑面积超过2 000m^{2}的商业建筑都要向购买者或者租赁客户提供澳大利亚国家环境评价体系（National Australian Built Environment Rating System，NABERS）能耗评价的结果。

（2）**激励政策**。澳大利亚发展绿色建筑的激励措施多样，通过税收优惠、基金资助和财政补贴等一系列方式鼓励投资商、开发商及业主等利益相关方选择绿色建筑。税收优惠方面，澳大利亚气候变化与能源部在2011年5月对外宣布将颁布实施一项新的建筑市场税收返还体系，即“绿色建筑改造税收奖励（Tax Break for Green Buildings）”，旨在鼓励业主投入一定资金对现有建筑进行节能改造。奖励范围包括办公建筑、宾馆、购物中心等NABERS评估体系可以评价的建筑类型。业主可自愿进行节能改造并申报该项奖励，在改造前后都需要由专业的NABERS能耗评价师监督并做出评价。只有NABERS能耗评价得分为2分或以下的建筑可以申请。经过节能改造，其得分提高到4分或以上，就可以成功拿到税收奖励。一般可得到节能改造投入资金约50%的奖励。该减税计划相当于为澳大利亚既有建筑节能改造提供10亿澳元的支持。

绿色建筑发展基金（Green Building Fund）是2008—2011年在全澳推行的支持既有办公、旅馆、购物中心等建筑进行绿色改造的专项基金，基金总额约9 000万澳元。该基金根据改造后建筑NABERS能耗评价等级提供补助，最多可达50万澳元。

太阳能校园计划（National Solar School Program）主要为中小学在使用可再生能源方面给予补贴，补贴额度为5万至10万澳元。该部分补贴可用于采购太阳能或者其他可再生能源设备以及采用其他提高能效的措施等。截至2013年6月，该计划已经投入资金2.17亿澳元，资助了澳大利亚境内的5 310所中小学，占全澳中小学总数的60%。

对于居住建筑，澳大利亚采取资金补助鼓励可再生能源利用。太阳能光伏补助（Solar Credit）机制于2009年9月推出，旨在资助住宅和商业建筑的业主安装光伏发电、小型风能发电或者微型水力发电设备。太阳能热水器补助计划（Renewable Energy Bonus Scheme-Solar Hot Water Rebate）鼓励电加热热水器升级为太阳能热水器或者热泵式热水器，前者每户补助1 000澳元，后者600澳元。截至2012年6月底，共投入3.23亿澳元，用于补助25.5万个改造项目[14]。

（3）**绿色建筑评价标准应用现状。**澳大利亚主要有 GreenStar 和 NABERS 两种评价体系。澳大利亚 NABERS 评价体系由澳大利亚环境与资源部发布。2004 年，新南威尔士州政府要求其所有办公大楼获得 NABERS 温室气体排放评级。2007 年，澳大利亚联邦要求所有政府办公空间需获得 4.5 星级以上 NABERS 认证。2018 年，政府要求所有 1 000m^2 以上办公建筑均要获得 NABERS 认证。

澳大利亚 GreenStar 评价体系由澳大利亚绿色建筑委员会（GBCA）编制，适用范围包括社区、建筑设计与施工、室内装修、运行维护。截至 2022 年底，GreenStar 在全球已有近 4 000 项认证项目和近 1 500 项注册项目，总认证面积达 2 600 万 m^2。

1.3 世界绿色建筑发展展望

绿色建筑现阶段发展不仅营造了良好的环境与生态效益，同时也创造了显著的社会与经济价值。2021 年，世界绿色建筑委员会与道奇建设网络（Dodge Consruction Network）联合发布了一项世界绿色建筑发展趋势的研究[15]，调研了来自 79 个国家的 1 270 名受访者，包括建筑师/设计师、工程师、顾问、承包商、业主/开发商和投资者。结果表明，绿色技术的应用可将建筑的资产价值提高 9% 以上。同时，新建绿色建筑在投入运营的第一年内即可节省 10% 以上的运行成本，而对于运行 5 年以上的建筑，可节省近 17% 的运行成本。在社会因素方面，超过四分之三的受访者认为绿色建筑可有效改善居住环境，提高社会可持续性。

绿色建筑在经济、社会与环境等方面的优势也增强了从业者未来加强绿色建筑建设的决心。如图 1–2 所示，有 42% 的从业者认为，到 2024 年，绿色建筑将占其工作项目的 60% 以上。巴西、哥伦比亚、墨西哥等发展中国家的受访者对未来绿色建筑的增长率拥有更高的预期。

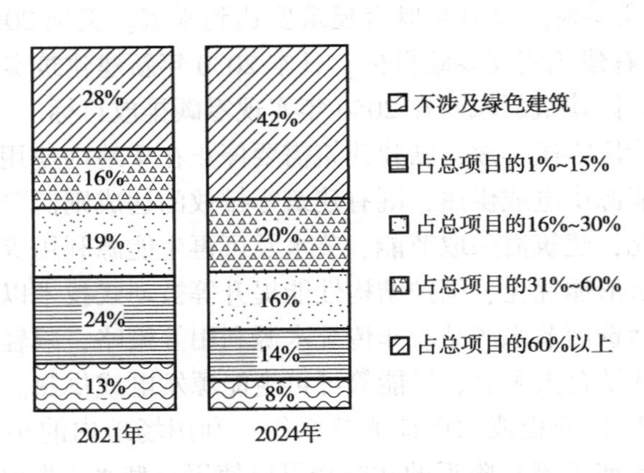

图 1–2 建筑从业者对未来项目中绿色建筑占比的预期

未来，世界绿色建筑行业持续发展动能充足。在发展中，绿色建筑内涵将逐渐向更健康、更低碳、更智能、更具韧性的方向深化，绿色建筑的推广还将衍生出对绿色建材、绿色金融等产业链上下游共同发展的需求。

1.3.1 绿色建筑内涵深化

（1）**健康发展。**支持和增进人类健康、福祉和生活质量是可持续发展的重要组成部分。新冠肺炎疫情的全球性爆发更让人们提高了对公共卫生领域的重视程度，更深刻认识到建筑环境对人类健康的重要性。

健康建筑已经在全球展开初步实践。从健康建筑理念的推广来看，为鼓励从业者在建筑项目中增加对健康的关注，世界绿色建筑委员会开展了健康与福祉倡议项目，以支持成员在建筑环境中创造健康、福祉和社会价值，推动行业思想领导力和实践的改变。从经济角度来看，近年来健康建筑实践项目价值不断提升。麻省理工学院的一项研究量化分析了2016—2020年的数据，发现拥有健康建筑认证的商业建筑相对于普通商业建筑每平方英尺的租金溢价为4.4%~7.0%。近46%的建筑业主表示，健康建筑在市场中更受欢迎。从标准认证角度来看，健康建筑项目在全球的推广十分迅速。2020年，WELL注册及认证的建筑面积达到了4 600万m^2，而截至2023年，已增长至4.48亿m^2，增长近10倍。

2021年，联合国环境规划署与正向设计中心对资产管理规模共计5.75万亿美元的多家房地产机构展开的调查研究表明[16]，近年来市场对健康建筑的需求增长迅速，且房地产行业对于健康建筑具有较强的投资意愿。其中，办公建筑、居住建筑及商业建筑项目对健康性能提升具有迫切需求。由此可见，未来建筑健康性能提升将持续成为绿色建筑发展的重要方向。

（2）**低碳发展。**到2060年，全球新建建筑面积预计将增加至2 300亿m^2，既有建筑存量也给碳中和目标的实现造成了巨大压力。为鼓励建筑工程低碳发展，全球多个国家、地区及组织提出了减排目标与路径。世界绿色建筑委员会发布全球“净零碳建筑承诺”，主张减少或补偿建筑的碳排放，实现到2030年将建筑和施工部门的排放量减半的目标。2019年，联合国秘书长在纽约气候行动峰会上发起了“人人共享零碳建筑倡议”，目标是到2030年推动所有新建建筑脱碳，到2050年推动所有既有建筑脱碳。欧盟倡议提出，2030年新建建筑要达到零碳，2040年既有建筑要达到零碳。美国2045年新建建筑要达到零碳；英国2050年所有建筑实现零碳目标；日本2030年新建建筑实现零能耗，2050年既有建筑达到零能耗；韩国建筑领域要在2050年实现零碳排放目标。

为实现建筑运行阶段零碳排放，新建建筑需要停止在场地内使用化石燃料，全部由场地内或场外的可再生能源供电或供热；既有建筑零排放的达成则需要积极推动改造来加快能源升级的速度。为此，建筑需采取节能、节水及可再生能源利用等技术措施来减少碳排放。节能设计包括建筑形体优化、围护结构性能提升等被动式技术以及运用高效节能的设备系统。节水设计包括选用节水产品、非传统水源利用等策略，减轻水资源的压力。可再生能源利用策略则包括结合太阳能、风能等可再生能源发电或供热。例如，在建筑物的屋顶或立面安装光伏（PV）面板或太阳能光热系统，利用场地内的小型风力涡轮机进行发电，位于水源（如河流或溪流）附近的建筑物可以使用小型水力发电系统发电等。使用可再生能源可以帮助降低建筑物的能源成本和对化石燃料的依赖，并有助于建立更可持续和更环保的建筑环境。

此外，从建筑全寿命期视角来看，运行阶段碳排放可以随着建筑能源升级和可再生能源的使用逐渐减少，而施工建造阶段碳排放在建筑建成后就会被锁定，因此，控制好隐含碳的产生是至关重要的。实现零隐含碳排放将需要采用循环利用、节约材料，减少和使用固碳材料等方法。

由此可见，低碳发展将成为未来绿色建筑的重要目标，在新建与改造的绿色建筑项目中将越来越重视低碳技术的运用。

（3）**智能化发展**。智能化建筑技术是计算机技术、网络技术、机械电子技术、建造技术与管理科学的交叉融合，强调运用科技手段实现建筑的信息化、工业化、可视化、集成化。智能化建筑技术旨在优化建筑性能并减少能源使用，在使建筑变得更高效、安全、便捷、可持续的同时降低实施成本。绿色建筑中智能化系统的应用对绿色建筑全寿命周期，尤其是建造阶段和运行阶段绿色性能的提升具有非常重要的作用[17]。

由于近年来建筑节能目标和实际能耗持续增长的矛盾日益显著，绿色建筑智能化系统的市场需求不断增长。欧盟的建筑能效指令（Energy Performance of Buildings Directive，EPBD）和美国商业建筑倡议（Commercial Building Initiative，CBI）等政府举措促使建设方和使用方，利用物联网技术在社区层面限制温室气体排放和能源消耗。通过将支持物联网的设备连接到楼宇管理系统，可以使用关键数据参数来预测需求、采取必要的行动并从头到尾控制整个过程。根据欧洲电信网络运营商 ETNO 的数据，到 2025 年，欧盟活跃的物联网智能建筑连接数量预计将增加 1. 540 6 亿。在政策与经济效益驱动下，全球智能建筑市场价值预计将从 2020 年的 825. 5 亿美元增长到 2 291 亿美元。

绿色建筑智能化技术将所有建筑设计节能软件整合在云计算平台，利用人工智能分析数据，可对设计方案进行优化。智能绿色建筑采用建筑能源管理系统、基础设施管理系统和智能安全系统等解决方案，可实现通过自动化流程控制基础设施、照明、安全、供暖、通风、空调等系统。应用物联网技术，对电器设备进行监测和遥控，可随时随地实现智能化操作，后期还可通过采集设备积累的数据，分析如何优化性能并减少能源浪费。智能系统通过执行自动化任务，为设备故障或能源使用异常等问题提供警报和通知，可用于快速识别和解决问题。政府和第三方机构借用人工智能系统对数据进行管理，分析在不同情况下的能耗情况，推广节能潜力最大的建筑方案，另外可分析各阶段的问题并进行反馈，也可进一步简化评价流程，完善监管体系[17]。

在智能化市场快速增长趋势下，美国 WiredScore 公司在 2021 年推出了 SmartScore 智能建筑评价体系。该标准作为对 LEED、BREEAM 等主流绿色建筑评价标准的补充，旨在优化建筑系统的传感器和物联网，通过非接触式技术、通信工具和数据保障建筑的节能、低碳及健康性能。

在智能化技术及智能化相关标准的支持下，建筑行业智能化转型步伐逐渐加快。未来，发挥智能化对建筑设计、建造及运行各阶段资源节约、高效管理的重要支点作用，是绿色建筑发展的必经之路。

（4）**韧性发展**。未来 30 年，世界人口数量将从目前的 78 亿增加到 97 亿，世界各地的城市都将面临人口变化和老龄化、气候变化、工业基础设施变化、经济危机流行病以及自然灾害等问题与挑战的长期压力。韧性的研究早期多集中在城市、社区层面，随着气候事件更加频繁的发生、全球性高温和季节性降水的变化，地域气候环境开始超过世界许多地区建筑设计负荷和条件，韧性理念在建筑部门的应用逐渐受到重视。为避免建筑使用寿命缩短，世界各地都在重新审视建筑管理设计和施工的规范、法规和标准，纳入气候模型以适应气候变化，提高建筑的可持续性和复原力。

绿色建筑可以提升安全性、适变性和耐久性，不仅关注生态韧性，还包括工程韧性、社会韧性、演进韧性，通过多点发力，协同增效[18]，促进建筑韧性发展。未来建筑的设计、建造和改造中，绿色建筑韧性内涵的深化将为应对气候变化带来的外部环境条件的不确定性做好充足准备，为建筑层面灾害风险防控提供支持，更好地衔接城市与社区层面的韧性建设。

1.3.2 绿色建筑上下游协同发展

从全生命周期角度来看，建筑的绿色性能不仅体现在其施工建造和运行过程中，还涉及绿色建筑上下游的整条供应链。绿色建筑供应链是在建筑活动的全过程中以可持续发展思想理念为指导，以获取社会、环境和经济收益为目标的功能性网络结构。绿色建筑供应链以工程为核心，受消费者需求驱动，有政府，建设、设计、监理单位，供应商、金融机构等主体参与，包括绿色设计、绿色采购、绿色施工、绿色运营、绿色拆除和回收等内容，是贯穿项目全寿命周期的一条闭环结构。

（1）**绿色建材**。绿色建筑材料对于环境保护、资源节约以及人类健康生活具有重要的意义。传统材料具有耗能大、污染严重等特点，绿色建筑材料，不仅为绿色建筑赋予了美观、实用和环保的特性，也有助于降低建筑能耗，减少对环境的污染。从碳排放的角度来看，绿色建材的使用是降低建筑隐含碳的关键。

有关建材隐含碳排放的政策经常被忽视，随着近年来建筑部门减碳压力的增加，建材隐含碳排放逐渐被重视，并提到和建筑运行碳排放同等重要的位置。美国多个州已经通过了低碳采购政策，并积极推动低碳采购在联邦政府、其他州和城市的推广应用。欧洲10个国家绿色建筑委员会联合提出《欧盟绿色协议》（EU Green Deal），制定全生命周期碳路线图，使各自国家的建筑环境在整个生命周期内脱碳。

此外，建材隐含碳的量化是一直以来研究的难点，为解决这一问题，各国着力研发建材隐含碳数据库和工具，例如建筑工程隐含碳计算器（EC3）于2019年推出，其收集了全球数千个环保产品声明（Environmental Product Declaration，EPD）标识的隐含碳数据，并可与BIM模型结合，快速估算项目隐含碳排放。未来，还需要加大对主要建材，如钢铁、水泥、铝、玻璃等产品的碳排放数据公示，并打通建材生产碳排放和建材消耗碳排放的数据通道，加强对建材产品碳排放数据的披露，并把建筑隐含碳排放纳入建筑设计标准和绿色建筑评价体系，进行定量评价。

目前，LEED、BREEAM等绿色建筑标准已对绿色建材的使用提出要求，在低碳发展要求下，未来建材行业从传统能耗型工业向绿色工业转型升级势在必行。

（2）**绿色金融**。绿色金融是一种覆盖全球的新型金融模式，可为绿色建筑提供资本投入和风险管理等市场方面的支持，有助于缓解绿色建筑建设中成本高的问题。环境、社会与治理（Environmental，Social and Governance，ESG）的综合投入已成为评估企业发展与可持续发展目标一致性的重要指标，是建筑资产管理中不可或缺的部分。根据世界银行国际金融公司（IFC）的数据，到2030年，仅在新兴市场的绿色建筑就具有约24.7万亿美元的投资机会。西方国家在绿色金融支持绿色建筑发展方面已建立起了较为完善的体系，在国家层面逐步构建了较为完善的金融资金保障体系，有效地促进了建筑行业的绿色发展。例如，欧盟于2020年5月7日出台了总额7 500亿元的“下一代”复苏计划，其中包括绿色建筑的“欧洲翻修融资机制”，结合其他资金来源每年可提供3 500亿欧元；2020年7月，英国出台了经济绿色复苏计划，总额高达300亿英镑，其中包括20亿英镑的绿色建筑改造支持资金；韩国出台了2020—2022年“生活基础设施绿色转型”方案，投资总额达5.8万亿韩元；新西兰出台了“温暖之家房屋保温计划”，丹麦政府通过了2020—2026年住房绿色翻新资金政策。

在融资政策方面，金融机构可以出台绿色信贷、绿色投资等多种支持绿色建筑项目的绿色融资政策和金融创新，国际上已有多个金融机构对绿色建筑的开发提供了融资优惠。例如，巴克莱银行为符合条件的绿色商业建筑和改造项目提供信贷支持和贷款优惠；德国复兴信贷银行对获得不同等级“能源证书”的绿色建筑提供差别化的低息贷款。同时，欧洲和美国的部分金融机构推出绿色住房抵押贷款，对满足绿色建筑标准的住宅或者进行节能改造的住房提供低利率或者优惠利率的房贷。例如，荷兰银行对符合条件的个人住宅可持续性改造贷款提供抵押贷款利息0.2%的折扣；温哥华城市银行推出家庭能源贷款，为家庭节能升级装修提供贷款支持，最高利率仅为1%，最高长达15年[19]。

绿色建筑评价标准作为金融与建筑的互动平台，实现了绿色建筑发展与绿色金融支持的联动，极大地提高了融资效率。IFC（国际金融公司）推出的绿色建筑优秀高能效设计认证体系（Excellence in Design for Greater Efficiencies，EDGE）旨在帮助开发者确定最经济高效的技术解决方案以及投资回收期。EDGE认证可以帮助业主宣传其对可持续发展的贡献，以此来吸引租户和出售房产、降低运营成本、强化品牌。此外，通过EDGE认证的绿色建筑的业主，也有机会获得IFC提供的“绿色贷款”。评价标准中与金融机构有关的投资和收益评价指标，如基础设施成本、建筑增量成本、年均建筑碳减排等可以帮助金融机构通过绿色建筑评价体系，对高于基准值的绿色建筑给予信贷支持。

绿色金融的助力不仅可以使投资方、建设方、业主及其他利益相关方更倾向建设绿色建筑，还可以将绿色建筑标准作为依据起到监督与把控绿色建筑项目进展的作用，更有助于绿色建筑项目资源的合理分配。绿色金融对于推动绿色建筑发展的作用不容忽视，并将在绿色建筑发展过程中扮演越来越重要的角色。

本章参考文献：

[1] Soleri Paolo. Arcology：the City in the Image of Man [EB/OL]. https：//www.organism.earth/library/document/arcology.

[2] 陈茜．西方生态建筑理论与实践发展研究［D］．西安：西安建筑科技大学，2004.

[3] 伊恩·伦诺克斯·麦克哈格．设计结合自然［M］．黄经纬，译．天津：天津大学出版社，2006.

[4] 孙傅，何霄嘉．国际气候变化适应政策发展动态及其对中国的启示［J］．中国人口·资源与环境，2014，v.24；No.165（05）：1-9.

[5] 陈东宇．碳中和愿景下的德国绿色建筑评价标准修订及其启示研究［D］．广州：华南理工大学，2021.

[6] 李仲哲，刘红，熊杰，等．英国建筑领域碳中和路径与政策［J］．暖通空调，2022，v.52；No.397（03）：18-24.

[7] 张斌．中外绿色建筑法律规制比较研究［D］．广州：广东外语外贸大学，2017.

[8] Lesley Baulding. LEED Legislation by City：See Where LEED Certification is Required [EB/OL]. https：//everbluetraining.com/cities-requiring-or-supporting-leed-2015-edition/.

[9] 孔俊婷，祁可，高桐．日本可持续住宅建设的实践与启示［J］．建筑节能（中英文），2022，

v. 50；No. 373（03）：43-49.

[10] 彭峰，闫立东．环境与发展：理想主义抑或现实主义？——以法国《推动绿色增长之能源转型法令》为例［J］. 上海：上海大学学报（社会科学版），2015，000（003）：19-32.

[11] Globalabc. Sustainable Buildings and Construction in France An Overview of Public Policies［EB/OL］. http：//globalabc. org/sites/default/files/2020 - 03/PP% 20batiment% 20durable% 20France% 20V08132019_ 0. pdf.

[12] French property. Increased Grant for Energy Conservation Works［EB/OL］. https：//www. french - property. com/news/build_ renovation_ france/energy_ conservation_ tax_ credit/#：~：text = From% 201st% 20September% 202014% 2C% 20this% 20rule% 20has% 20been，the% 20Cr% C3% A9dit% 20d% E2% 80% 99Imp% C3% B4t% 20de% 20la% 20Transition% 20% C3% 89nerg% C3% A9tique% 20% 28CITE% 29.

[13] 黄宁．澳大利亚绿色建筑政策措施介绍及与中国的比较［J］. 建筑节能（中英文），2021，v. 49；No. 359（01）：52-58.

[14] Dodge Consruction Network，World Green Building Trends 2021［EB/OL］. https：//www. construction. com/toolkit/reports/World-Green-Building-trends-2021.

[15] A New Investor Consensus：The Rising Demand for Healthy Buildings Health and Real Estate Investment Survey Result［EB/OL］. https：//assets. ctfassets. net/fuo6knzstk5a/5C5Du9kGiI1XmscYzCCyQg/ab87cb504912427 908ca793cbeb0c154/NewInvestorConsensus_ Report_ vF2_ 03. 31. 21. pdf.

[16] 王瑞红．绿色建筑：乘着“互联网+”的风快速发展［J］. 住宅与房地产，2016（23）：64-67.

[17] 叶青，王清勤，林波荣，等．绿色建筑——减碳·韧性·规模化［J］. 当代建筑，2022，No. 32（08）：6-13.

[18] 宋嘉．绿色金融支持绿色建筑发展的制约因素与对策建议［J］. 农村金融研究，2022，（11）：20-27.

2 中国绿色建筑发展概况

中国绿色建筑的发展起步于20世纪末，经历了由浅到深、由点到面的发展过程。发展至今，国家及各省市已出台多部绿色建筑相关政策法规，制定了涵盖各建筑类型、建设阶段的绿色建筑标准，形成了目标清晰、政策配套、标准完善、管理到位的推进体系，绿色建筑已成为我国城乡建设领域绿色化、低碳化发展的关键内容。

本章以我国绿色建筑的发展历程为切入点，详细介绍绿色建筑发展阶段与发展现状，在此基础上对我国绿色建筑的国际化发展现状与未来发展趋势进行分析与展望。

2.1 发展历程与现状

2.1.1 发展阶段

欧美发达国家的绿色建筑是在其完成了城市化进程以后，在郊区城市化和逆城市化阶段发展起来的，与之不同，中国绿色建筑的发展伴随着稳定快速城市化的高峰期。从整体看，中国绿色建筑发展大致分成四个阶段[1]，分别是萌芽阶段（2003年及以前）、工作推广阶段（2004—2008年）、逐步深化阶段（2008—2016年）、全面推广阶段（2016年以后）。现如今，中国绿色建筑标识项目逐年增多，越来越多的人开始接受并认可绿色建筑理念[2,3]。

（1）**萌芽阶段**。20世纪80年代初，全国范围内掀起了建筑热潮，但由于当时建设水平低，建筑质量差，保温隔热、建筑室内环境等问题突出。在这种情况下，各地尝试研究改善建筑性能的办法，较有代表性的是北方地区生土建筑的研究和实践。以1994年《中国21世纪议程》的通过为标志，建筑能耗、占用土地、资源消耗以及建筑室内外环境问题逐渐成为人们关注的焦点。建筑的可持续发展逐渐成为政府和行业的共识，绿色建筑探索性的研究开始活跃，通过开展政府资助和国际合作研究项目，中国绿色建筑的理论逐渐清晰。2003年公布的《节约能源法》首次将建筑节能列入了法律，为中国推进绿色建筑的发展提供了法律依据。

（2）**工作推广阶段**。在绿色建筑工作推广阶段，我国相继出台了多项政策法规。2004年，中央经济工作会议上明确提出了要大力发展节能省地型住宅，政府管理部门对绿色建筑的推广逐渐加深。2006年，我国发布了首部绿色建筑国家标准——《绿色建筑评价标准》GB/T 50378，从节地与室外环境、节能与能源利用、节水与水资源利用、节材与材料资源利用、室内环境质量和运营管理（住宅建筑）或全生命周期综合性能（公共建筑）六大方面对建筑性能进行评价。2007年，住房和城乡建设部印发《绿色建筑评价标识管理办法（试行）》，从建立评价体系入手，规范绿色建筑的管理，依据《绿色建筑评价标准》和《绿色建筑评价技术细则（试行）》对新建、扩建与改建的住宅建筑和公共建筑，按照《绿色建筑评价标识管理办法》确认等级并进行评价标识，将绿色建筑的等级由低至高分为一星级、二星级和三星级三个等级。2003—2007年，我国相继出台了《民用建筑节能条例》《公共机构节能条例》及《民用建筑节能管理规定》等多部建筑节能相关的法律法规，使人们逐渐意识到绿色建筑的重要性，推动了我国绿色建筑的发展。

（3）**逐步深化阶段。**进入逐步深化阶段后，我国绿色建筑的推广逐渐由中央及地方政府拓展到产业开发商及业主，从政府主导的法律法规逐渐转为市场引导及经济激励政策。2008年，住房和城乡建设部成立了绿色建筑评价标识管理办公室，其主要职责是对绿色建筑的标识评价进行管理。2009年，国家开始大力推进一星级、二星级绿色建筑评价标识，要求各省份开展绿色建筑评价标识工作。2012年，住房和城乡建设部发布《关于加强绿色建筑评价标识管理和备案工作的通知》，鼓励业主、房地产开发、设计、施工和物业管理等相关单位发展绿色建筑。2013年初，国务院办公厅文件（国办发〔2013〕1号）转发了国家发改委、住房城乡建设部《绿色建筑行动方案》，对“十二五”期间的建筑发展提出了目标：城镇新建建筑严格落实强制性节能标准，“十二五”期间，完成新建绿色建筑10亿m^2；到2015年末，20%的城镇新建建筑达到绿色建筑标准要求；完成北方采暖地区既有居住建筑供热计量和节能改造4亿m^2以上，夏热冬冷地区既有居住建筑节能改造5 000万m^2，公共建筑和公共机构办公建筑节能改造1.2亿m^2，实施农村危房改造节能示范40万套。到2020年末，基本完成北方采暖地区有改造价值的城镇居住建筑节能改造。此外，规定政府投资的国家机关、学校、医院、博物馆以及单体建筑面积超过2万m^2的机场、车站、宾馆、饭店、商场、写字楼等大型公共建筑，自2014年起全面执行绿色建筑标准。

（4）**全面推广阶段。**2016年以来，我国绿色建筑发展进入全面推广阶段。科技部国家重点研发计划“绿色建筑及建筑工业化”重点专项立项多项绿色建筑领域的重要研究项目，推动绿色建筑科技发展。《“十四五”住房和城乡建设科技发展规划》《“十四五”建筑节能与绿色建筑发展规划》等政策文件相继发布，进一步明确了我国推广绿色建筑的主要目标和重点任务。

2.1.2 政策推动

我国政府介入绿色建筑发展是在21世纪初。2004年，建设部印发《全国绿色建筑创新奖管理办法》，对绿色建筑工程项目和相关技术与产品进行评审和奖励，推动我国绿色建筑及技术健康发展。

2013年1月，国家发展改革委、住房和城乡建设部发布了《绿色建筑行动方案》，推动绿色建筑发展，切实转变城乡建设模式和建筑业发展方式。主要要求包括：全面推进城乡建筑绿色发展，重点推动政府投资建筑、保障性住房以及大型公共建筑率先执行绿色建筑标准，推进北方采暖地区既有居住建筑节能改造；结合各地区经济社会发展水平、资源禀赋、气候条件和建筑特点，建立健全绿色建筑标准体系、发展规划和技术路线；以政策、规划、标准等手段规范市场主体行为，综合运用价格、财税、金融等经济手段，发挥市场配置资源的基础性作用，营造有利于绿色建筑发展的市场环境；树立建筑全寿命期理念，综合考虑投入产出效益，选择合理的规划、建设方案和技术措施，切实避免盲目的高投入和资源消耗。《绿色建筑行动方案》的发布加快了我国绿色建筑的建设步伐，推动了我国绿色建筑标准体系的建立，转变了我国城乡的建设模式。

2020 年 7 月，住房和城乡建设部、国家发展改革委、教育部、工业和信息化部、人民银行、国管局、银保监会七个部委联合印发了《绿色建筑创建行动方案》，提出八大任务，系统性推进绿色建筑高质量发展。主要任务包括：①星级绿色建筑持续增加；②既有建筑能效水平不断提高；③住宅健康性能不断完善；④装配化建造方式占比稳步提升；⑤绿色建材应用进一步扩大；⑥绿色住宅使用者监督全面推广；⑦人民群众积极参与绿色建筑创建活动；⑧形成崇尚绿色生活的社会氛围。

2021 年 10 月，中共中央办公厅、国务院办公厅印发了《关于推动城乡建设绿色发展的意见》，对全面推动城乡建设绿色发展作出了重要规划和系统部署，明确将“建设高品质绿色建筑”作为推动城乡建设绿色发展的重要内容之一。意见指出，实施建筑领域碳达峰、碳中和行动。规范绿色建筑设计、施工、运行、管理，推动城镇新建建筑全面建成绿色建筑，鼓励建设绿色农房。推进既有建筑绿色化改造，鼓励与城镇老旧小区改造、农村危房改造、抗震加固等同步实施。开展绿色建筑、节约型机关、绿色学校、绿色医院创建行动。加强财政、金融、规划、建设等政策支持，推动高质量绿色建筑规模化发展，大力推广超低能耗、近零能耗建筑，发展零碳建筑。实施绿色建筑统一标识制度。建立住宅使用者监督机制，完善交房验房制度。建立城市建筑用水、用电、用气、用热等数据共享机制，提升建筑能耗监测能力。推动区域建筑能效提升，推广合同能源管理、合同节水管理服务模式，降低建筑运行能耗、水耗，大力推动可再生能源应用，鼓励智能光伏与绿色建筑融合创新发展。建设高品质绿色建筑是一项复杂的系统工程，在生态文明思想指引以及该意见的指导下，绿色建筑将实现更高质量的发展，有力推动城乡建设发展方式的转变。

2022 年 3 月，住房和城乡建设部印发《“十四五”建筑节能与绿色建筑发展规划》。该文件提出，到 2025 年，城镇新建建筑全面建成绿色建筑，建筑能源利用效率稳步提升，建筑用能结构逐步优化，建筑能耗和碳排放增长趋势得到有效控制，基本形成绿色、低碳、循环的建设发展方式。提升绿色建筑发展质量是重点任务之一，该任务要求加强高品质绿色建筑建设，推进绿色建筑标准实施，加强规划、设计、施工和运行管理，倡导建筑绿色低碳设计理念，引导地方制定支持政策，推动绿色建筑规模化发展，鼓励建设高星级绿色建筑。降低工程质量通病发生率，提高绿色建筑工程质量；完善绿色建筑运行管理制度，加强绿色建筑运行管理，提高绿色建筑设施、设备运行效率，将绿色建筑日常运行要求纳入物业管理内容。

2022 年 6 月，住房和城乡建设部与国家发展改革委印发《城乡建设领域碳达峰实施方案》。该文件提出：全面提高绿色低碳建筑水平，到 2025 年，城镇新建建筑全面执行绿色建筑标准，星级绿色建筑占比达到 30% 以上，新建政府投资公益性公共建筑和大型公共建筑全部达到一星级以上；建设绿色低碳住宅，降低住宅能耗，减少改造或拆除造成的资源浪费，减少资源消耗和环境污染；推进绿色低碳建造，优先选用获得绿色建材认证标识的建材产品，建立政府工程采购绿色建材机制，到 2030 年星级绿色建筑全面推广绿色建材。

可以看到，我国绿色建筑的发展以政策推动为主导，行业的法律、法规以及标准、规范体系均是在国家与地方的政策推动下建立的。历经近二十年的发展，建立了较为全面的政策体系。

2.1.3 标准体系

标准是推进绿色建筑发展的重要途径，国际（建筑）规范委员会主导制定的国际绿色建筑规范于2010年发布，作为一个通用的“基准文件”，对能源利用标准、控制质量标准等进行了明确。绿色建筑标准可以发挥联系环境保护目标与建筑的建设与使用行为的作用，将环境保护的要求以技术要求的方式转化为对建设行为和建筑使用行为的限制和约束。由此来看，标准在绿色建筑的发展中发挥着重要的作用，我国也制定了一系列绿色建筑相关标准，形成了较为完善的绿色建筑标准体系，为充分发挥绿色建筑标准的作用、促进绿色建筑发展、助力生态文明建设提供了重要支撑。

2006年版《绿色建筑评价标准》是我国第一部多目标、多层次的绿色建筑综合评价标准，以该标准为基础，我国已逐渐形成较为完整的绿色建筑标准体系（图2-1），具体分析如下：

（1）针对建筑全过程各阶段，设计阶段有《民用建筑绿色设计规范》JGJ/T 229行业标准，施工阶段有《建筑与市政工程绿色施工评价标准》GB/T 50640、《建筑工程绿色施工规范》GB/T 50905两部国家标准，运营阶段有行业标准《绿色建筑运行维护技术规范》JGJ/T 391，改造阶段有国家标准《既有建筑绿色改造评价标准》GB/T 51141；评价阶段有《绿色建筑评价标准》GB/T 50378等十余部标准。与国外相比，我国建立了涵盖设计、施工、运行、改造、评价各阶段的比较完善的绿色建筑标准体系。

（2）针对不同功能类型的建筑，现有的《绿色工业建筑评价标准》GB/T 50878、《绿色办公建筑评价标准》GB/T 50908、《绿色商店建筑评价标准》GB/T 51100、《绿色饭店建筑评价标准》GB/T 51165、《绿色医院建筑评价标准》GB/T 51153、《绿色博览建筑评

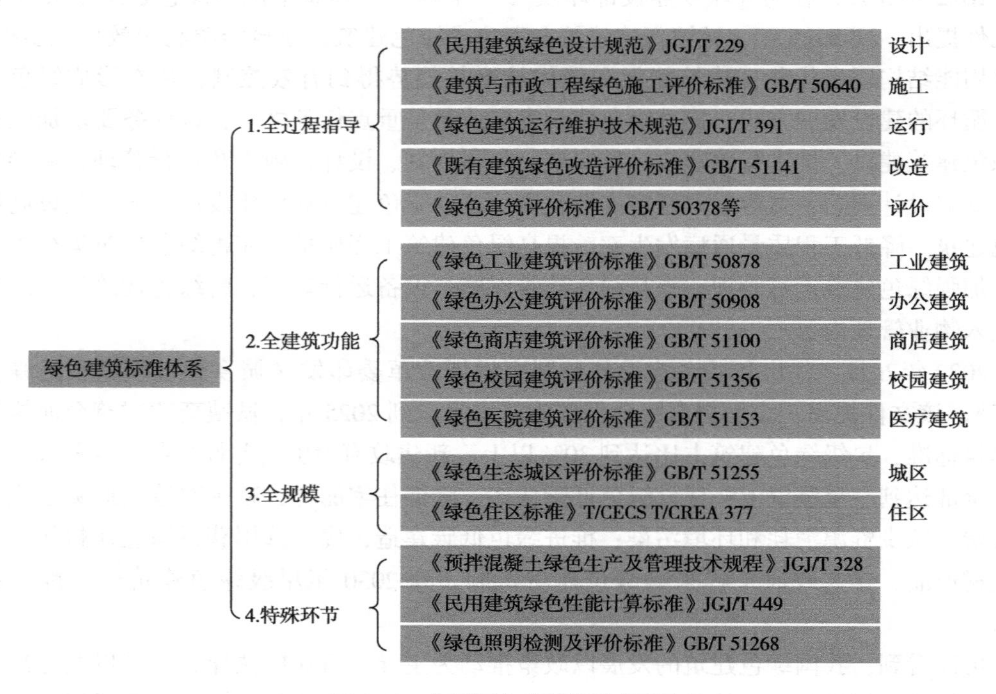

图2-1 中国绿色建筑标准体系

价标准》GB/T 51148，可分别用于工厂、办公楼、商场、饭店、医院、博物馆/展览馆的绿色评价，较全面地覆盖了建筑的主要功能类型。

（3）针对建筑的不同规模尺度，《绿色生态城区评价标准》GB/T 51255、《绿色住区标准》T/CECS T/CREA 377、《既有社区绿色化改造技术标准》JGJ/T 425 可针对内容更多、情况更复杂的住区与城区范围，提供科学合理、技术适宜、经济适用的可持续绿色建筑发展方案。

（4）对于绿色建筑的实施或所涉及的一些特殊对象（或环节、专业等），还有一些专门的标准可作为技术依据，例如《预拌混凝土绿色生产及管理技术规程》JGJ/T 328、《民用建筑绿色性能计算标准》JGJ/T 449、《绿色照明检测及评价标准》GB/T 51268 等。

此外，考虑差异化需求，各地通过编制适合当地发展的绿色建筑相关标准，有效促进了地方绿色建筑发展。与此同时，我国也陆续制定了内容丰富的绿色建筑团体标准，以补充国家标准、行业标准的相关技术要求。总体而言，已逐步形成了具有中国特色，涵盖建筑设计、施工、运行、检测、评价、改造全过程及国家、行业、地方、团体全层级的绿色建筑技术标准体系[3]。

2.1.4 全过程管理

为深入落实绿色发展理念，保障建筑的绿色性能得以实现，国家有关部门出台了一系列政策，对完善绿色建筑工程建设全流程标准体系、严格全过程监督管理、加强事中事后监管等提出了明确要求。随后，各地纷纷出台了推进地方绿色建筑发展的行动方案、实施意见等，细化了各地区绿色建筑实施全过程管理的重点内容。此外，为了切实推进全过程管理，2015 年以来，部分地区制修订了促进绿色建筑发展的地方性法规和规章，普遍将绿色建筑发展纳入政府工作考评体系，进一步明确了全过程闭合管理制度，明晰了绿色建筑监督和管理部门在项目立项批复、土地出让、规划审批、施工图审查、施工、竣工验收等环节的监管职责，将绿色建筑全过程管理工作与工程建设管理程序有机融合。

具体地，在项目立项批复阶段，要求明确绿色建筑相关要求，比如浙江、辽宁和青海还要求投资主管部门出具的项目批复文件应载明绿色建筑等级要求。在规划审查阶段，规定城乡规划主管部门审查项目的绿色建筑相关要求，如河北、辽宁、江苏、宁夏还提出将绿色建筑相关内容纳入控制性详细规划。在土地出让阶段，要求国土资源主管部门明确绿色建筑相关要求，如河北、内蒙古、江苏、宁夏、江西、天津明确提出将其纳入国有土地使用权出让合同或者划拨决定书。在施工图审查阶段，针对城镇新建建筑全面执行绿色建筑标准的地区，要求由施工图设计文件审查机构对项目是否符合绿色建筑标准进行审查，对不符合要求的项目不得出具施工图审查合格证书。在施工阶段，辽宁要求建设单位委托有相关资质条件的工程质量检测机构进入施工现场进行与节能相关的检验、检测，河北、辽宁、宁夏、贵州要求在施工现场对绿色建筑等级及技术指标进行公示，江苏、宁夏、内蒙古、山东要求实施绿色施工。在竣工验收阶段，要求建设单位组织工程竣工验收时对绿色建筑相关要求进行查验，河北、内蒙古、辽宁、江苏、浙江、宁夏、贵州、山东明确规定，不符合绿色建筑标准要求的项目不得通过竣工验收。

全国各地通过发挥以上行政手段作用，加强了绿色建筑的全过程管理。表 2-1 为我国部分地区绿色建筑管理与工程建设管理程序衔接情况。可见，江苏、宁夏、辽宁、内蒙古、山东等地的绿色建筑管理与工程建筑管理程序进行了全过程衔接。同时，各地绿色建筑专项设计监管均已纳入工程建设管理流程中，绿色建筑施工图审查已实现与常规施工图审查同时进行，保证了绿色设计图纸质量，为实现绿色建筑奠定了基础[4]。

表 2-1　地方绿色建筑管理与工程建设管理程序衔接情况

地区	立项批复阶段	规划审查阶段		土地出让阶段		施工图审查阶段		施工阶段			竣工验收阶段	
		规划审核	纳入控制性详细规划	招拍挂或土地出让条件中明示	纳入出让合同或划拨决定书	审查是否符合绿建标准	不符合绿建标准的不得出具审查合格证书	现场检验检测	绿色施工	现场公示绿建相关信息	查验是否符合绿建标准	不符合绿建标准的不得通过竣工验收
北京	√	√	√	√	√	√	√	/	√	/	√	√
江苏	√	√	√	/	√	√	√	/	√	/	√	√
宁夏	√	√	√	/	√	√	/	/	√	√	√	√
河北	/	√	√	/	√	√	√	/	/	√	√	√
辽宁	√	√	√	√	/	√	√	√	/	√	√	√
内蒙古	√	√	/	/	√	√	√	/	√	/	√	√
广西	/	/	/	/	/	√	/	/	/	/	/	/
陕西	√	/	/	√	/	√	/	/	/	/	/	/
贵州	/	/	/	/	/	√	/	/	/	√	√	√
江西	/	√	/	/	√	√	/	/	/	/	√	/
青海	√	/	/	√	/	√	/	/	/	/	/	/
天津	√	√	/	/	√	√	√	/	/	/	√	√
山东	√	√	/	√	/	√	√	/	√	/	√	√
广东	√	√	√	√	√	√	√	√	√	√	√	√
福建	√	√	/	√	√	√	√	√	√	/	√	√
湖南	√	√	√	√	√	√	√	√	√	√	√	√
安徽	√	√	√	√	√	√	√	√	√	√	√	√
河南	√	√	√	√	√	√	√	/	√	√	√	√
深圳	√	√	√	√	√	√	√	/	/	/	√	√
上海	√	√	√	/	/	√	/	/	√	/	√	/

续表2-1

地区	立项批复阶段	规划审查阶段		土地出让阶段		施工图审查阶段		施工阶段			竣工验收阶段	
		规划审核	纳入控制性详细规划	招拍挂或土地出让条件中明示	纳入出让合同或划拨决定书	审查是否符合绿建标准	不符合绿建标准的不得出具审查合格证书	现场检验检测	绿色施工	现场公示绿建相关信息	查验是否符合绿建标准	不符合绿建标准的不得通过竣工验收
山西	√	√	√	√	√	√	/	√	√	√	√	√
海南	√	√	√	√	√	√	/	/	/	/	√	√

注：各地方性法规或规章规定了在本表中所列工程建设各阶段应对绿色建筑相关要求进行监管时，标注“√”；否则为“/”。

综上，我国绿色建筑经过十多年的持续发展，各地明晰了绿色建筑监管部门的职责，将绿色建筑全过程管理工作与工程建设管理程序有机融合，基本实现了绿色建筑的全过程管理，为绿色建筑的发展提供了保障。

2.1.5 标识评价

自2008年我国首次启动绿色建筑标识评价工作以来，绿色建筑标识项目逐年递增，如图2-2所示，已从2008年的10个项目发展至2020年的24 700个。截至2020年底，全国绿色建筑面积已经累计超过了66.45亿m²，2020年当年新建绿色建筑占城镇新建民用建筑的比例已经达到了76.99%。

“十一五”期间（2006—2010年），我国绿色建筑评价管理体系基本建立并逐步完善，绿色建筑工作得到了较快的发展。期间出台了《绿色建筑评价标识管理办法（试行）》（建科〔2007〕206号）、《一二星级绿色建筑评价标识管理办法（试行）》（建科〔2009〕109号）等多个管理文件。2008年启动了绿色建筑标识评价工作，当年获得绿色建筑评价

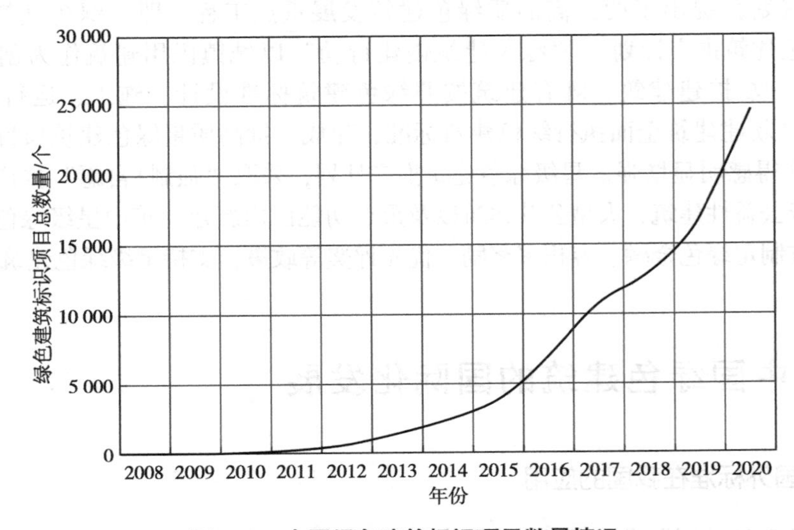

图2-2 全国绿色建筑标识项目数量情况

标识的项目为10个，2009年获得绿色建筑评价标识的项目为20个，2010年获得绿色建筑评价标识的项目达到82个，其中地方开展一、二星级绿色建筑评价的地方达到了21个，完成了23个绿色建筑项目的评价工作。

“十二五”期间（2011—2015年），全国绿色建筑标识项目数量合计为3 867个，绿色建筑依旧保持着强劲的增长势头，各级地方政府也纷纷制定推动政策，部分省份甚至将发展绿色建筑提升至法律层面，绿色建筑发展达到了新的高度。

“十三五”期间（2016—2020年），我国绿色建筑发展整体上了一个新的台阶，进入全面、高速发展阶段。在项目数量上，继续保持着规模优势，截至2020年12月31日，全国共计评出约24 700个获绿色建筑评价标识的项目，全国绿色建筑的面积累计达到了66.45亿m^2。

2021年1月，住房和城乡建设部印发了《关于印发绿色建筑标识管理办法的通知》，以规范绿色建筑标识管理，推动绿色建筑高质量发展。新的管理办法奠定了未来一段时间绿色建筑发展的格局及模式，主要体现在三方面：①政府评价：住房和城乡建设部认定三星级绿色建筑，省级住房和城乡建设部门认定二星级绿色建筑，地市级住房和城乡建设部门认定本地区一星级绿色建筑。②统一标准：绿色建筑三星级标识认定统一采用国家标准，二星级、一星级标识认定可采用国家标准或与国家标准相对应的地方标准，地方标准可细化国家标准要求，补充国家标准中创新项的开放性条款，但不应调整国家标准评价要素和指标权重。③明确范围：新建民用建筑采用《绿色建筑评价标准》GB/T 50378，工业建筑采用《绿色工业建筑评价标准》GB/T 50878，既有建筑改造采用《既有建筑绿色改造评价标准》GB/T 51141。

“十四五”时期（2021—2025年）是开启全面建设社会主义现代化国家新征程的第一个五年，是落实碳达峰、碳中和目标的关键时期，建筑节能与绿色建筑发展面临更大挑战，同时也迎来重要发展机遇。2022年3月，住房和城乡建设部发布了《“十四五”建筑节能与绿色建筑发展规划》（以下简称《规划》），提出加强制度建设，按照《绿色建筑标识管理办法》，由住房和城乡建设部授予三星绿色建筑标识，由省级住房和城乡建设部门确定二星、一星绿色建筑标识认定和授予方式。完善全国绿色建筑标识认定管理系统，提高绿色建筑标识认定和备案效率。开展建筑能效测评标识试点，逐步建立能效测评标识制度。该《规划》提出了两大高品质绿色建筑发展重点工程，即“绿色建筑创建行动”和“星级绿色建筑推广计划”。“绿色建筑创建行动”以城镇民用建筑作为创建对象，引导新建建筑、改/扩建建筑、既有建筑按照绿色建筑标准设计、施工、运行及改造。到2025年，城镇新建建筑全面执行绿色建筑标准，建成一批高质量绿色建筑项目，使人民群众体验感、获得感明显增强。星级绿色建筑推广计划，采取“强制+自愿”推广模式，适当提高政府投资公益性建筑、大型公共建筑以及重点功能区内新建建筑中星级绿色建筑建设比例。引导地方制定绿色金融、容积率奖励、优先评奖等政策，支持星级绿色建筑发展。

2.2 中国绿色建筑的国际化发展

2.2.1 国外标准在我国的应用

我国绿色建筑的国际化发展经历了从“引进来”到“走出去”的过程。自2001年起，美国 LEED、英国 BREEAM、德国 DGNB、法国 HQE、新加坡 Green Mark 陆续进入我国。

美国 LEED 绿色建筑认证体系于 2001 年首次进入中国。截至 2022 年底，中国共有 9 400 个 LEED 注册项目，总面积超过 3.9 亿 m^2，其中，获得 LEED 认证的项目总数达 5 415 个，总认证面积已近 1.6 亿 m^2，已认证项目多集中于上海、北京、香港、深圳等城市[5]。相较于 2021 年，2022 年全国新增 1 688 个 LEED 注册项目，同比增长 17.30%；新增 LEED 认证项目同比增长 3.54%，连续 7 年蝉联 LEED 海外认证排行榜榜首。在全部认证项目中，办公与零售建筑占比较高，分别为总认证数的 42.9% 和 30.8%。在疫情席卷全球的艰难境遇下，LEED 在中国的认证仍呈上涨趋势，尤其在既有建筑和城市板块有突出成绩。典型项目包括北京侨福芳草地商业综合体、深圳领展中心城等，如图 2-3、图 2-4 所示。

图 2-3　北京侨福芳草地商业综合体

图 2-4　深圳领展中心城

英国 BREEAM 认证体系于 2016 年首次进入中国。截至 2020 年 12 月，超过 680 栋建筑获得了 BREEAM 认证，超过 900 栋建筑进行了注册，累计建筑面积达 2 500 万 m^2。提供 BREEAM 咨询认证服务的机构有 100 余个，BREEAM 评估师、特许从业专家等专业人员超过 200 名。其中，中粮 · 置地广场（图 2-5）是中国首个设计与建成阶段均获得 BREEAM“Excellent 四星”的项目，该项目不仅符合 BREEAM 基于环境舒适性、办公环境等国际高规格标准，充分体现了“健康”“功能”“科技”“轻奢”“高效”五项国际化办公环境营造理念。

图 2-5　中粮置地广场

法国 HQE 认证体系于 2020 年首次进入中国。截至 2022 年底，中国已有 5 个项目获得了 HQE 认证标识，总建筑面积超 10 万 m^2。其中，青岛西海岸·创新科技城体验中心是首个获得 HQE 卓越级（Exceptional）和中国健康建筑二星级设计标识双认证的项目。

德国 DGNB 认证体系于 2015 年首次进入中国。截至 2022 年底，DGNB 在中国现共有 40 个项目获得了认证或预认证证书。浙江长兴的 Bruck 被动房（图 2-6）是中国第一个获得 DGNB 白金级新建住宅认证的项目。

图 2-6　浙江长兴 Bruck 被动房

新加坡 GreenMark 认证体系于 2007 年首次进入中国。截至 2022 年 12 月，GreenMark 在中国共有 46 个项目获得了认证。典型项目包括中新天津生态城等。

2.2.2　我国标准的国际化推广

我国《绿色建筑评价标准》GB/T 50378 已经历两次修订，不断更新和提升相关内容要求，2019 年版《绿色建筑评价标准》在技术上已达到国际领先水平。

2020 年 3 月，世界绿色建筑委员会（World Green Building Council）发文刊登 2019 年版《绿色建筑评价标准》在应对新型冠状病毒肺炎（COVID-19）中的贡献，文中指出绿色建筑是中国建筑科技发展过程中的重要里程碑，并从具备疫情防控的基础功能、提供疫情防控工作开展的便利条件、降低感染风险和预防交叉感染、促进和保障建筑使用者身体健康、稳定疫情防控期间生产生活环境 5 个方面肯定了 2019 年版《绿色建筑评价标准》在新冠肺炎疫情防控中所发挥的积极作用。

为回应国际同行关注和促进国际交流，2019 年版《绿色建筑评价标准》于 2020 年 5 月发布英文版，英文版《绿色建筑评价标准》对开展绿色建筑国际业务与活动，提升“中国标准”国际影响力和贡献力具有积极意义。

中国绿色建筑评价标准的海外认证评价始于 2018 年，截至 2023 年底，分别有日本北九州市立大学环境工学部校区主楼、阿尔及利亚安纳巴 121 套高端房地产项目、密克罗尼西亚联邦会议中心、援白俄罗斯国际标准游泳馆 4 个项目应用我国标准进行了评价。

日本北九州市立大学环境工学部校区主楼项目依据 2019 年版《绿色建筑评价标准》进行评价，获得了绿色建筑三星级标识，并且是运营阶段的完整标识认证，该项目是首个中国绿色建筑标准的海外项目，是中国绿色建筑出海里程碑式的成果，该项目还获得了日本绿色建筑标准（CASBEE）最高级别 S 级认证。

非洲阿尔及利亚安纳巴 121 套高端房地产项目是第二个依据 2019 年版《绿色建筑评价标准》进行评价的海外项目，该项目获得了绿色建筑二星级设计标识，是中国绿色建筑首个海外住宅认证，项目充分利用当地条件和资源，营造了舒适的居住环境，同时获得了 HQE 最高级 Exceptional 卓越级认证。

密克罗尼西亚联邦会议中心项目依据 2019 年版《绿色建筑评价标准》进行设计评价，获得了三星级绿色建筑标识，该项目是依据我国 2019 年版《绿色建筑评价标准》进行的首个大洋洲项目的评价，项目解决了经济较为落后国家钢结构建筑高效建造技术问题，采用的绿色建筑技术包括钢结构构件智能制造、钢结构构件深化设计、钢结构现场标准化安装等。

援白俄罗斯国际标准游泳馆项目依据 2019 年版《绿色建筑评价标准》进行设计评价，获得了二星级绿色建筑设计标识，项目建成后将成为白俄罗斯最大的游泳馆，也是迄今为止中国在白俄罗斯援建规模最大的社会公益性项目。

为打破我国绿色建筑国际化发展的标准壁垒，推动我国与"一带一路"共建国家绿色建筑项目的深化合作，为共建国家绿色建筑建设提供依据，中国建筑科学研究院有限公司会同有关单位共同编制了首部适用于"一带一路"共建国家的《国际多边绿色建筑评价标准》T/CECS 1149—2022。该标准以"安全耐久、健康舒适、生活便利、资源节约、环境宜居"五类指标为架构，构建了"一带一路"共建国家绿色建筑评价技术体系，创新运用了柯本气候分区进行绿色建筑的评价，提出了建筑应对气候变化方案、碳中和策略、强化可再生能源应用等条款，具有先进性和前瞻性，填补了"一带一路"共建国家协同绿色建筑评价标准的空白，可有效支撑"一带一路"共建国家绿色建筑的推广工作。2022 年 8 月 26 日，《国际多边绿色建筑评价标准》T/CECS 1149—2022 经中国工程建设标准化协会正式发布，2023 年 1 月 1 日起实施。依据该标准的技术要求，目前已完成密克罗尼西亚联邦会议中心绿色建筑三星级、巴布亚新几内亚星山广场二期绿色建筑三星、援白俄罗斯国际标准游泳馆绿色建筑二星级、援老挝铁道职业技术学院项目绿色建筑二星级、刚果共和国布拉柴维尔商务中心项目绿色建筑二星级及迪拜哈斯彦清洁煤电厂办公楼绿色建筑一星级共 6 个项目的国际评价。这些项目为我国绿色建筑"走出去"提供了可借鉴的样板，对指导"一带一路"共建国家工程建设高质量发展具有重要意义。

2.2.3 中国绿色建筑国际合作

中国绿色建筑的国际合作范围广泛，通过参与国际组织的相关工作、开展绿色建筑双认证、召开绿色建筑国际会议、共同研发绿色建筑技术与标准等工作，积极开展绿色建筑国际合作，推动我国绿色建筑的国际化发展。表 2-2 列出了我国绿色建筑国际合作的大事记。

表 2-2 我国绿色建筑国际合作大事记

时间	事件
2015 年 7 月	"第七届建筑与环境可持续发展国际会议（SuDBE2015）"暨中英合作论坛（UK-China Forum）在英国雷丁大学和剑桥大学举行
2018 年 3 月	首个中国绿色建筑运行标识海外项目通过评价，项目位于日本九州

续表2-2

时间	事件
2018 年 4 月	中国绿建委与世界绿建委签署了绿色建筑合作备忘录，将绿色建筑、超低能耗建筑、健康建筑作为双方合作的重要方向，联合推动中国绿色建筑走出去，并实质性支持相关技术研发
2018 年 9 月	中新国际绿色建筑论坛在中新天津生态城召开，大会由中华人民共和国住房和城乡建设部、新加坡国家发展部、天津市政府支持
2018 年 10 月	主题为“生态城市，绿色发展”的世界城市日中国主场活动由中华人民共和国住房和城乡建设部、江苏省人民政府、联合国人居署在徐州共同举办
2018 年 12 月	中国建筑科学研究院有限公司王清勤副总经理受邀出席第二十四届联合国气候变化大会 2018 建筑行动论坛（COP24 2018 Building Action Symposium）并发表主题演讲
2019 年 1 月	中国城市科学研究会绿色建筑研究中心与英国建筑研究院（BRE）达成共识，将共同推进中国绿色建筑与英国 BREEAM 绿色、可持续建筑的双认证评价
2019 年 4 月	第十五届“国际绿色建筑与建筑节能大会暨新技术与产品博览会”主论坛上，国务院参事、住房和城乡建设部原副部长、中国城市科学研究会仇保兴理事长和德国、法国、英国绿色建筑评价机构的掌门人共同为首批国际双认证项目颁奖
2019 年 9 月	中国绿建委与德国可持续建筑委员会于德国斯图加特举行了《合作备忘录》落实推进联席会议，双方代表围绕“编制中德双认证案例宣传册、应对气候变化和建筑碳排放研究、绿色城区中德双认证、老旧城区改造升级和中德双认证在国内宣传及咨询培训”等 5 个重点领域的合作意向进行了深入研讨
2019 年 10 月	中国绿建委作为世界绿色建筑委员会的合作机构，应邀派代表与深圳市绿色建筑协会代表一起参加了在菲律宾宿务召开的亚太地区联盟（Asia Pacific Regional Network-APN）工作研讨会。同世界绿色建筑委员会及印度、澳大利亚、马来西亚、印度尼西亚、新加坡、菲律宾、中国香港和中国台湾的绿色建筑社团组织的代表交流了各国家和地区绿色建筑发展情况
2020 年 3 月	世界绿色建筑协会（World Green Building Council）发文刊登中国绿色建筑在应对新型冠状病毒肺炎（COVID-19）中的贡献。文中指出绿色建筑是中国建筑科技发展过程中的重要里程碑，肯定了《绿色建筑评价标准》GB/T 50378—2019 在疫情防控中的积极作用
2020 年 6 月	国家重点研发计划“‘一带一路’共建国家绿色建筑技术和标准研发与应用（2020YFE0200300）”项目立项，中国建筑科学研究院有限公司联合国内外绿色建筑优势机构共同开展适用于“一带一路”共建国家的绿色建筑评价标准研编、技术研发及示范应用工作
2020 年 11 月	时任住房和城乡建设部副部长倪虹与瑞士联邦驻华大使罗志谊举行会谈；中国住房和城乡建设部与瑞士外交部签署《关于在建筑节能领域发展合作的谅解备忘录》

续表2-2

时间	事件
2021 年 5 月	中国城市科学研究会绿色建筑研究中心会同德国可持续建筑委员会和法国建筑科学技术中心等双认证合作机构举行“中德合作论坛——中德低碳建筑技术交流论坛”和“HQE 标准培训暨绿色建筑双认证技术研讨会”，正式发布中德和中法绿色建筑标准对标报告
	由中国城市科学研究会和 Active House 国际联盟联合评价的 2021 年首批主动式建筑标识项目诞生
	“柯布共同福祉奖”（John Cobb Common Good Award）在美国克莱蒙颁发，中国城市科学研究会副理事长俞孔坚获此殊荣。这是生态哲学领域和生态文明领域世界范围内的最高奖项
2021 年 6 月	中国城市科学研究会和德国能源署联合举办“城市能源转型”线上圆桌会议。会议以“碳中和发展+绿色金融+创新技术”为主题，旨在探讨在当前世界环境面临的挑战下，中德两国在城市碳中和、绿色环境及能源等多领域的转型与发展
2021 年 10 月	世界城市日中国主场活动暨首届城市可持续发展全球大会在上海举办，由房和城乡建设部、上海市人民政府和联合国人居署共同主办
2021 年 11 月	中国气候变化事务特使解振华，中国 COP 26 代表团团长、生态环境部副部长赵英民，同美国总统气候问题特使约翰·克里在《联合国气候变化框架公约》第二十六次缔约方大会（COP 26）期间，就中美应对气候变化继续开展对话交流。
	中华人民共和国主席习近平在亚太经合组织工商领导人峰会上发表主旨演讲，指出良好生态环境是最基本的公共产品和最普惠的民生福祉，绿色低碳转型是系统性工程，必须统筹兼顾、整体推进。中国将推进全面绿色转型。中国将积极推进生态文明建设，深化水土流失综合治理，打好污染防治攻坚战
2021 年 12 月	“第十届建筑与环境可持续发展国际会议（SuDBE 2021）”在重庆举行，大会由重庆大学、中国城市科学研究会绿色建筑与节能专业委员会主办，剑桥大学、雷丁大学联合主办。大会以“绿色建筑助力碳达峰碳中和”为主题
2023 年 4 月	德国可持续建筑委员会总裁 Johannes Kreißig 和中国区负责人马是哲到访城科会绿色建筑研究中心，深入交换 2019 年至今的中德两国绿色建筑发展情况，建筑行业新形势和新趋势，探讨未来合作模式。会上，孟冲主任与 Kreißig 总裁续签了《双认证合作备忘录》，开启新一阶段合作伙伴关系，并敲定实施细节
2023 年 5 月	第十九届“国际绿色建筑与建筑节能大会暨新技术与产品博览会”主论坛上，国际欧亚科学院院士、住房和城乡建设部原副部长仇保兴先生为由中国城市科学研究会进行评价的首批“一带一路”海外认证项目进行颁奖

在推动我国绿色建筑国际化发展过程中，本书编写团队也意识到由于起步较晚等原因，我国绿色建筑在国际化发展方面面临着技术及标准适应能力弱、认同感低等问题。为解决以上问题，推动我国绿色建筑的国际化发展，国家重点研发计划——“‘一带一路’

共建国家绿色建筑技术和标准研发与应用”项目团队从2020年6月起，与国外相关机构开展合作，逐步研究形成了包括技术、标准、模式、示范等在内的绿色建筑“走出去”的系统解决方案，取得了阶段性成果。项目团队结合我国技术优势，以满足共建国家需求为目标，开展了系列研究，主要包括：①在国际上率先对共建国家绿色建筑开展了系统的调研工作，全面对比了国际主流绿色建筑评价体系与我国评价体系的异同，提出了我国绿色建筑国际化发展策略。②结合我国技术优势，以满足共建国家需求为目标，构建了国际化绿色建筑技术体系，研发了包括结构体系选型与安全高效装配技术、安全耐久型围护结构节能构造技术、基于复合通风的热环境营造策略、绿色园区智慧管理技术、空气品质提升技术、可再生能源与建筑节能技术、“一带一路”沿线热环境评价及营造技术、环境改善功能性绿色建材等在内的适用性绿色建筑关键技术。③建立了国际化绿色建筑标准体系，研编了《国际多边绿色建筑评价标准》T/CECS 1149—2022及4项绿色建筑重点技术标准。④构建了绿色建筑评价认证国际合作机制，搭建了国际化的联合认证平台。在所建平台的框架下，依据所编标准的技术要求，完成了密克罗尼西亚联邦会议中心、巴布亚新几内亚星山广场二期、援白俄罗斯国际标准游泳馆、援老挝铁道职业技术学院、刚果共和国布拉柴维尔商务中心、迪拜哈斯彦清洁煤电厂办公楼共6个共建国家的绿色建筑国际评价示范项目。

该项目的研究提升了我国绿色建筑的科技水平和研究人员的国际化能力，研究成果可支撑我国绿色建筑在“一带一路”共建国家推广，助力绿色“一带一路”建设。

2.3 中国绿色建筑发展展望

我国绿色建筑经过十多年持续深入的发展，已形成了量质齐升的发展态势。未来要全面提升新建建筑品质，实现新建建筑全面减排增效；对既有建筑进行存量优化，使之更加绿色节能；依靠高新技术和科技的引领，实现配套产业不断协同发展。要在绿色建筑到绿色城市规模化发展基础上，以绿色建筑为载体，深度融合健康、低碳、智慧等技术措施，着力推动绿色建筑规模化和建筑节能高质量发展。

2.3.1 绿色建筑助力双碳目标实现

为推动以CO_2为主的温室气体减排，2020年9月我国提出“双碳”目标，即在2030年之前达到碳排放峰值，努力争取在2060年前实现碳中和，是我国生态文明建设和高质量可持续发展的重要战略，将推动全社会加速向绿色低碳转型。根据2022年《中国建筑节能年度发展报告》的数据，2020年全国建筑与建造能耗总量为22.7亿吨标准煤当量，占全国能源消耗总量的45.5%；2020年全国建筑与建造碳排放总量为50.8亿吨CO_2，占全国碳排放的比重为50.9%。由此可以看出，建筑领域节能减排将是我国实现碳达峰与碳中和的关键。

发展绿色建筑是建筑领域双碳目标实现的重要途径。如表2-3所示，应用碳排放因子法对不同气候区的典型建筑采用不同绿色建筑技术的碳减排效益进行分析可知，绿色居住建筑和公共建筑在不同气候区均能够大幅降低碳排放，且绿色建筑星级越高碳减排量越高。对于住宅建筑，一星级、二星级、三星级绿色建筑可分别降低碳排放 12%～15%、23%～33%、32%～46%。对于公共建筑，一星级、二星级、三星级绿色建筑可分别降低碳排放 11%～17%、28%～32%、42%～53%[6]。

表 2-3 减碳情景设置

建筑类型	星级	围护结构热工性能	暖通空调					功率密度（W/m²）		电梯节能等级	可再生能源	电加热生活热水	可循环材料比例	工业化内装部品	绿色建材	土建装修一体化	绿色施工	绿地率/%
			热源	冷源/COP	风机	水泵	排风热回收	照明	设备									
住宅建筑	一星级	提升5%	市政供暖	4	—	—	—	5	8	B	无	三级	0	0种	0	是	否	40
	二星级	提升10%	市政供暖	4.5	—	变频	—	5	7.6	B	太阳能热水	二级	6%	1种	30%	是	是	42
	三星级	提升20%	市政供暖	5	—	变频	—	4	6	A	太阳能热水	一级	10%	3种	50%	是	是	44
公共建筑（办公建筑）	一星级	提升5%	市政供暖	提高6%	—	—	—	9	13.5	普通	无	—	0	0种	0	是	否	20
	二星级	提升10%	市政供暖	提高12%	变频	变频	65%	8	13.5	VVVF	光伏发电	—	10%	1种	30%	是	是	21
	三星级	提升20%	市政供暖	提高12%	变频	变频	65%	7	12	VVVF	光伏发电	—	15%	3种	50%	是	是	22

注：1. 居住建筑基本模型采用 22 层钢筋混凝土剪力墙及框架结构住宅建筑，建筑高度为 69.75m，地上建筑面积为 10 373m²，建筑占地面积为 502m²。

2. 公共建筑基本模型采用 5 层钢筋混凝土剪力墙及框架结构办公建筑，建筑高度为 23.25m，地上建筑面积为 14 419.6m²，建筑占地面积为 2 873.64m²。

综上，推动建筑行业绿色发展是我国经济社会绿色低碳转型以及实现双碳目标的必然要求，是转变城乡建设粗放发展方式，破解能源资源瓶颈约束，促进建筑领域碳减排的重要手段。未来，随着我国建筑技术不断创新升级，绿色建筑将持续向低碳方向发展。

2.3.2 绿色建筑健康性能提升

推进健康中国建设，是全面提升中华民族健康素质、实现人民健康与经济社会协调发展的国家战略。当前我国正处于推进健康中国建设的重要战略机遇期，健康建筑为建筑领域落实健康中国战略和高质量发展提供了新的思路和抓手。

健康建筑是在满足建筑功能的前提下，为建筑使用者提供更加健康的设施、服务和环境，使建筑使用者身体和心理更健康，实现健康性能进一步改善的建筑。2017 年，我国首部健康建筑技术标准《健康建筑评价标准》T/ASC 02—2016 发布并实施，健康建筑及其相关产业被激活，健康建筑成为建筑领域又一新的发展方向。经过多年实践，我国健康建筑事业取得了良好发展，制定了健康建筑、健康社区等相关标准引领行业发展；开展了建筑通风与室内空气品质、建材污染物散发、健康照明与光环境提升等方面的科学研究，为健康建筑发展提供理论和技术支撑。截至 2023 年 4 月底，按照健康建筑系列标准设计、建设，获得或注册标识的项目建筑面积累计 1.29 亿 m^2。其中，健康建筑 389 个项目，建筑面积共计 4 153 万 m^2；健康社区 33 个，建筑面积共计 1 187.9 万 m^2，既有住区健康改造 10 个，建筑面积共计 6 875 万 m^2；健康小镇 3 个，建筑面积共计 793 万 m^2，占地面积 4 187.9 万 m^2；健康建筑声学专项 4 个，建筑面积共计 65.6 万 m^2。项目覆盖了北京、上海、天津、重庆、江苏、广东、浙江、安徽、山东、河南、四川、江西、陕西、湖北、新疆、河北、甘肃、青海、福建、内蒙古、云南、吉林、黑龙江、辽宁、湖南、海南共 26 个省（自治区、直辖市），以及香港特别行政区。

发展健康建筑是实现绿色建筑高质量发展的重要方向之一，是满足绿色建筑在健康方面进行更深层次发展的需求。我国健康建筑相关工作虽然取得了阶段性成绩，但仍面临着基础研究薄弱、关键设计方法和技术积累不足、标准体系有待完善等问题。未来十年是推进健康中国建设的重要战略机遇期，健康建筑作为满足人民美好生活需要的重要载体，或将打开建筑业发展的新局面，健康建筑在迎来更多机遇的同时必将面临诸多挑战，因此，在借鉴国外健康建筑发展经验基础上，需要探索研究出一条符合我国国情的特色发展道路，迎接健康建筑的高质量发展。

2.3.3 绿色建筑智慧水平提升

建筑智能化是计算机技术、网络技术、机械电子技术、建造技术、管理科学与建筑领域的交叉融合。数字化时代，智能化建筑逐渐成为绿色建筑的基本要求。绿色建筑中智能化系统的应用对建筑全寿命期，尤其是建造阶段和运行阶段绿色性能的提升具有非常重要的作用，可有效提升建筑安全、绿色、健康、低碳水平。

建筑智慧化逐渐成为绿色建筑的基本要求，我国《绿色建筑评价标准》GB/T 50378—2019 也提出了智慧化要求。在绿色建筑标准引领下，传统建筑业深化改革升级，绿色建筑将向更高质量的方向发展，智慧建筑将是绿色建筑向信息化发展的体现，将成为绿色建筑发展的重要方向。

2.3.4 绿色金融协调发展

近年来，多部委和多个行业协会开始推动并鼓励利用绿色金融工具支持绿色建筑项目。2013 年银监会颁布《绿色信贷统计制度》，在节能环保项目及服务贷款情况统计表中，将“建筑节能及绿色建筑”纳入绿色信贷统计。2015 年 12 月 22 日，中国金融学会绿色金融专业委员会发布《绿色债券支持项目目录（2015 年版）》，将“新建绿色建筑”及“既有建筑节能改造”划入节能大类中的“可持续建筑”小类。2019 年，国家发展改革委等七部委发布《绿色产业指导目录（2019 年版）》，也将“建筑节能与绿色建筑”相关内容纳入其中。

通过积极开发绿色建筑领域金融产品、推进绿色建筑发展，进一步加强了绿色金融与绿色建筑发展的互动循环。一方面，丰富了绿色金融体系。将“金融+”与“绿色建筑+”深度融合，推出多种绿色金融产品，金融资源配置、信贷投向、融资结构更加绿色化和实体化。另一方面，推进了绿色建筑建设。通过绿色金融助力绿色建筑，推进项目试点，建立绿色建筑示范工程，推动绿色建筑高质量发展。

绿色金融是支持经济绿色低碳转型的重要举措，对于探索绿色金融工具支持国家“碳达峰、碳中和”目标实现具有重要意义。这也是绿色建筑发展的重大利好，为房地产企业增加了一条全新的融资渠道。

2.3.5 加强国际化发展

在过去的三十年里，绿色建筑已发展至世界各地。最初在英国，在 21 世纪的前 10 年，几乎发展至世界各地，可见各国对绿色建筑理念的认同。回望我国绿色建筑的发展脉络，走向世界是未来的指向。经过十多年的发展，我国绿色建筑进入高质量发展时期，良好的发展形势为绿色建筑的国际化发展夯实了基础，同时，在“一带一路”倡议下，建筑业迅猛的海外发展形势也为绿色建筑的国际化发展创造了条件。过去几年，我国绿色建筑开展了国际化发展的探索，但同时也看到目前我国绿色建筑的国际化发展尚处在初级阶段，相关的研究、工程实践和成果仍比较匮乏。未来我国绿色建筑的国际化发展需要从加强绿色建筑国际宣传与推广、培养绿色建筑国际化人才、提升我国绿色建筑技术的适用性、加强绿色建筑标准化顶层设计、推广我国绿色建筑国际评价等方面持续发力。

绿色建筑的国际化发展是一个长期过程，需要业界同仁携手探索，希望相关机构进一步加强国际合作和技术交流，增强产业链中国企业和机构的横向联系，抱团出海，在行业内逐步形成共同推动中国绿色建筑国际化发展的共识。让我们齐心协力，引领“一带一路”绿色建筑的发展，为建设一个可持续、绿色的未来而努力。立足中国，放眼全球，在为全球可持续发展贡献力量的同时，相信未来我国绿色建筑的国际化之旅自会越来与通顺。

本章参考文献：

[1] 钱小军，周剑，吴希金．新时代绿色低碳发展与转型：清华大学绿色经济与可持续发展研究中心政策研究报告 2018［M］．北京：清华大学出版社，2018.

[2] 姜杰文．我国绿色建筑发展现状及相应检测技术研究［J］．砖瓦世界，2021（23）：237-238. DOI：10.3969/j.issn.1002-9885.2021.23.103.

[3] 卜增文，孙大明，林波荣，等．实践与创新：中国绿色建筑发展综述［J］．暖通空调，2012，42（10）：1-8. DOI：10.3969/j.issn.1002-8501.2012.10.001.

[4] 邓月超，孟冲，赵乃妮，等．我国绿色建筑对健康建筑发展的启示［J］．建设科技，2022，11：67-70.

[5] 李军．新形势下绿色建筑全过程管理模式的思考［J］．建筑科学，2020，36（8）：174-179.

[6] 王清勤，孟冲，朱荣鑫，等．基于全寿命期理论的绿色建筑碳排放研究［J］．现代建筑，2022，8：14-16.

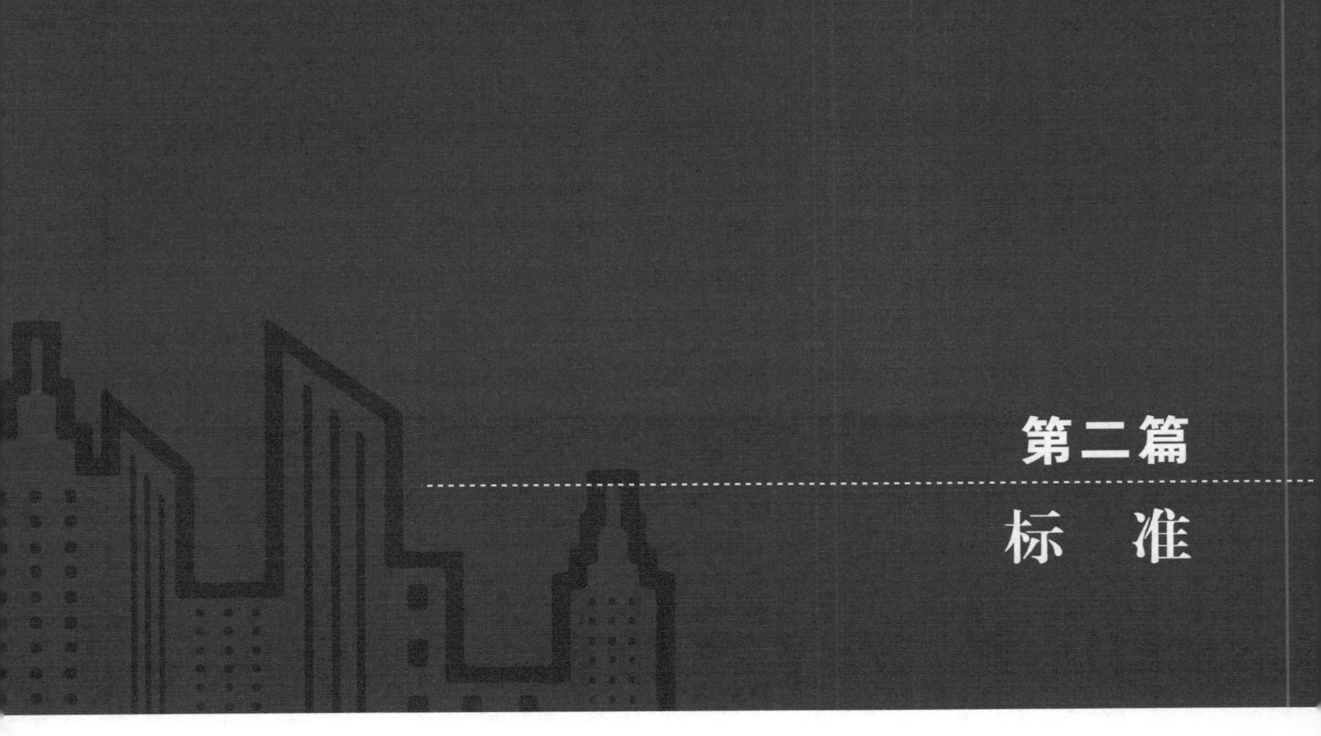

第二篇 标准

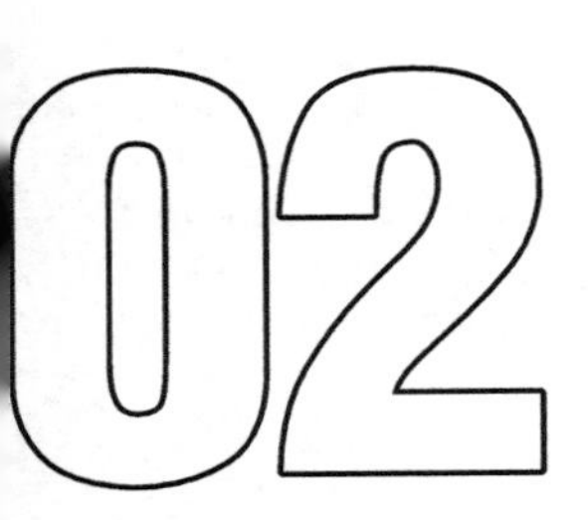

标准在各个领域的发展中均扮演着举足轻重的角色，往往代表着话语权，是一个国家软实力和硬实力的综合体现，在绿色建筑领域也不例外。作为绿色建筑的技术定义性文件，标准在推动行业发展、规范工程实践、指导项目评价认证等方面具有重要意义。世界各国纷纷制定和完善以评价为主导的绿色建筑标准体系，为行业提供了通用的技术语言和参考，促进了各国绿色建筑领域的合作与交流。

在世界范围内，具有代表性的绿色建筑标准体系包括中国《绿色建筑评价标准》、美国 LEED 评价体系、英国 BREEAM 评价体系、德国 DGNB 评价体系、法国 HQE 评价体系等。第 3 章，将对上述各个标准详细展开，方便读者了解其发展概况、评价指标体系、体系特点和认证情况。这些体系无论从标准的架构、评价指标的设置，或是认证的操作流程，都有独到之处，可以从不同角度为绿色建筑的技术应用提供指导和评价。

在第4章中，将我国国家标准《绿色建筑评价标准》GB/T 50378与国际绿色建筑标准体系进行了比较。通过对评价对象、评价指标、评价等级和条文技术内容等方面的对比，帮助读者了解中外标准异同，并引导思考如何取长补短，以进一步发挥中国标准在世界范围内的独特优势。

本篇旨在为读者提供一个系统而全面、从宏观到细节的绿色建筑标准导览，帮助大家更好地了解世界各国绿色建筑标准体系，激发读者对绿色建筑标准的实践和研究热情，推动中国绿色建筑标准在世界的应用和推广。

3 世界绿色建筑标准体系

自1990年英国制定世界上第一部绿色建筑标准体系BREEAM以来，各国陆续开始研发本国的绿色建筑评价体系。一些发达国家相继研发了不同的绿色建筑评价体系，如：美国的LEED、德国的DGNB、法国的HQE、加拿大的GBTool、澳大利亚的NABERS及日本的CASBEE等，这些评价体系除在本国快速发展外，在其他国家也取得了不同程度的应用。除此以外，一些“一带一路”国家也相继制定了本国的绿色建筑评价体系，如新加坡的Green Mark、斯里兰卡的GREENSL、卡塔尔的GSAS、阿联酋的Pearl、南非的Green Star SA及巴基斯坦的SEED等。这些评价体系根据本国国情及特点建立，在当地已具备一定的影响力。中国于2006年发布了《绿色建筑评价标准》GB/T 50378—2006，经过十多年的发展，在标准的指导下，绿色建筑标识项目数量已位列全球第四。

各国绿色建筑标准体系各具特点，对世界绿色建筑的发展起到至关重要的作用，本章首先从不同维度介绍世界主流绿色建筑评价体系，在此基础上概述“一带一路”共建国家绿色建筑评价体系，并介绍为我国绿色建筑“走出去”而编制的《国际多边绿色建筑评价标准》T/CECS 1149—2022，以期使读者全面掌握世界绿色建筑标准体系的发展概况、评价指标体系、各自特点及认证情况，促进绿色建筑的国际合作。

3.1 中国绿色建筑评价标准

3.1.1 发展概况

我国在绿色建筑标准方面的探索早在20年前就已开展。2001年，中华全国工商业联合会住宅产业商会发布《中国生态住宅技术评估手册》，手册由原建设部科技司组织原建设部科技发展促进中心、中国建筑科学研究院、清华大学编写，以住宅为使用对象；2003—2004年，《绿色奥运建筑评估体系》《绿色奥运建筑实施指南》先后出版，是国家科技攻关计划“科技奥运”专项“绿色奥运建筑评估体系”项目的研究成果，由清华大学牵头组织多家单位共同完成，以为奥运建设的园区、场馆等各类建筑为主要使用对象；2005年，原建设部、科技部联合印发《绿色建筑技术导则》（建科〔2005〕199号），该导则由中国建筑科学研究院主编，是我国发展绿色建筑、开展工程实践和技术创新的重要技术文件。

2006年，绿色建筑发展领域最重要的国家标准《绿色建筑评价标准》GB/T 50378—2006首次发布实施，该标准由中国建筑科学研究院主编，并于2014年进行了修订。两版标准明确了绿色建筑的定义、评价指标和评价方法，对评估建筑绿色程度、保障绿色建筑质量、规范和引导我国绿色建筑健康发展发挥了极其重要的作用。但随着生态文明建设和建筑科技的快速发展，我国绿色建筑在实施和发展过程中遇到了新的问题、机遇和挑战。2006年版和2014年版《绿色建筑评价标准》GB/T 50378所处的绿色建筑发展历史背景是以工程建设为主线来推进绿色建筑的规模化发展，在当时促进了绿色建筑的理念推广与实践发展。国家和地方的多项强有力举措使我国绿色建筑呈现跨越式发展，绿色建筑由推荐性、引领性、示范性向强制性方向转变。但随着绿色建筑工作的推进，绿色建筑实效问题逐渐显现，绿色建筑运行标识项目所占比例低，相当数量的建筑在进行绿色建筑设计评价后并未继续开展绿色建筑运行评价。同时，“以工程建设为主线”的发展决定了两版标准更多考虑的是建筑本身的绿色性能，考虑“以人为本”及“可感知”的技术要求不够，未让广大人民感受到绿色建筑在健康、舒适、提高质量等方面的优势。此外，随着绿色建筑实践工作稳步推进、绿色建筑发展效益明显，从国家到地方、从政府到公众，全社会对绿色建筑的理念、认识和需求逐步提高，绿色建筑评价蓬勃开展。随着建筑科技的快速发展，建筑工业化、海绵城市、建筑信息模型等高新建筑技术不断涌现并投入应用，而这些新领域方向和新技术发展并未在两版标准中充分体现。为此，《绿色建筑评价标准》GB/T 50378经历了第二次修订，于2019年发布并实施。三版《绿色建筑评价标准》GB/T 50378基本信息对比如表3-1所示。

表3-1　三版《绿色建筑评价标准》GB/T 50378对比

对比类别	2006年版	2014年版	2019年版
评价对象	公共建筑和住宅建筑	各类民用建筑	各类民用建筑
评价阶段	设计评价：施工图设计文件审查通过后； 运行评价：竣工验收并投入使用1年后	设计评价：施工图设计文件审查通过后； 运行评价：竣工验收并投入使用1年后	预评价：施工图设计完成后； 评价：建筑工程竣工后
指标体系	节地与室外环境； 节能与能源利用； 节水与水资源利用； 节材与材料资源利用； 室内环境质量； 运行管理	节地与室外环境； 节能与能源利用； 节水与水资源利用； 节材与材料资源利用； 室内环境质量； 施工管理； 运营管理； 提高与创新	安全耐久； 健康舒适； 生活便利； 资源节约； 环境宜居； 提高与创新
评价等级	一星级、二星级、三星级	一星级、二星级、三星级	基本级、一星级、二星级、三星级
评价等级、计算方法	满足所有控制项要求，按满足一般项数和优选项数的程度确定一星级、二星级或三星级	满足所有控制项要求，按满足一般项数和优选项数的程度确定一星级、二星级或三星级	满足“控制项”的要求即为基本级；满足所有控制项的要求，且每类指标评分不小于30%，按总得分确定一星级、二星级或三星级

与前两版标准相比，GB/T 50378—2019 的修订特点体现在以下几方面：

（1）创新构建绿色建筑技术指标体系，与新时代人民美好生活的需要相统一。

标准修订深入贯彻党的十九大精神和习近平新时代中国特色社会主义思想，落实以人为本的理念，把增进民生福祉作为根本目的。从百姓的关注重点出发设计绿色建筑指标体系，突显安全、耐久、便捷、健康、宜居、适老、节约等内容，将可感知性贯穿于绿色建筑中，突出绿色建筑给人民群众带来的获得感和幸福感，满足人民群众美好生活需要。

（2）重新定位评价阶段，确保绿色技术措施落地。

2006 年版和 2014 年版《绿色建筑评价标准》均规定了绿色建筑的评价分为设计评价和运行评价。此次修订取消了设计评价和运行评价，将评价阶段定位为预评价和评价。预评价应在施工图通过审查后进行，评价应在建设工程竣工验收后进行。设计阶段对项目进行预评价，竣工后对项目进行正式评价，确保绿色技术措施落地，引领绿色建筑的运行实效。

（3）增设绿色建筑等级，扩大绿色建筑覆盖范围。

进一步完善了绿色建筑的分级模式，将绿色建筑的等级分为基本级、一星级、二星级、三星级共 4 个等级。增加绿色建筑等级，与国际上主要绿色建筑标准接轨，与全文强制规范相协调，同时也兼顾国家和地方的绿色建筑政策。

（4）合理设置评分项条文，提高评价标准的易用性。

标准修订抓住主要矛盾，聚焦影响绿色建筑性能的主要绿色建筑技术，在绿色建筑内涵丰富扩展的情况下降低评分项条文数量，并且取消不参评项，提高条文的可操作性。

（5）绿色内涵与性能双提升，促进绿色建筑高质量发展。

积极响应新时代、新形势下绿色建筑的发展要求，使绿色建筑与建筑科技发展相适应，拓展了绿色建筑内涵，提升了绿色建筑品质，多途径、多角度提升绿色建筑整体性能，适应新时代绿色建筑高质量发展的需要。

3.1.2 评价指标体系

本节对我国现行的《绿色建筑评价标准》GB/T 50378—2019 的指标体系进行介绍。如图 3-1 所示，绿色建筑评价指标体系由安全耐久、健康舒适、生活便利、资源节约、环境宜居五类指标组成。《绿色建筑评价标准》GB/T 50378—2019 还鼓励绿色建筑的提高与创新，采用先进、适用、经济的技术、产品与管理方式，实现建筑的可持续绿色发展。

安全耐久章节，主要基于建筑的安全性与耐久性两方面，对建设位置、结构构件、抗震性、安全防护产品、建筑适变性、耐腐蚀性、防水性等内容做出规定，目的是降低建筑的安全风险，提升建筑的使用寿命。

健康舒适章节，主要基于室内空气品质、水质、声环境与光环境、室内热湿环境四个方面，对装修材料、室内污染物浓度、水质指标、隔声性能、采光照度、自然通风、遮阳设施等内容做出规定，目的是提升建筑使用人员的舒适度。

生活便利章节，主要基于出行与无障碍、服务设施、智慧运行、物业管理四个方面，从交通站点、无障碍设计、公共服务设施、健身场地、监测系统、物业操作规程、绿色宣传等方面进行规定，目的是建设全龄友好、生活便利的绿色建筑。

资源节约章节，主要基于节地与土地利用、节能与能源利用、节水与水资源利用、节材与绿色建材四个方面，从容积率、地下空间利用、围护结构热工性能、冷热源能效、可再生能源利用、节水器具、非传统水源利用、可再循环材料、绿色建材等方面进行规定，以提升建筑的资源利用率。

环境宜居章节，主要基于场地生态与景观、室外物理环境两个方面，从生态景观设计、绿化用地、绿色雨水设施、环境噪声、光污染、场地风环境、热岛强度等方面进行规定，以营造良好的建筑室外环境。

提高与创新章节，主要基于上述五项指标要求，进一步对建筑能耗、建筑文化传承、绿容率，建筑结构构件、BIM 技术、碳排放、绿色施工等方面进行规定，鼓励绿色建筑的创新发展，推动高品质绿色建筑的建设。

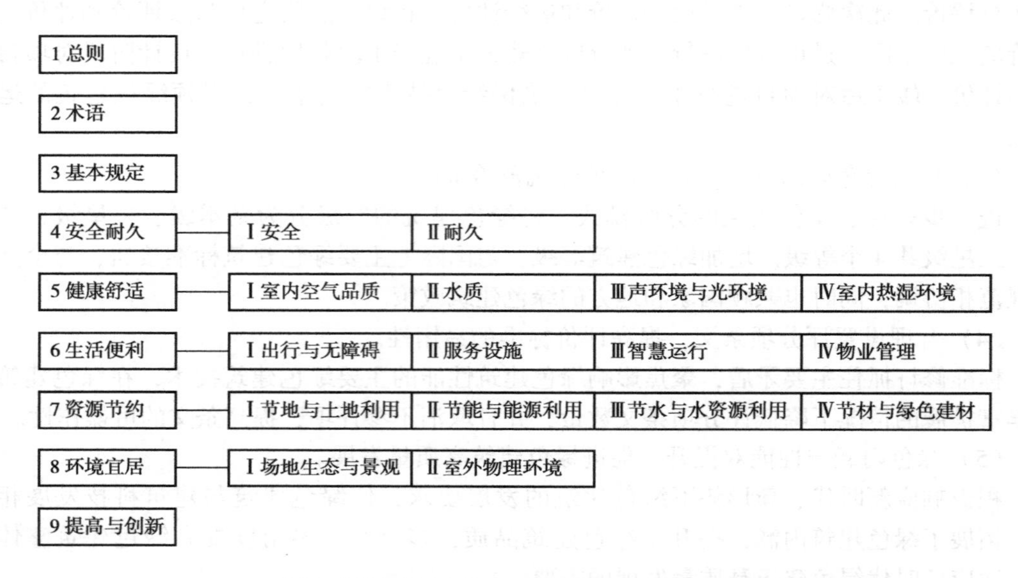

图 3-1 《绿色建筑评价标准》GB/T 50378—2019 评价指标体系

《绿色建筑评价标准》GB/T 50378—2019 的条文包含控制项、评分项及加分项在内的共 110 条评价条文，各部分评价分值如表 3-2 所示。由于“资源节约”指标包含了节地、节能、节水、节材的相关内容，故该指标的总分值高于其他指标。“生活便利”指标中“物业管理”小节是建筑项目投入运行后的技术要求，因此相比绿色建筑的评价，预评价时“生活便利”指标的满分值有所降低。

表 3-2 《绿色建筑评价标准》GB/T 50378—2019 绿色建筑评价分值

评价分值类型	控制项基础分值	评价指标评分项满分值					提高与创新加分项满分值
		安全耐久	健康舒适	生活便利	资源节约	环境宜居	
预评价分值/分	400	100	100	70	200	100	100
评价分值/分	400	100	100	100	200	100	100

当满足全部控制项要求时，绿色建筑等级为基本级。在基本级基础上，每类指标评分项得分大于或等于满分值的 30%，且进行全装修，当总得分分别达到 60 分、70 分、85 分且前置条件满足要求时，绿色建筑等级分别为一星级、二星级、三星级。

3.1.3　体系特点

（1）以人为本。《绿色建筑评价标准》GB/T 50378—2019 结合新时代发展需求，从“以人为本”的理念出发，从“开发者”视角转变为“使用者”视角，以百姓视角来设计，以增进建筑使用者对于绿色建筑的体验感和获得感，建立了“安全耐久、健康舒适、生活便利、资源节约、环境宜居”的五维指标体系，拓展了绿色建筑的内涵，兼顾了城市和乡村、东部和西部地区的平衡发展需求，突显了以人为本的根本理念，适应我国社会主要矛盾的变化。

（2）以性能目标提升为导向。绿色建筑最终应当达到或具备的性能，可以称为“绿色化性能”。《绿色建筑评价标准》GB/T 50378—2019 将绿色建筑的等级设置为基本级、一星级、二星级、三星级。满足所有控制项的要求即为基本级，控制项与全文强制性规范有效衔接，扩大了绿色建筑覆盖面，助力提高绿色建筑性能。《绿色建筑评价标准》GB/T 50378—2019 还分层设置了性能要求，在一星级、二星级和三星级绿色建筑的等级认定时，按指标最低分、全装修、总分值、特殊要求 4 个层级，分别对不同星级绿色建筑提出差异性技术要求，提高绿色建筑的性能水平，促进绿色建筑高质量发展。

3.1.4　认证情况

3.1.4.1　认证流程

以中国城市科学研究会绿色建筑认证流程为例，如图 3-2 所示，绿色建筑的认证程序主要包含五步：①申报单位提出申请和缴纳注册费；②绿色建筑评价标识管理机构开展形式审查；③评审专家在形式技术审查的基础上进行评审；④绿色建筑评价标识管理机构在网上公示通过评审的项目；⑤公布获得绿色建筑标识的项目。申请单位需根据绿色建筑标准的要求提交相应的分析、测试报告和相关文件，涉及计算和测试的结果，也应在申报材料中明确计算方法和测试方法，并对所提交资料的真实性和完整性负责，提交承诺文件。

在各方的推动下，住建部数据显示，截至 2022 年上半年，获得绿色建筑标识项目累计达到 2.5 万个。

3.1.4.2　绿色建筑国际双认证程序

在我国绿色建筑评价的日益普及，以及“一带一路”国际交流合作日益加强的时代背景下，中国城市科学研究会绿色建筑研究中心率先开展了国际双认证业务，在促进中国绿色建筑发展的同时，加强与其他国际先进绿色建筑评价机构的沟通、合作。绿色建筑国际双认证，是指对项目同时进行两国及以上的绿色建筑评价认证的过程。如图 3-3 所示，绿色建筑国际双认证流程与中国绿色建筑标识认证流程类似，认证通过后，申报项目可同时获得两国及以上绿色建筑标识认证和双认证证书。中国城市科学研究会绿色建筑研究中心目前已与德国 DGNB、法国 HQE、英国 BREEAM 标准和标识的管理机构建立了合作伙伴关系，目前双认证的范围包括以上三个评价体系。参评国际双认证的项目，应使用现行《绿色建筑评价标准》GB/T 50378 和德国 DGNB、法国 HQE、英国 BREEAM 现行可持续建筑评价标准进行评价。

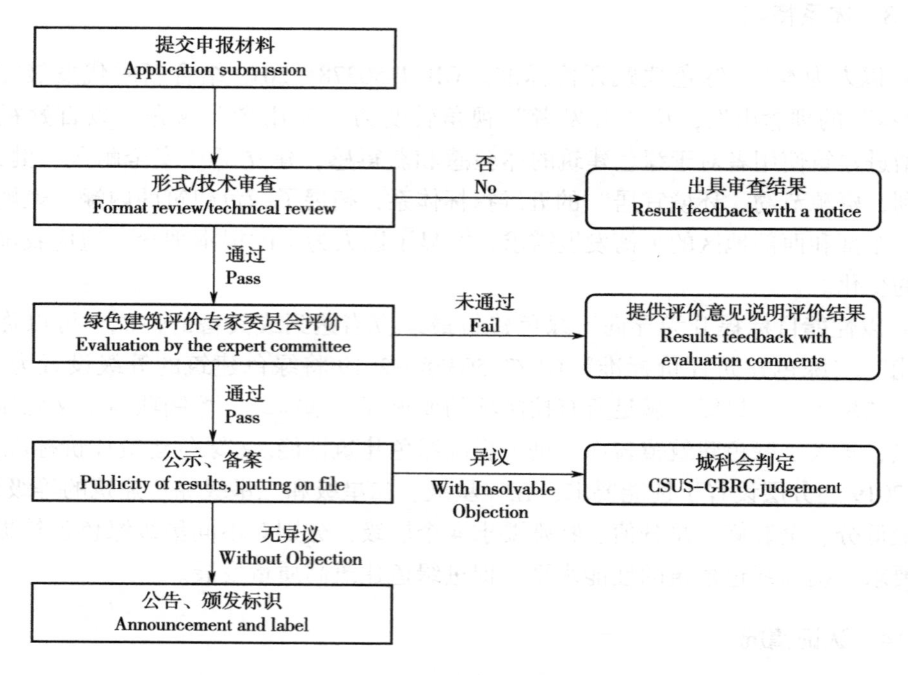

图 3-2 绿色建筑标识认证价流程

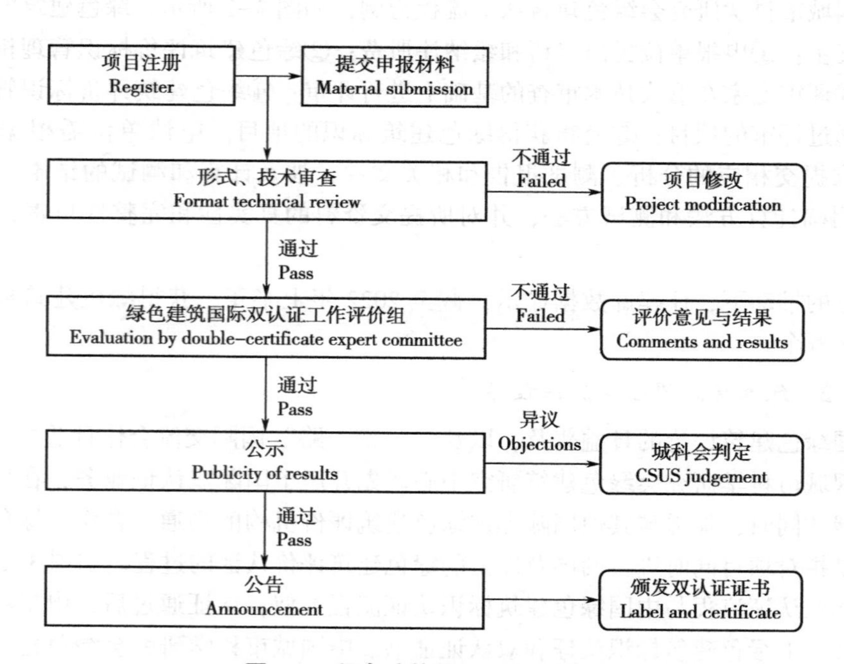

图 3-3 绿色建筑国际双认证流程

3.2 英国 BREEAM 评价体系

3.2.1 发展概况

英国在 18 世纪中期经历工业革命，在发展过程中忽略了环境影响，出现了环境污染事件，如 1952 年的伦敦“烟雾事件”，该次事件让英国社会意识到了环境问题的严重性，各行各业开始行动起来。建筑部门于 1990 年建立了英国建筑研究院环境评价方法——Building Research Establishment Environmental Assessment Method（BREEAM），通过绿色建筑规范的实施，减少建筑能耗，使建筑与自然相和谐，最终通过绿色建筑达到改善环境问题的目的。

BREEAM 的问世意味着世界上第一个绿色建筑评价体系的诞生，1990 年至今已经历了多次的修编及更新。从最早政府要求制定的《可持续住房规范》（CSH）到现在针对英国境内可持续住宅评估的《住房品质标志》（HQM），从 BREEAM 英国版非住宅标准到 BREEAM V6 版国际标准，从 BREEAM 新建建筑体系逐步迈向改建和运营体系。经过多年的进化，BREEAM 经过了发展扩充期、完善期和标准改革期三个阶段，标准更加合理灵活。

如图 3-4 所示，BREEAM 评价标准体系可以用于不同建筑和城区全生命周期的各个阶段。整个体系包括了新建建筑评价体系（BREEAM New Construction）、改造及装修评价体系（BREEAM Refurbishment and Fit-out）、运营评价体系（BREEAM In-use）、城区评价体系（BREEAM Communities）及基础设施评价体系（BREEAM Infrastructure）。

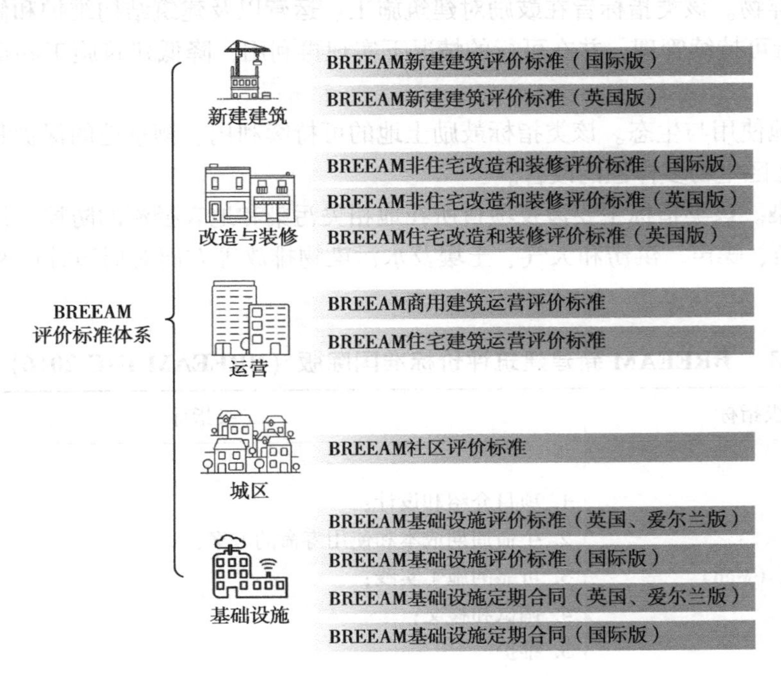

图 3-4　BREEAM 评价标准体系

3.2.2 评价指标体系

本节以 BREEAM 新建建筑评价标准国际版（BREEAM INC 2016）为例，对该评价体系进行介绍，标准框架和条款见表 3-3。该评价体系从以下 9 大类指标对建筑进行评价，除此之外，还设置创新指标。

（1）管理。该类指标主要倡导采用可持续方法来管理设计、施工、调试、交接与维护等活动，从而建立可靠的建筑可持续发展目标，并在建筑的运营过程中跟进实施。评价重点在于将可持续性的行动从初期项目任务书阶段贯穿到后期维护阶段。

（2）健康与福祉。该类指标倡导提升建筑用户、访客等人员的舒适度，保障他们的健康与安全。此部分的评价旨在为用户营建健康和安全的内外部环境，提升建筑使用者的生活品质。

（3）能源。该类指标鼓励提升建筑系统和设备的高能效规格和采用节能设计，实现建筑内能源的可持续利用以及运营的可持续管理。此部分的评价对提高建筑能源利用效率、促进碳减排、支持建筑运营阶段高效管理具有重要意义。

（4）交通运输。该类指标鼓励为建筑用户提供可持续的交通工具。此部分的评价强调公共交通及其他替代性交通解决方案（骑行设施、便利设施等）的可及性，以减少机动车的使用频率，减缓交通拥挤，降低碳排放量。

（5）水资源。该类指标鼓励在建筑施工与运营期间进行水资源的可持续利用。评价重点在于减少建筑全生命周期中饮用水消耗（内部或外部），并将水渗漏损失降至最低。

（6）材料。该类指标鼓励通过设计、建设、维护和修理来减少建筑材料对于环境的影响。评价重点关注可靠的材料采购方法，并将这些材料在提取、加工、制造和回收过程中所带来的环境影响降至最低。

（7）废弃物。该类指标旨在鼓励对建筑施工、运营以及建筑结构维护和修理过程产生的废弃物进行可持续管理，并在可行的情况下实现再利用，降低建筑施工和运营过程的废弃物排放。

（8）土地使用与生态。该类指标鼓励土地的可持续利用、栖息地的保护和创造、建筑场地和周边地区生物多样性的改善。

（9）污染。该类指标主要涉及项目所在地相关污染和地表径流的防控。评价旨在降低建筑在光污染、噪声、洪涝和大气、土壤及水污染物排放等方面对周边社区和环境造成的影响。

表 3-3　BREEAM 新建建筑评价标准国际版（BREEAM INC 2016）框架

一级指标	二级指标
管理（Man）	1. 项目介绍和设计； 2. 生命周期成本和使用寿命的方案； 3. 可靠的施工实践； 4. 调试和移交； 5. 维护

续表3-3

一级指标	二级指标
健康与福祉（Hea）	1. 视觉舒适； 2. 室内空气质量； 3. 实验室污染物的安全性； 4. 热舒适度； 5. 声学性能； 6. 可达性； 7. 危害； 8. 私用空间； 9. 水质
能源（Ene）	1. 减少能源使用和碳排放； 2. 能耗监测； 3. 室外照明； 4. 低碳设计； 5. 节能冷库； 6. 运输系统节能； 7. 实验室系统节能设备； 8. 节能设备； 9. 晾衣空间； 10. 灵活的需求侧响应
交通运输（Tra）	1. 公共交通便利性； 2. 附近的设施； 3. 替代性交通方式； 4. 最大停车容量； 5. 出行计划； 6. 家庭办公室
水资源（Wat）	1. 水耗； 2. 水监测； 3. 漏水检测； 4. 节水设施
材料（Mat）	1. 生命周期影响； 2. 硬质环境美化及边界保护； 3. 建筑产品的可靠采购来源； 4. 保温隔热； 5. 耐久性及耐损性设计； 6. 材料效率

续表3-3

一级指标	二级指标
废弃物（Wst）	1. 施工废弃物管理； 2. 再生骨料； 3. 运营性废弃物； 4. 预计性地板和天花板装修； 5. 适应气候变化； 6. 功能性适应
土地使用和生态（LE）	1. 选址； 2. 场地生态价值以及生态特征保护； 3. 减少对现有场地生态性的影响； 4. 提高场地的生态价值； 5. 降低对生物多样性造成的长期影响
污染（Pol）	1. 制冷剂影响； 2. 氮氧化物排放； 3. 地表水径流； 4. 减少夜间光污染； 5. 减少噪声污染
创新（Inn）	创新

BREEAM INC 2016 包含 57 个二级指标，各个指标涉及不同的建筑问题并分配有一定分值，分值越高就意味着这个指标在缓和气候变化方面越重要。对于不同项目类型，9 大类指标的权重有所不同，各指标权重如表 3-4 所示。每个类别的得分百分比乘以相应部分权重，最后相加得出总分，得分与 BREEAM 等级对应（表 3-5），即可获得相应等级。此外，创新类别中每获得一创新分给最终 BREEAM 项目得分加入 1% 的附加分（最多 10%，总得分上限为 100%）。

表 3-4　常见项目类型的 BREEAM 权重　　单位：%

类别	权重						
	非居住建筑			独户住宅		多户住宅	
	全装修	仅外壳	外壳与核心	部分装修	全装修	部分装修	全装修
管理	11.00	11.13	10.64	9.58	9.10	11.18	10.57
健康与福祉	19.00	12.66	13.87	21.64	21.70	21.58	21.49
能源	20.00	20.07	19.09	19.03	21.23	17.98	19.97
交通运输	6.00	8.50	6.77	5.74	6.13	6.10	6.41
水资源	7.00	3.30	7.90	6.69	6.36	6.32	6.72

续表3-4

类别	权重						
	非居住建筑			独户住宅		多户住宅	
	全装修	仅外壳	外壳与核心	部分装修	全装修	部分装修	全装修
材料	13.00	18.41	14.67	13.98	13.29	13.21	12.50
废弃物	6.00	7.43	6.77	5.65	5.37	6.10	5.77
土地使用与生态	8.00	9.02	9.02	8.60	8.18	8.13	7.69
污染	10.00	6.54	12.28	9.10	8.65	9.38	8.87
总计	100	100	100	100	100	100	100
创新（附加值）	10.00	10.00	10.00	10.00	10.00	10.00	10.00

表 3-5 BREEAM 评级基准

BREEAM 等级	得分
五星级 Outstanding	≥85%
四星级 Excellent	≥70%
三星级 Very Good	≥55%
二星级 Good	≥45%
一星级 Pass	≥30%
无类别	<30%

3.2.3 体系特点

近年来，BREEAM 不断吸收行业各方的经验和意见，提出了一系列新的关注重点。在 BREEAM INC 2016 标准体系中，将净零碳、健康与社会影响、循环经济、韧性、全生命周期性能、生态环境作为主要评价重点。

（1）净零碳。BREEAM 所有标准都鼓励降低建筑碳减排，并制定了设计、运营中的碳减排具体指标基准，鼓励建筑行业尽可能的向净零碳目标迈进。BREEAM 主要通过鼓励采用降低碳排放的绿色建筑技术、提供碳排放评估方法、提供碳排放第三方评估等方式支持建筑领域实现净零碳目标。此外，在 BREEAM 体系中，能源消耗的减少并不是碳排放唯一的指标，其能源结构、选择的供应链等影响建筑全寿命期碳排放的因素都被纳入考量之中，从而确保其碳排放的评估结构具有科学性和可信性。

（2）健康与社会影响。BREEAM 的目标之一是使建筑环境具有社会敏感性，并有意识地促进经济增长、健康性能以及复原力提升。BREEAM 主要通过提升室内空气质量、热舒适性、视觉舒适性，倡导健康生活方式，提升生态环境质量与促进公共交流等方式保证人们在建筑环境中的健康。BREEAM 认识到，当建成的环境不可持续、低效、不安全、不健康且不具有韧性时，低收入和边缘化社区所受到的负面社会影响也会相对的不可控。因此，BREEAM 认为社会影响的指标需要在制定全球建筑环境决策领域起到重要作用，BREEAM 积极鼓励社区和公共场所为使用人员带来积极的社会影响，为人们提供平等的机会、尊严和公平待遇，同时解决和减轻环境影响。

（3）循环经济。BREEAM 标准里提出了一系列与可持续资源利用相关的循环经济原则，并通过不同的指标进行评价，以鼓励资源的再利用和再循环，减少原材料的使用。这些方案主要包括：生命周期评估、生命周期成本和使用寿命规划、设计耐用性和韧性、材料耐久性、建筑和运营废弃物处理、工程材料预决算清单等。

（4）韧性。韧性一直都是 BREEAM 标准的一部分，重点关注缓解气候变化和自然资源枯竭，现如今大量建筑与气候适应性方面的问题也被纳入 BREEAM 标准中。BREEAM 标准中的洪涝灾害控制和管理、使用耐用和有韧性的建筑部件、自然灾害和气候变化的适应性等内容，旨在为建筑面临自然灾害或极端气候变化造成的物理风险时能展现出良好的恢复力。

（5）全生命周期性能。BREEAM 鼓励在设计、施工、调试和维护阶段采用可持续的管理实践，制订优质的移交和调试计划，以满足建筑终端用户的需求，并为建筑的持有方和运行方至少提供一年的售后服务。此外，BREEAM 鼓励在全寿命周期内采取可持续的管理方法，为建筑运营商和用户在实现建筑可持续性能最大化方面提供指导，使管理人员和建筑使用人员了解如何更好地运行建筑，鼓励建筑达到最佳的建筑维护策略和环境管理规定，从而实现可持续目标。

（6）生态环境。BREEAM 在其条款中特别将生态修复和生物多样性列为需要关注的焦点之一。从运用的建材到后期的运营和拆除，每一阶段都需要通过不同措施来尽可能减少对建筑环境的影响，同时尽可能的提升场地的生态价值。这些影响不仅会带来眼前的变化，更可能会影响未来 5~10 年的生态变化，这些都是 BREEAM 在拟定评价指标时所关注的信息。

3.2.4 认证情况

BREEAM 的认证主体是英国建筑研究院（Building Research Establishment，简称 BRE），其前身是成立于 1921 年的英国政府国家实验室，1997 年完成私有化，由慈善机构“BRE 信托基金”全资所有，是英国最权威的建筑科学研究中心和建筑环境领域研究和培训的最大慈善机构，也是全球范围内为建筑环境领域提供独立咨询、研究、测试、认证和培训等方面服务的权威机构。

如图 3-5 所示，BREEAM 的评价过程主要包含五个步骤：

（1）寻找 BREEAM 评估员。在此过程中需要任命一名获得许可的 BREEAM 评估员（BREEAM Assessor），以判断项目或建筑是否符合 BREEAM 标准的相应要求。BREEAM 评估员是指受过 BREEAM 专业培训并具有相关经验的人员，他们具有注册权限，并有能力对项目/进行评价、确定评级和向认证部门申请认证。

（2）注册评价项目。申请方需要通过其指定的 BREEAM 评估员注册项目。

（3）开展评价工作。申请方需要在 BREEAM 评估员的帮助下，利用评估员的经验和专业知识进行预评价。随着项目的进行，申请方需要及时整理必要的项目信息并将其提交给指定的 BREEAM 评估员。

（4）质量保证检查。BREEAM 评估员审核信息并确定是否符合标准与规范，最后将项目结果提交认证机构以做出认证决定。

（5）颁发证书。如认证机构确认评价结果属实，并符合相应的 BREEAM 标准要求，申请项目将获得 BREEAM 认证证书。

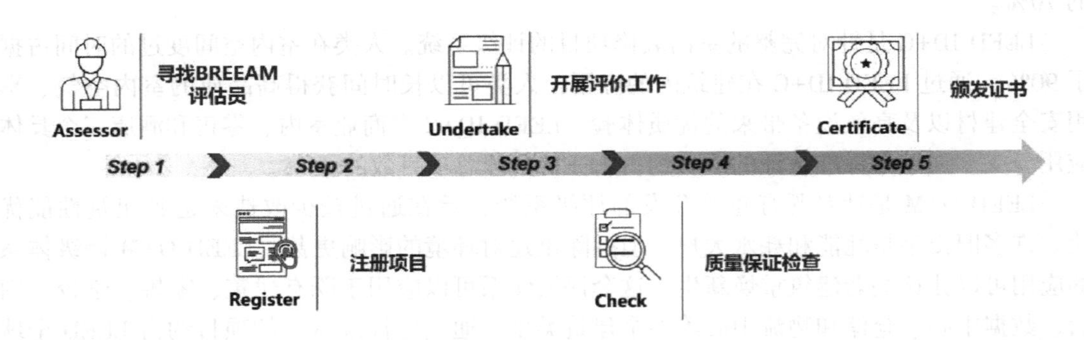

图 3-5　BREEAM 项目评价过程

BREEAM 作为兼具“本地化”与“国际化”的绿色建筑评价体系，为全球绿色建筑设计、运行与改造提供了优秀的实践方法，截至 2022 年，全球已有超过 60 万项目获得了 BREEAM 认证，超过 200 万栋建筑注册了 BREEAM 认证系统，遍及全世界 93 个国家。

3.3　美国 LEED 评价体系

3.3.1　发展概况

20 世纪 70 年代，能源危机导致的经济衰退促使美国政府对一系列关于能源政策进行立法，各州随即出台相应的建筑节能标准，并对工程实施情况进行监督。随着建筑节能逐步走向正轨，美国绿色建筑的雏形开始形成。

美国绿色建筑委员会（USGBC）为了满足本国建筑市场对绿色建筑建设和评价的需求，提高建筑的经济性能和节能环保性，于 1998 年颁布发行美国第一版绿色建筑评价标准，即领导型的能源与环境设计评级系统（Leadership in Energy and Environmental Design Building Rationg System，LEED）。为更准确地体现和融合新兴的绿色建筑技术，USGBC 在 2000 年推出了 LEED v2，在 2009 年推出了 LEED v3，在 2013 年推出了 LEED v4. 0。最新版本的 LEED v4. 1 于 2019 年 4 月推出。目前最新版本为 LEED v4. 1，包括建筑设计和建造（LEED for Building Design and Construction，LEED BD+C）、室内设计和建造（LEED for Interior Design and Construction，LEED ID + C）、建筑运营和维护（LEED for Building Operations and Maintenance，LEED O+M）、住宅（LEED Residential）、城市和社区（LEED for Cities and Communities），根据建筑全生命周期的不同阶段提供了相应的评价标准，并且针对住宅单元、整栋楼宇、社区及城市的不同规模制定了不同的分支体系。为响应巴黎协定减碳目标，v4.1 版本还新增了净零建筑（LEED Zero）评价体系。

LEED BD+C 是针对新建建筑或重大改造项目的评级系统。其中，重大改造包括主要的暖通空调、围护结构改造及室内改造。LEED BD+C 为建造一个完整的绿色建筑提供了具体框架，对不同建筑类型提供多种解决方案，包括新建建筑、核心与外壳（仅涉及围护结构及系统设施，未进行装修的项目）、学校、零售、医院、数据中心、酒店、仓储和物流中心、住宅和多层多住户。通过此标准认证的项目最多，约占 LEED 全球总项目数的 70%。

LEED ID+C 是针对完整的室内装修项目的评级系统。人类在室内空间度过的时间占据了 90%，通过 LEED ID+C 在建筑内的应用，人类可以长时间获得高品质的室内空气、享用安全建材以及高效设备带来的优质体验。LEED ID+C 有商业室内、零售和酒店三个具体应用分支。通过此标准认证的项目约占 LEED 全球总项目数的 25%。

LEED O+M 是针对既有建筑开发的评级系统，旨在通过较少改造来达到建筑性能优化。许多旧楼宇是耗能和耗水大户，但拆除重建对环境的影响更甚。LEED O+M 评级体系的应用可以让这些老建筑重焕新生，这套评级体系可以应用于既有建筑、零售、学校、酒店、数据中心、仓储和物流中心等多个建筑类型。通过此标准认证的项目约占 LEED 全球总项目数的 6%。

LEED 住宅适用于新建或重大改造的住宅建筑，它以住宅单元为单位，必须包括厨房、卫生间、卧室和具备用餐及起居功能的空间。应用这一评级系统的住宅建筑，总建筑面积的 60% 以上必须在认证之前完成建造（多住户住宅核心与外壳项目除外）。

LEED 城市与社区是针对城市与社区的规划、建设及管理的革新性评级系统，适用于新建城区的开发、老旧城区的更新改造以及既有城区的运营与管理。这套体系系统化地梳理、整合并评估项目的总体规划与自然生态、土地利用、交通、能源、水、废弃物、经济与社会等专项规划的内容，强调通过数据分析支持城市发展决策，同时借鉴全球城市最佳实践经验为项目提供策略引导，从而推动全球城市在可持续发展的先锋之路上再跨高峰。

LEED 净零建筑认证体系面向所有已获得 LEED BD+C 或 LEED O+M 评级系统认证的项目，以及正在申请 LEED O+M 认证的项目。获得 LEED Zero 认证的项目必须实现零碳、零能耗、零水耗、零废弃物的其中一项标准。

除标准本身外，各项标准分别配备了参考指南，为申请 LEED 认证的建筑提供设计指导和建议。在其诞生和发展的二十余年中，LEED 不断丰富，在新旧版本交替中不断完善和拓宽评价对象与范围。

3.3.2 评价指标体系

LEED 评价体系主要包括全过程整合、选址与交通、可持续场址、用水效率、能源与大气、材料与资源、室内环境质量、创新项和地域优先九大评价指标。各一级指标下涵盖若干二级指标，包含必须满足的先决项和评分项。

LEED BD+C 与 LEED ID+C 均为设计施工阶段标准，因此二级指标较为相似。如表 3-6 所示，与 LEED BD+C 的指标体系相比，LEED ID+C 中未包括对建筑选址、场地及整体建筑性能的相关要求，因此其评价也更为灵活。表 3-7 为 LEED O+M 运行管理阶段的评价指标，其指标更加注重对建筑运行表现和管理方案的评价。

表 3-6 LEED v4.1 BD+C 和 LEED ID+C 指标体系

一级指标	二级指标		
IP 全过程整合（Integrative Process）	先决条件	1. 整体的项目计划与设计	*
	评分项	2. 整合过程	√
LT 选址与交通（Location and Transportation）	评分项	1. 社区开发选址	√
		2. 敏感型土地保护	*
		3. 高优先场址	*
		4. 周边密度和多样化土地使用	√
		5. 优良公共交通可达	√
		6. 自行车设施	√
		7. 停车面积减量	√
		8. 电动汽车	*
SS 可持续场址（Sustainable Site）	先决条件	1. 施工污染防治	*
		2. 场址环境评估	*
	评分项	3. 场址评估	*
		4. 场址开发——保护和恢复栖息地	*
		5. 开放空间	*
		6. 雨水管理	*
		7. 降低热岛效应	*
		8. 降低光污染	*
		9. 场址总图	*
		10. 租户设计与建造导则	*
		11. 身心舒缓场所	*
		12. 户外空间直接可达	*
		13. 设施共享	*
WE 用水效率（Water Efficiency）	先决条件	1. 室外用水减量	*
		2. 室内用水减量	√
		3. 建筑整体用水计量	*

续表3-6

一级指标	二级指标		
WE 用水效率 （Water Efficiency）	评分项	4. 室外用水减量	*
		5. 室内用水减量	√
		6. 冷却塔用水	*
		7. 用水计量	*
EA 能源与大气 （Energy and Atmosphere）	先决条件	1. 基本调试和校验	√
		2. 最低能源表现	√
		3. 建筑整体能源计量	*
		4. 基础冷媒管理	√
	评分项	5. 增强调试	√
		6. 能源效率优化	√
		7. 高阶能源计量	√
		8. 电网协调	*
		9. 可再生能源生产	√
		10. 增强冷媒管理	√
MR 材料与资源 （Material and Resources）	先决条件	1. 可回收物存储和收集	√
		2. PBT 来源减量——汞	*
		3. 建造和拆除废弃物管理计划	△
	评分项	4. 降低建筑（室内）生命周期中的影响	√
		5. 建筑产品的分析公示和优化——产品环境要素声明	√
		6. 建筑产品的分析公示和优化——原材料的来源和采购	√
		7. 建筑产品的分析公示和优化——材料成分	√
		8. PBT 能源减量——汞	*
		9. PBT 来源减量——铅、镉和铜	*
		10. 家具和医疗设备	*
		11. 灵活性设计	*
		12. 营建和拆建废弃物管理	√

续表3-6

一级指标	二级指标		
EQ 室内环境质量（Indoor Environmental Quality）	先决条件	1. 最低室内空气质量表现	√
		2. 环境控烟	√
		3. 最低声环境表现	*
	评分项	4. 增强室内空气质量策略	√
		5. 低逸散材料	√
		6. 施工期室内空气质量管理计划	√
		7. 室内空气质量评估	√
		8. 热舒适	√
		9. 室内照明	√
		10. 自然采光	√
		11. 优良视野	√
		12. 声环境表现	√
IN 创新（Innovation）	评分项	1. 创新	√
		2. LEED AP	√
RP 地域优先（Regional Priority）	评分项	地域优先	√

注：LEED BD+C 和 LEED ID+C 都包含的指标为“√”，仅 LEED ID+C 包含的二级指标为“△”，仅 LEED BD+C 包含的指标为“*”。

表 3-7 LEED v4.1 O+M 指标体系

一级指标	二级指标	
LT 选址与交通（Location and Transportation）	先决条件	1. 交通表现
SS 可持续场址（Sustainable Site）	评分项	2. 雨水管理
		3. 降低热岛效应
		4. 降低光污染
		5. 场址管理
		6. 设施共享
WE 用水效率（Water Efficiency）	先决条件	用水量表现

续表3-7

<table>
<tr><th>一级指标</th><th colspan="2">二级指标</th></tr>
<tr><td rowspan="5">EA 能源与大气（Energy and Atmosphere）</td><td rowspan="3">先决条件</td><td>1. 能效最佳实践</td></tr>
<tr><td>2. 基础冷媒管理</td></tr>
<tr><td>3. 能源表现</td></tr>
<tr><td rowspan="2">评分项</td><td>4. 增强冷媒管理</td></tr>
<tr><td>5. 电网协调</td></tr>
<tr><td rowspan="4">MR 材料与资源（Material and Resources）</td><td rowspan="3">先决条件</td><td>1. 采购政策</td></tr>
<tr><td>2. 设备管理和更新政策</td></tr>
<tr><td>3. 废弃物表现</td></tr>
<tr><td>评分项</td><td>4. 采购</td></tr>
<tr><td rowspan="6">EQ 室内环境质量（Indoor Environmental Quality）</td><td rowspan="4">先决条件</td><td>1. 最低室内空气质量表现</td></tr>
<tr><td>2. 环境控烟</td></tr>
<tr><td>3. 绿色清洁政策</td></tr>
<tr><td>4. 室内环境表现</td></tr>
<tr><td rowspan="2">评分项</td><td>5. 绿色清洁</td></tr>
<tr><td>6. 综合虫害防治</td></tr>
<tr><td>IN 创新（Innovation）</td><td>评分项</td><td>创新</td></tr>
</table>

LEED 的评价逻辑简单便捷，不存在权重体系，以每部分所占分数的总值代替权重作为展示重要性的标量，以各部分得分总和所在等级区间进行建筑绿色等级评价，评价等级及分数要求如表 3-8 所示。

表 3-8　LEED 评价等级及分数要求

LEED 等级	铂金级	金级	银级	认证级	不合格
要求分数	80 分以上	60~79 分	50~59 分	40~49 分	40 分以下

3.3.3　体系特点

LEED 评价体系旨在鼓励将环境保护和资源利用效率纳入工程设计和建设的各个方面，指导设计人员减少建筑物对环境的负担。同时，LEED 体系具有完善的商业化运作机制和市场化运行体系，关注项目社会经济效益的提升，可以激励业主和开发商对绿色建筑技术的应用。

（1）环境效益。LEED 体系关注建筑环境效益的提升，其指标体系在设计之初就着重强调了能源使用与大气影响。与其他性能指标相比，能源与大气部分的先决条件数量、评价总分值和得分项的平均分均占有较高比重。这使得 LEED 认证项目的能源性能明显优于非 LEED 认证项目。LEED v4.1 版本中创新地以碳排放量替代能耗进行评估，从而更好地衡量建筑能源使用导致的温室气体排放，将建筑碳减排列为优先目标。LEED BD+C 和 LEED O+M 等评价系统从建筑全寿命期各阶段出发，对建筑的环境影响优化提出要求。LEED 要求所有认证项目持续追踪其能源和水资源的使用数据，在 LEED v4.1 版本中 LEED O+M 和 LEED Zero 认证的有效期缩短至 3 年，有效促进建筑持续提升其环境表现。

（2）经济社会效益。LEED 体系通过对建筑设计与运行阶段绿色建筑技术及运营管理模式提出要求，减少了建筑建造和运行过程中能源和资源的消耗，降低了项目建设与运营成本。LEED 体系对场址选择、室内外环境性能提升等方面的要求，有助于项目获得购房者或租户的认可，提高了项目的市场竞争力及投资回报率。此外，LEED 体系中对碳排放、废弃物处理等指标的要求符合企业 ESG－Environment（环境）、Social（社会）和 Governance（治理）成果量化内容的披露要求，为投资者提供了衡量和管理其房地产绩效的有效工具，可以进一步帮助投资者实现其 ESG 目标。

3.3.4 认证情况

LEED 认证由绿色建筑认证协会（Green Building Certification Institute，GBCI）授予，认证需要通过由协会安排的第三方团队或个人对项目是否符合 LEED 要求进行验证，认证流程如下：

（1）注册。填写项目登记表并在 GBCI 网站上进行注册，缴纳注册费，列入 LEED Online 数据库。

（2）准备申请文件。根据项目具体情况收集整理有关信息并进行计算，按照各个指标的要求准备有关资料。

（3）提交申请文件。在 GBCI 的认证系统所确定的最终日期之前，将完整的申请文件上传，并交纳相应的认证费用，启动审查程序。

（4）文件审查和技术审查。GBCI 在收到申请书的一个星期之内完成对申请书的文件审查，根据检查表中的要求审查文件是否合格并且完整，项目组根据 LEED 初审文件对申请书进行修正和补充，再度提交 GBCI，取得认证结果。

（5）取得认证证书。获得 USGBC 颁发的证书和 LEED 牌匾。

LEED 作为高性能绿色建筑的设计、建造和运营的评级体系，在过去近 20 年里，推动了全球绿色建筑市场的不断发展。目前全球有超过 10 万个正式认证的项目，超过 10 亿 m^2 的空间。进行过 LEED 预认证和认证的项目遍布世界 175 个国家和地区。

3.4 德国 DGNB 评价体系

3.4.1 发展概况

20 世纪 70 年代，德国政府和国民逐渐认识到环境破坏的巨大影响，开始大力整治环境，各种整治措施中重要的领域就是建筑业。1976 年，德国联邦政府颁布了专门针对建筑能耗的《能源节约法》（德语名 Energieeinsparungsgesetz，缩写 EnEG），并以此为基础制定了建筑热保护条例和取暖设备条例等一系列相关条例和规范，开始从制度上规范建筑业的发展。自 2002 年初第一版《德国节能规范》（德语名 Energieeinsparverordnung，缩写 EnEV）正式实施以来，目前，已更新至 2016 年版，以其为基础的《能耗证明》（德语名 Energieausweis），已成为德国境内一般建筑申请建设许可的必要材料。

建筑节能是可持续建筑发展的开始，随着对可持续建筑概念的不断探索，德国业界人士不断丰富和扩展建筑可持续性的内涵和外延。可以说，德国可持续建筑已从起初单纯地强调节能，发展成为对环境质量、经济质量、技术质量、人文质量、过程质量以及区位质量等一系列核心质量的综合考量和追求。

在此背景下，2008 年，德国交通、建设与城市规划部和德国可持续建筑委员会（The German Sustainable Building Council）正式推出了德国绿色建筑评价标准——Deutsche Gesellschaft für Nachhaltiges Bauen（DGNB）。自问世以来，DGNB 认证体系通过不断的改进和扩充，由最初针对单一办公建筑的评价系统，逐渐发展成为能够对办公、商业、工业、学校和医疗等在内的大多数类型的单体建筑、建筑群及城区进行评级的综合性评级体系。如图 3-6 所示，DGNB 评价体系关注建筑全生命周期内的表现，覆盖了从设计规划到建造、运营、改造直至拆除的各个工程阶段。如今，DGNB 主要分为建筑评价系统、区域评价系统与国际评价系统三大类。如图 3-7 所示，DGNB 建筑评价系统的评价对象主要包含教育建筑、办公建筑、百货公司、酒店建筑、购物中心、消费市场建筑、生产厂房、物流建筑、多层停车场、实验室建筑、混合用途、住宅、体育馆、医疗建筑、会议/会展建筑与小住宅共 16 种建筑类型；DGNB 国际评价系统的评价对象主要包含教育建筑、办公建筑、百货公司、酒店建筑、购物中心、消费市场、生产产房、物流与住宅 9 类建筑类型中的新建建筑；DGNB 区域评价系统的评价对象主要包含城市区域、商务区、商业区、工业区域、活动/赛事区域、度假村与垂直城市 7 类区域类型。

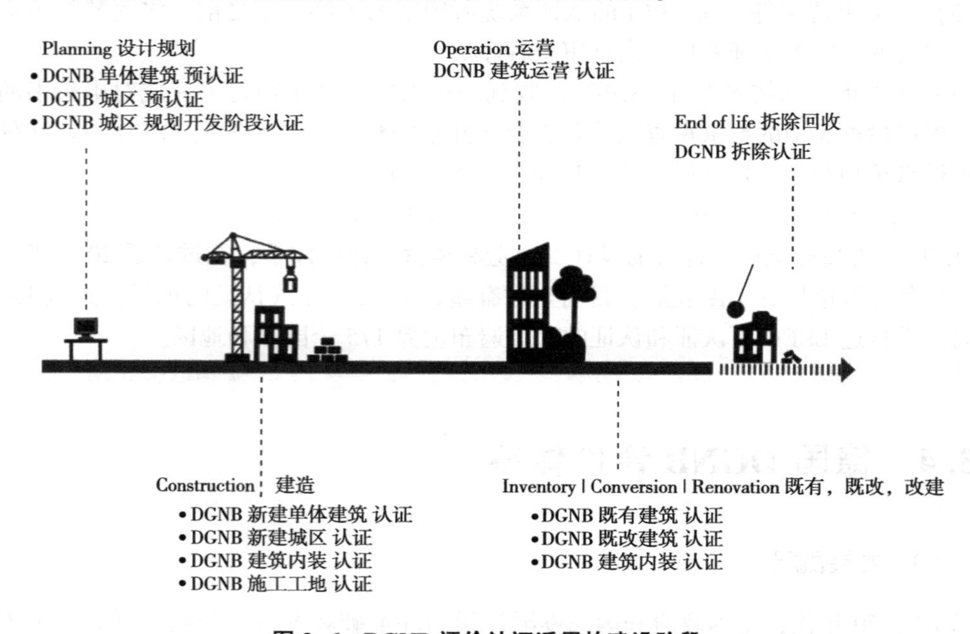

图 3-6　DGNB 评价认证适用的建设阶段

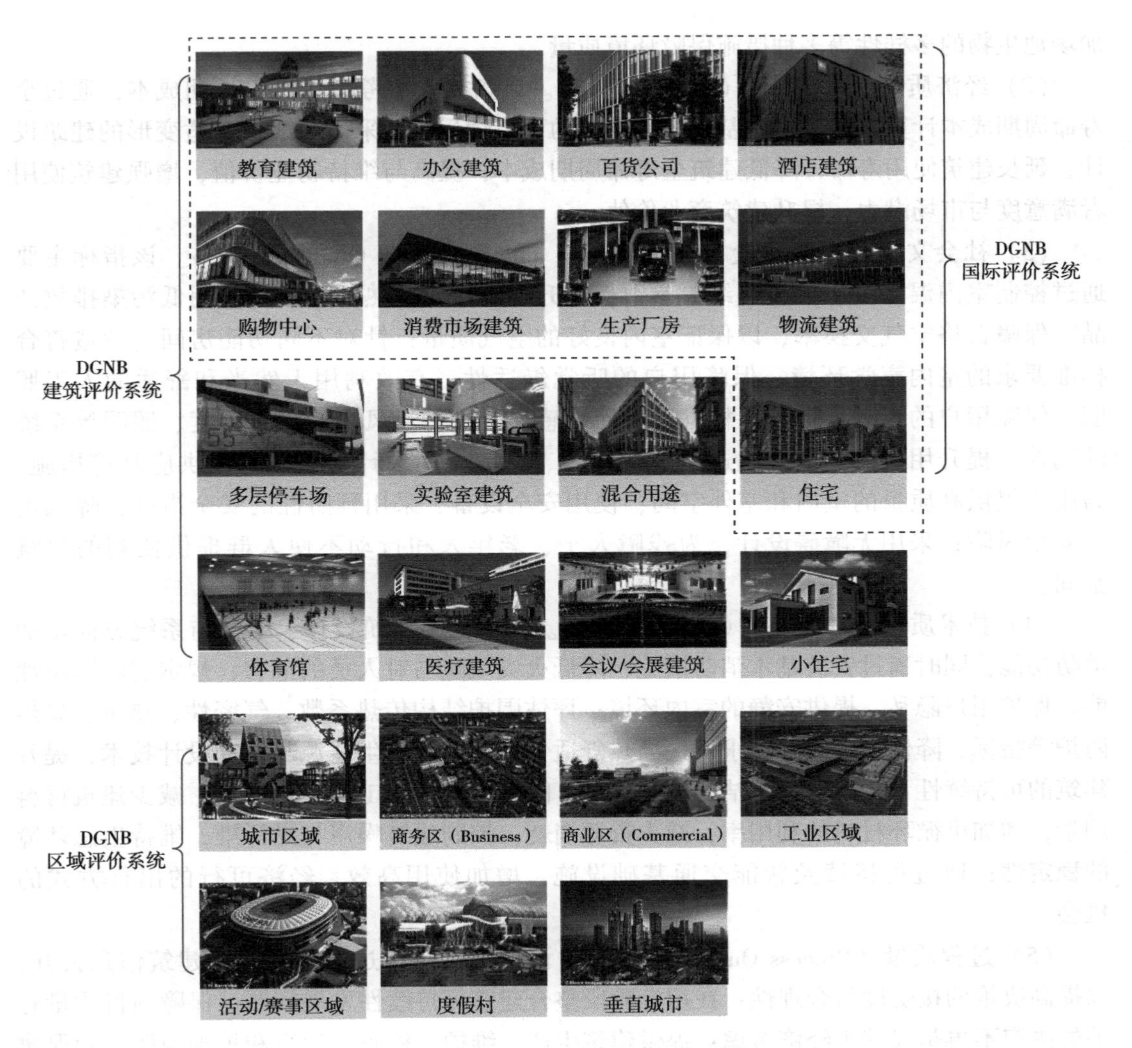

图 3-7　DGNB 评价体系与评价对象

在不断地优化和版本升级中，DGNB 认证体系逐渐形成了以人为本的特点，强调循环经济、促进设计质量和建筑文化提高，并与联合国可持续发展目标相契合、全面体现欧洲质量要求和鼓励创新等核心主题。

3.4.2　评价指标体系

本节以 DGNB 2020 国际版评价标准为例进行介绍，该标准认证体系涉及 6 大指标，包含环境质量、经济质量、社会文化与功能质量、技术质量、过程质量、区位质量，对建筑进行全寿命期评价。

（1）环境质量（Environmental Quality，ENV）。该指标对项目进行全生命周期环境影响评估，通过降低建筑全寿命期内的碳排放与能源需求；采用环保材料，减少建筑污染物对人体与环境造成的不良影响；采用具有社会与环境效益且透明度高的产品，扩大可持续原材料开采经验；通过废水循环利用与本地水资源合理配置，减少水资源消耗；减少过度开发建筑用地，降低对本地土壤的影响，降低开发成本；保护本地生态环境与栖息地，增加场地生物的多样性等多种措施保障环境质量。

（2）经济质量（Economic Quality，ECO）。该指标主要考虑建筑中长期成本，通过全寿命周期成本计算，实现建筑基于成本效益的可持续运营；采用灵活性与适变形的建筑设计，延长建筑使用寿命，降低建筑全寿命周期成本；提高与维持物业价值，增强建筑使用者满意度与市场潜力，提升建筑商业价值。

（3）社会文化及功能质量（Sociocultural and Functional Quality，SOC）。该指标主要通过控制室内温湿度、气流组织等参数，提升建筑用户的热舒适性；使用低污染排放产品、保障合格空气交换率，以保证室内良好的空气质量；针对不同功能房间，营造符合标准要求的室内声学环境，保障用户的听觉舒适性；有效利用天然光和舒适的人工照明，保障用户的视觉舒适度；根据用户使用感受，进行通风、遮阳、温度、照明等系统的调控，提升用户满意度；通过全龄化设计、交流空间设计和提供附加供应品等措施，为用户提供高质量的室内和室外空间；使用安全设备、采用预防性的安全措施，降低用户安全风险；采用无障碍设计，为残障人士、老年人和行动不便人群提供便利的建筑空间。

（4）技术质量（Technical Quality，TEC）。该指标在建筑设计、结构与系统方面增加消防功能，同时通过安装基本消防措施，降低火灾风险与对人员的危害；规定房间隔声性能，保护用户隐私，提供安静的室内环境；评估围护结构传热系数、气密性、热桥、暑热防护等指标，降低建筑能源需求，提高热舒适性；利用可再生能源与被动设计技术，提升建筑的可持续性；采用便于清洁的建筑构件，降低清洁的人工与经济成本；减少建筑材料用量，增加可循环材料的利用率，减少资源消耗；控制建筑噪声与光污染，维持生态环境的稳定性；通过可持续及智能交通基础设施，增加使用高效、经济可行的出行方式的机会。

（5）过程质量（Process Quality，PRO）。该指标主要通过向公众进行建筑信息公开，以提高决策的接受度与合理性；在招标阶段整合建筑可持续性发展问题，保障项目质量有关的决定不再是仅基于经济考虑；提供建筑生产、维护、检查、运行和护理说明，确保建筑有效运营；通过明确、有组织且透明的竞标流程，提升建筑的多元化设计与建筑文化的延伸；降低施工环境噪声、粉尘和废弃物排放等对土壤和地下水的负面影响；通过适当调查的方式验证建筑质量，确保建筑在生命周期内可持续运行；进行供热、通风、室内空调、供冷技术、建筑自动化、照明、热水供应等系统和立面百叶窗的试运行，向操作人员提供培训，降低系统运行风险，提高能源的利用效率；为用户提供建筑可持续指南并安装可持续信息系统，激励用户对建筑的可持续性做出贡献；执行项目设施管理与创建详细的运行成本预测，提高整栋建筑的能效，并降低运行成本。

（6）区位质量（Site Quality，SITE）。该指标主要通过预测当地地震、火山喷发、雪崩、风暴、暴雨等 14 种自然灾害，保护建筑及其用户免受负面环境及极端事件的影响；通过评估建筑对于本地发展的推动作用与影响力，对区域传递积极的作用；使用定性-定量方法评估机动化私人交通、公共交通、骑行者、行人交通和公交车站的无障碍设计等指标，鼓励用户选择健康、积极的出行方式；通过确保附近有满足建筑用户日常需求的便利设施，提高建筑用户对场地的满意度。

DGNB 2020 国际版标准的框架与具体指标见表 3-9。

表 3-9　2020 国际版 DGNB 标准框架

核心质量	指标组别	指标分项
环境质量 ENV	对全球和当地环境的影响（ENV1）	ENV1. 1 建筑寿命周期评价
		ENV1. 2 本地环境影响
		ENV1. 3 可持续资源使用
	资源消耗和废弃物产生（ENV2）	ENV2. 2 饮用水需求和废水量
		ENV2. 3 土地利用
		ENV2. 4 场地生物多样性
经济质量 ECO	寿命周期成本（ECO1）	ECO1. 1 建筑物寿命周期成本
	经济发展（ECO2）	ECO2. 1 灵活性与适应性
		ECO2. 2 商业可行性
社会文化及功能质量 SOC	健康，舒适和用户满意度（SOC1）	SOC1. 1 热舒适性
		SOC1. 2 室内空气质量
		SOC1. 3 听觉舒适性
		SOC1. 4 视觉舒适度
		SOC1. 5 用户控制
		SOC1. 6 室内外空间质量
		SOC1. 7 安全
	功能性（SOC2）	SOC2. 1 无障碍设计
技术质量 TEC	技术质量（TEC1）	TEC1. 1 消防安全
		TEC1. 2 隔音
		TEC1. 3 建筑围护结构质量
		TEC1. 4 建筑技术的应用和集成
		TEC1. 5 建筑构件的易清洁性
		TEC1. 6 拆除和回收利用的便利性
		TEC1. 7 污染源控制
		TEC3. 1 移动基础设施

续表3-9

核心质量	指标组别	指标分项
过程质量 PRO	规划质量（PRO1）	PRO1.1 项目统筹
		PRO1.2 招标阶段的可持续性
		PRO1.3 可持续性管理文件
		PRO1.4 城市及设计规划的程序
	施工质量（PRO2）	PRO2.1 施工场所/过程
		PRO2.2 施工质量保证
		PRO2.3 系统调试
		PRO2.4 用户沟通
		PRO2.5 有利设施管理的规划
区位质量 SITE	区位质量（SITE1）	SITE1.1 本地环境
		SITE1.2 区域影响
		SITE1.3 交通便利性
		SITE1.4 配套生活便利设施

DGNB 六个评价指标涉及的内容涵盖了工程实践中的方方面面，使可持续建筑体系成为了一个综合的整体。每个指标又包含了若干个指标分项，各指标分项都具有清晰的目标、要求和分值，并根据其重要性赋予不同的权重。DGNB 2020 国际版评价标准不同分项指标的权重如图 3-8 所示，DGNB 体系使用绩效指标对建筑进行分级。计算总绩效指标

图 3-8　DGNB 2020 国际版指标分项权重

时，会覆盖所有六个指标，并考虑其各自权重，将不同分项指标总分与其对应权重相乘后，可计算出项目的总得分。而后计算项目总得分占标准总分的比重后，即可得出该项目的总绩效指标达成情况，确认项目认证等级。

根据总绩效指标达成情况，DGNB 认证项目可分为铜级、银级、金级和铂金级四个认证等级，如表 3-10 所示。DGNB 追求的是一个完整、平衡的建筑可持续性体系，因此在评级过程中不仅有总分数上的要求，每个指标体系的得分还要至少达到最低的绩效指标（区位质量 SITE 除外）。例如，要达到铂金级认证，总绩效指标表现应在 80% 以上，同时每个分项指标的绩效指标表现至少达到 65%。

表 3-10　DGNB 认证等级划分

标识	DGNB	DGNB	DGNB	DGNB
等级	铂金级	金级	银级	铜级
总绩效指标	≥80%	≥65%	≥50%	≥35%
单项指标最低表现	65%	50%	35%	—

3.4.3　体系特点

（1）以人为本。DGNB 体系坚持以人为本，并在各版本升级过程不断强化此项原则。例如，严格审视建筑中使用的材料、技术和设备的质量，并要求在项目决策流程中充分重视用户需求，提高用户使用体验。

（2）目标导向的评价模式。DGNB 体系在编制之初就确定了“目标导向性”的评价模式，即首先确定建筑可持续发展目标，根据目标达成情况对建筑进行可持续性评价。而如何达到目标，是否有特定的设计或设备等，则不在评价范畴。既为各个项目的参与者明确了工作目标和方向，也给予设计师和工程师以最大的设计自由，鼓励创新设计和技术应用。

（3）全寿命期评价。DGNB 一直将其体系作为建筑全过程的指导和控制工具，有效提高建筑可持续性发展。对于 DGNB 来说，可持续建筑的评价和认证仅仅是促进建筑可持续性提高的手段，而不是最终目的。关键是全过程对建筑绿色可持续目标要求的执行和不断的动态优化。此外，对建筑环境影响和成本的评估来说，着眼于建筑全寿命期必不可少。通过全寿命期评价，从设计阶段开始明确任务和目标，有效降低项目投资成本。对使用者来说，在购买或租赁建筑时，可以得到未来运营阶段环境影响和运营成本的基本信息，并以此为基础做出准备和计划。通过全寿命期的分析和研究也可促进循环经济的发展，推动负责任的资源使用。

（4）灵活性和适应性。灵活性和适应性是 DGNB 评价系统的一大特色，在国际认证方面这一优势尤为突出。不同的国家和地区在气候、法律法规、建筑材料、建筑文化、建筑传统、使用习惯等方面千差万别，为了更好地反映当地情况，提高建筑可持续性，DGNB 在保证项目建筑质量的基础上对国际版认证体系进行了灵活性设置，并要求国际项目在认证初期就要根据实际情况对认证要求和重要性权重等做出有针对性的修改。因地制宜、根据项目类型进行调整，使认证项目通过 DGNB 体系发挥出可持续建筑的优势。

（5）契合全球可持续发展目标。联合国 2030 年可持续发展议程确定了 17 个可持续发展目标（SDGs）为全世界各国的发展指明了方向，建筑业的可持续发展直接或间接地决定着其中相关的目标是否能够顺利实现。德国可持续建筑委员会已经把业务和工作方向根据 SDGs 进行了调整和定位，并将其作为下一步发展的基础和指导。在认证体系中，DGNB 针对相对应的 SDGs 进行了关联和修改。DGNB 支持可持续发展目标，并试图通过认证鼓励向正确的方向迈出具体的一步。每个获得 DGNB 认证的项目都将获得一份声明，该声明会具体明确项目对实现 SDGs 的贡献程度。这也将激励用户和设施管理人员在建筑的使用和运营过程中按照这些目标行事。作为一个额外的激励措施，DGNB 为有助于 SDGs 项目的选定标准颁发“2030 议程奖金”。

（6）循环经济。DGNB 的关注点之一是促进资源的高效配置，从产品的成分和应用的角度出发，前瞻性地选择产品，以及考虑使用过程中可能的结构改造。另外，在规划阶段选择产品时，应同时考虑建筑拆除能耗。使 DGNB 系统成为一个持续整合循环经济的建筑认证系统使其在建筑层面上可以评价和衡量。

（7）气候保护。实现 2015 年《巴黎协定》设定的目标来解决气候变化问题是这个时代最大的挑战。同时，人们普遍认为建筑领域在这一挑战中发挥着重要作用，可有效高效减少大量 CO_2 排放。DGNB 一直致力于自愿实现超越规范和法规要求的目标。因此，在最新版本的 DGNB 认证中，通过实施量身定制的奖励制度来奖励实现了碳中和的建筑。

3.4.4 认证情况

DGNB 认证的主体是德国可持续建筑委员会（German Sustainable Building Council, DGNB）。德国可持续建筑委员会是一个非营利组织，创立自 2007 年，已经发展成为拥有超过 1 200 个来自建筑和房地产领域会员的专业机构，具有独立的专家团体，是德国知名的全国性及世界性的建筑知识平台。德国可持续建筑委员会的使命是从建筑设计、施工和运行等方面推广可持续理念，从而实现可持续建筑的目标。持续不断地研发并完善 DGNB 认证体系，同时对满足条件的项目颁发 DGNB 证书，通过多种方式将 DGNB 理念更广泛的传达给专业的受众。

DGNB 国际认证分为以下五个步骤。

（1）项目注册和咨询。项目方首先要为项目确定一个 DGNB 认证师（DGNB-Auditor）或 DGNB 咨询师（DGNB-Consultant），由他们与 DGNB 一同确认项目认证所要选择的认证系统，确认后进行项目注册。项目方与 DGNB 签订项目认证合同，认证过程正式开始。需要说明的是，DGNB 和项目审计师之间不存在合同关系，这既确保了审计师的独立性，也保证了 DGNB 的客观性。

（2）DGNB 认证系统适配。该系统适配过程适用于 DGNB 国际认证项目，即咨询方和 DGNB 一同对认证系统进行修改和适配。通过这个过程，DGNB 认证系统的要求和其所对应的分值权重会根据项目的实际情况进行有针对性的适配，让 DGNB 系统真正成为指导每个项目提高其综合质量和可持续性的工具。

（3）认证文件编制和提交。认证师/咨询师负责根据与 DGNB 确认适配的认证标准和要求对项目进行评价，整理和准备相关的资料和证明材料作为认证文件，并将认证文件提交给 DGNB 审核机构进行审核。

(4) 认证文件审核。DGNB 审核机构负责对提交的认证文件进行真实性和完整性审核。审核机构在第一次审核结束后将结果通知项目方，认证师/咨询师可对未通过审核的部分发表意见或对认证文件进行阐述和补充。结合反馈和补充文件，审核机构会进行下一轮审核，并将其结果通知业主和认证师/咨询师。最终，如果三方均对审核结果表示认同，即可正式签署认可文件。

(5) 认证结果和证书颁发。认证结果将由 DGNB 认证委员会进行最终确认，然后由 DGNB 向项目方授予项目证书和铭牌。

在国际项目认证中，DGNB 系统会对评价标准的条目、内容以及相对应的评分权重进行精确的调整。在核心质量目标得到保证的前提下，根据不同国家和地域的气候、法律法规、文化以及建设技术等实际情况进行适当的调整，使得该系统可以灵活地在全世界使用并保证其高水准的认证质量。得益于其先进性和实用性，DGNB 体系在认证市场上表现出色，在德国的建筑认证市场处于绝对领先的地位。奥地利、瑞士、丹麦和西班牙等国的绿色建筑委员会与 DGNB 合作，以 DGNB 认证体系为根本，通过对 DGNB 认证要求的本地化适配推出了自己的可持续建筑认证体系。截至 2023 年 1 月，全球范围内通过 DGNB 预认证及认证的项目超过 10 000 个，总建筑面积超过 6 970 万 m^2。

3.5 法国 HQE 评价体系

3.5.1 发展概况

法国 HQE 评价体系即法国高质量环境（High Quality Environment）评价体系，拥有法国特有的生态战略体系和方法论，与英国 BREEAM、德国 DGNB 并称为欧洲三大绿色建筑评价体系。1992 年，法国波尔多建筑景观学院教授 Gilles Olive 率先提出 14 个生态设计目标，从环境影响、能源利用、室内环境质量等方面评估建筑的生态价值。在此基础上，法国能源环境与能源管理局、法国建筑科学技术中心等机构牵头研编了 HQE 评价标准，编制过程中广泛征求开发商、设计师、制造商、投资者、使用者等利益相关者的意见，以校园建筑为示范进行应用效果的实证研究，致力于住房和城乡建设工作在生态环境保护和城市生活质量提升方面的正向影响指导。2004 年，HQE 标识评价作为一项政府工作在法国境内推行。2012 年，HQE 评价体系国际版发布，构建了适用于不同气候和文化背景的国家和地区应用的通用指标，应用范围从法国本土向世界各地拓展。认证工作由法国建筑科学技术中心子公司 Certivéa 负责执行。

HQE 主张从区域规划和发展的整体视角出发指导项目的建设或更新，为规划、设计、建造、运行、管理全过程阶段解决资源利用、环境保护、生活质量提升问题提供框架方案，实现人、建筑、环境的优化协调与相互支撑。与中国 GB/T 50378、美国 LEED、英国 BREEAM、德国 DGNB 体系相比，法国 HQE 评价体系将管理作为项目评价中的重要方面，强调提供可持续策略框架与思路而非限制条件的打分，针对用户健康舒适的指标权重更高，突出高质量环境建设以人文本的核心理念。

现行的 HQE 评价体系国际版适用于对法国境外的建筑、基础设施、城区项目进行技术与管理评价，如图3-9所示，分为居住建筑、非居住建筑、城区规划和开发项目评价体系。

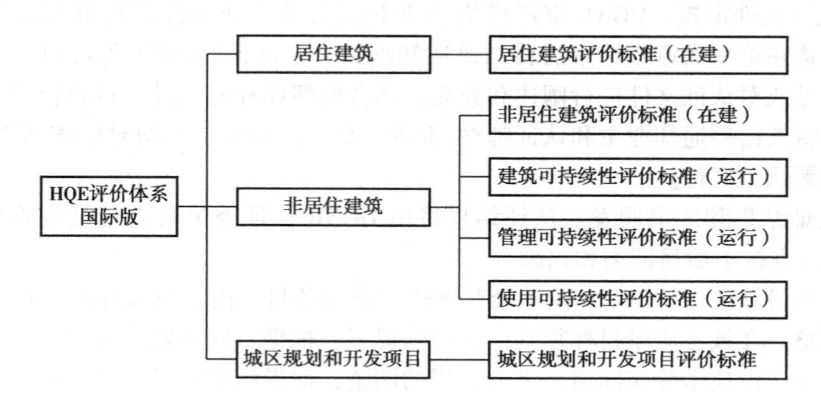

图3-9 HQE评价体系（国际版）

注：在建适用于项目方案、设计和竣工评价。

HQE建筑类评价体系分为非居住建筑（HQE-NR）和居住建筑评价体系（HQE-R），均适用于新建、改建的单栋建筑或建筑群在方案、设计和竣工等阶段的评价。与HQE-R相比，HQE-NR增加了运行阶段的评价，包括面向业主的建筑可持续性评价、面向物业的管理可持续性评价及面向用户使用的可持续性评价三项标准。

HQE城区规划和开发项目评价体系适用于基础设施、住区、城区、小镇等类型的项目在方案、设计和竣工阶段的评价。该项评价体系未规定项目的具体规模、业态、区位等要素，但从技术应用和社会效益的角度要求在吸引力、幸福感、社会凝聚力、环境保护和改善、资源使用方面应具有突出的优势。

3.5.2 评价指标体系

3.5.2.1 建筑类评价指标体系

HQE建筑类评价指标体系针对环境可持续和用户健康舒适建立了一个综合的、多准则的指标体系。如图3-10所示，HQE-NR包括环境（Environment）、能源（Energy）、舒适（Comfort）、健康（Health）四个一级指标，在一级指标下共设置14个二级指标。HQE-R二级指标设置与HQE-NR基本一致，一级指标增加了节约和安全。在节约方面，将水资源、维护两个二级指标划分在能源和节约（Energy and savings）部分。HQE-R水资源指标强调水耗监测、非传统水源利用和雨水管理，而HQE-NR增加了污水管理和径流污染、突发污染控制的措施，强调环境影响。HQE-R的维护指标包括了水资源节约相关的内容，而HQE-NR侧重维护的目的和便捷，包括设备、系统等建筑用品的维护方法，能耗、水耗的监测计量，和系统与设备运行工况的识别。在安全方面，HQE-R在二级指标空间质量中增加了电力安全、防火安全、居室入侵防护的内容。

3.5.2.2 城区规划和开发项目评价指标体系

HQE城区规划和开发项目评价指标体系（HQE-P&D）主要从项目与城市的融合，自然资源保护、环境与健康质量，社会多样性和经济活力三方面制定了17个可持续性指标，在融合协调、生态保护、健康促进的基础上，结合了项目经济性、社会多样性、经济活

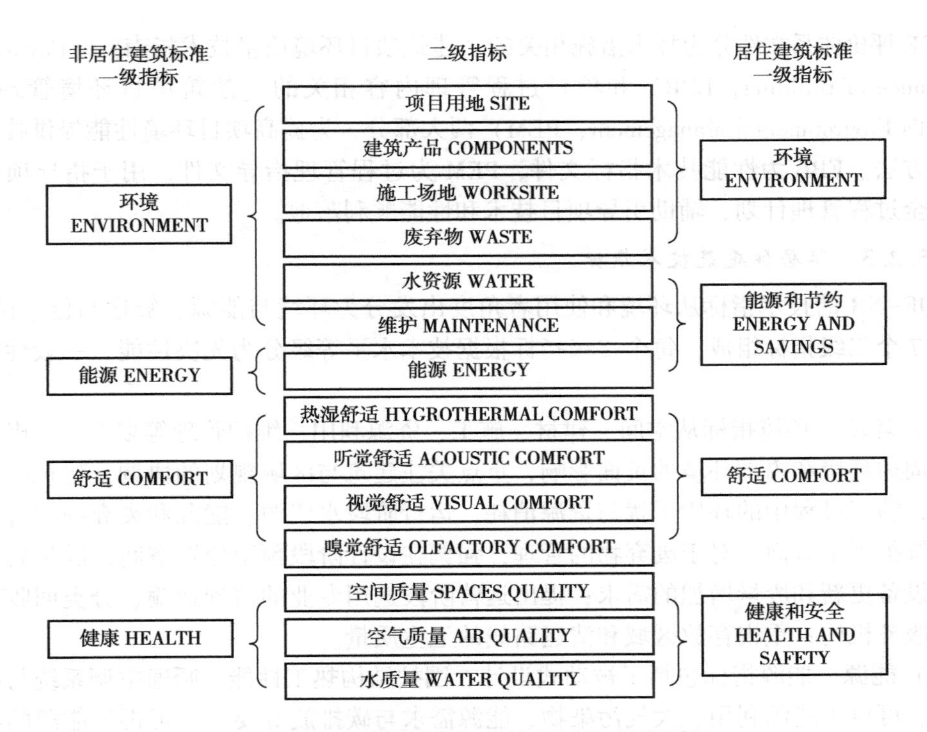

图 3-10　HQE 建筑类标准技术要求（国际版）

力，对区域和基础设施建设的社会经济影响进行评价，见表 3-11。

表 3-11　HQE 城区规划和开发项目技术要求（国际版）

一级指标	二级指标
项目与城市的融合	区域和局部环境； 密度； 机动性和可达性； 遗产、景观和识别度； 适应性和进化能力
自然资源保护、环境与健康质量	水资源； 能源和气候； 材料与设备； 废弃物； 生态系统和生物多样性； 应对自然和技术危害； 健康
社会多样性和经济活力	项目经济性； 社会功能和多样性； 公共环境与空间； 整合、培训和认知； 吸引力与经济活力

HQE 评价体系文件分为技术措施相关的《建筑项目环境质量技术指南》（Environmental Performance of Building，EPB）和项目过程管理内容相关的《建筑项目环境管理系统》（Project's Environmental Management，PEM）两大部分，为提高项目环境性能提供技术框架与管理方法。EPB 为性能技术指标文件，PEM 为过程管理指导文件，用于指导项目制定合适的全过程管理计划，辅助引导项目技术和性能顺利落地。

3.5.2.3 非居住建筑技术指标

HQE-NR 的技术指标从环境和使用者角度出发分为环境与能源、舒适与健康两大类，分别由 7 个二级指标组成。每个二级指标根据技术水平等级分为先决性能、一般性能和高性能。

（1）环境。环境指标从空间、建材、施工、资源利用、维护管理等多方面考虑，降低建筑对周边环境和内部环境的负面影响，重点关注建筑与区域规划的协调，建筑产品的环保性能，施工过程中的环境干扰与资源消耗，运行阶段水资源、能源和废弃物的管理，以及设备维护多个方面。对于废弃物的管理，强调在设计阶段预留处置空间，满足后期废弃物处理设备更新和废量增加的需求；提出运营阶段选用专业的清理运输、分类回收、无害处理等服务机构；重视存放区域和清运路线的卫生质量。

（2）能源。能源指标包括了被动式设计、围护结构热工性能、暖通空调系统与电气设备效率、可再生能源利用、大气污染物、能源需求与碳排放等要求。可再生能源的经济技术可行性分析为控制性要求，鼓励根据当地资源分布与适用条件充分利用，评价的依据是建筑产能与供暖、供冷、照明和生活热水能源需求总量的比值。在排放方面，需要进行 CO_2 和 SO_2 排放量计算评估，并与参照建筑进行比较分析。

（3）舒适。舒适指标包括热湿环境、听觉、视觉、嗅觉舒适四个方面，通过建筑设计、调控措施、限值约束等措施优化室内空气质量和声、光、热、湿环境，提升使用者的直觉体验、主观满意度和获得感。热湿舒适强调空间整体、分区、局部设计的优化，针对供暖、供冷不同模式，对温度、湿度、风速、辐射以及调控措施进行评价。视觉舒适包括天然采光和人工照明质量和控制，较我国《绿色建筑评价标准》GB/T 50378—2019 加强了个性化控制的要求，提升了用户使用的舒适。嗅觉舒适方面，HQE-NR 标准中将异味相关的内容单独列为一个二级指标以提升用户的嗅觉环境。

（4）健康。健康指标包括空间的电磁辐射、卫生条件、空气质量、水系统和水质等方面，关注建筑内部环境的健康影响。对于空气质量，HQE-NR 在污染源与浓度控制的基础上，细化了通风管道气密性、机械通风洁净度的要求。对于水质和水系统，HQE-NR 水质的条款比我国 GB/T 50378—2019 少，但对管道材料和施工、管网保护、输配水水温、污水处理方面的要求更多，侧重于过程控制。

3.5.3 体系特点

（1）强调建筑设计与区域发展的协调。要求项目建设与外部的区域环境和管理统一协调，包括区域发展规划、政府政策、公共设施、资源环境、生态系统等，使建筑成为推动城市可持续发展的一部分。

（2）重视建筑对人感受与健康的影响。在技术指标设置方面，使用者舒适和健康部分的权重占到 50%，高于英国 BREEAM、美国 LEED、中国 GB/T 50378，更加突出了 HQE

标准以人为核心和高质量发展的理念。

(3) 坚持全过程跟踪评价和性能导向。标准不单独对建筑的方案或设计进行评价,须至少完成竣工评价,鼓励从建筑的方案到运行阶段全过程跟踪,对技术指标和环境管理进行双重评价,确保技术措施的落地。

(4) 鼓励因地制宜合理采用技术措施。技术应用的评价多要求开展可行性分析,或者提供不同功能或场景适用的技术选项,此外还适用"等效认可"机制接受同等原则下的替代方案,多途径鼓励创新。

(5) 鼓励专业技术服务并实施公正的评价。鼓励有专业咨询师资质 HQE Referent 的技术人员参与项目,并给予项目认证费用的优惠。评审中,随机委托具有审核资质的独立第三方审核员 HQE Auditor 开展为期 2~3 天的现场审查,对项目管理、技术可行性和实施效果进行逐项综合审核,确保评审工作独立、专业、公正。

3.5.4 认证情况

Cerway 是对法国境外项目进行 HQE 认证的唯一机构,于 2013 年 9 月在法国成立,创建机构为 Certivéa 和 CERQUAL。Certivéa 是法国建筑技术研究中心(CSTB)的子公司,负责非居住建筑和城市规划项目的认证;CERQUAL 是法国住房协会(QUALITEL Association)下属的认证机构,负责居住建筑的认证。HQE 标识的申请与评价总体分为以下 3 个阶段:

(1) 申请和合同。申请方向 Cerway 提交申请,Cerway 进行资格审核,审核通过后,申请方与 Cerway 协商签署评价服务协议。

(2) 评价介入。申请方根据项目进度分阶段申请评价介入,Cerway 委托完全独立的第三方审核员进行现场审核,并形成审核报告。

(3) 证书授予。Cerway 对审核员在每一阶段提交的审核报告结果进行确认,对通过评价的项目授予确认函或证书。

除评价机构外,标识评价过程中相关的参与主体包括申请人、审核员、专业技术人员、专家等。申请人是向 Cerway 提交 HQE 评价申请,尊重评价方案和推进方案实施的自然人和法人,可以申请使用 HQE 商标。审核员是接受过专业培训,Cerway 或技术秘书处授权和委托开展申报项目审核评价的第三方人员。审核员不能是项目的利益相关者,不可向申请人提供建议或培训。专业技术人员类似于其他认证中的 AP,通过 Cerway 认可,对项目进行环境管理咨询和对环境性能进行评估。专业技术人员可以参与项目的设计、施工、运行中,但不可以审核员的身份审核参与的项目。专家是受 Cerway 聘用,对项目技术问题、等效条款进行解释或认可评判。

HQE 评价体系国际版自发布实施以来,已经在很多国家应用实施。截至 2021 年 8 月,全球获得认证的建筑项目达 451 个,城区项目有 16 个,遍及中国、德国、意大利、卡塔尔、阿尔及利亚、巴西、加拿大等 26 个国家。其中,非居住建筑、居住建筑标识项目约各占一半,包括 45 个运行标识。HQE 在我国的发展还处于起步阶段。2020 年 11 月,青岛西海岸项目获得了我国首个 HQE 认证最高级—卓越级认证。以此项目为纽带,中国城市科学研究会、中国建筑科学研究院有限公司、Certivea 相关机构启动了 HQE 标准交流学习和应用推广的工作。目前,在青岛、武汉、广州共有 4 个非居住建筑项目获得了 HQE 认证标识,总建筑面积为 79 132m^2。

3.6 "一带一路"共建国家绿色建筑评价体系

3.6.1 发展概况

截至2023年6月，我国已同152个国家和32个国际组织签署了200余份共建"一带一路"合作文件[1]。绝大多数共建国家绿色建筑的发展是通过引入欧美等国家绿色建筑标准，开展绿色建筑项目实践开始的。据不完全统计，约107个共建国家开展了绿色建筑项目实践。随着绿色建筑理念在当地的传播和发展，各国开始通过建立绿色建筑委员会推广绿色建筑。绿色建筑委员会通常由本国社会组织或政府部门发起，是推动当地绿色建筑发展的重要机构，不同国家绿色建筑委员会的职责虽略有不同，但基本都是通过提供教育培训与解决方案、开展绿色建筑研究与评价认证等工作，推广绿色建筑理念。统计显示，自2000年至今，共有42个共建国家成立了本国绿色建筑委员会并加入了世界绿色建筑委员会（图3-11）。此外，泰国、沙特阿拉伯、尼日利亚、希腊等国虽未加入世界绿色建筑委员会，但各国均成立了绿色建筑委员会或类似性质的机构。在绿色建筑委员会的推动下，各国绿色建筑理念逐渐成熟，部分国家逐步建立起本国的绿色建筑评价标准（图3-12），并依托标准开展了绿色建筑项目认证。为进一步促进本国绿色建筑发展，部分国家还制定了绿色建筑政策法规和相关激励措施。近几年，一些绿色建筑发展较好的共建国家逐渐丰

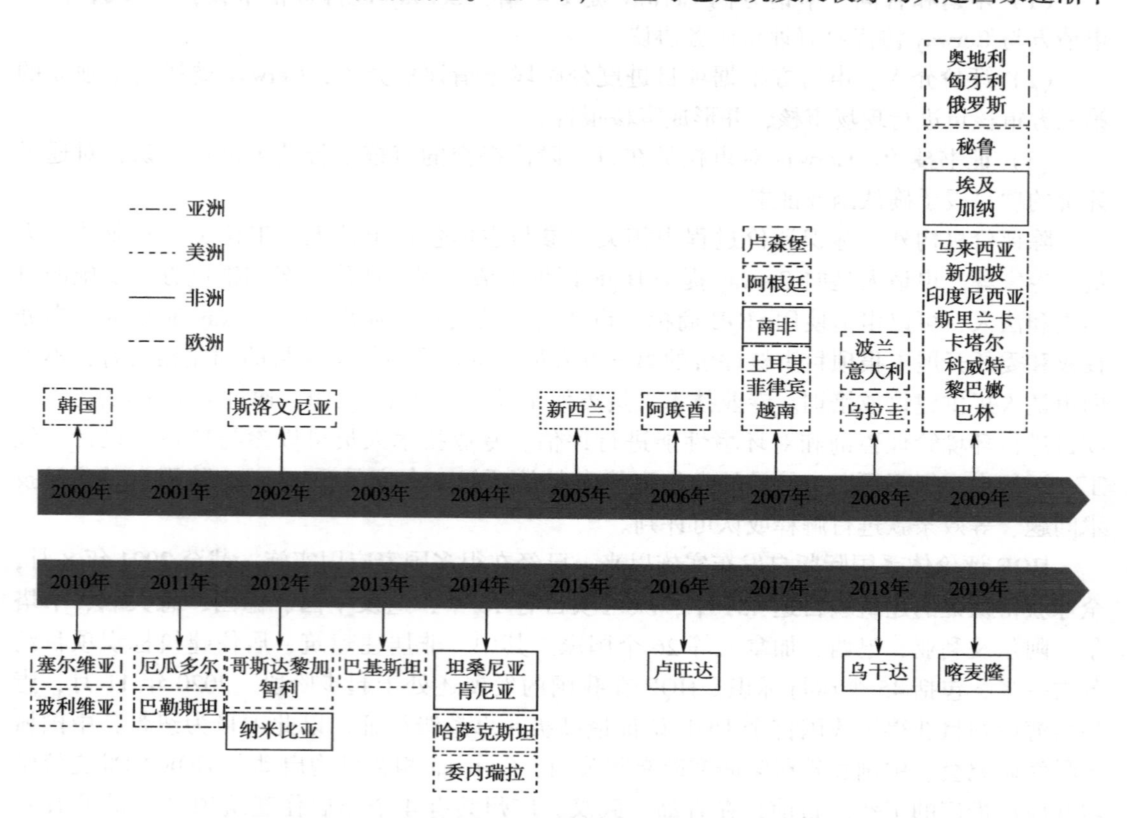

图3-11　成立绿色建筑委员会并加入世界绿色建筑委员会的共建国家[2]

富绿色建筑内涵，拓展绿色建筑外延，绿色建筑逐渐与联合国可持续发展目标相契合，向更健康、更低碳、更智能、更具韧性的方向发展。

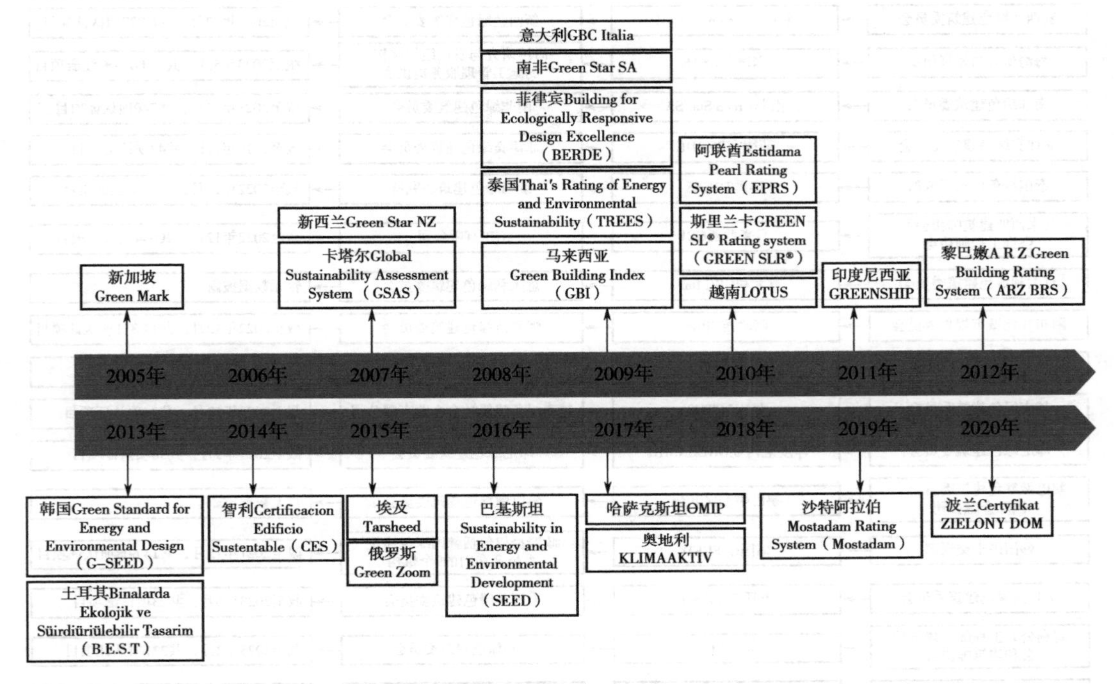

图 3-12　研发本国绿色建筑标准的共建国家（现行标准）[2]

绿色建筑评价标准可以为项目全过程建设提供指导，是保障建筑绿色性能落实的重要手段。共建国家在绿色建筑发展之初几乎都引入了欧美等国家的评价标准开展项目实践，但由于经济、气候、技术等方面的差异，欧美国家绿色建筑标准在当地应用过程中存在适用性较差、认证费用高等现实问题，各国普遍意识到发展本国绿色建筑评价标准并开展认证是解决以上问题的有效方式。

较早制定绿色建筑标准的国家有新加坡、韩国（最初版本已废止）、新西兰及卡塔尔。马来西亚、泰国、越南、印度尼西亚、菲律宾、斯里兰卡、阿联酋、南非、意大利等国也均于 2010 年前后制定了本国的绿色建筑评价标准。哈萨克斯坦、沙特阿拉伯、奥地利、波兰等国发展本国标准的时间相对较晚。

标准的开发与认证机构在一定程度上反映了该国绿色建筑发展的主导主体。如图 3-13 所示，新加坡、韩国、以色列、阿联酋、沙特阿拉伯、卡塔尔绿色建筑标准的开发机构均为政府机构，其他大部分国家标准的开发机构为公益性质的绿色建筑委员会或其他学协会。除新加坡外，这些国家的绿色建筑认证机构均为社会性组织或政府授权的第三方认证机构。绿色建筑认证数量反映了该国绿色建筑标准的应用情况，也在一定程度上体现了该国绿色建筑的发展程度。统计结果表明，新加坡、韩国、新西兰、阿联酋使用本国标准的绿色建筑认证数量最多，马来西亚、南非、俄罗斯、智利紧随其后，其他国家应用本国标准进行认证的项目数量相对较少，还有一些国家尚未披露其认证数据，绿色建筑认证情况并不透明。

共建国家绿色建筑评价标准的一级指标体系如图 3-14 所示，大多数国家的标准指标

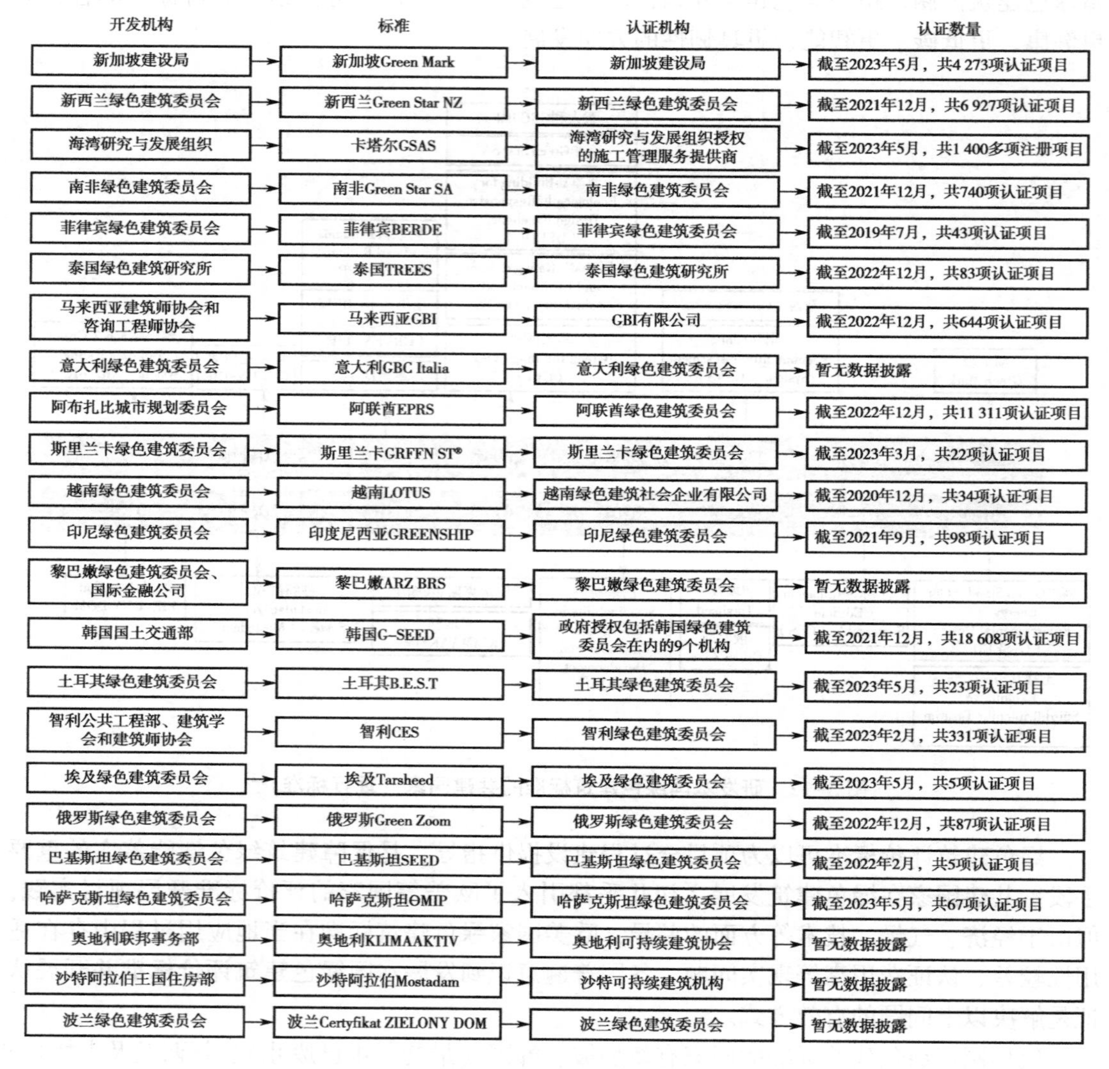

图 3-13　共建国家绿色建筑标准及认证概况[2]

体系来源于美国 LEED、英国 BREEAM、德国 DGNB 及澳大利亚 Green Star。有的标准直接借鉴或来源于一部标准，并在此基础上进行本地化修正；有的标准借鉴多部标准，形成适用于本国的指标体系。各国关注的重点基本一致，即节能与能源利用、节水与水资源利用、节材与材料资源利用、场地规划与生态环境保护、室内环境质量是各国绿色建筑普遍关注的主题。除此之外，少部分国家提出了经济、社会文化、区域发展等相关的指标。值得关注的是，新加坡 Green Mark 在经过近二十年的发展，于 2021 版中重构了其评价指标，该指标与联合国可持续发展指标高度契合，体现了该国绿色建筑向更高方向发展的决心，对各国标准均有借鉴意义。南非、新西兰等南半球国家的标准则直接参考澳大利亚 Green Star，纳米比亚、尼日利亚、肯尼亚、卢旺达、加纳、乌干达、坦桑尼亚、津巴布韦等非洲国家则直接采用南非标准进行认证，可见，澳大利亚 Green Star 在南半球国家影响较广。

新加坡Green Mark
- 节能
- 智能
- 健康与福祉
- 全寿命期碳排放
- 可维护性
- 韧性

新西兰Green Star NZ
- 管理
- 室内环境质量
- 能源
- 交通
- 水
- 材料
- 土地利用及生态保护
- 排放
- 创新

卡塔尔GSAS
- 城市连通性
- 场地
- 能源
- 水
- 材料
- 室内环境
- 文化经济价值
- 运营管理

南非Green Star SA
- 管理
- 室内环境质量
- 能源
- 交通
- 水
- 材料
- 土地利用与生态保护
- 排放
- 创新

菲律宾BERDE
- 管理
- 土地利用与生态保护
- 能源
- 水
- 废弃物
- 材料
- 交通
- 健康与福祉
- 排放
- 社区参与
- 经济机会

泰国TREES
- 管理
- 场地与景观
- 节水
- 能源和大气
- 材料和资源
- 室内环境质量
- 环境保护
- 绿色创新

马来西亚GBI
- 节能
- 室内环境质量
- 可持续场地规划和管理
- 材料与资源
- 节水
- 创新

意大利GBC Italia
- 场地可持续性
- 用水管理
- 能源和大气
- 材料和资源
- 室内环境质量
- 设计创新
- 区域优先

阿联酋EPRS
- 综合开发过程
- 自然系统
- 宜居建筑
- 节水
- 能源
- 材料
- 创新

斯里兰卡GREEN SIR®
- 管理
- 可持续场地
- 节水
- 能源和大气
- 材料、资源和废弃物管理
- 室内环境质量
- 创新与设计过程
- 社会文化意识

越南LOTUS
- 能源
- 水
- 材料和资源
- 健康与舒适
- 场地与环境
- 管理
- 创新

印度尼西亚GREENSHIP
- 适宜的场地开发
- 节能与能源管理
- 节水
- 材料资源和循环管理
- 室内健康与舒适
- 建筑环境管理

黎巴嫩ARZ BRS
- 场地
- 材料
- 水
- 健康
- 能源

韩国G SEED
- 土地利用与交通
- 能源与环境
- 材料和资源
- 水循环管理
- 运营管理
- 生态环境
- 室内环境
- 创新设计

土耳其B.E.S.T
- 综合项目管理
- 土地利用
- 节水
- 能源利用
- 健康舒适
- 材料和资源利用
- 居住生活
- 运营管理
- 创新

智利CES
- 室内环境质量
- 能源
- 水
- 材料与废弃物
- 管理
- 创新

埃及Tarsheedl
- 能源
- 水
- 场地

俄罗斯Green Zoom
- 场地和交通
- 场地环境
- 节水
- 节能减排
- 节材和废弃物利用
- 室内环境
- 创新
- 地域优先

巴基斯坦SEED
- 综合项目管理
- 可持续交通和选址
- 场地开发的可持续
- 水资源管理和利用
- 节能和监控
- 天然资源和材料利用
- 室内环境质量
- 创新

哈萨克斯坦ӨMP
- 管理
- 健康
- 能源
- 交通
- 水
- 材料
- 废弃物
- 生态环境
- 创新

奥地利KLIMAAKTIV
- 选址和环境保障
- 能源
- 建筑材料和施工
- 室内环境舒适

沙特阿拉伯Mostadam
- 场地可持续性
- 交通及连通性
- 地域与文化
- 能源
- 水
- 健康与舒适
- 材料与废弃物
- 教育与创新
- 政策、管理和运营

波兰Cerlyfikat ZIELONY DOM
- 管理
- 选址与场地
- 材料和资源
- 健康与舒适
- 水资源管理
- 能源利用

图 3-14 共建国家绿色建筑标准的一级指标体系[2]

在已研发绿色建筑评价标准的国家中，智利、俄罗斯、土耳其、意大利、马来西亚、新加坡、新西兰、印度尼西亚、越南等国家在评价标准基础上初步形成了绿色建筑标准体系。分析标准体系的发展历程可知，这些标准体系均由评价标准为基础，根据适用对象、适用阶段进行扩展，逐步形成体系。如表 3-12 所示，各体系内子标准按建筑规模分为室内、单体、社区和城区；按建筑功能分为居住建筑、独栋住宅、公共建筑、工业建筑和历史建筑；按适用阶段分为新建、运行和改造。此外，子标准类型以评价标准为主，仅俄罗斯 GREEN ZOOM、土耳其 B. E. S. T、马来西亚 GBI 和新加坡 Green Mark 体系涵盖了技术导则。可见，这些标准体系均体现出对绿色建筑目标导向的重视，但在技术应用和管理要求方面仍存在不同程度的缺失。总体而言，大多数共建国家绿色建筑标准化建设整体水平较低。

表 3-12 "一带一路"共建国家绿色建筑标准体系[3]

序号	分区	国家	标准体系	评价标准											技术导则
				室内	单体								社区	城区	
					居住建筑	独栋住宅	公共建筑	工业建筑	历史建筑	新建	运行	改造			
1	美洲地区	智利	CES				√					√			
2	欧洲地区	俄罗斯	GREEN ZOOM			√		√		√		√		√	√
3		土耳其	B. E. S. T		√		√								√
4		意大利	GBC Italia			√			√			√	√		

续表3-12

序号	分区	国家	标准体系	评价标准											技术导则
				室内	单体								社区	城区	
					居住建筑	独栋住宅	公共建筑	工业建筑	历史建筑	新建	运行	改造			
5	亚太地区	马来西亚	GBI	√	√		√			√		√		√	√
6		新加坡	Green Mark	√	√		√			√		√	√		√
7		新西兰	Green Star NZ	√						√			√		
8		印度尼西亚	GREENSHIP	√		√				√		√			
9		越南	LOTUS			√	√			√	√				

3.6.2 典型标准介绍

本节对5个“一带一路”共建国家的绿色建筑评价体系进行介绍，分别为东南亚新加坡的Green Mark、西亚阿联酋的Pearl、欧洲意大利的GBC Italia、非洲南非的Green Star SA及美洲智利的Certificación Edificio Sustentable。

3.6.2.1 新加坡Green Mark

新加坡地处东南亚，地域狭小、气候湿热、资源相对匮乏且人口众多，发展绿色建筑对其具有十分重要的现实意义。2004年，新加坡建设局（Building and Construction Authority，BCA）首次制定绿色建筑评价标准——Green Mark，并于次年1月开始推行Green Mark认证计划。随后，BCA根据绿色建筑认证实践过程中的实践反馈并结合新发展理念，每隔2~3年对Green Mark进行一次修订[4]。2019—2021年，BCA用三年对Green Mark进行了一次“变革性”的修订，并于2021年11月1日颁布了新版绿色建筑评价标准——Green Mark 2021。修订后的新版标准打破了原有标准的组织框架，构建了全新的评价指标体系，并利用数字化工具使Green Mark认证过程更加精简高效。

（1）标准概况。Green Mark 2021以提高建筑能效和减少碳排放为目标，建立了以节能和可持续性为指标的评价体系，该体系中的指标设置与联合国可持续发展目标（Sustainable Development Goals，SDGs）高度契合（图3-15），其中可持续性指标又分为智能、健康与福祉、全寿命期碳排放、可维护性和韧性五部分[5]。

Green Mark 2021适用于公共建筑、住宅建筑、工业建筑的评价，不适用于评价室内装修项目。评价以新加坡强制性的可持续发展要求（包括节能、室内空气质量、绿化、自行车停车设施、废弃物管理、节水）为控制性条件，在此基础上，项目可选择进行Green Mark评价或Green Mark超低能耗评价，新建或既有建筑改造项目满足表3-13即可达到对应评价等级。运行评价（表3-14）适用于已获Green Mark认证且能源系统无重大变化的建筑，旨在鼓励建筑持续改进和保持其性能。

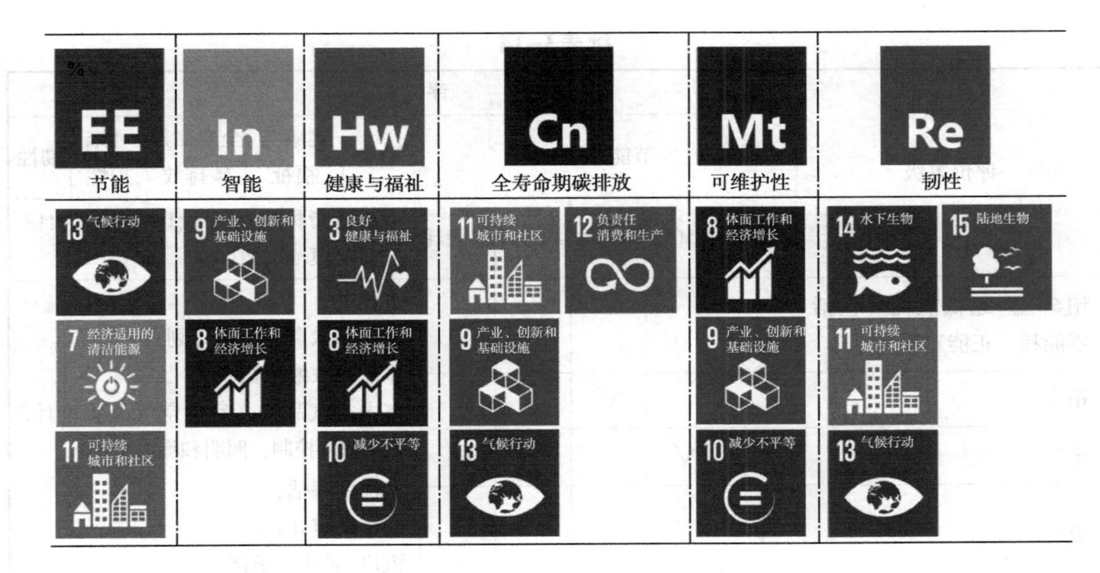

图 3-15 Green Mark 2021 评价体系与 SDGs 的对应关系

表 3-13 Green Mark 2021 新建/既有建筑改造评价框架

<table>
<tr><td rowspan="3">评价等级</td><td colspan="10">评价要点</td></tr>
<tr><td colspan="4">节能水平</td><td>智能</td><td>健康与福祉</td><td>全寿命期碳排放</td><td>可维护性</td><td>韧性</td></tr>
<tr><td>>50%</td><td>≥55%</td><td>≥60%</td><td>零能耗</td><td colspan="5">每个指标满分 15 分，得分≥10 分即可获得相应指标模范绩效标识</td></tr>
<tr><td>超低能耗（包括零能耗、正能建筑）</td><td></td><td></td><td>√</td><td>√</td><td colspan="5">无</td></tr>
<tr><td>铂金超低能耗（包括零能耗、正能建筑）</td><td></td><td></td><td>√</td><td>√</td><td colspan="5">40 分</td></tr>
<tr><td>金$^{+}$超低能耗（包括零能耗、正能建筑）</td><td></td><td></td><td>√</td><td>√</td><td colspan="5">30 分</td></tr>
<tr><td>铂金</td><td></td><td>√</td><td></td><td></td><td colspan="5">40 分</td></tr>
<tr><td>金$^{+}$</td><td>√</td><td></td><td></td><td></td><td colspan="5">30 分</td></tr>
</table>

表 3-14 Green Mark 2021 运行评价框架

<table>
<tr><td rowspan="3">评价等级</td><td colspan="10">评价要点</td></tr>
<tr><td colspan="5">节能水平</td><td>智能</td><td>健康与福祉</td><td>全寿命期碳排放</td><td>可维护性</td><td>韧性</td></tr>
<tr><td>≥40%</td><td>≥50%</td><td>≥55%</td><td>≥60%</td><td>零能耗</td><td colspan="5">可选择指标进行评价以证明在相应方面的模范绩效</td></tr>
<tr><td>超低能耗（包括零能耗、正能建筑）</td><td></td><td></td><td></td><td>√</td><td>√</td><td colspan="5">无</td></tr>
</table>

续表3-14

<table>
<tr><td rowspan="3">评价等级</td><td colspan="10">评价要点</td></tr>
<tr><td colspan="5">节能水平</td><td>智能</td><td>健康与福祉</td><td>全寿命期碳排放</td><td>可维护性</td><td>韧性</td></tr>
<tr><td>≥40%</td><td>≥50%</td><td>≥55%</td><td>≥60%</td><td>零能耗</td><td colspan="5">可选择指标进行评价以证明在相应方面的模范绩效</td></tr>
<tr><td>铂金/金$^+$超低能耗（包括零能耗、正能建筑）</td><td></td><td></td><td></td><td>√</td><td>√</td><td colspan="5" rowspan="4">水耗；
能源和水资源改善计划；
冷却塔浓缩倍数；
室内空气品质（室内空气品质审计，CO_2浓度控制，照明和噪声水平）；
入住率评估；
废弃物审计；
租户/居住者承诺</td></tr>
<tr><td>铂金</td><td></td><td></td><td>√</td><td></td><td></td></tr>
<tr><td>金$^+$</td><td></td><td>√</td><td></td><td></td><td></td></tr>
<tr><td>金</td><td>√</td><td></td><td></td><td></td><td></td></tr>
</table>

（2）指标体系。

1）节能。节能[6]指标从被动式设计、主动系统效率提升、能源管理和可再生能源利用等方面全面审视建筑能源系统，同时结合超低能耗建筑要求进行评价，体现了新加坡发展超低能耗和零能耗建筑的长期愿景。与之前版本相比，Green Mark 2021在节能水平评价方面进步显著，通过提高最低节能水平要求进一步降低建筑碳排放，进而切实履行新加坡在《巴黎协定》中所承担的国际义务。节能指标的实现可根据建筑类型分别选择能源使用强度、固定指标、节能率三种路径。

2）智能。智能[7]指标通过对建筑所采用的智能技术、系统及数据管理环境进行评价，以使建筑实现全寿命期内的数据集成、自动化、智能化和快速响应，该指标分为集成、数据驱动、快速响应三部分。总体而言，智能指标着眼于建筑系统、流程和技术的集成，并对相关数据进行收集和分析，旨在从节能优化、健康和福祉、空间优化及用户体验等方面改善建筑性能。

3）健康与福祉。Green Mark 2021将人体健康和物理环境的循证研究成果融入健康与福祉[8]指标中，通过营造良好的空气品质、热湿环境、声环境与光环境，采取促进主动运动、亲近自然及“以人为本”的建筑设计，开展促进健康的服务，共同促进使用者的生理、心理和社会健康。

4）全寿命期碳排放。全寿命期碳排放[9]指标由碳排放、建设及装修三部分组成，着眼于建筑的碳足迹，重点关注建筑隐含碳、可持续建造及减碳装修。同时，还对业主向碳中和过渡的情况及其对租户碳减排的支持进行评估。

5）可维护性。可维护性[10]指衡量建筑使用功能可修复（恢复）性的难易程度，“可维护性设计（Design for Maintainability，DfM）”指在建筑规划和设计阶段将建筑后期维护的安全性和有效性考虑在内，以最大限度地减少维护过程中可能产生的缺陷及工时和材料的消耗，满足建筑全寿命期的维修需要。Green Mark 2021可持续性[7]指标通过使用DfM评价工具（包括建筑、机械、电气、景观及智慧设施管理等部分）对建筑的DfM进行评价，并将评价后的分值转换为可维护性指标得分。

6）韧性。韧性[11]指标分为保护、管理和恢复三部分，聚焦保护场地环境与生态，保障人员安全，实施资源管理、气候风险应对及生态恢复等策略，鼓励采用韧性建筑解决方案和循环经济方式。

3.6.2.2 意大利 GBC Italia

意大利对进口能源存在依赖，因此该国节能意识先进，并重视建筑节能，在欧盟《建筑能效指令》的影响下该国发布了完善的建筑能效法律，并制定了高额的财政与税收激励政策。2009 年，意大利绿色建筑委员会推出了本国绿色建筑评级系统（GBC Italia），该评级系统细分为对历史建筑（GBC Historic Building）、居住建筑（GBC Home）、多户公寓（GBC Condomini）和社区（GBC Quartieri）进行评价的 4 类标准。此外，为了满足建筑翻新的市场需求，GBC Italia 正在开发针对多户建筑的评级系统，其中包括耐久性和韧性的主题，即建筑环境应对地震、洪水和气候变化等高风险自然现象的能力，以降低建筑物损坏程度。

GBC Historic Building 致力于实现历史建筑的可持续保护、翻新、恢复和不同用途的融合。标准适用于 1945 年前建造的建筑，其中至少有 50% 的既有技术元素被保留。意大利有超过五分之一的既有住宅（26%）是在这一时期之前建造的，因此该标准在意大利的适用性非常广泛。该标准也可应用于建筑重大改造的评价，旨在优化空调等相关系统，更新或重组内部空间功能，改善围护结构性能，同时保持既有建筑的美学、类型和构造特征。

GBC Home 是为住宅建筑设计的标准，从独栋建筑到 10 层以下的公寓，还可包括一小部分非住宅功能空间，如办公室和商业活动区域，但面积不得超过建筑使用面积的 30%。该标准参考 LEED，并结合意大利住宅特点和既有建筑模式的差异而制定。

GBC Condomini 适用于可持续发展框架下多户公寓改造和管理的评价。该标准的一个独特方面是韧性主题，包含了分析建筑及其居住者可能面临的一系列风险因素，这一指标参考了现行的安全条例（地震、防火、水文地质等）、城市规划条例和类似的建筑条例。这些指标允许评估外部因素（地震、洪水、山泥倾泻等）或内部风险（结构问题、火灾风险等）对建筑及其住户可能产生的风险，初步确定控制风险的干预措施，并评估实现这些措施所需的成本。

GBCQuartieri 是为再开发或新扩建地区的项目制定的认证标准，其主要目标是为空间环境规划提供指导，实现土地、基础设施、设备和环境的可持续性。

以 GBC Home 为例，其一级指标分为场地可持续性、用水管理、能源和大气、材料和资源、室内环境质量、创新及地方优先事项七大类。

（1）场地可持续性。该指标鼓励项目选址于已城市化的地区，并鼓励既有建筑的再利用，强调场地与城市服务和交通相结合，倡导采取屋顶绿化、低反射率铺装材料等措施降低热岛效应，并鼓励设计交流和公共空间。

（2）用水管理。该指标要求降低用水消耗，鼓励有效管理灌溉用水以实现节水目标。

（3）能源和大气。该指标要求提升围护结构热工性能，鼓励可再生能源利用，并倡导家电节能，以提高建筑节能水平，降低运营成本。

（4）材料和资源。该指标要求在建造、使用和管理阶段对废弃物进行分类回收，奖励使用本地材料，鼓励采用低排放、可回收、可再利用的材料。

（5）室内环境质量。要求控制燃烧气体的排放和室内污染，鼓励营造良好的光环境、声环境和热湿环境。

(6) 创新。该指标强调综合设计，充分发挥设计和施工之间的协同效应，奖励创新设计。

(7) 地方优先事项。该指标鼓励设计团队关注项目所在地的环境、社会、文化和经济特征，通过项目建设增强本地特色。

GBC Home 每类一级指标包括控制项和评分项，评分项总分值为 110 分，并根据项目总得分划分为 4 个等级。当得分在 40~49 分之间，可获得基本级（BASE）；得分在 50~59 分之间，可获得银级（ARGENTO）；得分在 60~79 分之间，可获得金级（ORO）；得分≥80 分，可获得铂金级（PLATINO）。

3.6.2.3 南非 Green Star SA

南非作为非洲最大的发展中国家，在发展绿色建筑、应对气候变化方面，取得了较大的成绩。南非绿色建筑委员会（GBC SA）成立于 2007 年，负责组织绿色建筑评价，建立南非绿色建筑评价体系，推动该国绿色建筑发展。

南非绿色建筑评价工具——绿色之星（Green Star SA）是由 GBC SA 在澳大利亚绿色建筑委员会的许可下于 2009 年为南非环境定制的标准，从环境友好和人体健康角度出发，通过对绿色建筑的客观评价，认可和奖励商业地产行业在协调建筑与环境的相互关系中的贡献。绿色之星的评价体系分为以下几部分：

(1) 既有建筑（Existing Building Performance）：该评价工具专注于运行阶段，确保运行和管理达到最佳性能水平。评级期为三年，以确保楼宇的运营及维修的持续改善。典型的措施包括能源和水的监测、管理政策和计划以及通过绿色租赁措施实现业主和租户之间的双赢关系。GBC SA 提供免费的节能、节水性能评价工具，可以将建筑的能耗和水耗与行业标准进行比较，并通过对项目进行基准评估，帮助投资决策。

(2) 新建建筑和重大翻新（New Building & Major Refurbishments）：该评价工具侧重于评价建筑设计及施工阶段采取的环保措施，鼓励实施新技术，降低项目建设对环境的影响。该评价体系可分别对办公建筑（Office）、商业中心（Retail Centre）、多单元住宅（Multi Unit Residential）、公共建筑和教育建筑（Public & Education Building）进行评价。

(3) 室内设计（Interiors）：该工具评价建筑内部装修的环境属性，并奖励高性能的租户空间，倡导营造健康、高效的工作场所，降低运行和维护成本，降低对环境的影响。

(4) 可持续城市住区（Sustainable Urban Precincts）：该工具对规划、设计和建设阶段的城市住区环境表现进行评价。降低住区发展的影响，激励创造，并鼓励使用好的规划设计，以提高住区环境。

(5) 社会经济类（Socio-Economic Category）：该评价工具是一个额外的类别，可用于室内设计和所有的新建建筑评价，认可社会经济成效和绿色建筑的倡议。可以作为单独的认证，得分也可以作为创新项目使用。

(6) 绿色之星定制（Green Star Custom）：此评级工具是为不适合现有工具的建筑类型开发的，新建建筑的定制版本包括带办公的轻工业、酒店、混合类型等，既有建筑的定制版本包括租户、业主自住的带办公的轻工业等建筑类型。

(7) 绿色之星非洲（Green Star Africa）：GBC SA 与非洲各地新兴的绿色建筑委员会合作，允许在各自国家采用“绿色之星”工具进行认证。每个国家制定并提交一份“当地环境报告”供GBC SA审查，一旦获得批准，该国的项目就可以使用“绿色之星”工具进行认证，并在“当地环境报告”中确定相应的调整措施。目前，已形成的当地情况报告包括：绿色之星纳米比亚——既有建筑、新建建筑，绿色之星毛里求斯——新建建筑，绿色之星尼日利亚——新建建筑、室内设计，绿色之星肯尼亚——新建建筑，绿色之星卢旺达——新建建筑，绿色之星加纳——新建建筑、绿色之星乌干达——新建建筑，绿色之星坦桑尼亚——新建建筑，绿色之星津巴布韦——既有建筑。

以Green Star SA新建建筑和重大翻新评价体系的办公建筑（Green Star SA-Office V1.1）为例，其一级指标分为以下九大类：

（1）管理。该指标鼓励项目从启动、设计、施工到运行的各阶段均采用环境保护原则。

（2）室内环境质量。该指标中的每一项评价条文均以实现居住者的健康和福祉为目标，涉及热湿环境、声环境、光环境和室内空气污染物等方面。

（3）能源。该指标以全面降低建筑能源消耗并减少与能源生产相关的温室气体排放为目标。

（4）交通。该指标鼓励减少自驾车通勤，并鼓励使用公共交通。

（5）水。该指标旨在通过设计高效节水系统、收集雨水和循环用水来减少水资源的使用。

（6）材料。该指标通过材料的选择和再利用来减少资源消耗，并鼓励使用可回收或可再利用材料。

（7）土地利用与生态。该指标提倡采用降低建筑对生态系统和生物多样性影响的措施。

（8）排放。该指标旨在降低项目开发和运行过程的排放对环境造成的污染。

（9）创新。该指标鼓励、认可和奖励可提升建筑整体环境绩效的创新技术、创新设计和流程。

根据每个建筑的得分，Green Star SA由低到高共分为六级，最低为一星级，最高为六星级，但仅对达到四星级、五星级及六星级的建筑进行官方认证，而一星级、二星级及三星级的建筑仅作为参照工具。表3-15为南非绿色之星的评价等级。

表3-15 南非绿色之星评价等级

分级（Rating）	得分（Score）	代表的含义（Represents）
一星（One Star）	10	最低实践（Minimum Practice）
二星（Two Star）	20	平均实践（Average Practice）
三星（Three Star）	30	良好实践（Good Practice）
四星（Four Star）	45	最好实践（Best Practice）
五星（Five Star）	60	南非优秀（South Africa Excellence）
六星（Six Star）	75	世界领先（Word Leadership）

3.6.2.4 阿联酋 Estidama Pearl Rating System

阿联酋夏季天气炎热潮湿，气温超过40℃，沿海地区白天气温最高达45℃以上，湿度保持在 90% 左右。冬季气温为 7~20℃，气长时间闷热的环境使该地区成为地球上最恶劣的生存环境之一。此外，阿联酋人口快速增长，造成各种资源需求快速增加。在环境、资源的双重压力下，阿联酋开始寻求建筑的可持续发展策略。阿联酋绿色建筑委员会（Emirates GBC）于 2006 年 6 月成立，并于 2006 年 9 月成为世界绿色建筑委员会的正式成员，旨在推进阿联酋绿色建筑发展，保护环境和促进可持续发展。自 Emirates GBC 成立以来，阿联酋对可持续建筑环境的态度和需求发生了很大变化，Emirates GBC 促进了一系列绿色建筑政策和法规的实施和统一的绿色建筑评级系统的使用。

2010 年，阿布扎比城市规划委员会（Abu Dhabi Urban Planning Council）首次推出 Estidama Pearl Rating System，涵盖社区设计与建造（Pearl Community Rating System：Design & Construction）、建筑设计与建造（Pearl Building Rating System：Design & Construction）、别墅设计与建造（Pearl Villa Rating System：Design & Construction）、公共领域设计与建造（Public Realm Rating System：Design & Construction）四个类型。

以 2016 年版 Estidama Pearl Building Rating System 为例，评价体系的一级指标分为以下 8 个类别：

（1）综合开发过程。鼓励跨学科的团队合作，在项目的整个寿命期内提供环境和质量管理。

（2）自然系统。保护、保存和恢复该地区的重要自然环境和栖息地。

（3）宜居建筑：户外。

（4）宜居建筑：室内。

（5）节约水资源。减少用水需求，鼓励有效分配和替代水源。

（6）提高能源效率。通过被动设计措施、减少用能需求、提高能源效率和利用可再生能源来实现节能目标。

（7）材料管理。确保在选择和指定材料时考虑全生命周期内降低污染物释放量，节约材料，使用绿色建材。

（8）创新实践。鼓励建筑设计和施工的技术创新，以促进市场和行业转型。

Estidama Pearl Rating System 每个一级指标下均含有强制性和可选性指标，每个可选指标均有赋分，最高得分 177 分。要达到 1Pearl 评级，必须满足所有的强制性要求。为了获得更高的 Pearl 评级，必须满足所有的强制性指标要求以及最低可选指标分数，具体评价等级如表 3-16 所示。

表 3-16　Estidama Pearl Building Rating System 评价等级

要求	Pearl 等级
满足所有必选项	1 Pearl
满足所有必选项+60 分可选项分数	2 Pearl
满足所有必选项+80 分可选项分数	3 Pearl
满足所有必选项+115 分可选项分数	4 Pearl
满足所有必选项+140 分可选项分数	5 Pearl

3.6.2.5 智利 Certificación Edificio Sustentable

作为发展中国家，智利面临着经济增长、城市化与能源安全、减排和环境可持续性等方面的发展矛盾。智利建筑行业的总能源消耗和 CO_2 排放巨大，以智利住宅建筑为例，该领域消耗了智利总能耗的 15%，排放了近 33% 的 CO_2。为促进该国建筑的可持续发展，2010 年智利绿色建筑委员会（Chile GBC）成立，该组织是世界绿色建筑委员会的正式成员，旨在推动智利绿色建筑的技术创新、能力建设、公共政策制定、认证制度实施，促进该国建筑业资源节约，改善人们生活质量，提升健康与福祉，以期在联合国减缓和适应气候变化承诺的目标框架下，加速建筑业向更可持续的方向转变。

2012 年，在智利公共工程部、建筑学会和建筑师协会的联合授权下，智利开始开展可持续建筑认证。2014 年，智利建筑学会联合其他机构共同开发了智利可持续建筑认证体系——Certificación Edificio Sustentable（CES），评价和认证智利公共建筑的可持续发展程度，有效利用资源，降低建筑物废弃物和碳排放。2014 年，可持续建筑认证公共建筑 V1（Certificación Edificio Sustentable V1）和可持续建筑认证既有建筑 V1（Certificación Edificio Sustentable de OperaciónV1. 0）发布，分别适用于新建和既有公共建筑（不包括医院、诊所、墓地和火葬场）的评价。2017 年发布了可持续建筑医院建筑认证 V1. 1（Certificación Edificio Sustentable Hospitales V1. 1），2022 年，对适用于公共建筑评价的 CES 进行了修订，发布了了可持续建筑认证公共建筑 V1. 1（Certificación Edificio Sustentable V1. 1）版本。

以 CES V1. 1 为例，如表 3-17 所示，CES 一级评级指标包括室内环境质量、能源、水、材料与废弃物、管理、创新六大类。值得注意的是，CES 将每个一级指标的评价又分为运用于被动式建筑设计、主动系统设计、建造、运行 4 个类别。在一级指标的基础上，CES V1. 1 又细分为 23 个子项和 1 个创新项，23 个子项又细分为 15 个强制性要求和 33 个评分项要求。

表 3-17 CES V1. 1 一级指标及分值

一级指标	分值			
	被动式建筑设计	主动系统设计	建造	运行
室内环境质量	30	9（12）	—	—
能源	21	23	—	—
水	2	8（5）	—	—
材料与废弃物	5	—	2	—
管理	+3	—	—	运行要求
创新	+2	—	—	—

CES 具体评价指标根据不同气候带、建筑所在地及建筑类型，每个评分项被赋予不同分值，根据各指标得分情况对建筑的可持续性进行评级。要获得 CES 认证，必须满足所有强制性要求，且至少应获得 30 分。根据总得分情况，评价分为 3 个认证等级，即项目得

分：30~54.5 分之间，可获得认证级（Certificado）；55~69.5 分，可获得优秀级（Certificación Destacada）；70~100 分，可获得卓越级（Certificación Sobresaliente）。

3.6.3 国际多边绿色建筑评价标准

自“一带一路”合作倡议提出以来，我国始终秉持绿色发展理念，与共建国家共同推动落实可持续发展议程和应对气候变化。由于绿色建筑将可持续发展理念与建筑业有机结合，既保证建筑业发展，又减轻了环境负担，因而成为推进绿色“一带一路”基础设施建设的重要手段之一。经过近十余年的发展，我国绿色建筑良好的发展形势已为绿色建筑“走出去”奠定良好基础，但在国际化发展方面仍面临适应能力弱、认同感低等诸多问题[12]。全球化时代，国际标准的制定往往意味着该国掌握着行业话语权与主动权，是一个国家软硬实力的综合体现。因此，开展针对“一带一路”共建国家的绿色建筑标准研发，可突破我国绿色建筑国际化发展的标准壁垒，推动我国与共建国家绿色建筑项目的深化合作，也可为共建国家绿色建筑建设提供依据。基于前述背景，中国建筑科学研究院有限公司会同有关单位共同编制了《国际多边绿色建筑评价标准》T/CECS 1149—2022。

3.6.3.1 标准特点

（1）适用性。“一带一路”建设的核心是借助“丝绸之路”文化内涵建立开放、包容的国际合作平台，故 T/CECS 1149—2022 对适用的“一带一路”共建国家不设限制。由于共建国家气候类型多样，不同国家间气候差异较大，绿色建筑如何与当地气候条件相适应，是标准考虑的重要问题之一。柯本气候分类是基于气温、降水和植被分布建立的气候分类系统，因分类简单且适用气候范围广而被广泛应用于各学科领域。因此，为区分不同气候类型对绿色建筑的影响，本标准通过引入“柯本气候分类”，提出不同气候条件下绿色建筑的设计依据及性能要求，以体现绿色建筑与当地气候条件的适应性。

（2）兼容性。绿色建筑是一项集成化和系统化的工程，绿色建筑评价标准具有多标准综合的特点。当前，“一带一路”共建国家工程建设标准应用情况较为复杂，据统计，除中国标准和本国标准外，中国对外承包工程项目应用最多的国外标准依次是美标、英标和欧标。此外，法国标准在法属殖民地国家、地区应用最多，俄罗斯标准在中亚国家也有很大影响力[13]，也存在同一项目使用不同标准体系的情况。为提高本标准的兼容性，迈出我国绿色建筑标准“走出去”的第一步，T/CECS 1149—2022 提出绿色建筑的评价除应符合本标准的规定外，尚应符合“一带一路”共建国家相关标准的规定，相关标准指评价建筑所采用的标准，包括共建国家现行有关标准、现行国际标准及符合要求的其他现行标准等。

（3）满足共建国家需求。

1）气候变化。随着全球气候变化加剧，“一带一路”沿线区域年平均气温持续上升，年降水量增加，高温热浪、极端降水、极端干旱和风暴潮事件在沿线大部分区域均呈增强趋势，据 IPCC 气候变化评估，这一区域是未来气候变化的敏感区域，极端事件发生频繁，很可能导致自然灾害风险加重，损害生态系统，影响粮食生产，造成瘟疫病等频发[14]。这些事件是“一带一路”区域可持续发展和重大基础设施建设面临的重大威胁之一。为此，标准编制充分考虑了建筑应对气候变化的条款。

2）碳排放。“一带一路”国家是能源资源集中生产和消费的区域，碳排放量高，单位 GDP 能源消费和碳排放达全球平均水平的 1.5 倍以上。这些国家多为发展中国家，碳排放大多尚未达峰，未来能源消费和碳排放仍有较大增长潜力[15]。为解决高碳排放带来的一系列问题，目前已有多个国家提出了“零碳”或“碳中和”目标[16]。全球建筑部门碳排放占总量的 39%[17]，是减碳的重要领域。因此，T/CECS 1149—2022 在如何进一步满足共建国家碳减排需求方面给与了重点关注。

3）能源情况。能源是当前影响全球政治经济和环境的突出问题，“一带一路”共建国家能源总体特点为化石能源、清洁能源丰富，但能源分布与消费分布间不呈正相关。煤炭主要分布在亚洲和欧洲，中东及非洲占比极少；油气资源主要分布在中东、北非、中亚和俄罗斯；水能主要分布在亚洲，非洲和欧洲较少；风能和太阳能则主要分布在亚洲和非洲，欧洲较少[18]。因此，T/CECS 1149—2022 重点考虑了如何避免化石能源资源丰富地区过度消耗能源造成的浪费和环境污染及水资源贫瘠地区节水等问题，以保证可再生能源丰富地区能源的有效利用。

3.6.3.2 评价体系

我国与大多数共建国家同为发展中国家，近年来基础设施的迅猛发展为绿色建筑发展提供了沃土，已积累丰富经验。加之我国幅员辽阔，我国国家标准 GB/T 50378—2019 兼顾了各种气候类型，应用范围广泛，以“安全耐久、健康舒适、生活便利、资源节约、环境宜居、提高与创新”为指标的评价体系也充分体现了“以人为本”的特色，技术上已达到国际领先水平[19]。因此，基于市场前景、国情相似、气候覆盖范围广及标准的先进性等原因，我国绿色建筑标准已具备向“一带一路”共建国家推广的条件。在此背景下，为满足“一带一路”共建国家绿色建筑发展需求，推动我国绿色建筑标准“走出去”，T/CECS 1149—2022 以 GB/T 50378—2019 的指标体系为框架（图 3-16），评分方式采用简便且易于操作的绝对分值累加法，划分为 4 个评价等级（图 3-17）。

“安全耐久”章节从场地安全、建筑本体安全、人的使用安全、面向未来使用的适变

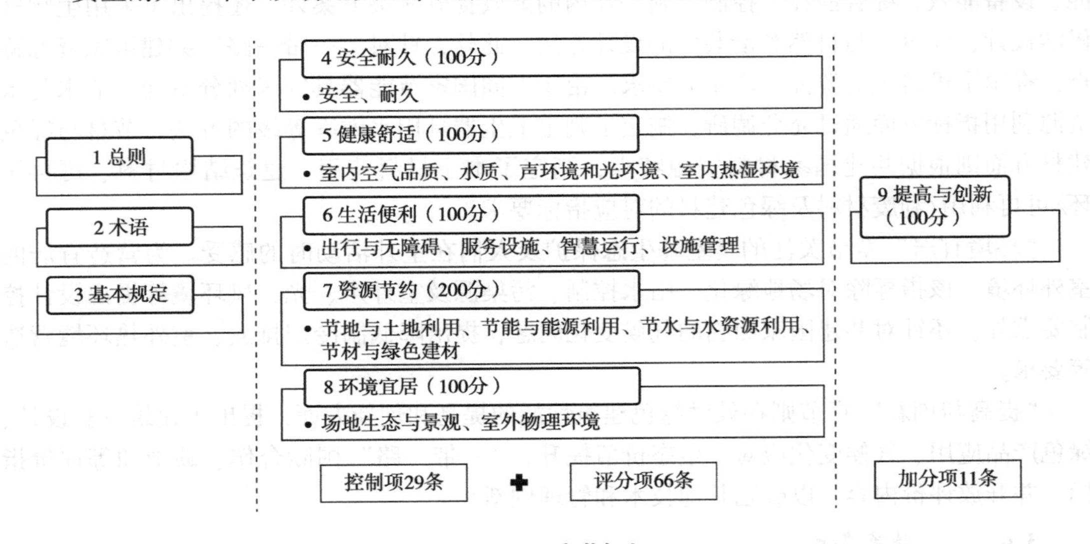

图 3-16 章节框架

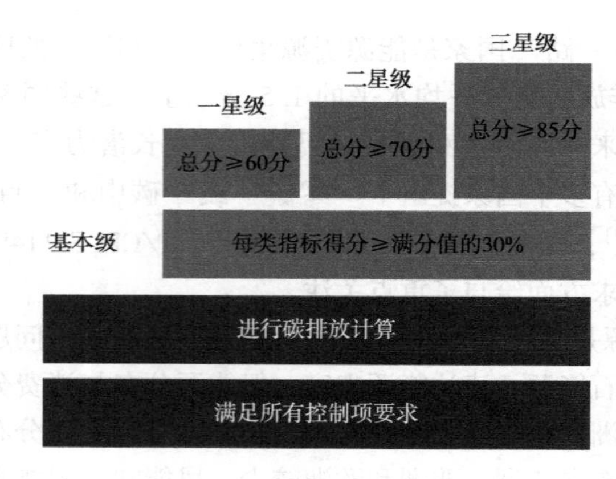

图 3-17 评分方式与评价等级

性、部品部件及材料的耐久性等方面综合考虑了建筑的安全性与耐久性。针对共建国家的自然条件、社会现状，提出了有害生物防治、外门窗抗风压性能和水密性与当地环境相适应、场地交通步行优先、公共区域视频监控等要求。

“健康舒适”章节针对影响人体健康的“空气、水、声、光、热湿”要素，通过调研共建国家人居环境现状，提出了适应当地的健康舒适的室内环境指标要求。

“生活便利”章节从“出行与无障碍、服务设施、智慧运行、设施管理”四方面关注建筑使用者的体验，加强生活和工作的便利性。针对共建国家地域特征和交通设施现状，丰富了公共交通工具种类，并对公共服务设施的便利性评分规则进行优化，使其更具针对性。

“资源节约”章节从节地、节能、节水、节材四方面对绿色建筑的评价做出规定。考虑共建国家人口规模、经济发展水平等因素，本标准在节地与土地利用方面引入“空间效率系数”作为评价指标，并结合使用条件、建筑结构形式、人员舒适度要求等因素制定了不同类型建筑空间效率系数的限定范围。节能与能源利用方面除提出包括围护结构热工性能、设备能效、综合能耗、控制措施等在内的能效提升解决方案外，还提出了采用生物气候学设计，注重人与自然和谐共生的设计方法。此外，针对“一带一路”共建国家资源特点，提出了可再生能源强化应用的要求。由于不同国家节能器具等级划分不同，节水与水资源利用指标方面通过充分调研，制定了判定卫生器具用水效率等级的方法。节材与绿色建材方面则根据共建国家材料资源特点，制定了本土材料使用、建筑结构材料、可再循环/可再利用/利废材料及绿色建材的对应指标要求。

“环境宜居”章节关注的是室外生态保护及人们在室外活动时的感受。为营造宜居的室外环境，该指标除对场地绿化、雨水控制、污染源及室外声、光、风环境等提出设计控制要求外，还针对共建国家面临的气候变化问题，提出降低制冷剂排放、室外热环境营造等要求。

“提高与创新”章节则在鼓励绿色建筑性能的提高和创新方面，提出了建筑风貌设计、绿色产品应用、气候变化应对、生态价值提升、“一带一路”国际合作、碳中和等评价指标，并开放评价内容，以鼓励其他技术和管理创新。

3.6.3.3 特色条文

（1）改善场地生态环境。标准第 8.2.1 条提出了“充分保护或修复场地生态环境，合理布局建筑及景观”的要求。同时，为缓解气候变化带来的洪涝和污染问题，第8.2.2条提出了“规划场地地表和屋面雨水径流，对场地雨水实施外排总量控制”，编制组经研究给出了部分“一带一路”共建国家年径流总量控制率对应的设计控制雨量，供设计参考。此外，第9.2.7条提出了“评估项目建设对场地生态环境带来的影响，并采取措施提高场地生态价值，改善场地生态完整性和生物多样性”，该条鼓励在项目建设前进行全面的生态环境影响评估，以应对气候变化和提高生态价值为重点，确定提高场地生态价值的措施。提高场地生态价值可采取人工干预措施营建多样化的栖息地，推动生态进程，具体包括：①种植适宜当地的、对野生动物具有吸引力或益处的本土植物；②在场地内适当位置安装鸟笼、蝙蝠箱、昆虫盒；③对雨水花园等可持续性排水系统、绿色屋顶、绿墙、社区果园、社区农园等进行适当整合、设计和维护。项目运行阶段要尊重植物材料本身的生态习性，将有利于生物多样性的措施融入项目运行管理过程。如不使用或较少使用有残留的农药，制定关于生物多样性管理的完整计划，包括在繁殖期等关键时期避免开展清理或其他影响生物多样性的工作等。

（2）主动应对气候变化。标准第9.2.8条提出“对气候变化带来的潜在风险进行评估，并采取措施应对气候变化可能带来的不利影响”。该条鼓励项目对场地内潜在的高温、严寒、海平面上升、干旱、洪涝和传染性疾病等风险进行分析与评估，根据当地水文、气象机构或其他组织的资料，编制气候变化风险评估报告。为减轻评估结果中各项风险带来的不利影响，鼓励项目采取相应措施提高建筑应对气候变化的能力，如滨水国家或地区面对海平面上升或洪涝灾害的风险更大，鼓励项目根据洪水风险报告，采取提高建筑抗洪能力的策略，如采用湿防洪方法，将所有机电设备布置在水密装置内或高于建筑物最高预测洪水位，较低楼层采用防水且易于清洁的建筑材料。干旱和半干旱地区面对旱灾的风险更大，鼓励项目根据旱灾风险报告，采取节水、水资源循环利用、海水淡化、种植抗旱植物等措施。通过开源节流，解决用水需求和水供给不平衡的问题。

（3）降低温室气体排放。为助力“一带一路”共建国家实现减碳目标，本标准通过基本规定、评分项、加分项相结合的评价方式，降低建筑碳排放。第3.0.8条提出了“绿色建筑评价应包括碳排放计算”，将碳排放计算作为绿色建筑评价的前置条件，在计算分析的前提下采取节能减排措施降低碳排放，做到有的放矢。在此基础上，本标准在各章的评分项均提出了具体的减碳措施，包括围护结构热工性能、用能设备和系统能效、节水措施、绿色出行、绿化固碳等在内的减碳方案。此外，第9.2.10条提出了“采取建筑碳中和策略”的更高要求，该条首先鼓励根据《巴黎协定》各国碳中和目标，制定并发布《零碳建筑过渡计划》，描述评估建筑实现零碳建筑目标的时间和路径。在此基础上，该条对建筑提出了更高的“获得碳中和认证”的要求。由于空调系统使用的氯氟烃和氢氯氟烃等制冷剂具有显著的臭氧消耗潜力和全球变暖潜力，标准第8.2.6条提出“采取措施降低空调排放对全球变暖及臭氧层的影响”，居住建筑通过不使用空调或使用天然制冷剂及新型环保空调制冷剂，商业建筑通过采用载冷剂间接制冷系统降低制冷剂排放对全球变暖及臭氧层的影响。

（4）营造室外热舒适环境。部分“一带一路”共建国家夏季酷热，存在较大的中暑风险，严重威胁人们身体健康和生命安全，本标准基于典型气象年数据预测了“一带一路”沿线部分城市的中暑风险，在第8.2.10条提出了“室外热环境依据柯本气候分类满足人体热安全性和热舒适性需求”。并在第8.2.11条提出“采取措施缓解热岛效应”，该条除常规缓解热岛效应的措施外，编制组根据研究成果，提出了“充分利用自然水体或水景等被动降温设施，或在炎热季节设置人工雾化降温等主动降温措施”，为共建国家室外热舒适环境的营造提供技术支撑。

（5）强化可再生能源应用。为充分利用“一带一路”共建国家丰富的可再生能源资源，本标准在控制项第7.1.2条提出“应进行可再生能源利用的可行性研究，评估技术经济性”。在评分项第7.2.11条提出“结合当地自然资源条件合理利用可再生能源，根据可再生能源利用百分比评分。”通过控制项与评分项相结合的评价方式，强化可再生能源应用。

（6）助力绿色“一带一路”建设。“一带一路”倡议理念与联合国可持续发展目标（SDGs）高度契合，均致力于消除贫困，促进持久、包容和可持续的经济增长，重振可持续发展全球伙伴关系。为此，本标准第9.2.9条提出“建筑为‘一带一路’国际合作项目，或主要服务于‘一带一路’倡议”可获得加分。鼓励“一带一路”框架内的建筑项目达到绿色建筑要求，构建海外绿色建筑产业，为沿线人民营造良好人居环境，为世界可持续发展做出贡献。

3.6.3.4 认证情况

协会标准T/CECS 1149—2022填补了“一带一路”共建国家缺乏协同绿色建筑评价标准的空白，为共建国家绿色建筑建设提供评价依据，有助于改善当地人居环境的同时，也推动我国与共建国家进一步深化绿色建筑合作。

2022年，中国城市科学研究会依据标准的技术要求，按照确定的程序开展中国绿色建筑国际评价认证工作。截至2023年5月30日，已完成了密克罗尼西亚联邦国家会议中心、巴布亚新几内亚星山广场二期、援白俄罗斯国际标准游泳馆、老挝铁道职业学院、刚果共和国布拉柴维尔商务中心、迪拜哈斯彦清洁煤电厂办公楼共6个项目的绿色建筑国际评价认证工作。

本章参考文献：

[1] 中国一带一路网．已同中国签订共建“一带一路”合作文件的国家一览［EB/OL］.（2022-08-15）［2022-09-10］. https：//www. yidaiyilu. gov. cn/xwzx/roll/77298. htm.

[2] 邓月超，孟冲，李嘉耘．“一带一路”国家绿色建筑发展与我国绿色建筑国际化策略［J］. 建筑节能（中英文），2023，51（392）：1-8.

[3] 李嘉耘，邓月超，孟冲，等．绿色建筑标准体系国际化升级与推广路径研究［J］. 建筑经济，2023，44（5）：69-76.

[4] 王静，徐拓．新加坡Green Mark绿色建筑评价标准最新修订分析［J］. 南方建筑，2019，3：60-64.

[5] Green Mark 2021 certification standard［EB/OL］.［2021-11-1］. https：//www1. bca. gov. sg/buildsg/sustainability/green-mark-certification-scheme/green-mark-2021.

[6] Green Mark 2021 Energy Efficiency［EB/OL］.［2021-11-1］. https：//www1. bca. gov. sg /buildsg/sustainability/green-mark-certification-scheme/green-mark-2021.

[7] Green Mark 2021 Intelligence［EB/OL］.［2021-11-1］. https：//www1. bca. gov. sg /buildsg/sustainability/green-mark-certification-scheme/green-mark-2021.

[8] Green Mark 2021 Health and Wellbeing［EB/OL］.［2021-11-1］. https：//www1. bca. gov. sg/

buildsg/sustainability/green-mark-certification-scheme/green-mark-2021.
[9] Green Mark 2021 Whole life Carbon [EB/OL]. [2021-11-1]. https://www1.bca.gov.sg/buildsg/sustainability/green-mark-certification-scheme/green-mark-2021.
[10] Green Mark 2021 Maintainability [EB/OL]. [2021-11-1]. https://www1.bca.gov.sg/buildsg/sustainability/green-mark-certification-scheme/green-mark-2021.
[11] Green Mark 2021 Resilience [EB/OL]. [2021-11-1]. https://www1.bca.gov.sg/buildsg/sustainability/green-mark-certification-scheme/green-mark-2021.
[12] 孟冲，邓月超，李嘉耘，等."一带一路"倡议下我国绿色建筑标准国际化现状与发展建议[C]. 第十九届中国建筑企业高峰论坛，2021年10月，西安.
[13] 住房和城乡建设部标准定额司，中国建筑标准设计研究院有限公司. 中国工程建设标准在"一带一路"相关国家工程应用案例集[M]. 北京：中国计划出版社，2021：12.
[14] 王会军，唐国利，陈海山，等."一带一路"区域气候变化事实、影响及可能风险[J]. 大气科学学报，2020，43(1)：1-9.
[15] 张红丽. 中国对"一带一路"沿线国家投资与碳排放关系研究[J]. 中国矿业，2021，30(11)：1-6.
[16] Energy and Climate Intelligence Unit. Net zero scorecard [EB/OL]. (2022-01-01) [2022-09-10]. https://eciu.net/netzerotracker.
[17] Global Alliance for Buildings and Construction, International Energy Agency and the United Nations Environment Programme. 2019 global status report for buildings and construction: towards a zero-emission, efficient and resilient buildings and construction sector [EB/OL]. (2022-08-30) [2022-09-10]. https://www.worldgbc.org/sites/default/files/2019%20Global%20Status%20Report%20for%20Buildings%20and%20Construction.pdf.
[18] 王敏."一带一路"能源战略合作研究[J]. 经济研究参考，2016，(22)：34-44.
[19] 任佳. 重构新时代绿建评价体系—专家解读新版《绿色建筑评价标准》[J]. 中国建设报，2019，(001)：1-2.

4 中外绿色建筑评价标准对比

本章首先对美国 LEED、英国 BREEAM、法国 HQE、德国 DGNB、新加坡 Green Mark 及中国 GB/T 50378—2019 的标准概况进行对比，在此基础上，将欧洲三大绿色建筑评价标准——英国 BREEAM、法国 HQE、德国 DGNB 和新加坡 Green Mark 的评价条文分别与我国国家标准 GB/T 50378—2019 进行比较与解析，分析中外标准技术内容的相似性与差异性，为绿色建筑项目的设计和实施提供参考，为我国标准更好地与国际接轨提供启示。

4.1 标准概况对比

本节首先从发布时间、评价指标、评价等级等方面对比美国 LEED、英国 BREEAM、法国 HQE、德国 DGNB、新加坡 Green Mark 及中国 GB/T 50378—2019，鉴于各国绿色建筑评价体系的复杂性，选取如表 4-1 所示的各国标准现行版本进行对比分析。

（1）从发布时间看，英国 BREEAM 发布于 1990 年，是世界上发布最早的绿色建筑评价标准，法国 HQE、美国 LEED 也均起步于 20 世纪 90 年代，德国 DGNB、新加坡 Green Mark、中国 GB/T 50378 则相对较晚。

（2）从评价指标看，美国 LEED、英国 BREEAM 在一级指标划分上较为全面，但仍可归纳为场地、能源、水、材料、室内环境质量几个大的方面；德国 DGNB 是唯一强调经济可持续性的评价体系；法国 HQE 的指标体系相对简单，但对用户的健康舒适更为关注；新加坡 Green Mark 2021 则打破了新加坡以往绿色建筑标准版本的组织框架，构建了全新的评价指标体系，该体系中的指标设置与联合国可持续发展目标（SDGs）高度契合，很好地贯彻了绿色建筑所倡导的可持续发展理念；GB/T 50378—2019 建立了以“安全耐久、健康舒适、生活便利、资源节约、环境宜居”5 大绿色性能为核心的指标体系，评价指标具有中国特色和时代特色。

（3）从评价等级看，美国 LEED、德国 DGNB、中国 GB/T 50378—2019 均划分为 4 个等级，英国 BREEAM 与法国 HQE 划分为 5 个等级，新加坡 Green Mark 2021 新建建筑则划分为 2 个等级。

表 4-1 各国绿色建筑评价标准基本情况对比

序号	国家	标准	发布时间	标准版本	评价指标	评价等级
1	美国	LEED	1998 年	LEED v4. 1 BD+C	全过程整合、选址与交通、可持续场址、节水、能源与大气、材料与资源、室内环境质量、创新、地域优先	认证级、银级、金级、铂金级

续表4-1

序号	国家	标准	发布时间	标准版本	评价指标	评价等级
2	英国	BREEAM	1990年	BREEAM INC 2016（SD233 2.0）	管理、健康与福祉、能源、交通、水、材料、废弃物、土地与生态、污染、创新	一星级、二星级、三星级、四星级、五星级
3	德国	DGNB	2007年	DGNB System NC 2020 International	环境质量、经济质量、社会文化和功能质量、技术质量、过程质量、区位质量	铜级、银级、金级、铂金级
4	法国	HQE	1995年	HQE-NR 2016 非居住建筑	环境、能源、健康、舒适	合格、良好、优秀、杰出、卓越
5	新加坡	Green Mark	2005年	Green Mark 2021	节能、智能、健康与福祉、全寿命期碳排放、可维护性、韧性	新建建筑：金$^{+}$级、铂金级；既有建筑：金级、金$^{+}$级、铂金级
6	中国	GB/T 50378	2006年	GB/T 50378—2019	安全耐久、健康舒适、生活便利、资源节约、环境宜居、提高与创新	基本级、一星级、二星级、三星级

如前序章节所述，上述六项标准中，国际化程度最高的是美国LEED，其次是英国BREEAM、德国DGNB、法国HQE与新加坡Green Mark。在全球，包括“一带一路”共建国家中，这些标准均有不同程度的应用。新加坡Green Mark是国际公认的为热带气候量身定制的绿色建筑评价标准，在同气候国家有着广泛的认可度。除新加坡本土外，Green Mark认证项目还分布在11个国家。与上述国家标准相比，我国绿色建筑标识项目数量虽位列全球第四[1]，但国际化发展程度相对较低。因此，我国绿色建筑需借鉴发达国家绿色建筑国际化发展有关经验，积极向国外尤其是“一带一路”共建国家宣传、推广我国的标准、技术，以加快标准的国际化步伐。

4.2 评价条文对比

为分析各标准具体条文情况，本节以符号表示标准之间相关指标的对比情况，“√”表示“基本一致”，“◎”表示“相似、类似、部分涉及”，“×”表示“没有评估或者不一致”。首先以GB/T 50378—2019的指标为框架，将英国BREEAM、德国DGNB、法国HQE与其进行对比。鉴于新加坡Green Mark指标的先进性与前瞻性，以Green Mark的指标为框架，将GB/T 50378—2019与其进行对比。

4.2.1 GB/T 50378—2019与BREEAM对比

4.2.1.1 安全耐久

GB/T 50378—2019的安全耐久指标主要对应BREEAM中的材料章节，具体指标对比

情况见表 4-2。两个体系在安全耐久方面均对场地安全、场地内的通道安全、建筑适变性措施、耐久性设计等方面予以关注。GB/T 50378—2019 评价体系在结构安全性、防坠落措施、地面防滑等方面提出了新的要求，而 BREEAM 评价体系则更关注建筑的生命周期影响和材料效率。

在建筑结构安全性方面，GB/T 50378—2019 对选用防坠落措施，选用具有安全防护性能的玻璃、门窗、地面防滑措施等方面提出了新的要求，指标较为具体，如要求卫生间、浴室的地面应设置防水层，墙面、顶棚应设置防潮层；利用场地或景观形成可降低坠物风险的缓冲区、隔离带；建筑物出入口均设防止外墙饰面、门窗玻璃意外脱落的防护措施；采用具有安全防护性能的玻璃；采用具备防夹功能的门窗；室内外地面或路面设置防滑措施等。

在材料的生命周期影响方面，BREEAM 评价体系在“材料”章节提出从建材的全生命周期影响来实现节约材料的目的。要求分析建材的全生命期 CO_2 排放量，打好未来建筑碳排放计算体系的基础。GB/T 50378—2019 评价体系未对建材的生命周期影响单独设置评价指标，但在“提高与创新”第 9.2.7 条提出对建筑进行碳排放计算分析，其中包含建筑固有的碳排放量和标准运行工况下的碳排放量。

在耐久性方面，GB/T 50378—2019 侧重结构强度和建材的耐久性，而 BREEAM 侧重建筑设计层面的耐久性，如在主要活动区域的进出口、大量人行交通的主入口、易被冲撞的建筑墙体和通道等区域安装金属防撞板等防撞耐久装置。

表 4-2　GB/T 50378—2019 安全耐久章节与 BREEAM 相关条文内容对比

GB/T 50378—2019	BREEAM INC 2016（SD233 2.0）	对比
4.1.1 场地安全性要求	Hea07 灾害	◎
4.1.2 建筑结构承载力和使用功能要求	Mat05 耐用性和耐损性设计	◎
4.1.3 外部设施与建筑主体结构统一设计、施工，具备安装、检修与维护条件	—	×
4.1.4 非结构构件、设备及附属设施等连接牢固	Mat05 耐用性和耐损性设计	◎
4.1.5 建筑外门窗抗风压性能和水密性能要求	Mat05 耐用性和耐损性设计	◎
4.1.6 卫生间、浴室地面设置防水层，墙面顶棚设置防潮层	Mat05 耐用性和耐损性设计	◎
4.1.7 走廊、疏散通道紧急疏散要求	—	×
4.1.8 设置安全防护的警示和引导标识系统	Hea06 可及性	◎
4.2.1 提高建筑的抗震性能	—	×
4.2.2 采取防坠落措施	—	×
4.2.3 采用具有安全防护性能的玻璃、门窗	—	×
4.2.4 地面设置防滑措施	Hea06 可及性	◎
4.2.5 采取人车分流，且照明充足	Hea06 可及性	◎

续表4-2

GB/T 50378—2019	BREEAM INC 2016（SD233 2.0）	对比
4.2.6 采取提升建筑适变性的措施	Mat05 耐用性和耐损性设计	◎
4.2.7 采取提升建筑部品耐久性的措施	Mat05 耐用性和耐损性设计	◎
4.2.8 提高建筑结构材料耐久性	Mat05 耐用性和耐损性设计	◎
4.2.9 合理采用耐久性好、易维护的装饰装修材料	Mat05 耐用性和耐损性设计	◎

4.2.1.2 健康舒适

GB/T 50378—2019 的“健康舒适”指标主要对应 BREEAM 中的“健康与福祉”章节，具体指标对比情况见表 4-3。两标准均对室内空气质量、水质、声环境、照明质量、热舒适、采光、通风等方面予以关注，不同之处体现在所依据的标准上，GB/T 50378—2019 主要依据中国现行室内环境相关标准，而 BREEAM 主要依据欧洲和 ISO 相关标准，对中国通过标准互认流程的部分标准，也予以认可。此外，GB/T 50378—2019 在围护结构热工性能、地下车库 CO 联控、储水水箱要求等方面提出了要求，而 BREEAM 则更关注住宅私用空间的健康舒适。

GB/T 50378—2019 较为关注地下车库 CO 的相关评价指标，要求地下车库设置 CO 监控系统，并与排风机联动。BREEAM 较为关注住宅私用空间的相关评价指标，此指标侧重于对住户提供室内或室外的休憩空间，如设置私人花园、天井、露台、庭院等，提升住户幸福感。

表 4-3 GB/T 50378—2019 健康舒适章节与 BREEAM 相关条文内容对比

GB/T 50378—2019	BREEAM INC 2016（SD233 2.0）	对比
5.1.1 室内空气污染物限值要求，禁止吸烟	Hea02 室内空气质量	◎
5.1.2 采取防止污染物串通的措施	—	×
5.1.3 给排水系统设置要求	Hea09 水质	◎
5.1.4 主要功能房间噪声级和隔声性能要求	Hea05 声学性能	◎
5.1.5 室内照明质量及灯具要求	Hea01 视觉舒适性	◎
5.1.6 室内热环境保障	Hea04 热舒适度	◎
5.1.7 围护结构热工性能	—	×
5.1.8 独立热环境调节装置设置	Hea04 热舒适度	◎
5.1.9 地下车库 CO 监控	—	×
5.2.1 控制室内空气污染物浓度	Hea02 室内空气质量	◎
5.2.2 装饰装修绿色产品选用	Hea02 室内空气质量	◎
5.2.3 各类用水水质满足标准要求	Hea09 水质	◎

续表4-3

GB/T 50378—2019	BREEAM INC 2016（SD233 2.0）	对比
5.2.4 储水设施采取措施满足卫生要求	Hea09 水质	◎
5.2.5 各类给排水系统标识设置	Hea09 水质	◎
5.2.6 室内噪声级优化	Hea05 声学性能	◎
5.2.7 良好的隔声性能要求	Hea05 声学性能	◎
5.2.8 充分利用天然光	Hea01 视觉舒适性	◎
5.2.9 良好的室内热湿环境要求	Hea04 热舒适度	◎
5.2.10 自然通风优化	Hea02 室内空气质量	◎
5.2.11 可调节遮阳	—	×

4.2.1.3 生活便利

GB/T 50378—2019 的“生活便利”指标主要对应 BREEAM 中的“交通”章节，具体指标对比情况见表 4-4。两标准在生活便利方面均对公共交通、公共设施、能耗水耗监测、运行期间的维保措施等方面予以关注，但 GB/T 50378—2019 在智能化信息系统、健身场地等方面提出要求，而 BREEAM 则更侧重住宅的居家办公空间。

两个体系均对公共交通站点的距离提出相应要求，BREEAM 更为关注公共交通的服务次数和频率，可对公共交通的服务便利程度进行综合性评价。GB/T 50378—2019 更为关注智能化信息系统的相关评价指标，如楼宇自控系统、空气质量监控系统等，而 BREEAM 更重视智能化系统的后期维保措施，提出在运行过程中若存在此类系统，应按要求进行调试和维护。

BREEAM 对住宅居家办公空间更为关注，考虑到居家办公已成为一种新型办公模式，需要对此空间提出要求，包括空间要求、电源插座、电话接口、宽带端口、日照、通风等。

表 4-4　GB/T 50378—2019 生活便利章节与 BREEAM 相关条文内容对比

GB/T 50378—2019	BREEAM INC 2016（SD233 2.0）	对比
6.1.1 无障碍步行系统	Hea06 可及性 Tra01 公共交通的可及性	◎
6.1.2 公共交通便捷	—	×
6.1.3 设置电动汽车充电桩	Tra03a&b 替代性交通方式	◎
6.1.4 自行车停车场所位置合理	—	×
6.1.5 设置具备自动监控管理功能的建筑设备管理系统	—	×
6.1.6 设置信息网络系统	—	×

续表4-4

GB/T 50378—2019	BREEAM INC 2016（SD233 2.0）	对比
6.2.1 场地与公共公交通站点联系便捷	Tra01 公共交通的可及性	◎
6.2.2 公共区域满足全龄化设计要求	Hea06 可及性	◎
6.2.3 提供便利的公共服务	Tra02 周边便利设施	◎
6.2.4 城市绿地、广场及公共运动场地等开敞空间步行可达	Tra02 周边便利设施	◎
6.2.5 合理设置健身场地和空间	Tra02 周边便利设施	◎
6.2.6 设置用能远传计量系统和能源管理系统	Ene02a&b 能耗监测	◎
6.2.7 设置空气质量监测系统	—	×
6.2.8 设置用水远传计量系统和水质在线监测系统	Wat02 水耗监测； Wat03 漏水检测及防漏	√ ◎
6.2.9 设置智能化服务系统	—	×
6.2.10 制定绿色操作规程、应急预案和激励机制	—	×
6.2.11 满足节水用水定额要求	—	×
6.2.12 建筑运营效果评估与优化	Man05 移交后的维保	◎
6.2.13 绿色教育宣传和满意度调查	Man04 调试和移交； Man05 移交后的维保	◎

4.2.1.4 资源节约

GB/T 50378—2019 的“资源节约”指标主要对应 BREEAM 中的“能源”“水”“废弃物”等章节，具体指标对比情况见表4-5。两标准在资源节约方面均对节能、节水、节材等方面予以关注，但 GB/T 50378—2019 对节地也提出了相应要求，而 BREEAM 则对设备、施工废弃物、漏水监测系统予以评价。

GB/T 50378—2019 和 BREEAM 均对节能降耗提出了要求，评价方法均设置了两种，一种是提升围护结构热工性能，通过采用节能降耗的相关措施予以得分；另一种是通过计算建筑整体的节能降耗水平来判定得分，更侧重于结果，相应的评价分值和所依据的规范也不同。涉及建筑设备的节能要求，GB/T 50378—2019 侧重于冷水机组、锅炉、水泵、风机等大型设备，BREEAM 更侧重建筑内部的办公电器设备，如电脑显示器、计算机、复印机、打印机、扫描仪、冰箱等，要求设备具有欧洲 Energy Label 的能源标识。此外，BREEAM 虽未对冷水机组、锅炉、水泵、风机等设备提出单独的得分要求，但在 Ene 01 的能耗评价中，可通过能耗计算进行得分，其中冷水机组、锅炉、风机、水泵等设备的能效也可为能耗计算贡献得分。

GB/T 50378—2019 较为关注土地资源节约利用的相关评价指标，如容积率、地下空间等，这是基于我国的国情，土地资源需要充分开发利用。BREEAM 更为注重施工废弃物的过程管理，对施工过程中的废弃物回收利用率提出了要求，并要求相关施工管理人员全程记录和跟踪。我国《建筑工程绿色施工规范》GB/T 50905、《建筑工程绿色施工评价标准》GB/T 50640 对绿色施工进行指导和规范，《建筑工程绿色施工评价标准》GB/T 50640 规定了绿色施工的等级，各地方标准也对绿色施工过程进行指导和评价。GB/T 50378—2019 更注重建筑竣工后的成效，关于施工过程的管控主要通过“绿色施工优良等级”认定或“绿色施工示范工程”认定作为评分依据，其中也涉及施工废弃物的管理要求。

BREEAM 为了实现节水目标，对漏水监测系统提出了要求，即在市政自来水管网接入场地的位置安装主水表，进入建筑内再设水表，保证给水管从场地到建筑内部无漏损情况。同时要求该系统设置有声报警功能，在流水量高于预设值时实现报警功能。此外，还要求该系统通过辨识流量变化来确定漏水量等。GB/T 50378—2019 则主要通过管网漏损控制等措施来实现减少漏水的可能性。

表 4-5　GB/T 50378—2019 资源节约章节与 BREEAM 相关条文内容对比

GB/T 50378—2019	BREEAM INC 2016（SD233 2.0）	对比
7.1.1 节能设计	—	×
7.1.2 降低部分负荷、部分空间使用下的供暖、空调系统能耗	—	×
7.1.3 设置分区温度	—	×
7.1.4 照明功率密度值符合要求；照明系统采用节能控制措施	Hea01 视觉舒适性	◎
7.1.5 冷热源、输配系统和照明等各部分能耗进行独立分项计量	Ene02a&b 能耗监测	◎
7.1.6 垂直电梯、自动扶梯采用节能控制措施	Ene06 节能运输系统	◎
7.1.7 制定水资源利用方案，统筹利用各种水资源	Wat01 水耗； Wat02 水耗监测	◎ √
7.1.8 不应采用建筑形体和布置严重不规则的建筑结构	—	×
7.1.9 建筑造型要素应简约，且无大量装饰性构件	—	×
7.1.10 采用本地材料；现浇混凝土采用预拌混凝土，建筑砂浆采用预拌砂浆	—	×
7.2.1 节约集约利用土地	—	×
7.2.2 合理开发利用地下空间	—	×
7.2.3 采用机械式停车设施、地下停车库或地面停车楼等方式	—	×
7.2.4 优化建筑围护结构的热工性能	—	×
7.2.5 供暖空调系统冷、热源机组能效限值要求	—	×

续表4-5

GB/T 50378—2019	BREEAM INC 2016（SD233 2.0）	对比
7.2.6 降低供暖空调系统末端及输配系统能耗	—	×
7.2.7 采用节能型电气设备及节能控制措施	—	×
7.2.8 采取措施降低建筑能耗	Ene01 减少能耗和碳排放	◎
7.2.9 合理利用可再生能源	Ene04 低碳设计	◎
7.2.10 使用较高用水效率等级的卫生器具	Wat01 水耗	◎
7.2.11 绿化灌溉及空调冷却水系统采用节水设备或技术	Wat04 节水设施	◎
7.2.12 景观水体利用雨水，且采用保障水体水质的生态水处理技术	—	×
7.2.13 非传统水源利用	Wat04 节水设施	◎
7.2.14 建筑所有区域实施土建工程与装修工程一体化设计及施工	—	×
7.2.15 合理选用建筑结构材料与构件	—	×
7.2.16 建筑装修选用工业化内装部品	—	×
7.2.17 选用可再循环材料、可再利用材料及利废建材	—	×
7.2.18 选用绿色建材	—	×

4.2.1.5 环境宜居

GB/T 50378—2019“环境宜居”指标主要对应 BREEAM NC 中的“土地与生态”、“污染”章节，具体指标对比情况见表4-6。两标准均对海绵城市、噪声污染、垃圾分类、生态保护、光污染等方面予以关注，但 GB/T 50378—2019 还对热岛强度、室外吸烟区、室外热环境等提出了要求，而 BREEAM 则对制冷剂使用影响、氮氧化物排放等予以评价。

在地表水径流方面，两标准均鼓励采用透水铺装、雨水回收利用、下凹式绿地等措施实现雨水下渗，以实现年径流总量控制率的目标。BREEAM 还提出了项目建成后场地的径流状况不低于开发前，不降低原有场地的雨水下渗量。

在室外声环境方面，BREEAM 主要对项目 800m 半径范围内的噪声敏感区进行评估，评价新建筑的建成对周边噪声敏感建筑带来的影响，而 GB/T 50378—2019 主要考虑现有环境对被评估建筑产生的噪声影响，并引导采用绿化隔离带、隔声性能好的围护结构等措施来降低对周围环境的噪声影响。

BREEAM 对制冷剂使用的要求较高。目前我国已经明令禁止氟利昂作为制冷剂使用，替代的制冷剂有 R134a、R410 等，均为臭氧破坏潜力值 ODP 为 0 的制冷剂。但对于全球变暖潜力值 GWP 尚未有相关指导文件，由于满足要求的制冷剂主要为乙烷丙烷，热力学性能较差，且存在安全隐患，目前国内项目几乎不采用。

BREEAM 较为关注氮氧化物的排放量，GB/T 50378—2019 则未提出相关要求。我国北方地区由于集中供暖而产生大量氮氧化物，环境污染严重，目前正在大力推进煤改气措施，并鼓励使用低氮氧化物排放量的锅炉。

表 4-6　GB/T 50378—2019 环境宜居章节与 BREEAM 相关条文内容对比

GB/T 50378—2019	BREEAM INC 2016（SD233 2.0）	对比
8.1.1 建筑规划布局应满足日照标准	—	×
8.1.2 室外热环境满足有关标准要求	—	×
8.1.3 绿化要求	—	×
8.1.4 场地雨水专项设计	—	×
8.1.5 场地标识系统设置	—	×
8.1.6 场地污染源排放控制	—	×
8.1.7 生活垃圾设施要求	Wst03a&b 运营废弃物	◎
8.2.1 生态环境保护与修复	Le02 场地生态价值及生态特征保护	◎
8.2.2 场地年径流总量控制率	Pol03 地表水径流	◎
8.2.3 利用场地空间设置绿化用地	—	×
8.2.4 室外吸烟区设置	Hea02 室内空气质量	◎
8.2.5 绿色雨水基础设施设置	Pol03 地表水径流	◎
8.2.6 场地环境噪声要求	—	×
8.2.7 光污染控制	Pol04 减少夜间光污染	◎
8.2.8 场地内风环境设计	—	×
8.2.9 采取措施降低热岛强度	—	×

4.2.1.6　提高与创新

GB/T 50378—2019 与 BREEAM 在创新方面均对节能、场地选择、绿色施工等方面予以关注，具体指标对比情况见表 4-7。GB/T 50378—2019 在绿容率、建筑工业化、BIM 技术等方面提出要求，与我国正在积极推进工业化设计建造和 BIM 技术的政策文件有关。

表 4-7　GB/T 50378—2019 提高与创新章节与 BREEAM 相关条文内容对比

GB/T 50378—2019	BREEAM INC 2016（SD233 2.0）	对比
9.2.1 采取措施进一步降低建筑供暖空调系统的能耗	Ene01 减少能耗和碳排放	◎
9.2.2 采用适宜地区特色的建筑风貌设计	—	×
9.2.3 合理选用废弃场地进行建设，或充分利尚可使用的旧建筑	—	×

续表4-7

GB/T 50378—2019	BREEAM INC 2016（SD233 2.0）	对比
9.2.4 场地绿容率不低于3.0	—	×
9.2.5 采用符合工业化建造要求的结构体系与建筑构件	—	×
9.2.6 建筑信息模型（BIM）技术应用	—	×
9.2.7 进行建筑碳排放计算分析，采取措施降低单位面积碳排放强度	Ene01 减少能耗和碳排放	◎
9.2.8 按照绿色施工要求进行施工和管理	Man03 可靠的施工实践	◎
9.2.9 采用建设工程质量潜在缺陷保险产品	—	×
9.2.10 其他效益明显的绿色建筑创新技术	—	×

除以上评价指标，BREEAM 专门设置管理方面的评价指标，该类指标侧重项目的全过程管理，从概念设计、方案设计、施工图设计、施工、运营管理等全方面进行把控，并注重各个利益相关方的合作管理模式，增强各方的沟通协作，使工作效率大幅提高。

4.2.2 GB/T 50378—2019 与 DGNB 对比

4.2.2.1 安全耐久

GB/T 50378—2019 安全耐久章节与 DGNB 相关条文内容对比见表4-8，建筑的安全性及耐久性在两个评价标准中均有涉及，其中 DGNB 的场地质量、技术质量、社会及功能质量和经济质量章节均包含对应的评价条文。

在安全性方面，两个评价体系都对场地安全和建筑自身安全设置了要求。GB/T 50378—2019 对场地内可能存在的污染源进行判定，且对建筑结构、外门窗、外部设施、抗震安全性和警示标识提出了具体要求，并提出了步行和自行车交通系统需有充足照明的要求。DGNB 对地震、火山、洪水、干旱、室外空气质量、场地噪声以及消防安全进行评价，采用气密性测试的方法评估门窗气密性能，室外主入口、车流线、人行流线、景观步道等，室内主入口、走廊、垂直交通等均需具有引导标识，此外，DGNB 还提出了非机动车停车点照明的评估要求。

在耐久性方面，GB/T 50378—2019 主要针对建筑部品、建筑结构材料、装饰装修材料的耐久性能进行评估，主要参照《建筑给水排水设计标准》GB 50015、《建筑门窗反复启闭性能检测方法》JG/J 192 等。DGNB 主要通过计算建筑材料全寿命期的环境影响进行耐久性评价，不针对单项材料进行评估。

表4-8 GB/T 50378—2019 安全耐久章节与 DGNB 相关条文内容对比

GB/T 50378—2019	DGNB System NC 2020 International	对比
4.1.1 场地安全性要求	SITE1.1 项目选址应远离危险地段	√
4.1.2 建筑结构承载力和使用功能要求	—	×

续表4-8

GB/T 50378—2019	DGNB System NC 2020 International	对比
4.1.3 外部设施与建筑主体结构统一设计、施工，具备安装、检修与维护条件	—	×
4.1.4 非结构构件、设备及附属设施等连接牢固	—	×
4.1.5 建筑外门窗抗风压性能和水密性能要求	TEC1.3.3 门窗气密性等级要求	◎
4.1.6 卫生间、浴室地面设置防水层，墙面顶棚设置防潮层	—	×
4.1.7 走廊、疏散通道紧急疏散要求	TEC1.1 消防安全	◎
4.1.8 设置安全防护的警示和引导标识系统	SOC1.7 安全安保	◎
4.2.1 提高建筑的抗震性能	SITE 1.1 compensation measures	◎
4.2.2 采取防坠落措施	SOC1.7 安全安保	◎
4.2.3 采用具有安全防护性能的玻璃、门窗	SOC1.7.2 安全安保技术	◎
4.2.4 地面设置防滑措施	—	×
4.2.5 采取人车分流，且照明充足	TEC3.1.1.1 自行车停车点照明	◎
4.2.6 采取提升建筑适变性的措施	ECO2.1.5 建筑平面布局的适变性； ECO2.1.6 建筑结构的适变性； ECO2.1.7 通风空调等设备系统灵活性问题	◎
4.2.7 采取提升建筑部品耐久性的措施	ENV1.1 提升建筑生命周期	◎
4.2.8 提高建筑结构材料耐久性	ENV1.1 提升建筑生命周期	◎
4.2.9 合理采用耐久性好、易维护的装饰装修材料	ENV1.1 提升建筑生命周期	◎

4.2.2.2 健康舒适

GB/T 50378—2019 健康舒适章节与 DGNB 相关条文内容对比见表 4-9，两标准均从空气质量、水质、声环境、光环境、热湿环境等角度出发，提出了一系列的要求。

在室内污染物浓度控制方面，GB/T 50378—2019 要求对室内空气中氨、甲醛、苯、总挥发性有机物、氡等 5 种污染物浓度进行测试，以结果为导向，利用室内污染物浓度来控制空气质量。DGNB 对甲醛、总挥发性有机化合物两种污染物同样要求测试，同时还提出了建筑材料进场控制要求。

在声环境营造方面，两个标准均对场地环境噪声、室内背景噪声以及围护结构隔声性能进行评价。GB/T 50378—2019 对室内噪声级、外墙等构件的隔声性能提出了具体的限值要求，同时要求具有实际测量结果。DGNB 主要评估算术平均混响时间，有具体的限值要求。

在光环境营造方面，两个标准均采用自然采光系数达标面积比例的方法对自然采光进行评价。GB/T 50378—2019 对于眩光的评价更注重有无眩光措施，并通过遮阳系数来判定。DGNB 除对遮阳措施有要求外，对自然采光和人工照明的眩光控制均有评价。

在围护结构热工性能方面，GB/T 50378—2019 对围护结构热工性能的评价较全面，涉及传热系数、遮阳系数、太阳得热系数等。中国建筑节能设计标准将全国分成了 5 个气候区，11 个子气候区，不同气候区的围护结构传热性能限值不一样，因此可以更准确地进行评价。DGNB 主要通过传热系数和现场测试的气密性指标进行评价。

表 4-9　GB/T 50378—2019 健康舒适章节与 DGNB 相关条文内容对比

GB/T 50378—2019	DGNB System NC 2020 International	对比
5.1.1 室内空气污染物限值要求，禁止吸烟	SOC1.2.1.1、1.2.1.2 对部分挥发性有机物浓度达标要求	◎
5.1.2 采取防止污染物串通的措施	SOC1.2.1 2030 年议程附加要求	◎
5.1.3 给排水系统设置要求	—	×
5.1.4 主要功能房间噪声级和隔声性能要求	TEC1.2.1 场地声环境需达到要求； TEC1.2.3 房间隔声性需达到要求	◎
5.1.5 室内照明质量及灯具要求	SOC1.4.5 对室内照明需求	◎
5.1.6 室内热环境保障	SOC1.1 项目热环境需达到要求	◎
5.1.7 围护结构热工性能	TEC1.3.1 维护结构的热阻需达到要求	◎
5.1.8 独立热环境调节装置设置	SOC1.5 使用者控制	◎
5.1.9 地下车库 CO 监控	—	×
5.2.1 控制室内空气污染物浓度	SOC1.2 建筑物内挥发性有机物浓度需达到要求	√
5.2.2 装饰装修绿色产品选用	ENV1.2 本地环境风险-建筑材料要求	◎
5.2.3 各类用水水质满足标准要求	—	×
5.2.4 储水设施采取措施满足卫生要求	—	×
5.2.5 各类给排水系统标识设置	—	×
5.2.6 室内噪声级优化	SOC1.3 对场地声环境的要求	◎

续表4-9

GB/T 50378—2019	DGNB System NC 2020 International	对比
5.2.7 良好的隔声性能要求	SOC1.3 对场地声环境的要求	◎
5.2.8 充分利用天然光	SOC1.4.1 采光系数需达到要求；SOC1.4.3、1.4.4 控制不舒适眩光需达到要求	◎
5.2.9 良好的室内热湿环境要求	SOC1.1 项目热环境需达到要求	◎
5.2.10 自然通风优化	SOC1.6 室内外空间质量	◎
5.2.11 可调节遮阳	TEC1.3.4 夏季热保护	◎

4.2.2.3 生活便利

GB/T 50378—2019 生活便利章节与 DGNB 相关条文内容对比见表 4-10。涉及全龄化设计、适老适幼内容是 GB/T 50378—2019 的重点评价内容，主要从交通便利性、无障碍路线规划、无障碍设施、智能化服务等方面进行综合评价。DGNB 对交通及附属设施便利性、无障碍设计、适家适幼及适老设计进行评价。两个评价体系都重视绿色建筑的使用便利性、友好性。

在公共交通方面，GB/T 50378—2019 对公共交通便捷性提出具体步行距离和站点连接要求。对于自行车停车场所，按照《城市综合交通体系规划标准》GB/T 51328 对自行车停车位数量、通道设计、公交接驳等进行设计。DGNB 对自行车停车场所的要求，相比 GB/T 50378—2019 增加了停车位离主入口距离、车位照明、防盗、维修工具、淋浴设施等配套设施水平的要求。

在运营管理方面，GB/T 50378—2019 强调建筑运营的智慧化和高效节能，对建筑设备管理系统、建筑信息网络系统、能耗远传计量系统、室内空气质量监测系统、用水远传计量系统、智能化系统、物业管理制度及规程均设有评价条文，且定期评估建筑运行效果并进行优化提出具体要求。DGNB 通过可持续信息网络、设备设施管理规划等评价要点来构建节能运维的基础设施和管理框架，且重视调试的作用，要求对能耗进行计量并且定期对设备进行优化调试。

表 4-10 GB/T 50378—2019 生活便利章节与 DGNB 相关条文内容对比

GB/T 50378—2019	DGNB System NC 2020 International	对比
6.1.1 无障碍步行系统	SITE1.3 对到公共交通站点距离的要求	◎
6.1.2 公共交通便捷	SITE1.3.1 场地内公共交通是否合理	◎
6.1.3 设置电动汽车充电桩	TEC3.1.3 电动交通工具	◎

续表4-10

GB/T 50378—2019	DGNB System NC 2020 International	对比
6.1.4 自行车停车场所位置合理	TEC3.1.1 自行车设施	◎
6.1.5 设置具备自动监控管理功能的建筑设备管理系统	TEC1.4 建筑技术的使用及整合	◎
6.1.6 设置信息网络系统	PRO 2.4.2 可持续信息网络	◎
6.2.1 场地与公共公交通站点联系便捷	TEC1.3.2 公共交通联结	◎
6.2.2 公共区域满足全龄化设计要求	SOC2.1 无障碍设计； SOC1.6.3 适家、适幼及适老设计	√
6.2.3 提供便利的公共服务	住宅 SITE 1.1 Access to amenities； 公建 SOC1.6.4-6 建筑空间使用及空间使用灵活性	√
6.2.4 城市绿地、广场及公共运动场地等开敞空间步行可达	SOC1.6.5.1.2 外部空间质量； SITE1.4.1（社会公共设施可达性）	◎
6.2.5 合理设置健身场地和空间	SITE1.4.1 社会公共设施可达性（包含场地内）	◎
6.2.6 设置用能远传计量系统和能源管理系统	PRO2.3 对能耗进行计量并且定期对设备进行优化调试	◎
6.2.7 设置空气质量监测系统	—	×
6.2.8 设置用水远传计量系统和水质在线监测系统	—	×
6.2.9 设置智能化服务系统	TEC1.4.4 整合体系	◎
6.2.10 制定绿色操作规程、应急预案和激励机制	PRO2.4 使用者沟通； PRO2.5 设施设备管理规划	◎
6.2.11 满足节水用水定额要求	ENV2.2 清洁水需求及废水生成	◎
6.2.12 建筑运营效果评估与优化	PRO1.5.1 定期对项目运营效果进行评估包括对项目设备的调试； PRO2.3 对能耗进行计量并且定期对设备进行优化调试	◎
6.2.13 绿色教育宣传和满意度调查	PRO2.4 使用者沟通	◎

4.2.2.4　资源节约

GB/T 50378—2019 资源节约章节与 DGNB 相关条文内容对比见表 4-11，两个评价体系均对节地、节能、节水、节材设置了评价要求。

在节能方面，GB/T 50378—2019 首先对围护结构性能提升提出详细全面的指标要求；其次从建筑功能分区和空调分区、冷热源机组能效、供暖空调系统末端及输配系统能耗、能耗分项计量等方面强调设备设施系统的节能设计；此外，还设置了可再生能源的利用要求。DGNB 对围护结构热工性能的相关要求主要体现在传热系数的提升和气密性设计方面；对于设备的节能性更多的强调变频设备和智能监控的采用，对于可再生能源部分的认定与绿标相同；节能性主要体现在全寿命周期环境影响的综合评价。需要采用模拟手段的评价指标中，两个评价体系能耗模拟基准建筑差异较大。GB/T 50378—2019 参照中国的公共建筑或居住建筑节能设计标准，而 DGNB 参照 ASHRAE 标准的基准建筑，因而节能率计算有差异。

在节水方面，两个标准在节水方面的要求具有较大的相似性，均对节水器具、节水灌溉、非传统水源利用提出了要求，GB/T 50378—2019 还强调了空调冷却水系统的节水措施。

在节材方面，GB/T 50378—2019 主要是从结构优化和高强结构设计带来的用钢量节约方面进行评价，还提出土建装修一体化、可再循环/可再利用材料应用、绿色建材综合利用。DGNB 从全寿命周期环境影响的角度出发，强调绿色建材的使用，如采用获得化学品安全技术说明书 MSDS、德国蓝天使标志等的建筑材料。此外，DGNB 还强调建筑拆卸后建材的回收与再利用。

表 4-11　GB/T 50378—2019 资源节约章节与 DGNB 相关条文内容对比

GB/T 50378—2019	GNB System NC 2020 International	对比
7.1.1 节能设计	PRO1.1 综合项目信息	◎
7.1.2 降低部分负荷、部分空间使用下的供暖、空调系统能耗	SOC1.5 用户使用	◎
7.1.3 设置分区温度	SOC1.1 热舒适性，不同使用空间的温度要求	◎
7.1.4 照明功率密度值符合要求；照明系统采用节能控制措施	SOC1.4.5 对室内照明需求	◎
7.1.5 冷热源、输配系统和照明等各部分能耗进行独立分项计量	ENV1.1 全寿命周期环境影响；ECO1.1 全寿命周期成本	◎
7.1.6 垂直电梯、自动扶梯采用节能控制措施	—	×
7.1.7 制定水资源利用方案，统筹利用各种水资源	ENV2.2 清洁水需要及废水生成	◎
7.1.8 不应采用建筑形体和布置严重不规则的建筑结构	—	×
7.1.9 建筑造型要素应简约，且无大量装饰性构件	ECO1.1 项目工程造价经济性	◎
7.1.10 采用本地材料；现浇混凝土采用预拌混凝土，建筑砂浆采用预拌砂浆	—	×

续表4-11

GB/T 50378—2019	GNB System NC 2020 International	对比
7.2.1 节约集约利用土地	ECO2.1 土地利用率	◎
7.2.2 合理开发利用地下空间	—	×
7.2.3 采用机械式停车设施、地下停车库或地面停车楼等方式	—	×
7.2.4 优化建筑围护结构的热工性能	TEC1.3 维护结构热工性能相关	◎
7.2.5 供暖空调系统冷、热源机组能效限值要求	ENV1.1 全生命周期环境影响； ECO1.1 全寿命周期成本	◎
7.2.6 降低供暖空调系统末端及输配系统能耗	TEC1.4.2 供冷、供热体系	◎
7.2.7 采用节能型电气设备及节能控制措施	TEC1.4.1 被动体系	◎
7.2.8 采取措施降低建筑能耗	ENV1.1 全生命周期环境影响计算，以及创新、循环经济和2030年议程等附加分值	◎
7.2.9 合理利用可再生能源	ENV1.1 全生命周期环境影响计算，以及创新、循环经济和2030年议程等附加分值	◎
7.2.10 使用较高用水效率等级的卫生器具	ENV2.2 清洁水需求及废水生成	◎
7.2.11 绿化灌溉及空调冷却水系统采用节水设备或技术	ENV2.2 清洁水需求及废水生成	◎
7.2.12 景观水体利用雨水，且采用保障水体水质的生态水处理技术	ENV2.2.2 雨水综合利用措施	◎
7.2.13 非传统水源利用	ENV2.2.2 雨水综合利用措施	◎
7.2.14 建筑所有区域实施土建工程与装修工程一体化设计及施工	没有涉及	×
7.2.15 合理选用建筑结构材料与构件	TEC1.6 修复及回收； ECO1.1 全生命周期成本	◎
7.2.16 建筑装修选用工业化内装部品	—	×
7.2.17 选用可再循环材料、可再利用材料及利废建材	TEC1.6 项目拆卸和回收计划	√
7.2.18 选用绿色建材	ENV1.2 室内相关建材要求； TEC1.6 建材回收与再利用； ENV1.3 负责人的自然资源利用	◎

4.2.2.5 环境宜居

GB/T 50378—2019 环境宜居章节与 DGNB 相关条文内容对比见表 4-12，两个标准均对室外光环境、室外声环境、场地绿化及生态环境进行评价，GB/T 50378—2019 还对室外风环境和热环境提出了要求。

GB/T 50378—2019 强调自然采光的利用以及户外视野的评价；室外景观强调复层绿化及海绵基础设施的设置，同步实现热岛强度和场地径流的控制；DGNB 在场地生态修复和绿化方面设置了多项要求，同时还对生物多样性设置了得分点。

两个评价体系均对场地内外的标识系统提出要求，包括消防安全标识、定位标识、导向标识、引导标识等。GB/T 50378—2019 强调标识的色彩、形式、字体、符号等整体设计的合理性，提出的要求较为细致。

GB/T 50378—2019 对垃圾分类收集点容器及布置提出具体要求，并要求做到环境卫生与景观美化结合。DGNB 则主要强调垃圾分类收集点的可达性，垃圾清运路线的规划设计等。

表 4-12　GB/T 50378—2019 环境宜居章节与 DGNB 相关条文内容对比

GB/T 50378—2019	DGNB System NC 2020 International	比较
8. 1. 1 建筑规划布局应满足日照标准	SOC1. 4 自然光照要求	◎
8. 1. 2 室外热环境满足有关标准要求	SOC1. 1 热舒适性	◎
8. 1. 3 绿化要求	SOC1. 6. 1. 1 屋顶绿化相关要求； SOC1. 6. 1. 6 垂直绿化相关要求	◎
8. 1. 4 场地雨水专项设计	ENV2. 3. 2 土地密封度	◎
8. 1. 5 场地标识系统设置	ECO2. 2. 1. 2 路引及标识； SITE1. 3. 4. 3 步行系统的指引和标识	√
8. 1. 6 场地污染源排放控制	—	×
8. 1. 7 生活垃圾设施要求	PRO1. 3. 4 项目地垃圾的收集处理	√
8. 2. 1 生态环境保护与修复	ENV2. 4 在地生物多样性	◎
8. 2. 2 场地年径流总量控制率	ENV2. 2 清洁水需要及废水生成	◎
8. 2. 3 利用场地空间设置绿化用地	ENV2. 4. 1 生物环境质量	◎
8. 2. 4 室外吸烟区设置	SOC1. 2. 12030 年议程附加得分	◎
8. 2. 5 绿色雨水基础设施设置	ENV2. 2 清洁水需求及废水生产	◎

续表4-12

GB/T 50378—2019	DGNB System NC 2020 International	比较
8.2.6 场地环境噪声要求	PRO2.1.2 施工期间对项目噪声控制； TEC1.7.1 对周边环境噪声影响的控制	◎
8.2.7 光污染控制	TEC 1.7 光污染控制相关内容	◎
8.2.8 场地内风环境设计	—	×
8.2.9 采取措施降低热岛强度	—	◎

4.2.2.6 提高与创新

GB/T 50378—2019 提高与创新章节与 DGNB 相关条文内容对比见表 4-13。GB/T 50378—2019 在创新性能方面对节能降耗提出了更高的要求，鼓励工业化结构体系或构件的使用，以及 BIM 技术在设计、施工和运维阶段的使用，同时引入了绿色金融的评价。DGNB 提出了废弃场地的利用要求，强调场地污染的修复等，在节能降耗方面对全寿命周期降低碳排放提出更高的要求。两个评价体系在创新性方面均对绿色施工设置了评价要点。

表 4-13　GB/T 50378—2019 提高与创新章节与 DGNB 相关条文内容对比

GB/T 50378—2019	DGNB System NC 2020 International	对比
9.2.1 采取措施进一步降低建筑供暖空调系统的能耗	ENV1.1 全生命周期环境影响计算，及创新、循环经济和 2030 年议程等附加分值	◎
9.2.2 采用适宜地区特色的建筑风貌设计	PRO1.6 城市规划及建筑设计过程	×
9.2.3 合理选用废弃场地进行建设，或充分利尚可使用的旧建筑	ENV2.3 合理使用废弃场地进行建设	◎
9.2.4 场地绿容率不低于 3.0	ENV2.4.1 生物环境质量	◎
9.2.5 采用符合工业化建造要求的结构体系与建筑构件	—	×
9.2.6 建筑信息模型（BIM）技术应用	PRO1.5.4.1BIM 技术的应用	◎
9.2.7 进行建筑碳排放计算分析，采取措施降低单位面积碳排放强度	ENV1.1 全生命周期环境影响计算	◎
9.2.8 按照绿色施工要求进行施工和管理	PRO2.1.3 施工过程中对环境的保护与管理	√
9.2.9 采用建设工程质量潜在缺陷保险产品	—	×

续表4-13

GB/T 50378—2019	DGNB System NC 2020 International	对比
9.2.10 其他效益明显的绿色建筑创新技术	创新得分是 DGNB 得分架构的一部分，分别设置于相关要求分项下	◎

4.2.3 GB/T 50378—2019 与 HQE 对比

4.2.3.1 安全耐久

GB/T 50378—2019“安全耐久”章节与 HQE-NR 相关条文内容对比如表 4-14 所示。GB/T 50378—2019 更加全面，包括场地、结构、构件、部品的安全性，适应使用周期中功能变化的能力，不同产品组合使用的寿命，以及关于动线、坠落、滑跌、维护等方面的风险防范。HQE-NR 也涉及辐射防护、维护便捷、产品材料耐久性、适变性等方面的要求，但在其他方面并未作规定。对于场地，GB/T 50378—2019 强调无地质危害、无危险化学品、无电磁辐射和氡污染等具体要求，HQE-NR 侧重建筑基础设施与区域规划发展和基础设施的协调。对于产品寿命和适变性，两部标准要求基本一致。

表 4-14 GB/T 50378—2019 安全耐久章节与 HQE-NR 相关条文内容对比

GB/T 50378—2019	HQE-NR	对比
4.1.1 场地安全性	1.1.1 地块规划与区域发展协调； 12.1.1 通信电磁辐射源识别； 12.1.2 电磁辐射控制	◎
4.1.2 建筑结构承载力和使用功能要求	2.1.2 产品寿命	◎
4.1.3 外部设施应与建筑主体结构统一设计、施工，并应具备安装、检修与维护条件	7.1.1 合理设计便于系统维护； 7.1.3 建筑部品维护便捷	√
4.1.4 建筑内部的非结构构件、设备及附属设施等应连接牢固	—	×
4.1.5 建筑外门窗抗风压性能和水密性能	—	×
4.1.6 卫生间、浴室的地面防水防潮	—	×
4.1.7 走廊、疏散通道紧急疏散要求	—	×
4.1.8 安全防护的警示和引导标识系统	—	×
4.2.1 抗震安全性	—	×
4.2.2 防坠落措施	—	×
4.2.3 采用具有安全防护性能的玻璃、门窗	—	×

续表4-14

GB/T 50378—2019	HQE-NR	对比
4.2.4 地面防滑措施	—	×
4.2.5 人车分流，且照明充足	1.1.2 交通流线管理； 1.2.5 夜间户外照明	√
4.2.6 建筑适变性措施	2.1.2 使用寿命和适变性	√
4.2.7 建筑部品部件耐久性	2.1.1 功能适用和认证认可； 2.1.2 使用寿命和适变性； 2.1.3 产品易拆除	√
4.2.8 建筑结构材料耐久性	—	×
4.2.9 耐久性好、易维护的装饰装修材料	2.1.2 使用寿命和适变性； 2.2.1 产品易维护	√

4.2.3.2 健康舒适

GB/T 50378—2019“健康舒适”章节与 HQE-NR 相关条文内容对比如表 4-15 所示。两标准均涉及室内污染物、水质与水系统标识、天然采光与照明、热环境与调节、声环境相关内容，但在具体要求方面有以下几点不同：在声环境营造方面，HQE-NR 关注室外空间的计权标准化声压级差、设备噪声级、室内声压级、空气声隔声、撞击声隔声和行走噪声六方面，未涉及门窗、隔墙的隔声性能；在热湿环境方面，GB/T 50378—2019 引入了室内人工冷热源热湿环境整体评价指标，而 HQE-NR 未涉及相关内容；在水质方面，GB/T 50378—2019 对直饮水、集中生活饮用水、游泳池水、采暖空调系统用水、景观水体等水质均提出了要求，而 HQE-NR 仅强调了再生水和循环水、游泳池水质要求。此外，GB/T 50378—2019 较 HQE-NR 增加了对围护结构防潮设计的要求，避免因结露和产生冷凝而引起霉变污染室内空气。同时，GB/T 50378—2019 增加了地下车库安装与排风设备联动的 CO 监测装置作为控制项要求。

表 4-15 GB/T 50378—2019 健康舒适章节与 HQE-NR 相关条文内容对比

GB/T 50378—2019	HQE-NR	对比
5.1.1、5.2.1 室内空气污染物限值、禁止吸烟	13.2.1 识别室内外污染源； 13.2.2 控制污染物浓度和用户暴露	√
5.1.2 防止污染物串通	13.1.1 合理的气流组织	√
5.1.3、5.2.5 给排水系统	14.1.3 设置合理的管网结构和标识	√
5.1.4 主要功能房间噪声级和隔声性能	9.1.1 优化空间声环境	◎

续表4-15

GB/T 50378—2019	HQE-NR	对比
5.1.5 室内照明质量及灯具要求	10.2.1 满足不同场景照明需求； 10.2.2 照度均匀度要求； 10.2.3 控制眩光； 10.2.4 光源质量	√
5.1.6 室内热环境	8.1.1 热湿环境设计优化； 8.1.2 空间分区； 8.1.3 不舒适控制； 8.2.1 温度设定可自定义； 8.2.2 设定温度稳定性	√
5.1.7 围护结构不结露、无冷凝	—	×
5.1.8 热环境调节装置	8.2.1 温度设定可自定义； 8.2.4 温度设定个性化调节	√
5.1.9 地下车库一氧化碳联动	—	×
5.2.2 装饰装修绿色产品选用	2.4.1 产品健康影响分析； 2.4.2 选择控制健康负面影响的产品； 2.4.3 控制木材处理的污染	√
5.2.3 直饮水、集中生活饮用水、游泳池水、采暖空调系统用水、景观水体等水质	—	×
5.2.4 储水设施卫生要求	14.3.1 采取消毒、防腐、防垢措施； 14.3.2 控制再生水和循环水水质	√
5.2.6、5.2.7 声学要求	1.2.2 创造令人满意的室外声环境； 9.1.1 优化空间声环境	√
5.2.8 室内采光与眩光控制	10.1.1 敏感空间天然光分布； 10.1.3 敏感空间视野； 10.1.4 天然采光系数要求； 10.2.2 照度均匀度要求	√
5.2.9 室内热湿环境	8.2.3 空气流速； 8.2.5 湿度控制； 8.3.1 热舒适基本要求	◎
5.2.10 室内自然通风	8.1.1 热湿环境优化设计； 8.3.2 确保自然通风	√

续表4-15

GB/T 50378—2019	HQE-NR	对比
5.2.11 可调节遮阳措施	8.1.3 不舒适控制； 8.3.1 热舒适基本要求； 8.4.3 控制太阳辐射	√

4.2.3.3 生活便利

GB/T 50378—2019“生活便利”章节与 HQE-NR 相关条文内容对比如表 4-16 所示。与 GB/T 50378—2019 相比，HQE-NR 缺乏全龄友好设计、建筑信息化管理、公共服务以及健身活动场地配套、物业管理机制、引导绿色行为的要求。总体来看，HQE-NR 在智能化和服务设施配套方面有所欠缺。

随着生活水平的提高，人们对住宅或公共建筑附近的设施配套要求也在不断提升，包括学校、医院、文化馆、老年人照料中心、图书馆、健身场地、餐饮店等，涉及公共服务功能设施向社会开放共享的方式也多种多样，如全时或错时开放。配套设施及共享方式既方便了人们的生活，又最大化的利用了社会资源。此外，公众对于建筑智能化水平也有较高的要求。设置建筑信息网络系统、智能环境监测与家电联动系统，并与智慧城市智能化服务系统对接以实现物业、电子商务、养老等服务的互通，将更好的满足新时期不同人群的工作生活需求，GB/T 50378—2019 在以上方面较 HQE 更加符合现代化需求。

表 4-16 GB/T 50378—2019 生活便利章节与 HQE-NR 相关条文内容对比

GB/T 50378—2019	HQE-NR	对比
6.1.1、6.2.2 无障碍设计、全龄化设计	—	×
6.1.2、6.2.1 公共交通便捷	1.1.3 公共交通便捷	√
6.1.3 电动汽车充电桩	1.1.4 出行方式	√
6.1.4 自行车停车场所	1.1.4 出行方式	√
6.1.5 建筑设备管理系统监控管理	7.3.1 暖通空调、照明系统监测与控制； 7.3.2 优化运行和故障监测	√
6.1.6 建筑信息网络系统	—	×
6.2.3 公共服务设施可达性	—	×
6.2.4 绿地、广场、公共运动场地可达性	—	×
6.2.5 健身场地和空间	—	×
6.2.6 能耗远传计量系统	7.2.1 能耗监测计量系统	√
6.2.7 室内空气质量监测系统	—	×
6.2.8 用水远传计量系统	7.2.2 水耗监测计量系统	◎

续表4-16

GB/T 50378—2019	HQE-NR	对比
6.2.9 智能化系统	8.2.4、8.4.4 温度设定个性化调节； 8.4.5 湿度控制	◎
6.2.10 物业管理制度及规程	—	×
6.2.11 用水定额管理	5.1.2 利用其他水源，减少分布式用水量； 5.1.3 计算总用水量	◎
6.2.12 定期评估运行效果并优化	—	×
6.2.13 绿色教育宣传与调研	—	×

4.2.3.4 资源节约

GB/T 50378—2019“资源节约”章节与 HQE-NR 相关条文内容对比如表 4-17 所示。两标准均涉及围护结构性能提升，暖通空调负荷、照明、机电设备、冷热源机组能效、可再生能源利用等途径节约能源、提升能效和利用清洁能源，以及通过能耗水耗计量、采用节水设备、管理雨水和径流污染、利用非传统水源、选用绿色建材等途径实现能源、水资源、材料资源的节约。相较 HQE-NR，GB/T 50378—2019 在节材方面增加了土建与装修一体化设计施工、高强混凝土与钢筋使用、工业化内装部品选用、可再循环可再利用及利废建材方面的条款；在节约集约利用土地方面，增加了对人均住宅用地指标、容积率、地下空间开发、立体停车设施的具体要求。

表 4-17　GB/T 50378—2019 资源节约章节与 HQE-NR 相关条文内容对比

GB/T 50378—2019	HQE-NR	对比
7.1.1 节能设计、7.2.4 围护结构性能提升	4.1.1 围护结构热工性能； 4.1.2 围护结构气密性； 4.1.3 冷库围护结构性能	√
7.1.2 降低供暖、空调系统部分负荷能耗	4.2.1 暖通空调、生活热水、照明等节能评估	√
7.1.3 建筑功能分区和空调分区	8.1.2 空间分区设计	√
7.1.4 照明控制	4.2.2 人工照明控制	◎
7.1.5 能耗分项计量	7.2.1 能耗监测计量系统	√
7.1.6 节能电梯和扶梯	4.2.3 机电设备能耗控制	√
7.1.7、7.2.10 用水计量、节水措施与器具	5.1.1 节水设施； 5.1.3 总用水量； 7.2.2 水耗监测计量系统	◎

续表4-17

GB/T 50378—2019	HQE-NR	对比
7.1.8 建筑形体和规则性要求	—	×
7.1.9 装饰性构件要求	—	×
7.1.10 采用本地材料	2.3.3 本地低碳建筑产品	√
7.2.1 节约集约利用土地	—	×
7.2.2 合理利用地下空间	—	×
7.2.3 停车要求	—	×
7.2.5 冷热源机组能效	4.2.5 冷藏仓库制冷设备	◎
7.2.6 供暖、空调系统末端及输配系统能耗	—	×
7.2.7 照明、变压器、水泵、风机要求	4.2.2 人工照明控制； 4.2.3 机电设备能耗控制	√
7.2.8 降低建筑能耗	4.2.1 暖通空调、生活热水、照明等节能评估	◎
7.2.9 可再生能源	4.2.4 可再生能源利用	√
7.2.11 节水灌溉，空调冷却水采用节水措施	—	×
7.2.12 室外景观水体要求	5.2.2 雨水管理； 5.2.3 雨水径流污染控制； 14.3.2 控制再生水和循环水水质	◎
7.2.13 非传统水源利用	5.3.2 灰水回收	◎
7.2.14 土建装修一体化	—	×
7.2.15 高强结构设计	—	×
7.2.16 装修采用工业化内装部品	—	×
7.2.17 可再循环可再利用材料，利废建材	—	×
7.2.18 选用绿色建材	2.3.1 产品环境影响分析； 2.3.2 低环境影响产品； 2.3.3 本地低碳建筑产品； 2.3.4 碳捕获产品； 2.4.2 选择控制健康负面影响的产品； 2.4.3 控制木材处理的污染	√

4.2.3.5 环境宜居

GB/T 50378—2019“环境宜居”章节与 HQE-NR 相关条文内容对比如表 4-18 所示。两标准要求总体一致，包括确保日照、控制光污染、降低热岛、增加绿化、控制径流、回收垃圾、生态修复、控制噪声、优化风环境、营造宜居的室外环境等方面。GB/T 50378—2019 较 HQE 增加了设置引导标识系统和优化室外吸烟区布局的要求。引导标识系统包括导向标识和定位标识，可以为建筑使用者的活动提供方便，提升空间体验感。优化室外吸烟区布局可以严格禁止在室内公共空间吸烟，还可以引导吸烟人群在规划的空间吸烟。

表 4-18　GB/T 50378—2019 环境宜居章节与 HQE-NR 相关条文内容对比

GB/T 50378—2019	HQE-NR	对比
8.1.1 规划布局的日照要求	1.3.1 天然采光	√
8.1.2 室外热环境	1.2.1 优化布局并降低热岛效应	√
8.1.3 复层绿化	1.1.5 场地绿化； 1.2.4 减少过敏等健康危害（用户）； 1.3.4 减少过敏等健康危害（当地居民）	√
8.1.4、8.2.2 径流控制措施与目标	5.2.2 雨水管理； 5.3.3 雨水排放控制	√
8.1.5 引导标识系统	—	×
8.1.6 污染源不超标	1.2.2 控制场地噪声； 1.2.4 减少过敏等健康危害； 5.3.1 控制污水排放	√
8.1.7 生活垃圾分类收集	6.1.1 废弃物回收量； 6.1.2 回收有机废弃物； 6.1.3 减少运营废弃物生产； 6.2.1 预留废弃物存放区； 6.2.2 确保废弃物存放区卫生； 6.2.3 优化清运路线	√
8.2.1 场地生态修复和保护	1.1.6 生物多样性	◎
8.2.3 绿化率要求	1.1.5 场地绿化； 1.3.3 创造良好视野	√
8.2.4 室外吸烟区布局	—	×
8.2.5 绿色雨水基础设施	5.2.1 场地不透水性； 5.2.2 雨水管理	√
8.2.6 场地声环境	1.2.2 控制场地噪声； 1.3.2 安静环境	√
8.2.7 场地光污染控制	1.2.3 获得良好视野； 1.2.5 夜间户外照明； 1.3.5 控制夜间视觉干扰	√

续表4-18

GB/T 50378—2019	HQE-NR	对比
8.2.8 场地风环境	1.2.1 优化布局降低热岛效应	√
8.2.9 室外热环境与热岛强度	1.2.1 优化布局降低热岛效应	◎

4.2.3.6 提高与创新

GB/T 50378—2019"提高与创新"章节与HQE-NR相关条文内容对比如表4-19所示。两标准均包括碳排放计算和绿色施工的要求，但其他方面相差较大。GB/T 50378—2019进一步提出了节能降耗的具体指标，鼓励本土设计、废弃场地利用、工业化建造、建筑信息模型应用、工程质量保险应用，并设置了开放性条款。与之相比，HQE-NR未设置这些新技术、新机制相关的条款要求，但是对于开放性条款是在评价阶段采取"等效认可"机制，未以技术条文的形式呈现。

表4-19 GB/T 50378—2019创新提高章节与HQE-NR相关条文内容对比

GB/T 50378—2019	HQE-NR	对比
9.2.1 节能降耗	—	×
9.2.2 因地制宜设计建筑	—	×
9.2.3 选择废弃场地/旧建筑利用	—	×
9.2.4 场地绿容率	—	×
9.2.5 工业化结构体系/构件	—	×
9.2.6 BIM技术	—	×
9.2.7 建筑碳排放分析	4.3.1 CO_2当量计算	√
9.2.8 绿色施工	3.1.1 识别现场废弃物； 3.1.2 源头控制并减少废弃物； 3.1.3 废弃物回收； 3.1.4 制定施工现场废弃物管理计划； 3.2.1 控制噪声； 3.2.2 控制视觉干扰； 3.2.3 避免用水和土壤污染； 3.2.4 避免空气污染； 3.2.5 保护生物多样性； 3.3.1 控制施工能耗； 3.3.2 控制施工水耗； 3.3.3 现场土方再利用	√

续表4-19

GB/T 50378—2019	HQE-NR	对比
9.2.9 采用建筑工程质量潜在缺陷保险产品	—	×
9.2.10 其他创新项	—	×

4.2.4 GB/T 50378—2019 与 Green Mark 2021 对比

4.2.4.1 节能

与 Green Mark 2015 相比，Green Mark 2021 在节能水平方面进步显著，各等级节能指标要求提高约 5%，以进一步降低建筑碳排放，切实履行新加坡在《巴黎协定》中承诺的国际义务。节能指标可根据建筑类型及条件选择如图 4-1 所示的 3 条路径中的 1 条进行认证。总体而言，基于新加坡庞大的建筑能耗数据系统而建立的节能指标具有数据约束、数据驱动及认证路径灵活的特点。与 GB/T 50378—2019 相比，Green Mark 2021 以实现建筑节能目标为导向，充分认可被动式设计策略和可再生能源系统对节能的贡献，并鼓励使用新技术、新方法和新方案来实现节能，但不规定具体技术措施。GB/T 50378—2019 则从我国国情出发，在明确节能指标控制性要求的基础上，给出具体的能效提升技术措施与解决方案。两部标准均最为重视节能指标，但在实施路径上均依据各自国情因地制宜。

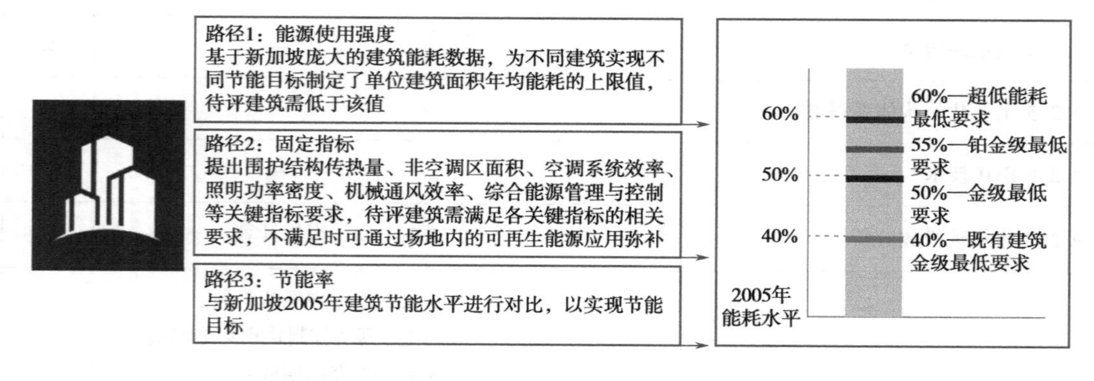

图 4-1 Green Mark 2021 节能指标认证路径

4.2.4.2 智能

Green Mark 2021 智能指标及其与 GB/T 50378—2019 对比如表 4-20 所示，集成指标通过开发项目信息模型（PIM）、建立通用数据环境、共享建筑能耗信息，实现建筑全寿命期的集成化和数字化。数据驱动指标要求将 PIM 移交至运行阶段，形成资产信息模型（AIM），鼓励利用统一的信息标记格式和国际通用语言，并进一步鼓励通过数字孪生开发虚拟建筑资产。快速响应指标除通过自控系统对建筑性能进行实时监测与优化外，还根据用户对建筑的体验反馈优化和调整建筑系统，并制定指导建筑数据收集、处理、分析和应用的一系列关键原则和流程，以避免因数据伦理引发的各种社会问题。

将“智能”指标与GB/T 50378—2019对比可知，GB/T 50378—2019针对建筑用能、用水和空气质量监控及信息系统的智能化运维开展评价，并鼓励建筑在全寿命期内应用BIM技术，以实现数据共享并协同工作。但由于国情等原因，GB/T 50378—2019对建筑全寿命期内的数据环境及各项数据的收集、管理、分析及应用方面的要求不高，数字孪生、数据伦理等先进的理念与技术亦未涉及。

表4-20 Green Mark智能指标与GB/T 50378—2019相关条文内容对比

指标概述			对比
1 集成	1.1 全寿命期数字化	①开发项目信息模型（Project Information Model，PIM）	◎
		②基于PIM进行空间分析	◎
		③基于PIM跟踪、调适和管理系统，并进行性能分析和缺陷整改	◎
	1.2 通用数据环境（Common Data Environment，CDE）	①基于CDE建立监督建筑性能和运行状态的统一平台	×
		②建立基于开放协议的数据管理与集成平台	×
		③数据具有可访问性和安全性	×
	1.3 能耗数据共享	①与超低能耗建筑智能中心共享建筑能耗基本信息	×
		②共享建筑能耗额外信息	×
2 数据驱动	2.1 资产信息模型	①开发和移交建筑或资产的精确空间模型	◎
		②物理和虚拟资产信息标记系统与CDE一致	×
		③采用资产本体模型的通用国际标准	×
	2.2 数字孪生	①资产数字孪生	×
		②系统数字孪生	×
		③过程数字孪生	×
3 快速响应	3.1 实时性能监控和优化	①能耗——分类分项计量，实时跟踪、分析并优化能效指标	√
		②健康与舒适——设置空气质量监测系统并分区监控	√
		③空间——监测空间利用情况，优化建筑设施和空间以适应需求	×
	3.2 用户体验反馈	收集用户体验反馈，优化调整建筑性能	◎
	3.3 数据伦理	制定指导数据全过程应用的关键原则和流程	×

4.2.4.3 健康与福祉

如表4-21所示，Green Mark 2021健康与福祉指标分为生理、心理和社会三方面。①生理指标通过对室外公共设施、室内楼梯及家具等的设计促进建筑使用者主动运动，并鼓励使用低有害污染物释放率的装修材料，采用热环境调节、空气消毒净化等策略，打造良好的室内空气品质和热舒适性。②心理指标通过精心设计室内外自然景观促进人群亲近自然，通过设计舒适的光环境调整人群昼夜节律，通过声环境控制措施降低外部噪声，提高人群听觉舒适度。③社会指标倡导"以人为本"的设计理念，为建筑使用者和外来工作人员提供休憩、放松的空间和设施，并鼓励开展促进健康的活动，提供健康饮食。

将Green Mark 2021"健康与福祉"指标与GB/T 50378—2019对比可知，GM 2021中装修材料选择、热舒适环境营造、空气过滤、吸烟区设置、噪声控制等指标在GB/T 50378—2019中均有所体现，而主动运动促进设计、生理节律调节、公共空间供给、健康服务等指标则在我国《健康建筑评价标准》T/ASC 02—2021中有不同程度的体现。由于气候条件的差异，我国GB/T 50378—2019与T/ASC 02—2021两部标准对室内外景观设计的要求不高，促进人员亲近自然，释放压力的考虑不够。

表4-21 Green Mark健康与福祉指标与GB/T 50378—2019相关条文内容对比

指标概述				对比
1 生理	1.1 促进主动运动的设计	a. 室外	①人车分流设计	√
			②配备自行车车位，淋浴、更衣室、储物柜等设施	◎
		b. 室内	①设计便于使用的楼梯	◎
			②提供可调节家具设施	×
	1.2 使用低有害污染物释放率的装修材料			√
	1.3 室内空气品质和热湿环境	a. 热湿环境	①空调空间温湿度、风速分区控制	√
			②非空调空间的自然通风	◎
		b. 新风	①提供高于标准的新风量	×
			②居住者入住体验后评估	×
			③室内空气品质监测审计	×
		c. 清洁的空气	①对空气进行紫外线杀菌消毒	×
			②空调系统设置过滤装置或非空调空间配备高效空气净化器	◎
			③设计吸烟区	√

续表4-21

指标概述				对比
2 心理	2.1 亲自然设计		①开放的种植露台、庭院和屋顶花园	×
			②室内公区设计固定的种植区和/或水景	×
			③主要公区设置自然元素或采用多种天然材料	×
			④公区窗外视野内具有自然景观	×
	2.2 生理节律调节		①外部视野开阔无遮挡	×
			②人工照明品质（显色指数、感光控制）要求	◎
			③设计根据时间进程调节色温的动态照明系统	×
	2.3 声环境营造	a. 被动和/或主动控制声环境		◎
		b. 室内声环境	①撞击声隔声性能要求	√
			②室内噪声水平要求	√
			③空气声隔声性能要求	√
			④混响时间要求	×
3 社会	3.1 以人为本的设计（人性化、无障碍、全龄友好）			◎
	3.2 公共空间设计	a. 使用者	①提供心理恢复空间	×
			②提供活动、休憩空间和设施	◎
		b. 外来工作人员	①提供私密、舒适的休息空间	◎
			②提供桌椅、饮水机、储物柜等设施	×
	3.3 健康促进方案	a. 开展促进健康的活动		×
		b. 健康饮食	①便利的饮用水点	×
			②符合健康饮食要求的餐厅	×
			③健康饮食策略	×

4.2.4.4 全寿命期碳排放

如表 4-22 所示，Green Mark 2021“全寿命期碳排放”包括碳排放、建造、装修三部分。“碳排放”指标除计算建筑全寿命期碳排放外，还要求为实现 2030 年净零碳排放目标制定过渡计划，体现了新加坡践行世界绿色建筑委员会净零碳建筑的承诺。建造指标鼓励建筑使用可持续建造技术、建筑材料和产品，通过既有建筑保护、资源回收和废弃物管理降低建造过程中的隐含碳排放。装修指标通过实施绿色租赁承诺、碳补偿等方式约束业主和租户的碳排放行为，还提倡使用绿色装修产品，降低装修过程的隐含碳排放。

我国绿色建筑一直秉承低碳理念，与 Green Mark 2021 对比可知，碳排放计算、可持续建造技术、产品和材料的应用、建筑废弃物资源化利用等指标在 GB/T 50378—2019 中均有体现，但碳排放过渡计划、绿色租赁、碳补偿等内容并未涉及，在“双碳”战略背景下，Green Mark 2021 所提出的这些指标为我国建筑实现碳减排目标提供了新思路。

表 4-22 Green Mark 全寿命期碳排放指标与 GB/T 50378—2019 相关条文内容对比

指标概述			对比
1 碳排放	1.1 碳排放评估	①全寿命期碳排放计算	√
		②隐含碳计算	×
	1.2 2030 净零碳建筑过渡计划	描述到 2030 年实现净零碳建筑的计划和实施方案	×
2 建造	2.1 可持续建造	①低混凝土用量设计	×
		②采用钢结构、木结构、装配式混凝土结构等结构体系和装配式建造方式	√
		③使用低碳混凝土	×
		④建筑结构混凝土使用再生粗骨料、水洗铜渣或花岗岩细骨料代替一般粗骨料和细骨料	×
	2.2 可持续产品	①外墙、屋面及景观工程使用绿色产品	◎
		②机械、电气及管道系统使用绿色产品	◎
	2.3 既有建筑保护、资源回收和废弃物管理	①保留既有建筑结构	◎
		②回收既有建筑拆除后的混凝土	×
		③拆除的施工阶段聘请环保专家	×
3 装修	3.1 绿色租赁	与租户签订绿色租赁协议，协商确立环境绩效水平	×
	3.2 绿色装修产品	①公共区域装修材料选用绿色产品	◎
		②租住空间/住宅单元装修材料 80% 以上被保留或选用绿色产品	◎
	3.3 租赁碳排放抵消	非居住建筑业主要求并帮助租户购买可再生能源或碳减排产品抵消运行能耗；居住建筑业主通过购买可再生能源或持续购买碳减排产品抵消公区运行能耗	×

4.2.4.5 可维护性

Green Mark 2021 可持续性指标对建筑使用功能可修复（恢复）性的难易程度进行评

价，该指标需要设计人员一方面能够对建筑在运行阶段可能出现的维护工作有足够了解，进而通过设计实现建筑后期的可维护性；另一方面，设计人员需对建筑材料性能及建筑结构细节给予足够关注，以便最大程度地降低施工质量缺陷。此外，设计人员还需有意识地使用标准化和预制构件，以方便检查和维护。

与 Green Mark 2021 相比，我国 GB/T 50378—2019 虽提出面向未来的建筑耐久性、适变性技术措施，从保障建筑安全耐久的角度强调了建筑的可维护性，但尚未建立起完整涵盖建筑设计各专业、全流程的可维护性设计体系。可维护性设计是实现建筑长寿化的重要手段，对于延长我国建筑寿命具有重要意义，因此，GM 2021 可维护性设计理念值得我国绿色建筑参考和学习。

4.2.4.6 韧性

韧性指标分为保护、管理和恢复三部分（表 4-23），保护指标首先强调保护生境和生态，节约资源，以维护生物多样性和生态完整性；其次，鼓励采取缓解城市热岛效应的措施，营造舒适的室外热环境，降低气候变化对脆弱人群的影响；最后，要求场地设计及建筑布局与场地气候条件和地理环境相适应，顺应自然，延续文脉。管理指标通过提升项目管理能力推动和协调建筑全寿命期的环境设计，并鼓励采购可持续产品、服务，从而降低建筑对环境的影响；此外，该指标还鼓励采用循环经济的方法处理电子、包装及食物废弃物，促进资源循环，并提出通过韧性建筑策略，使建筑应对并适应气候变化。恢复指标，一方面要求通过建筑景观设计提高绿容率和植株多样性，提供生物通道与栖息场所，以改善场地周边生态和自然环境；另一方面，鼓励通过植树造林或实施海洋、水生生态系统修复方案恢复场地周边生态。值得注意的是，该指标还提出了生态气候补偿抵消建筑碳排放的解决方案。

与 GB/T 50378—2019 对比可知，Green Mark 2021 中生境和生态保护、资源节约、热岛效应缓解、气候适应性设计、景观设计等内容在 GB/T 50378—2019 中均有不同程度的体现，而基于管理能力的韧性策略、生态补偿等评价内容在 GB/T 50378—2019 中并未涉及。新加坡的地理、气候条件使得气候变化威胁其国土安全，故 Green Mark 2021 将韧性理念融入绿色建筑评价体系中，构建了应对当地气候变化的建筑韧性策略。我国大量经济发达的高密度城市也面临着与新加坡类似的风险，进入新发展阶段，我国绿色建筑评价指标可借鉴新加坡经验，考虑结合 SDGs，有针对性的增加应对气候变化的评价指标，进而提升我国城市的可持续发展能力。

表 4-23 Green Mark 韧性指标与 GB/T 50378—2019 相关条文内容对比

指标概述				对比
1 保护	1.1 环境和资源保护	a. 生境与生态	①开展全面环评，确定项目对环境造成的预期影响	×
			②制定维持场地生物多样性和生态完整性的实施计划	×
		b. 资源	①制定能源、水资源、废弃物的管理措施及改善计划	◎
			②获得节水建筑认证或使用节水器具	◎

续表4-23

指标概述				对比
1 保护	1.2 热岛效应缓解	a. 室外热舒适性	场地热湿环境指标要求	◎
		b. 城市热岛缓解	场地和屋顶采取措施降低热岛强度	◎
	1.3 因地制宜		场地设计与建筑布局	◎
2 管理	2.1 管理能力建设	a. 项目团队	①聘请 GM 认证专家推动和协调环境设计	×
			②聘请经认证的绿色建筑服务公司或设施管理公司	×
		b. 采购	①采购经认证的绿色服务、设施、场地、产品及系统等	×
			②通过合同能源管理实施建筑节能、可再生能源利用及能源回收利用	×
	2.2 基于循环经济的垃圾处理		①为电子、包装废弃物提供专用回收设施	◎
			②提供食物废弃物处理系统	×
			③废弃物审计、管理等相关活动	×
	2.3 韧性建筑策略		①识别建筑与气候变化相关的风险	×
			②制定可持续发展目标，进行环境可持续性设计	×
			③通过设计干预措施解决或缓解气候风险	×
3 恢复	3.1 韧性景观设计		①高绿容率要求	◎
			②植物种植多样，且 50% 为东南亚植物	◎
			③设计“野生园景区”，为本地物种提供栖息地	×
	3.2 生态气候补偿措施		①投资或管理与建筑面积相等的植树造林或修复海洋、水生生态系统项目	×
			②投资、生产或购买基于自然的碳信用	×

本章参考文献：

[1] 中国房地产业协会，友绿网．全球视野下的中国绿色建筑——2020 中国绿色建筑市场发展研究报告[EB/OL]．（2021-08-09）[2022-08-10]．https：//www.igreen.org/index.php？ m = content&c =

index&a = show&catid = 15&id = 15316.
[2] 刘茂林，孟冲，曾璐瑶，等．法国高质量环境评价体系与应用研究［J］．暖通空调，2023，53（5）：22-27.
[3] 邓月超，李嘉耘，孟冲，等．新加坡 Green Mark 2021 标准解析及启示［J］．建筑科学，2023，39（4）：205-211.

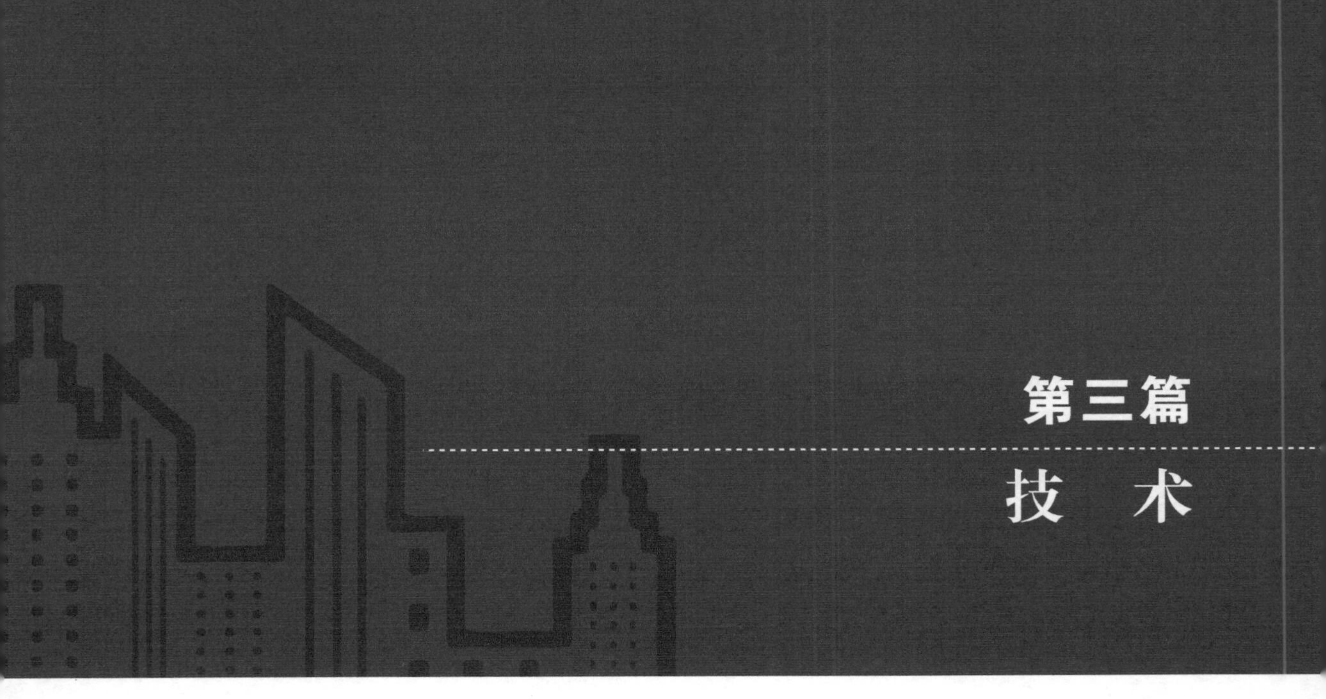

第三篇 技　术

我国《绿色建筑评价标准》GB/T 50378—2019 构建了以“安全耐久、健康舒适、生活便利、资源节约、环境宜居”五大指标为架构的绿色建筑技术体系，在该技术体系的框架下，各种绿色建筑技术被广泛应用，并取得了良好的效益。经过十多年的发展，我国已形成一批具备国际竞争优势的绿色建筑技术、材料和产品，这些技术有的可直接在“一带一路”共建国家推广应用，有的需要结合共建国家实际需求，提高技术的区域适用性。

本篇针对五大指标体系，分别选取 3～5 项关键技术，从发展概述、技术内容、适用范围与应用前景、效益等角度对绿色建筑关键技术进行介绍，以期使读者对一些可向国外推广的先进技术有一个清晰的认识，推动我国绿色建筑技术的国际化应用。

5 安全耐久关键技术

安全性是指建筑物在正常使用情况下能承受如设备机械、家具、人流、自重、气温变化、风雪等外荷载作用，且在地震、台风、火灾等特殊情况发生时，建筑物仍能保持整体稳定、不倒塌的特性。耐久性是指建筑物在正常使用情况下能满足设计使用年限，保持正常功能的能力，与工程的使用寿命相联系，更多地体现在适用性上。

本章介绍三项我国先进或成熟的技术：钢结构智能制造技术、建筑加固技术、免除锈防腐涂料涂层技术。

5.1 钢结构智能制造技术

5.1.1 发展概述

钢结构建筑具有安全、稳定、施工周期短等特点，可有效保障施工质量，加快施工进度。我国建筑钢结构发展始于20世纪50年代初期，当时钢产量不足，钢结构建筑建设一定程度上需要依靠苏联的经济及技术援助。此后经历了低潮期（20世纪60年代中期至70年代）、发展期（20世纪80年代至90年代），钢结构也从被仅用于重大工程、标志性建筑，发展到在建筑领域普遍使用。迈向成熟期（20世纪90年代至21世纪10年代），我国钢铁工业快速发展，产生了许多钢结构制造、安装新技术，建筑钢结构被广泛应用于工业建筑、民用建筑、公共建筑和桥梁建设等领域。如今处在智能化转变期（21世纪10年代至今），建筑钢结构工程设备及技术不断更新，叠加装配式建筑的推广以及人工智能技术的发展，促使建筑钢结构的智能化生产开始大规模普及。

近年来，钢结构行业龙头企业中建科工，以钢结构智能制造为核心，推动产业升级，系统研发了钢结构智能制造技术。一是以制造为本，升级智能生产线。2017年，建成行业首条建筑钢结构重H型钢智能生产线并投产，应用了钢结构制造全工序新型智能设备，实现了各工序智能设备联动应用，全面提升了钢结构制造质量和效率。二是向上游延伸，探索装备自主研发。2023年，成立智能制造研发实验室开展智能制造原创性研发，形成了切割、焊接、搬运、表面处理等四大系列智能装备产品体系，并陆续在工厂投产应用。三是重系统升级，搭建数字管控体系。面向建筑钢结构数字化工厂建设，开发应用智能下料集成系统、柔性制造管理系统、生产线数据采集系统、智慧能源管理系统等工厂数字化管控系统，构建了钢结构行业首个工业互联网大数据分析与应用平台。

5.1.2 技术内容

5.1.2.1 钢结构制造智能装备

钢结构智能化设备基于智能控制集成技术，搭建集下料、组焊及总装一体化工作站，装备建筑钢结构智能制造生产线，全面提升智能制造的效率和质量水平。智能制造装备的应用推广，将进一步提升工厂预制装配化精度、提升效率，减少现场作业量和风险，提升建筑本体的安全耐久性能。

（1）钢结构智能制造设备。

1）智能加工设备。全自动切割机（图 5–1）控制系统集电容传感定位、伺服驱动同步控制和自动喷墨等技术于一体，对钢板进行自动定位、切割和标识。H 型钢卧式组立设备及其控制系统（图 5–2）可进行 H 型钢自动对中、腹板顶升、端头定位、翼板 90°翻转等工艺，采用双机器人同步定位焊，实现了 H 型钢快速卧式组立和自动定位焊。卧式焊接设备（图 5–3）集成物流输送、翻转控制和数字化焊接三大硬件模块，可进行构件的自动上料、下料、翻转，实现了双丝高效焊接、激光寻位制导和自动清渣等工艺，起到高效焊接、自动清渣的作用。水平矫治器（图 5–4）基于数字化矫治器控制的卧式压轮、激光三点检测，实现了在线检测基础上一键式矫正。钻锯锁综合控制系统（图 5–5）通过控制系统与物流系统将多个加工设备整合成全自动运作整体，实现了工件自动定位、输送转移和加工。封闭式智能喷涂生产线（图 5–6）基于悬挂自动输送原理，可实现恒温烘干、漆雾、废气处理及构件流水式喷涂作业等功能。

图 5–1 全自动数控切割机

图 5–2 卧式组立机

图 5–3 卧式埋弧焊

图 5–4 H 型钢卧式矫正机

图 5-5　全自动锯钻锁

图 5-6　自动油漆喷涂线

2）工业机器人设备。分拣、搬运机器人设备可进行智能分拣、搬运控制等操作，基于视觉识别定位算法、空间码垛算法，规划机器人执行路径，实现了零件的智能分拣、智能码垛及视觉识别定位。智能坡口切割机器人设备可进行线激光扫描（图 5-7）、智能编程及气体自动配比等工艺，建立了火焰切割专家数据库，做到了坡口全自动切割成型，提升了开坡口的工作效率。

图 5-7　激光扫描工件边缘

钢结构厚板焊接的焊接机器人设备（图 5-8、图 5-9）实现了多类构件焊缝的自动焊接，可应用于 H 型牛腿焊接，H 型、箱型、十字型构件的总装焊接等生产场景，摆脱了传统手工焊接模式，提升了焊接工效。激光跟踪技术通过激光条纹扫描焊缝，获取待焊工件的坡口特征参数，可实现焊枪位置实时纠偏、焊接参数自动匹配和动态调整等功能。

图 5-8　气保打底焊接机器人

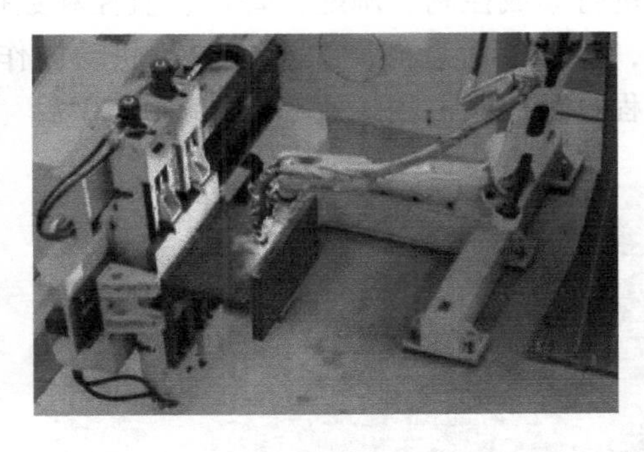

图 5-9　牛腿焊接机器人

电弧传感技术（图 5-10）通过焊丝端部传感电压，检测焊接工件偏差，自动寻找焊缝起始位置。电弧跟踪技术根据焊接电流反馈值的变化曲线，寻找焊接中线，实时修正工件焊接轨迹的偏差。电弧传感技术与电弧跟踪技术相结合，降低了由于工件加工、组对拼焊和焊接装夹定位的误差，保证机器人能够完成自动化高品质焊接。

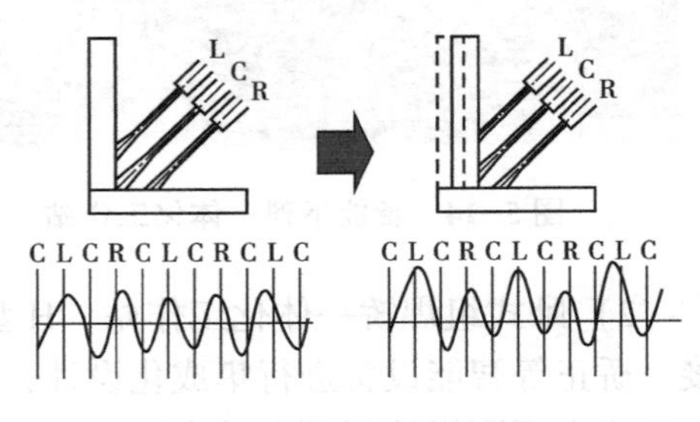

图 5-10　电弧传感电流变化曲线

3）智能仓储物流设备。程控行车设备（图 5-11）可对不同钢板准确实施磁力分级控制和重量监测，实现了钢板吊运控制、电磁吸附、精确传感，解决了钢板多吸、误吸的难题。智能防摇摆系统实现了整个下料环节钢板运输的无人化作业和精准摆放。AGV 无人运输车（图 5-12）解决了物流输送和仓储环节效率低的问题。WMS 仓储管理系统（图 5-13）实现了物料的智能分配仓储和自动化转移运输。

图 5-11　程控行车

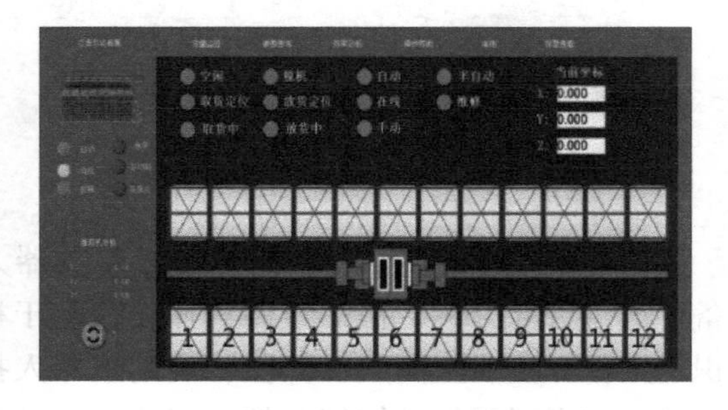

图 5-12　AGV 无人运输车

（2）钢结构制造一体化工作站。

1）智能下料一体化工作站。智能下料一体化工作站（图 5-14）采用并列式布局，解决了不同规格尺寸钢板的切割下料及运输缓存不畅的问题。中央控制系统（图 5-15）通过对全自动切割机、钢板加工中心（图 5-16）、程控行车、全自动电平车、分拣机器人、数控门架分拣机、AGV 搬运机器人、立体仓库等设备进行集成控制、调配、管理、监控和数据采集，实现了信息高度集成、设备联动协作、全流程自动作业，整体效率提升超过 20%。

图 5-13　WMS 仓储管理系统

图 5-14　智能下料一体化工作站

图 5-15　中央控制系统图

2）卧式组焊矫一体化工作站。H 型钢卧式组焊矫一体化工作站通过对卧式组立、焊接、矫正等智能设备进行集成化设计，搭建 H 型钢自动化生产线，解决了单独作业模式下生产流水不顺畅的问题，减少了工件在加工过程中的翻身次数。工序间利用 RGV 运输车、自动轨道等运输装置，实现了构件自动运送，使各工序加工衔接紧密，整体效率提升超过 30%。

图 5-16　钢板加工中心

3）总装焊接一体化工作站。针对钢结构工件体量大、结构复杂、单个焊接机器人设备无法满足大型构件的全位置焊接需求等问题，建立了总装焊接一体化工作站（图 5-17），包括自动上下料顶升装置、自动装夹和 360°翻转变位装置、变位机联动装置、参数化（模块化）编程焊接装置。

图 5-17　总装焊接一体化实景图

自动上下料顶升装置、自动装夹和 360°翻转变位装置，解决了传统加工模式下工件依靠人工加设吊索具翻身、步骤繁琐且安全隐患大的问题，实现了构件自动上下料以及任意角度的翻转。变位机联动技术，通过变位机与机器人联动，实现了钢构件的焊接位置为平焊或横焊，以及工件圆弧等非直线焊缝的连续焊接和平滑过渡。参数化（模块化）编程焊接系统通过大量的工件结构形式分析，将同类型的工件进行参数化设计，只需输入工件整体尺寸与节点尺寸，即可自动生成焊接程序完成焊接，减少了工作强度，提升了工作效率。

4）建筑钢结构智能制造生产线。通过计算机模拟仿真技术（图 5-18）引入随机波动概率模型，有效模拟工厂实际生产及节拍，科学计算产能，辅助设备选型决策。微型数字化试验生产线（图 5-19）通过对关键工序进行分解，有效验证关键技术的可行性。智能制造生产线通过 U 形布局方式，搭建建筑钢结构智能制造生产线，解决了传统生产线工序衔接不紧密、现有工位无法满足自动化生产需求的问题，达到了 80% 工序中智能装备的联动应用。

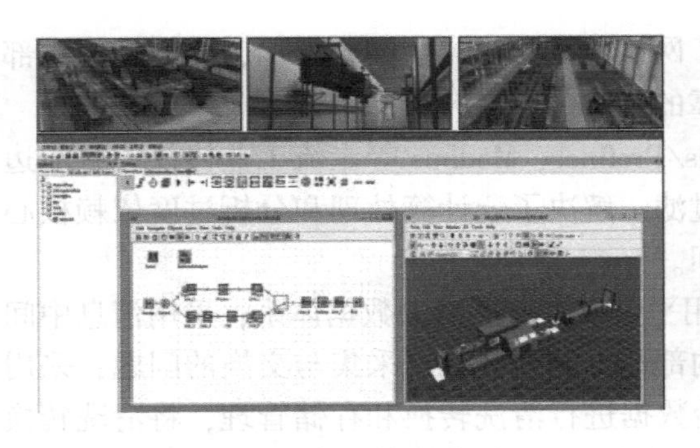
图 5-18　生产线仿真模拟

图 5-19　微型数字化试验生产线

5.1.2.2 钢结构制造信息化关键技术

建筑钢结构的工业互联网大数据分析与应用平台促进了钢结构工厂互联网协同制造方式升级，实现了钢结构产品信息与上下游行业产品信息、服务信息的关联和对应，推动了钢结构建造与互联网的深度融合。

（1）钢结构制造新型数据采集、传输及处理系统。

1）数据采集。针对末端 IoT 数据传输方式差异大、采集频率差别大、格式转换难的问题，采用数据采集处理设备（图 5-20），完成了不同类型的 PLC、工控机、上位机等设备终端整合，保证了各工位不同类型数据采集的统一性，实现了不同厂商设备的接口适配和生产物料、设备、工艺、人员、品控和车间工况的数据采集。

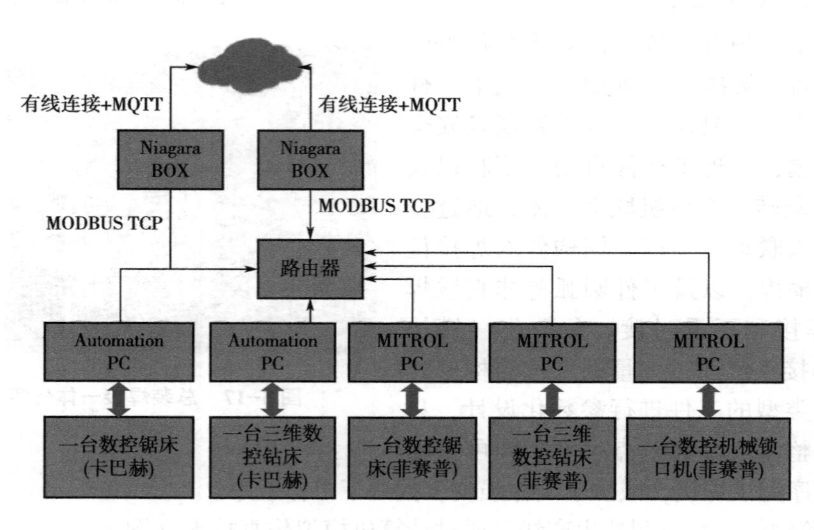

图 5-20 工控机控制设备采集方式

骨干网络双路备份方案（图 5-21）确保了网络的稳定连接与信息传递畅通，保证了数据采集的稳定性与畅通性。针对信息系统多、互联互通不畅、数据交换复杂的问题，通过跨平台的 Restful API 接口、引擎直接访问数据库文件、传输数据文件等方式，与其他系统和平台进行对接，将原先分散平台和系统数据汇集至云平台，解决了企业内外信息孤岛的问题。

2）数据传输。工业 PON 网络技术提高了网络带宽，简化了网络架构，降低了终端部署成本，实现了生产基础数据低延时、高可靠的传输。

3）数据处理。工业智能网关集成 Profibus/Profinet、Modbus 等主流工业协议。智能边缘计算引擎技术实现了对数据的快速计算与过滤，解决了云计算处理和分析过度依赖核心服务器的问题，减少了智能决策服务响应时间。

（2）钢结构工业互联网大数据分析与应用平台。工业互联网数据体系，采用消息中间件技术，解决了设备、产品、流程与管理等内部数据和外部数据采集与交换的问题；采用数据的清洗转换加载（ETL）等技术，对原始数据进行清洗转换和存储管理，将清洗转换后的数据与虚拟制造中的产品、设备、产线等实体相互关联起来，实现了数据集成与处理；采用建筑钢结构智能制造生产线数字孪生技术，建立了仿真测试、流程分析、运营分析等数学分析模型，搭建了面向钢结构制造的工业互联网大数据分析与应用平台，做到对

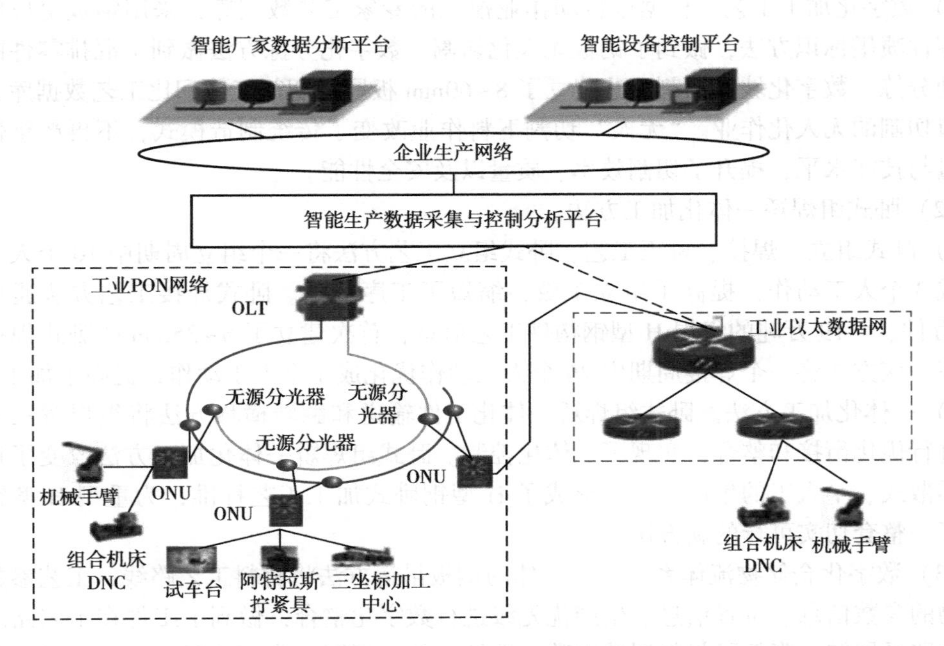

图 5-21　智能车间生产信息网络

智能生产线数据采集和运行分析的集成；通过数据整理、分析及展现，打通了各系统间的信息孤岛，实现了跨系统数据采集、交换、数据分析和产线数据模型展示；通过关键数据的对比分析与可视化展示，实现了工厂成本精细化管理、产线成本优化、设备工艺参数优化、易损件成本管理，帮助企业改善设计、生产、服务等环节。

（3）钢结构工业互联网标识解析体系建立。钢结构产品生产管理系统基于二维码标识技术，在钢结构原有生产管理体系不变的基础上，对构建原料、设计、生产、库存、发货、物流跟踪、收货、施工验收等节点进行信息化监督与流程追溯，解决了钢结构设计、制作、安装等全生命周期信息孤立的问题。

钢结构行业通过搭建工业互联网标识解析二级节点标准体系，接入国家顶级节点和企业标识解析节点，采用云化服务方式，以开放式接口形式，为企业提供标识解析服务，做到了钢结构产品信息与上下游行业产品信息、服务信息的关联和对应，推动了钢结构与互联网的深度融合。

5.1.2.3　钢结构制造新工艺

采用“无人”切割下料、卧式组焊矫、机器人高效焊接等钢结构制造新工艺，构建了一套三位一体数字化物流仓储体系，实现了钢结构部品部件物流仓储过程定向分拣、自动搬运、立体存储，通过工厂智能实现结构质量安全。

（1）“无人”切割下料成套工艺。

1）切割下料无人化作业模式。切割下料无人化作业是指将一个下料周期内 8 处人工复杂操作优化为 1 处人工简单操作，将原本割裂的工序整合成一套无人化作业流程。采用数字化集成控制的作业模式，将原有材料管理、起重吊装、工艺文件下发、作业任务管理、各类操作作业、零件记录与统计等环节改由集成系统操作，摆脱了工艺中对人工数量和技能水平的依赖。

2）数字化加工工艺。根据全自动作业模式的专家工艺数据库，采用钢板定位纠偏方法和零件喷墨标识方法，做到了钢板无人化切割。数字化分拣方法做到了混排零件的数字化自动分拣。数字化坡口切割方法建立了 8~60mm 板厚的切割气体配比工艺数据库，实现了坡口切割的无人化作业。“无人”切割下料作业改变了传统制造模式，不再严重依赖人工数量与技能水平，提升了切割效率、质量以及安全性能。

（2）卧式组焊矫一体化加工方法。

1）卧式组立、焊接、矫正工艺。卧式组立工艺方法将一个组立周期中 10 个人工动作优化成 3 个人工动作，提高了组立工效，缩短了工序节拍。卧式焊接工艺方法通过分析 3. 25 万件、4. 19 万吨的组焊 H 型钢构件工艺信息，首次建立了 6~35mm 的卧式焊接工艺数据库。该方法将一个焊接周期中 26 个人工动作优化成 1 个人工动作，提高了加工工效。

2）一体化加工方法。卧式组焊矫一体化工件输送和翻转横移方法将组焊矫三个孤立工序进行优化衔接和整合，实现了一体化控制。卧式组焊矫一体化加工方法改变了行业传统的零散式、半人工的生产方式，形成了 H 型钢卧式加工工艺标准，为重型 H 型钢加工创新了一整套切实可行的新方法。

（3）数字化仓储物流体系。三位一体的钢板吊运方法将材料工艺路线、工艺参数与材料实物的参数信息、位置信息、生产优先级进行数字化整合，做到了工件在工艺路线内按最优化路径周转，降低了材料周转次数，缩短了加工周期。分拣机器人+AGV+智能仓储结合的零件立体物流仓储方法，建立了多种零件存取工艺路线，将零件按最优路径直达对应工位，避免了零件非必要性转运，缩短了零件周转周期，达到了作业区内零件精准周转和数字化有序管控。

5. 1. 3　适用范围与应用前景

随着“碳达峰”和“碳中和”目标的不断推进实施，节能降耗、提质增效将是未来发展的趋势。钢结构在节资减排方面优于混凝土结构，且具有安全、稳定、施工周期短等特点，预期未来钢结构建筑的占比将逐步提高。随着智能建造技术的加速推广，建筑产业转型升级步伐的加快，钢结构建筑智能建造水平也在不断提高，智能建造与建筑工业化深度融合的行业价值将进一步突显，发展前景可观。钢结构智能制造技术可广泛应用于工业建筑、民用建筑。此外，“一带一路”沿线部分国家，劳动力技术能力薄弱，劳工不具备成熟的建筑施工技术，工效低下。同时，建筑材料和机械设备普遍短缺，价格昂贵。部分国家无河沙供应，当地民居多采用海沙建造，建筑耐久性较差。钢结构智能建造技术可有效解决上述问题，采用国内先进的技术，将其应用于“一带一路”共建国家，可极大提升当地建筑的建造标准化、精细化和定制化的水平，提升当地建筑的绿色、安全、高效性，提升建筑的品质及耐久性，并且可以减少劳动力投入，提升工时工效，缩短建设工期，减少混凝土用量，节约用水，节省施工用地，节约建筑造价。此外，还实现了我国绿色建筑的技术与产品输出。

5. 1. 4　社会经济生态效益

根据中国工程院战略咨询报告的数据（表 5-1），建筑采用钢结构可减少 12% 的能源消耗、15% 的 CO_2 排放。钢结构在生产阶段较混凝土结构可节能 3%，减少 CO_2 排放 10%[1]，在节资减排方面优于混凝土结构。

表 5-1 钢结构、混凝土结构以及组合结构的总体资源消耗和污染排放表[2]

进度	方案	用新水量	能耗	环境排放质量（kg/m²）					
				温室气体		有害气体		污染物	
				CO_2	NO_x	SO_2	CO	粉尘	固废
生产阶段	混凝土方案	0.220	2.115	180.541	0.911	0.133	4.774	0.209	5.141
	钢结构方案	0.236	2.005	162.210	0.973	0.149	6.318	0.122	6.909
	钢结构/混凝土	↑7%	↓3%	↓10%	↑7%	↑12%	↑32%	↓42%	↑34%
施工阶段	混凝土方案	0.430	0.752	53.740	0.294	0.490	1.172	0.903	35.454
	钢结构方案	0.158	0.459	38.016	0.153	0.271	0.444	0.332	13.042
	钢结构/混凝土	↓63%	↓39%	↓29%	↓48%	↓45%	↓62%	↓63%	↓63%
汇总	混凝土方案	0.650	2.868	234.282	1.205	0.625	5.946	1.113	40.595
	钢结构方案	0.394	2.514	200.226	1.127	0.421	6.762	0.455	19.951
	钢结构/混凝土	↓39%	↓12%	↓15%	↓6%	↓32%	↑14%	↓59%	↓52%

此外，钢结构建造技术还具有以下优点：

（1）钢结构可灵活布置，增加使用面积。钢结构工程中采用较小的梁柱截面，增加了使用面积。钢结构建筑具有很强的灵活性，可实现大跨度，可根据用户的需要灵活布置，适应现代建筑市场的需要。

（2）钢结构可循环利用，节能环保。钢制架构作为可循环利用性最高的新型建筑类型，使用了干式施工，降低砖瓦和混凝土的使用量，能够有效减少建筑垃圾、粉尘和施工噪声的污染，节约施工用水。

（3）钢结构制造具有重量轻，施工周期短的特点。钢架可现场安装，且受地域限制影响小，具有良好的装配性，方便吊装和运输，缩短了施工周期。使用钢结构还可减少因温度引起的冬季施工问题，保障了施工质量和施工周期。

（4）钢结构材质均匀，强度高，性能优越。钢材质具有均匀的内部结构，材质性能波动范围小，较混凝土、砖石和木材强度更高，适用于跨度大和荷载大的结构。因此，所建建筑可具有良好的抗震性能。

综上，采用钢结构智能制造技术，产品一致性得到保障，明显提高产品良品率/质量，并可节约设备、人工、能源等生产成本，产品结构、市场规模以及经济效益均得到显著提升。

5.1.5 应用案例

巴布亚新几内亚新星山广场二期项目（图 5-22）用地面积 4 715m²，建筑面积约为 22 000m²，高度为 66.9m，主体共 19 层，裙楼 3 层，主要功能包括高端公寓、办公、餐饮、零售等。

项目主体结构为核心筒+钢框架结构体系。除混凝土核心筒外，建筑主体由钢框架柱、钢梁、钢斜撑组成。每层共有 20 根箱型钢柱，钢材等级为 Q355B，截面尺寸自下至上逐步递减；钢梁截面形式采用 H 型钢，钢材等级为 Q355B；钢斜撑采用热轧无缝钢管，钢材等级为 Q355B。

图 5-22　巴新星山广场二期项目整体效果图

项目钢结构共计 2 854t，全部在中建科工广东有限公司智能化钢结构生产基地制造完成，全程采用智能化制造，制造质量和效率高。钢构件的加工采用 BIM 技术，结合现场安装实际情况以及当地机械设备及技术落后的条件，针对性分段定制，实现高效加工制造的同时，保证现场安装质量和效率，与当地较为落后的建筑市场现状较为匹配，更好的解决了当地技术瓶颈问题。

5.2　建筑加固技术

5.2.1　发展概述

建筑结构是否稳定将直接影响到人们的居住安全与生命安全，在我国大量住宅建筑进入老龄化的阶段，建筑结构加固技术是现阶段重要的研究方向。建筑结构加固涉面较广，工作较为复杂，其中存在大量的不确定因素，这些都对建筑结构加固施工技术提出了更高要求。

目前用于房屋建筑改造加固的技术复杂多样，常用的包括：扩大截面、粘贴钢板、外包型钢、碳纤维、托换、改变受力体系等加固方法。无论采纳哪种加固施工技术，都需要将设计、测量以及准备施工材料放在首位，并根据实际情况确定加固施工工艺，配合使用合理施工方法，编订施工计划，在实际加固施工时严格按照加固施工技术实现目标，这就需要做好监控工作，防止在施工中出现不良操作，导致加固施工失败，同时，在施工方案落实以前应检查方案可靠性，保证方案合理。此外，在建筑结构加固中，以强化建筑结构承载力为主，尽量不破坏原有结构，真正做好合理加固工作。

为改善既有混凝土建筑承载力不足，以及钢结构建筑易腐蚀、防火性能差和易发生局部屈曲等问题，近几年工程中主要采用外包钢、粘贴碳纤维、预应力等加固方式对钢结构进行加固。本节对研发的外包钢筋混凝土加固技术、粘钢或外贴碳纤维加固技术进行介绍，以指导实际项目应用。

5.2.2 技术内容

5.2.2.1 外包钢筋混凝土加固技术

（1）加固技术方案。如图 5-23、图 5-24 所示，该技术是针对既有混凝土/钢柱，在其基础上外包装配式部品的钢筋混凝土结构，具体由预制加固部品、封闭镀锌钢板、后补纵向钢筋、后补箍筋及混凝土构成，实现了无支模的钢筋混凝土加大截面法加固，且对原结构无干扰。

预制加固部品由镀锌钢板、纵向钢筋、U 形箍筋及连接钢板构成，通过新增钢梁、钢柱、钢筋桁架楼承板等，在不破坏原结构的情况下，实现对既有建筑钢柱的加固，进而对工业建筑进行整体改造，操作方便，可实施性强，具有较大的推广应用价值。

（2）加固施工方法。根据加固方案，该加固结构施工方法如图 5-25 所示，具体描述如下：

1）在工厂预制加固部品。首先通过钢丝将纵向钢筋与 U 形钢筋连接，再通过连接钢板或角钢将新增钢筋与镀锌钢板连接。

2）现场安装预制部品。将在工厂预制的加固部品直接运输到施工现场，穿过原结构钢柱，定位之后，做好临时固定。

3）补装纵向钢筋和箍筋。根据实际钢筋需要，补装纵筋和箍筋，并与 U 形箍筋焊接连接。

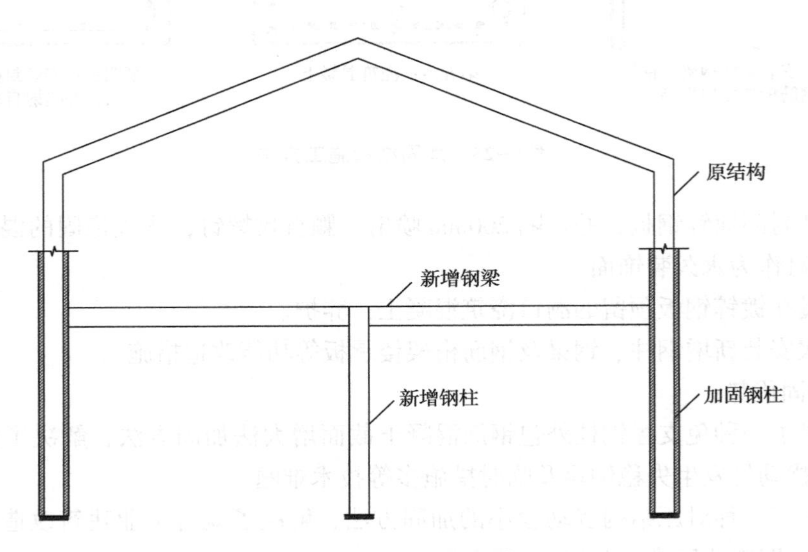

图 5-23 钢结构加固改造方法

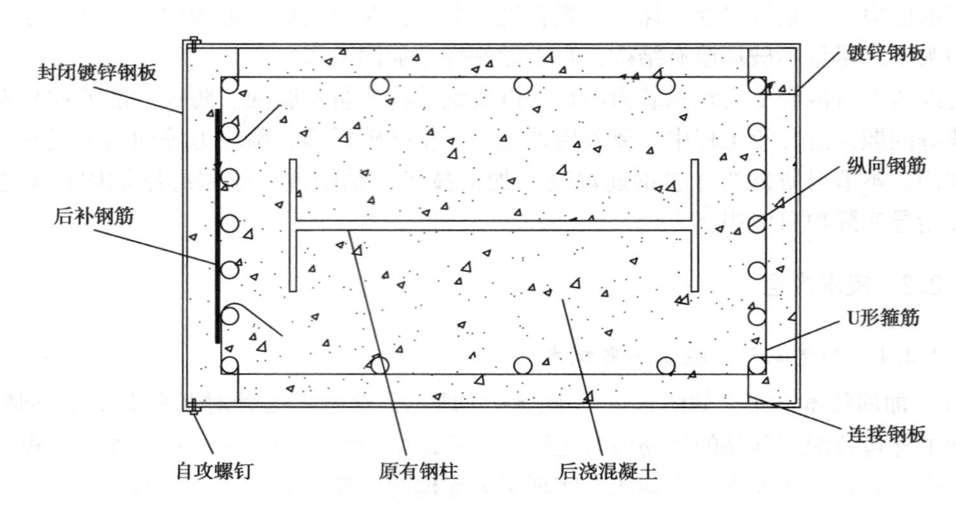

图 5-24 外包钢筋混凝土加固钢柱做法

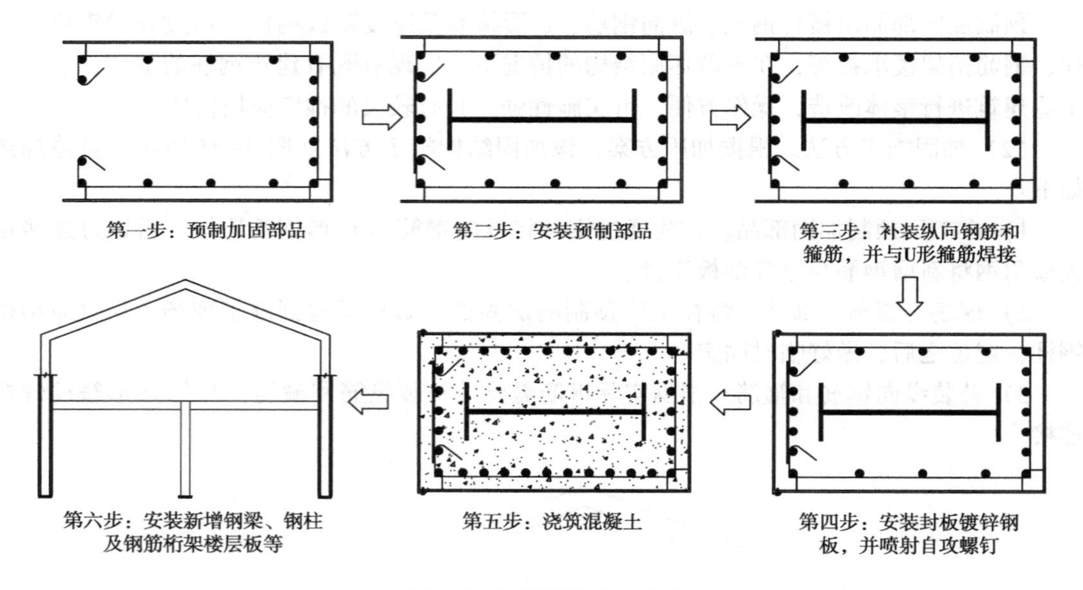

图 5-25 加固结构施工方法

4）安装封闭镀锌钢板，并每隔 200mm 喷射一颗自攻螺钉，形成稳固的混凝土浇筑模板体系，同时作为永久装饰面。

5）通过在镀锌钢板预留的洞口浇筑混凝土，养护。

6）依次安装新增钢柱、钢梁及钢筋桁架楼承板等功能改造措施。

（3）加固优势。

1）提供了一种免支撑钢柱外包钢筋混凝土截面增大法加固方法，解决了既有工业建筑改造时受扰动易发生失稳倒塌及临时措施多等技术难题。

2）提供了一种对原结构扰动较小的加固方法，解决了既有工业建筑改造的难题，助力城市更新，旧工业区升级改造。

3）采用预制加固部品的方法，大大增加了加固效率，解决了加固改造施工现场场地小，材料堆积的难题。

4）采用施工方法无需额外的支承措施，施工方法简单，大大提升了加固的效率，降低了成本。

5）可适应于窄翼缘型钢柱、宽翼缘型钢柱、圆管柱、箱型柱等多种方式。

6）可适用于既有钢结构工业建筑、民用建筑等。

5.2.2.2 粘钢或外贴碳纤维加固技术

该技术采用型钢/钢板或碳纤维布，以环氧树脂作为胶结材料，将型钢/钢板或纤维片材沿受力方向或垂直于裂缝方向粘贴在受损结构上，适用于对空间要求比较敏感的建筑。

（1）加固原理。

灌注式胶粘型钢加固技术见图 5-26。粘钢加固技术适用于钢筋混凝土受弯、大偏心受压和受拉构件的加固；采用特制的结构胶粘剂，将钢板粘贴在钢筋混凝土结构柱的表面，形成原有结构与粘钢共同作用。

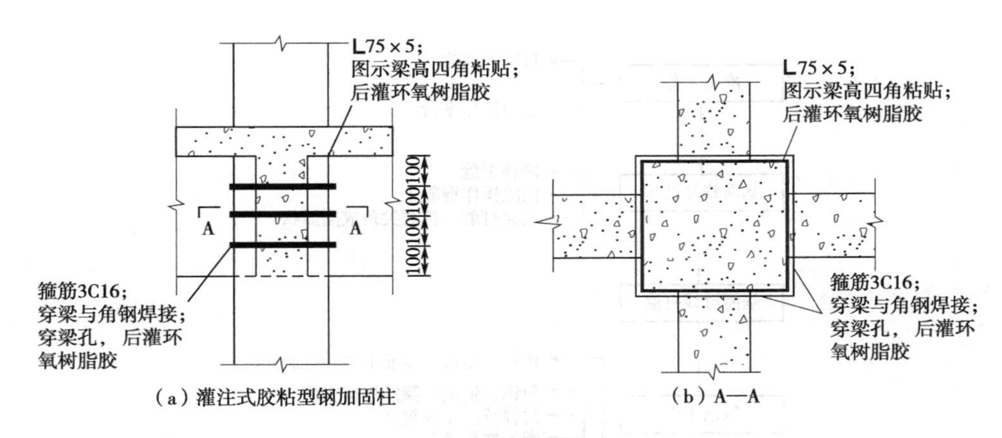

图 5-26 典型柱粘型钢加固示意图

外贴碳纤维加固技术，见图 5-27、图 5-28。该技术从 20 世纪 80 年代起开始在国外应用，适用于钢筋混凝土受弯、轴心受压、大偏心受压及受拉构件。胶结材料作为它们间的剪力连接媒介，形成新的复合体，使增强贴片与原有钢筋共同作用。纤维增强复合材料，因其抗拉强度高、耐腐蚀性能和抗疲劳性能好、易操作、占用面积小、施工周期短、不损伤原结构等优势，能提高构件抗弯承载力、抗弯刚度、抗剪承载力、剩余疲劳寿命、抗压承载能力，目前已广泛用于加固技术中。

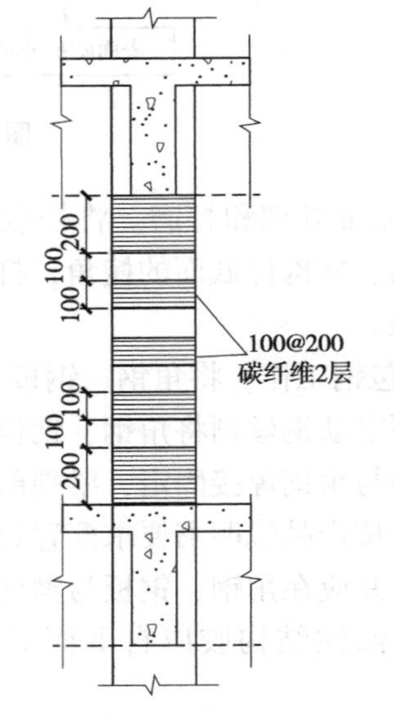

图 5-27 典型柱外贴碳纤维加固示意图

外贴碳纤维加固施工技术成本投入较少，灌注式胶粘型钢加固技术能够大幅度提高截面承载能力和抗震能力，二者应灵活选用。而普通的扩大截面加固法成本高、费时且复杂、影

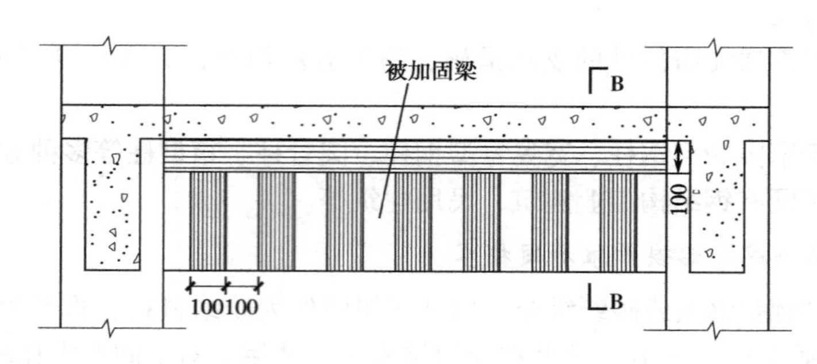

图 5-28　梁侧、梁底碳纤维加固示意图

响建筑使用功能，宜尽量避免。

（2）关键工序及把控要求。

1）粘型钢加固施工工艺如图 5-29 所示。

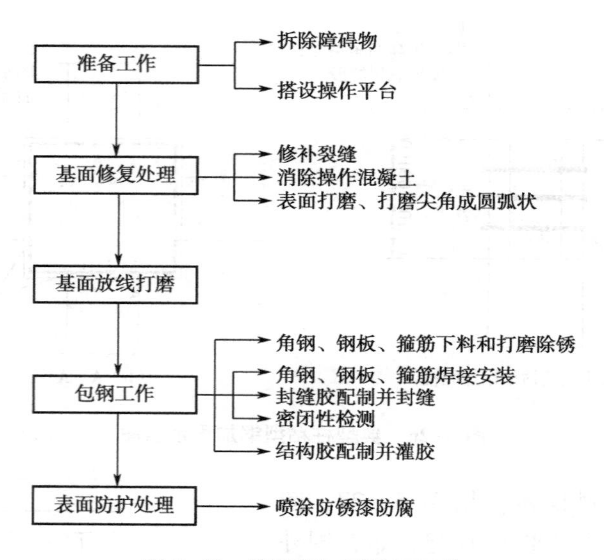

图 5-29　粘型钢加固施工工艺

2）基面处理和打磨。将松散部分剔除，放线打磨粘合面，除去 1 ~ 3mm 厚表层结构，将梁、柱构件截面的棱角，打磨成圆弧半径不小于 25mm 的圆角，完成后清理干净并保持干燥。

3）包钢工作。将角钢、钢板、对穿箍筋现场放样下料，需保证箍筋与角钢的焊缝长度；采用电动钢丝刷将角钢、钢板粘贴面进行打磨除锈处理；采用夹具将角钢固定，并将对穿箍筋与角钢焊接固定，梁端部的粘钢则需在化学锚栓钻孔完成后现场放样确定钢板钻孔位置；按产品说明书要求配置封缝胶粘剂，封缝时，应每隔 400 ~ 500mm 安设灌胶嘴与出气嘴，并应在角钢、钢板与箍筋连接处安设有胶嘴。封缝完成后连接灌胶装置进行密闭性检验，灌注结构胶应自下而上进行，并保证每段灌注作业时，胶体供应及时、灌注连续。

4）表面防护处理。在已经施工完成的钢板、角钢表面喷涂防锈油漆。

5）外贴碳纤维加固施工工艺如图5-30所示。

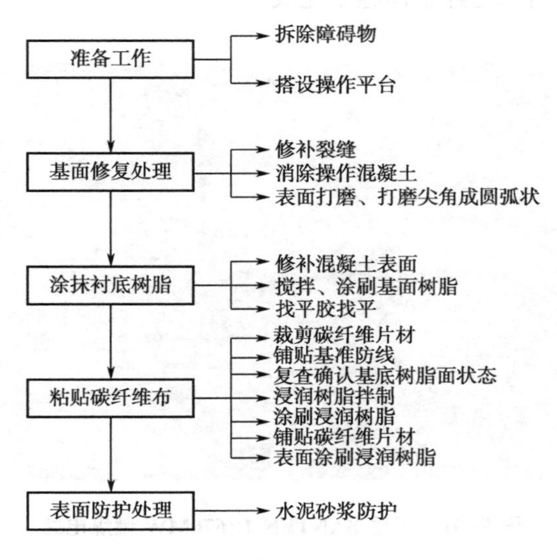

图5-30 外贴碳纤维加固施工工艺

5.2.3 适用范围与应用前景

外包钢筋混凝土加固法操作方便，可实施性强，经济实惠，适用于具有混凝土资源的"一带一路"共建国家既有工业建筑（厂房等）、民用建筑，具有良好的应用场景。

外包型钢加固法适用于结构强度高、不再扩大加固面积的建筑结构中，尤其适用于建筑结构的梁与柱加固。碳纤维加固技术所使用的材料较轻，但强度却很大，同时耐腐蚀，无论是购买材料的成本还是施工成本都很低，也十分方便施工，在现代建筑结构加固中被广泛应用。但这种材料不能承受高温，很容易发生火灾，因此，最好在60℃以下的环境中使用。外包型钢或碳纤维加固方法也适用于混凝土资源匮乏的"一带一路"共建国家建筑加固，但加固材料需从其他国家采购。

5.2.4 社会经济生态效益

既有建筑加固修复技术，包括外部钢筋混凝土加固技术、粘贴或外贴碳纤维加固技术，可减少材料与能源消耗，提高既有资源利用率，降低垃圾的产生，同时加快了既有建筑加固改造效率，保障了安全，使既有建筑改造工程的综合效益得到提升。并能有效提高建筑结构加固施工的安全性、经济性，缩短施工周期，预计施工成本降低1/4，施工周期减少1/3。目前，建筑加固技术在国内应用已经相对成熟，也已在"一带一路"共建国家陆续应用。相信在不久的将来，结构加固技术将在国际上得到更广泛的认可。

5.2.5 应用案例

印尼BANTEN 1×670MW燃煤电站工程（图5-31）为新建工程，厂区位于印尼万丹省（Banten）西冷市（Serang）苏娜拉亚（Suralaya）北部沿海，距离首都雅加达约120km。电厂行政办公楼为地上五层，原设计用途仅为办公，结构形式为混凝土框架剪力墙。根据业主对建筑定位的变化，业主拟将第三层用途变更为招待所，同时将大幅度更改房间布局，而此时框架剪力墙结构已经整体施工完成。

图 5-31　印尼 BANTEN 1×670MW 燃煤电站

为满足建筑功能调整需求，项目采用中国建筑结构加固技术，综合采用粘钢及碳纤维布的方法对原建筑结构进行了加固，整体做法如下：

（1）变更砌块容重要求。原有设计填充墙采用容重为 1 200kg/m^3 的混凝土空心砖，变更为容重不大于 510kg/m^3 的加气块。

（2）变更卫生间砌体做法。将卫生间由原有整体砌筑的方式变更为 600mm 高砌体墙，上部采用玻璃隔断。

（3）柱子加固。根据设计计算，部分柱子在梁柱节点核心区包钢处理，增加受弯能力；部分柱子在设计制定标高范围内贴碳纤维片加固，增加轴心受压能力。

（4）梁加固。根据设计计算，部分梁侧、梁顶部贴碳纤维片，与原有结构钢筋一起作用，增加结构受拉能力。

经过 3 个月的施工，项目通过了印尼业主及相关审查部门的验收。业主及各相关方对这种经济快捷有效的方案高度赞扬。本项目为海外结构加固施工积累了经验也更有利地推广了我国的标准。

5.3　免除锈防腐涂料涂层技术

5.3.1　发展概述

在大力发展钢结构建筑的同时，钢结构腐蚀问题得到了广泛关注。我国每年金属腐蚀造成的经济损失约占国民生产总值的 4%，例如 2020 年造成的损失约 4.5 万亿。钢结构腐蚀问题严峻，开展钢结构建筑的防腐研究具有极大的经济和社会意义。

涂料防腐是金属防腐的重要途径之一。为了获得优良的防腐蚀效果，满足钢结构建筑的设计寿命要求，需要对新建钢结构建筑或存量钢结构建筑腐蚀处进行表面除锈处理[3,4]，常规防腐涂料对钢构件表面处理要求较高，需达到SA2.5级。根据《建筑用钢结构防腐涂料》JG/T 224，钢结构防腐涂料主要分为底漆、中间漆和面漆。底漆具有较强的附着力，主要起到防锈作用；中间漆涂刷于底漆之上，具有很好的填充性，可增强涂层的防渗透性能；面漆涂覆在最外层，直接与环境相接触，要求具有较好的耐候性和耐老化性。

转化型防腐涂料可在不经除锈或者简单除锈的表面直接涂刷，转化型免除锈涂料含有活性成分，能将铁锈转化为稳定的物质，使疏松锈蚀层坚实并能较好附着于钢铁表面[5,6]。转化型免除锈防腐涂料施工前处理简单，实现了免除锈，降低了施工成本，提高了生产效率，具有较大的实用价值。转化型免除锈防腐涂料在国内的研究和应用较少，在国外虽有一定的应用，但是性价比不高。如日本“普利本特”系列防腐产品，可用于严酷海洋腐蚀环境，具有良好的锈蚀转换性能，可以带锈施工，防腐效果能长期维持，但其价格昂贵；又如以色列 Green ICPS 公司研发的免除锈涂料，施工时需要多次喷涂，单层固化周期长达 7 天，施工周期长。因此，研发一类低成本转化型免除锈防腐涂料非常必要。

5.3.2 技术内容

5.3.2.1 免除锈防腐涂料体系优选

（1）新型免除锈防腐涂料稀释剂优选。

我国研发的漆壹牌新型防腐涂料是一种双组份防腐涂料，主要由成膜物质、稀释剂、助剂和颜填料等组成。综合考虑涂料表面流挂性能和固化速率，选用低黏度双酚 A 环氧树脂 E51 为成膜树脂，选用聚酰胺 651 为固化剂。聚酰胺固化剂与环氧树脂具有极强的相容性，能够增强涂层的柔韧性和抗冲击性，但其缺点是黏度大，需要添加活性稀释剂降低涂料体系浓度，同时减缓涂料交联固化时间，增强涂料的施工性能。

研究通过对三种稀释剂的稀释能力和加入稀释剂的涂层物理性能对比测试，来确定选取稀释剂的种类及用量。其中，三种活性稀释剂分别为十二至十四烷基缩水甘油醚 AGE（长碳链）、环氧丙烷苄基醚 692 以及乙二醇缩水甘油醚 669。如图 5-32 所示，三种稀释剂均具有较好的稀释能力，未加入稀释剂时环氧树脂的黏度达到 14 000mPa · s。当稀释剂的添加量未达到环氧树脂质量的 10% 前，体系黏度随稀释剂添加迅速下降，稀释效果显著；当稀释剂添加量超过环氧树脂质量的 10% 后，稀释剂的稀释效果趋于平缓；当添加量达到 20% 时，稀释剂 AGE 和 692 体系的黏度达到 1 000mPa · s，说明 AGE 和 692 的稀释

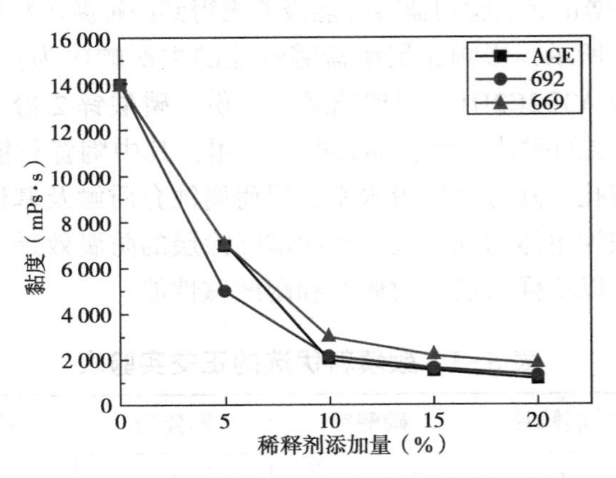

图 5-32 稀释剂的添加量对体系黏度的影响

能力优于稀释剂669。

如表5-2所示，当AGE的添加量增加时，涂层的耐冲击性有所提高，当添加量达到20%时，涂层的抗冲击性最强，达到40cm，稀释剂692和669对涂层的抗冲击性基本没有太大的影响。并且由于三种稀释剂的分子结构不同，如AGE具有长直链结构，与环氧树脂交联后能够增加分子链长度，可以提高涂层的柔韧性；669中含有苯环，降低交联产物的柔韧性；692为短链结构，对涂层的柔韧性影响较小。因此经过综合考虑，最终选择AGE作为涂料体系中的稀释剂，稀释剂的添加量约20%。

表5-2 稀释剂对涂层性能的影响

稀释剂	添加量/%	表干时间/h	实干时间/h	抗冲击性/cm	铅笔硬度	柔韧性/mm
无	—	2	14	30	HB	4
AGE	10	2	16	32	HB	4
	15	2.5	24	35	B	3
	20	3.5	30	40	B	3
692	10	2.5	18	30	HB	4
	15	3	24	32	HB	4
	20	5	32	32	B	3
669	10	2	15	28	HB	4
	15	4	20	30	HB	4
	20	6	36	30	HB	4

（2）新型免除锈防腐涂料颜填料优选。

该涂料选用玻璃鳞片、磷酸锌、氧化铁和陶瓷粉作为颜填料。在涂料配方主体成分比例确定的前提下，调整四种颜填料的质量配比，其中PVC（颜填料体积浓度设置为40%），设计如下正交实验，并根据正交实验耐盐雾性能极差表得到四种颜填料的最优配比。

如表5-3、表5-4所示，影响涂层耐盐雾性能的主次顺序为：A>C>B>D，由均值确定的颜填料最佳配比为A3B2C2D1，即玻璃鳞片3份，磷酸锌2份，陶瓷粉3份，氧化铁1份。四种颜填料对涂层的耐盐雾性能都有提升作用，其中陶瓷粉能够填充涂料交联固化过程中产生的孔隙和缩孔，降低涂层吸水率，阻碍腐蚀介质触及基体表面。磷酸锌能够在钢铁表面形成以磷酸铁为主体的钝化膜，从而增强涂层的防腐效果。氧化铁具有优异的耐酸碱性和化学惰性，可以增强涂层的耐候性和耐酸碱性能。

表5-3 颜填料优选的正交实验表

试验号	玻璃鳞片	磷酸锌	陶瓷粉	氧化铁	耐盐雾/h
1	1	1	1	1	1 640

续表5-3

试验号	玻璃鳞片	磷酸锌	陶瓷粉	氧化铁	耐盐雾/h
2	1	2	2	2	1 840
3	1	3	3	3	1 640
4	2	1	2	3	1 800
5	2	2	3	1	1 800
6	2	3	1	2	1 720
7	3	1	3	2	1 760
8	3	2	1	3	1 900
9	3	3	2	1	2 000

表 5-4 耐盐雾性能极差分析

指标	耐盐雾/h			
	玻璃鳞片 A	磷酸锌 B	陶瓷粉 C	氧化铁 D
均值 $\bar{K}^1$	1 706.667	1 733.333	1 753.333	1 813.333
均值 $K2$	1 773.333	1 846.667	1 880	1 773.333
均值 $K3$	1 886.667	1 786.667	1 733.333	1 780
极差 R	180	113.333 3	146.666 7	40
最优项	A3	B2	C2	D1
因素主次	ACBD			

玻璃鳞片对涂层的耐盐雾性能影响最大，这是因为玻璃鳞片能够在涂层中平行分布，形成“迷宫效应”，改变腐蚀介质的渗透路线，变相增加涂层的厚度，增强涂层的抗渗透和防腐性能，如图 5-33 所示。

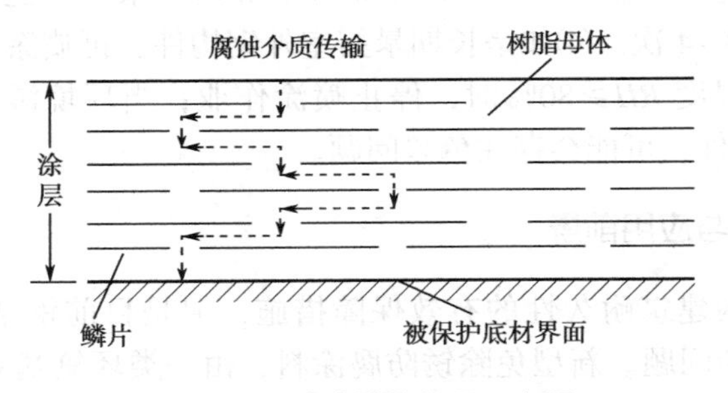

图 5-33 玻璃鳞片作用示意图

陶瓷粉能够填充涂料交联固化过程中产生的孔隙和缩孔，降低涂层吸水率，阻碍腐蚀介质触及基体表面。磷酸锌能够在钢铁表面形成以磷酸铁为主体的钝化膜，从而增强涂层的防腐效果。氧化铁具有优异的耐酸碱性和化学惰性，可以增强涂层的耐候性和耐酸碱性能。

根据新型免除锈防腐涂料体系优选结果制备柒壹牌新型免除锈防腐涂料，其性能检测结果如表 5-5 所示。

表 5-5　漆壹牌新型防腐涂料性能参数

项目	检测结果	执行标准
固化时间/h	表干时间≤4 实干时间≤36	GB/T 1728
VOC 含量/（g/L）	56	GB/T 23985
柔韧性/mm	4	GB/T 1731
耐冲击性/cm	50	GB/T 1732
附着力/MPa	14. 8	GB/T 5210
铅笔硬度	3H	GB/T 6739
铜加速醋酸盐雾试验	1200h 不起泡、不开裂、不脱落、无锈蚀	GB/T 10125

5. 3. 2. 2　新型免除锈防腐涂料涂装工艺

漆壹牌新型防腐涂料是一种双组份新型防腐涂料，可常温固化，实现了带锈施工，无需中间漆，施工便捷，具有超强的耐渗透、免除锈特性，防腐寿命可达 30 年。

新型涂料涂装前，无需表面喷砂或动力除锈，仅需去除表面浮锈，保持无水无油状态，可带锈施工，采用常规无气喷涂方式，可在常温快速固化，施工工艺简单，喷涂效率高。涂装工装工序具体为：①混料调配。高固分环氧涂料 A 组分与 B 组分，A 组分桶盖打开后先采用动力机械搅拌 1~2min。分别取一桶 A 料和 B 料（A 料：B 料=6：1），倒入空桶中，采用动力机械搅拌 1~2min，完成混料调配。②第一道高固分环氧涂料施工。采用上述要求的气动式无气喷涂设备，控制设备气压表持续保持在 0. 5MPa 或以上，喷涂速度控制为 100mm/s，在构件相同部位喷涂 4~5 次，喷枪口距工件距离宜大于 400mm。③第二道高固分环氧涂料施工。在第一道喷涂结束 30min 后，采用上述相同的喷涂工艺条件，在构件相同部位喷涂 3~4 次。④如是长期暴露室外钢构件，再喷涂一层面漆即可。

施工时建议环境湿度 RH≥80%时，停止喷涂作业；当环境湿度 RH≥75%，并持续 24h，不同时段喷涂构件，可能会存在色差问题。

5. 3. 3　适用范围与应用前景

防腐涂料是钢结构建筑耐久性的有效保障措施，但是目前钢结构涂装过程存在能耗大、污染重，工序复杂问题。新型免除锈防腐涂料，由一类环氧基双组分涂料同时引入硅烷活性组分，具有将锈蚀产物转化为稳定保护层的特点，填充陶瓷颗粒，提高涂层的抗渗透性能，防腐寿命为普通环氧涂料的 5 倍。施工前对钢材表面处理仅需达到 SA1. 0 级，实现了带锈涂装，提高了生产和施工效率。该防腐技术可广泛应用于学校、医院、住宅、产业园等钢结构项目及海洋装备中，可提升钢结构的防腐性能和可靠性能，降低钢结构全生命周期防腐的成本，提高防腐寿命，保证施工质量，确保施工安全。该防腐技术也适用于“一带一路”沿线国家高温、高湿、高盐、多雨的气候环境区域，对于保护当地钢结构建筑免受外界环境腐蚀具有重要作用。

5.3.4 社会经济生态效益

新型免除锈防腐涂料颠覆了传统涂装工艺，可带锈施工，涂膜致密，具有超强耐腐蚀性能，且后期维护便捷，目前已在多个工程项目成功应用，钢构件表面处理仅 SA1.0 即可，无需中间漆，可大面积推广应用，可节省 70% 抛丸时间，整个涂装工期较常规缩短 30% 以上，提高防腐寿命 30% 以上，降低涂装过程中能耗和 VOC 排放 50% 以上，降低钢结构建筑全生命周期碳排放，经济效益和社会效益显著，可有效推动钢结构装配式建筑行业绿色发展。

5.3.5 应用案例

X-HOUSE 零能耗住宅建成于 2021 年，是由中建科工集团有限公司、华南理工大学联合打造的单层独立式住宅，创新采用了钢结构模块拼装中庭的结构形式，使房屋具有极大的可扩展性，总用地面积为 400m^2，总建筑面积为 115.84m^2。X-HOUSE 项目在迪拜 2021 国际太阳能十项全能竞赛中斩获中东赛区总冠军。该住宅在国内生产制作，海运至迪拜，现场安装调试并运营。项目中约有 1 000m^2 钢结构使用了新型免除锈涂料，钢结构简单除锈后，直接喷涂油漆，厚度均匀性、外观和附着力良好。经过“三拆四建”，2 个月 10 000 海里海运，多次陆运，钢结构防腐性能经受住了复杂考验。涂装及安装过程如图 5-34、图 5-35 所示。

图 5-34 构件工厂涂装新型免除锈涂料

图 5-35 新型涂料构件现场安装

本章参考文献：

[1] 张鑫鑫，郑向远．科技创新引领钢结构建筑绿色发展［J］．建筑结构，2021，51（S1）：1468-1473.

[2] 岳清瑞．钢结构与可持续发展 [J]. 建筑，2021 (13)：20-21，23.
[3] 建筑钢结构防腐蚀技术规程：JGJ/T 251 [S]. 北京：中国建筑工业出版社，2011.
[4] 张全民．广交会展馆大龙钢结构防腐涂层整体翻新工艺 [J]. 广东土木与建筑，2014，2 (2)：33-35.
[5] 乔红斌，田闵，古绪鹏，等．钢结构水性带锈防腐涂料制备与性能研究 [J]. 化工新型材料，2018，4 (4)：224-226.
[6] 高微．环保型密闭高性能带锈防锈涂料制备及其性能研究 [D]. 南昌：南昌大学，2011.

6 健康舒适关键技术

绿色建筑的健康舒适技术是解决室内健康、舒适问题的重要手段。本章以颗粒物污染控制、化学污染物控制、电磁污染控制为重点，介绍一系列高效低耗的健康舒适关键技术，具体包括油烟颗粒物控制技术、屏蔽电磁污染和降低生物污染的功能性建材技术、相变屋面联合夜间通风技术，为“一带一路”沿线国家营造健康舒适的室内环境提供参考。

6.1 控制油烟颗粒物的聚拢通风技术

6.1.1 发展概述

颗粒物浓度是评判室内空气品质一个重要的物理参数，粒径小于2.5μm的颗粒物会给人体呼吸系统和循环系统带来健康风险[1-2]。厨房作为居住建筑室内颗粒物污染最严重的区域之一，油炸、煎制、烧烤等烹饪过程会产生大量油烟颗粒（颗粒主要粒径小于2.5μm)，且会随着人员活动将颗粒带入其他房间，甚至整个居住建筑内部[3-6]。因此，高效控制厨房油烟颗粒对于降低室内居住人员的健康风险有着重要作用。

厨房油烟高效控制技术主要体现在抽油烟机系统优化方面。部分学者开展了关于抽油烟机几何构造优化的研究工作，包括在抽油烟机吸风口前增设合适的整流板，使吸风口处速度均匀分布[7-9]，在抽油烟机下方两侧增加挡烟板，阻挡油烟从两侧逃逸[10]；此外，一些学者还开展了厨房局部区域气流组织优化工作，即利用射流风幕[11-13]隔断油烟，减少油烟与室内空气的掺混，包括在抽油烟机上增设射流风幕、在灶台四周加设空气幕[14,15]。厨房油烟控制技术的快速发展，有效减少了油烟逃逸，实现了抽油烟机捕集性能的提升。

上述厨房油烟控制技术多针对双眼灶台散发的油烟，以北非地区为代表的四眼灶台是另一类常见的油烟散发源，现有油烟控制技术对四眼灶台的油烟控制效果存在明显不足。因此，研发一种针对四眼灶台经济高效的厨房油烟控制技术很有必要。

6.1.2 技术内容

为有效控制北非地区三种典型烹饪类型（煎制、油炸、烧烤）产生的厨房油烟，研发了一种针对四眼灶台的厨房油烟聚拢通风技术。下面重点从厨房油烟聚拢通风技术原理、聚拢通风作用下流场特性和捕集性能这三方面展开分析。

（1）厨房油烟聚拢通风技术原理。

聚拢通风技术原理是通过在靠近厨房灶台几何中心位置增设送风口，利用高速送风射流所引起的卷吸效应，使得厨房油烟定向聚拢，配合抽油烟机的排风汇流，有效捕集厨房油烟[16]。基于上述原理，开展了针对北非地区厨房四眼灶台的油烟聚拢通风技术设计，见图 6-1。具体的技术实现方式为四眼灶台中央加设聚拢通风送风口送风，其中送风口特征为高动量小风口，达到高效聚拢油烟的目的。在送风口上方设置常规顶吸式抽油烟机，聚拢后有效捕集油烟。

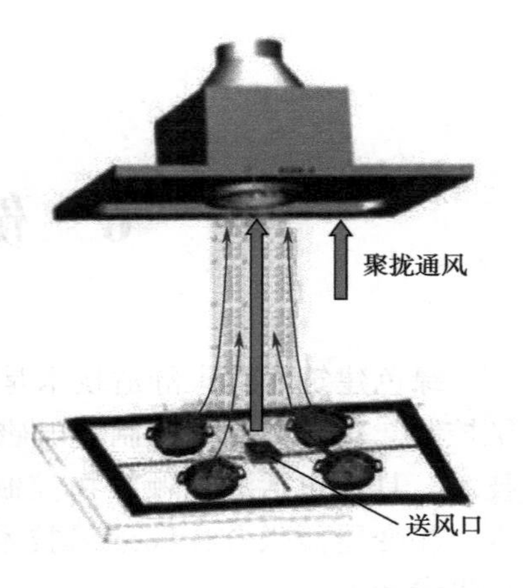

图 6-1　聚拢通风技术原理示意图

（2）聚拢通风作用下流场特性分析。

本部分内容利用数值模拟技术分析了在聚拢通风作用下北非地区三种典型烹饪类型（煎制、油炸、烧烤）油烟热气流的速度分布、涡度分布、温度分布以及烹饪过程产生油烟颗粒物的分布规律。

首先，分析了烹饪油烟热气流的速度特性。三种烹饪方式在聚拢通风作用下灶台中心截面速度流线图见图 6-2。三种不同烹饪方式下，热气流速度在距离灶台无量纲垂直高度为 3 时达到较大值，且这个高度距离抽油烟机吸风口较近。此外，三种烹饪方式下均存在热气流从油烟机边缘向厨房上部空间逃逸的情况，说明需要重点考虑靠近油烟机的气流速度大小和方向，此时聚拢通风相关参数需要进一步优化。

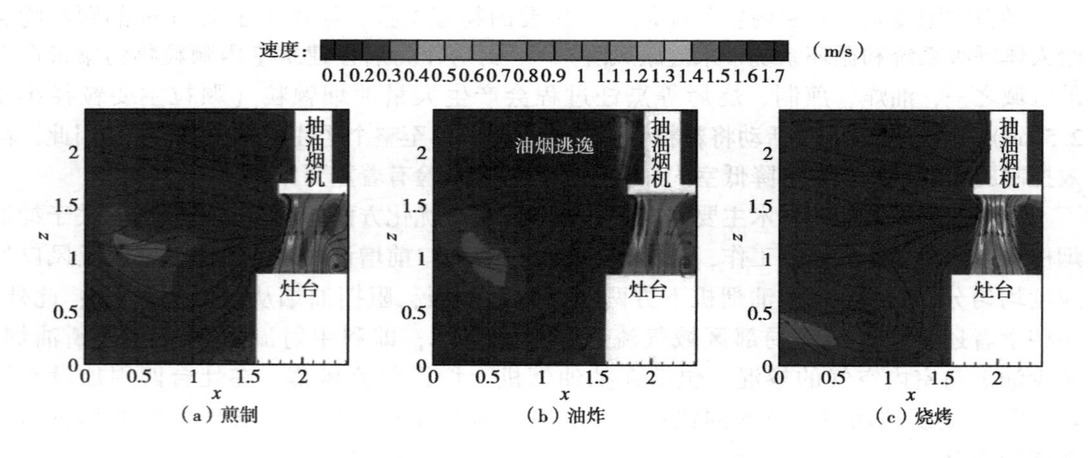

图 6-2　聚拢通风技术作用下不同烹饪方式油烟热气流速度分布

涡度用以描述流体的旋转情况，在一定程度上可以反映烹饪油烟的卷吸情况。三种烹饪方式热气流涡度分布见图 6-3。三种烹饪方式都是沿着烹饪热气流垂直方向上涡度增加，油烟机罩口处涡度最大，达到 27 左右。因此，在使用聚拢通风技术时，需要重点考虑靠近油烟机的热气流，减少不必要的卷吸。

不同烹饪方式油烟热气流温度分布特性存在差异，聚拢通风技术作用下不同烹饪方式油烟热气流温度分布见图 6-4。煎制和烧烤烹饪方式下油烟初始温度均为 240℃左右，油炸烹饪方式下油烟初始温度为 230℃左右。当油烟上升到油烟机罩口处温度明显下降，煎制、油炸和烧烤温度分别下降了约 73℃、80℃和 160℃。对比发现，烧烤过程中烹饪热气流温度衰减最快，原因为烧烤过程油烟散发速度较低。

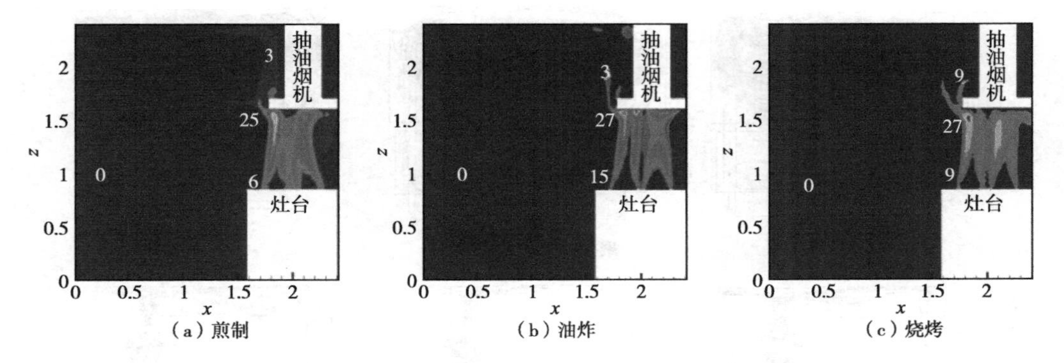

(a)煎制 (b)油炸 (c)烧烤

图 6-3 聚拢通风技术作用下不同烹饪方式油烟热气流涡度分布

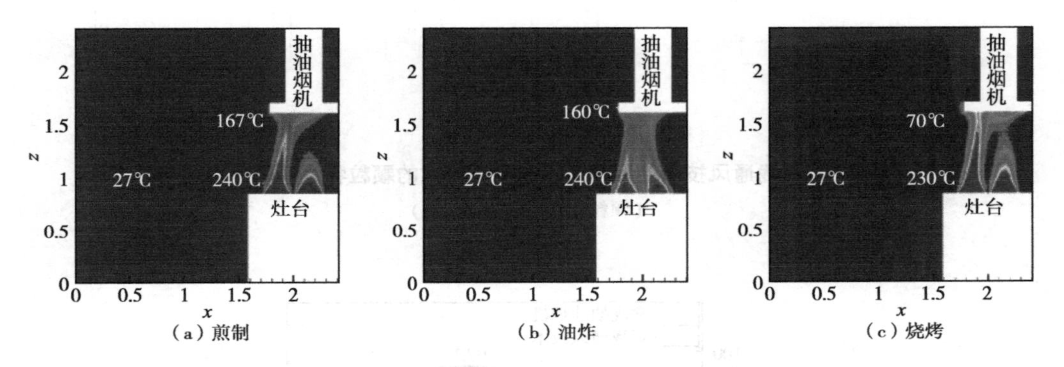

(a)煎制 (b)油炸 (c)烧烤

图 6-4 聚拢通风技术作用下不同烹饪方式油烟热气流温度分布

烹饪过程主要产生细颗粒物 $PM_{2.5}$（<2.5μm），且分粒径颗粒物浓度峰值基本出现在 2.5μm 附近，危害人体健康。因此，接下来以 2.5μm 为代表性粒径，重点分析在聚拢通风技术下颗粒物逃逸情况。聚拢通风技术使用前后三种烹饪方式厨房内油烟颗粒物的逃逸轨迹对比，如图 6-5 所示。可以看出，在聚拢通风技术使用后，三种烹饪方式 $PM_{2.5}$ 的空间逃逸范围明显减小，大部分 $PM_{2.5}$ 被抽油烟机罩捕集，厨房空间上部仅存在少量颗粒物逃逸。

（3）聚拢通风作用下油烟捕集性能。

为了定量评价聚拢通风作用下油烟捕集性能，本节采用了捕集效率这一评价指标来分析颗粒物的控制效果。捕集效率计算公式为抽油烟机处污染物捕集量与灶台处污染散发量之比，计算公式见式（6-1）：

$$CE = \frac{Q_2}{Q_1} = \frac{n_2 u_2 A_2}{n_1 u_1 A_1} \tag{6-1}$$

式中，Q_1 为污染源产生的污染物量（m^3/s）；n_1 为污染源处污染物的质量分数；u_1 为污染源处污染物的产生速度（m/s）；A_1 为污染源面积（m^2）；Q_2 为抽油烟机排风口处污染物量（m^3/s）；u_2 为抽油烟机排风口处速度（m/s）；A_2 为抽油烟机排风口处面积（m^2）；n_2 为抽油烟机排风口处污染物的质量分数。

本节对比分析使用聚拢通风技术前后油烟颗粒的捕集效果。在聚拢通风技术作用下三种烹饪方式颗粒物捕集效率与原有抽油烟机作用下颗粒物捕集效率对比图，见图 6-6。

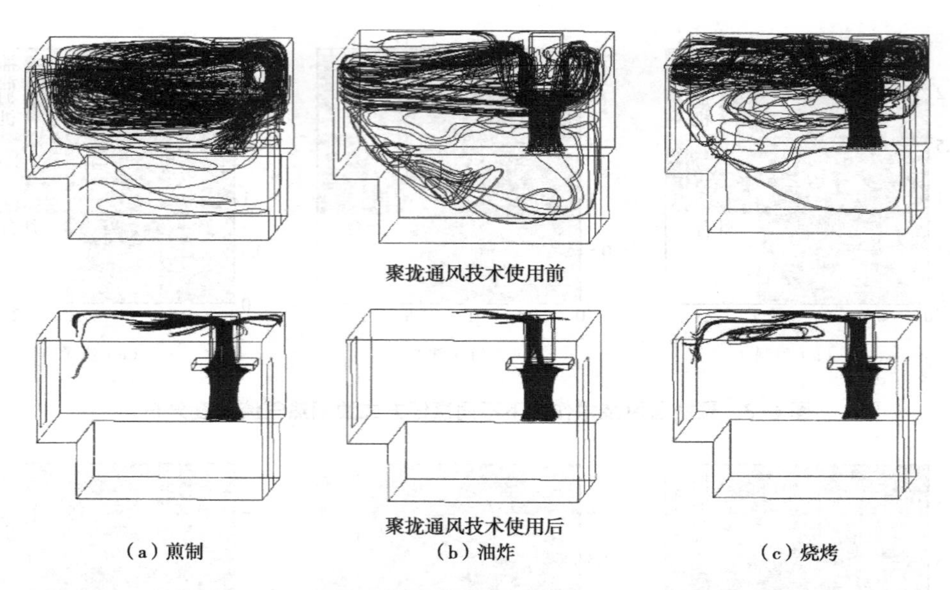

图 6-5　聚拢通风技术使用前后不同烹饪方式的颗粒物逃逸轨迹对比图

（颗粒物粒径 d_p = 2. 5μm）

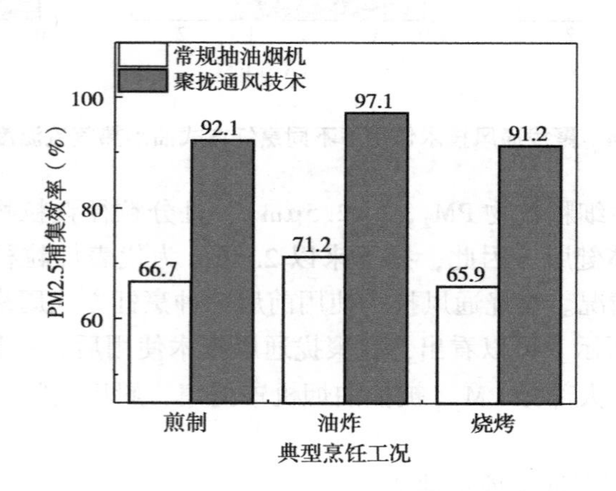

图 6-6　聚拢通风技术使用前后颗粒物捕集效率对比

（颗粒物粒径 d_p = 2. 5μm）

使用聚拢通风技术后，煎制、油炸、烧烤烹饪方式下粒径为 2. 5μm 颗粒物的捕集效率分别提高了 25. 4%、25. 9% 和 25. 3%。这说明聚拢通风技术可以有效提高对油烟颗粒物的控制效果。

6. 1. 3　适用范围与应用前景

聚拢通风技术适用于四眼灶台散发油烟、顶部设置抽油烟机的场景，也可以应用于双眼灶台散发油烟、顶部设置抽油烟机的场景。住宅厨房中采用较多的抽油烟机形式为顶吸式及侧吸式抽油烟机。以北非地区为例，住宅厨房采用四眼灶台散发油烟，并配备顶吸式抽油烟机[17]。中国虽采用两眼灶台进行烹饪，但是烹饪过程较北非等地区散发强度大，且中式厨房多采用顶吸式抽油烟机。采用聚拢通风技术后，可进一步提升油烟捕集效率。综上，该技术可广泛应用于北非、中国等地区的住宅或商用厨房中。

聚拢通风技术的具体实现方式是在灶台中央加设聚拢通风送风口送风，其中送风口特征为高动量小风口，达到高效诱导聚拢油烟的目的。这种实现方式只需要在灶台中央设置小型送风口和风机，不需要布设管道等额外设施，实现难度小且较为便利。聚拢通风的送风口所需送风量少，据测算，当送风量仅占抽油烟机排风量 8% 左右，就可以达到较好的捕集效果。聚拢通风技术可以普遍应用于对称型分布灶台形式下顶部设置抽油烟机的场景，该技术有效改善常规顶吸式抽油烟机捕集效果，技术经过产品化后，具有很好、很广泛的应用前景。

6.1.4 社会经济生态效益

全球住宅室内 53.6% 的颗粒物暴露可归因于烹饪过程[18]。这些物质影响着人体的健康，其中 CO_2、SO_2、CO、NO、可吸入粉尘及醛类、酮类、烃、芳香族化合物等污染物会刺激人们的眼睛及呼吸道，诱发心血管疾病[19-21]。在通风不良时，烹饪活动产生的烹饪热羽流会使厨房空间内的污染物浓度激增，且烹饪人员呼吸区的浓度值更高[24]。聚拢通风技术有效地提高了抽油烟机捕集效果，减少厨房作业人员呼吸暴露。相较常规抽油烟机，聚拢通风技术对于可吸入颗粒物（PM_{10}）的捕集效率最高可提升 26.8%，有效减少可吸入颗粒物的空间逃逸范围。因此，采用聚拢通风技术使人员的油烟暴露水平明显减小，有助于减少长期从事烹饪人员的患病风险，具有较好的社会效益。

经实验测算，在达到相同的油烟控制效果下，聚拢通风技术比传统顶吸式抽油烟机最大可减少整体机械风量约 26.4%，可以有效减少整个系统所需的风量，降低通风系统的运行能耗。该技术可以在节约厨房通风系统运行成本的同时，减少了厨房整体的碳排放，环保效益显著。

6.2 硅藻基环境功能材料及建材技术

6.2.1 发展概述

热带季风气候区的高温高湿气候会直接导致建筑空间的高温、潮湿、发霉等问题，严重影响人居环境健康和舒适度。全球范围内，绿色化、健康化已成为建筑材料的主要发展趋势。处于热带季风季候气候区的越南等“一带一路”共建国家，绿色健康型建筑材料的发展滞后、技术尚不成熟，亟须引进或开发先进的环境功能性绿色建材技术来解决人居环境健康问题。

以日本、美国、德国等为代表的发达国家开展环境功能型绿色建材研究相对较早，研发了具有调湿、光催化、抗菌防霉等功能的健康型绿色建材产品，并大量应用于建筑环境改善与污染治理。日本在硅藻土基环境功能材料领域技术先进，已形成涵盖涂装材料、调湿砖、调湿墙板等不同种类装饰装修建材的体系化技术。对于大多数发展中国家，无污染且具有调湿、净化、防霉抗菌健康功能性的墙面涂装材料技术尚不成熟。

用于环境功能涂装材料制备的主要功能助剂——净化、抗菌功能材料，以具有光催化特性的纳米材料为基础，由于纳米材料的比表面积有限，对污染物的吸附性差，在有机污染物浓度较低时，催化效率仍然较低。以结构特殊、比表面积大、稳定性好、吸附能力强的天然矿物硅藻土作为载体负载纳米光催化材料[22,23]，不仅可防止纳米颗粒的团聚、减少光催化材料的用量，还可利用其高比表面积、强吸附等特性实现污染物的靴向富集，提高光降解效率，并且易于回收，克服了悬浮相纳米材料的弱点。

针对净化、抗菌防霉功能材料性能稳定与提升、功能耐久性增强等关键难题，基于多孔矿物负载、异质结构构筑等技术，可制备出具有高吸附率和光催化效率、长寿命的环境功能复合材料和适应不同气候带与地域环境需求的功能可调粉体型和水性液态型硅藻基涂装材料。

6.2.2 技术内容

(1) 硅藻基环境功能复合材料。

以硅藻土等多孔矿物为基体，通过多孔矿物预处理、工艺设计与参数调整等方式实现 TiO_2 的晶体结构调控，制备出高效光催化功能净化材料。

商品硅藻土多数是经高温煅烧的硅藻土，研究发现，煅烧会使硅藻土表面 SiO-H 消失、活性下降，降低其吸附污染物的能力。因此，非高温煅烧硅藻土作为载体有利于 TiO_2 的负载且不会降低硅藻土自身活性。此外，水解沉淀法制备工艺中，［Ti^{4+}］/［SO_4^{2-}］比例有利于光催化活性提高。研究结果证实：在硅藻土负载纳米 TiO_2 的过程中，添加 SO_4^{2-} 会抑制晶型向金红石转变，且有利于光催化活性的提高；负载在硅藻土表面的纳米 TiO_2，对硅藻土表面的微孔影响不大，但复合材料的比表面积和孔体积大幅增加，见图 6-7。所制备的纳米 TiO_2/硅藻土复合材料在 100 W 白炽灯照射 12h 条件下对亚甲基蓝去除效果高达 90%。

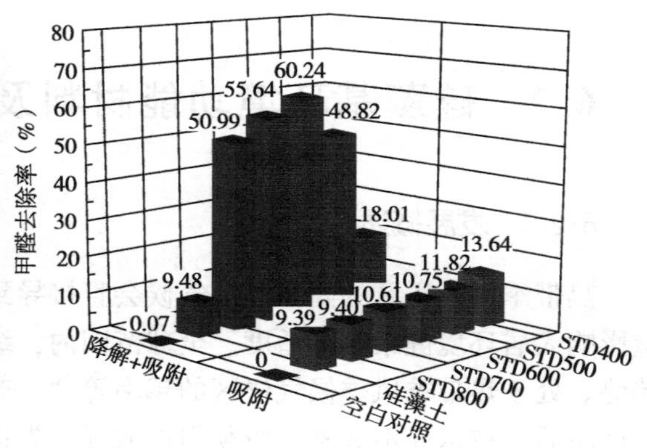

图 6-7　硅藻土复合纳米 TiO_2 光催化净化材料微观形貌与甲醛降解能力

利用硅藻土矿物的微介孔特性，优选有机防霉物质，利用硅藻土的孔道吸附作用，在低温干燥条件下进行抗菌金属离子、有机防霉组分复合，制备出时效性和耐久性高的硅藻基缓释型防霉功能材料，材料白度达到涂装材料要求。

依据行业标准《抗菌涂料》HG/T 3950—2007，抗菌、防霉和防霉耐久性评价方法对有机防霉材料单体和制备的硅藻基缓释型防霉功能材料进行抗菌防霉性能测试，结果如表 6-1 所示。可以看出，直接添加有机防霉材料单体到液态乳胶和粉体涂料中，白度都低于添加硅藻基缓释型防霉功能材料的样品；对于放置 4 个月的样片，防霉菌性和防霉耐久性都有降低，但硅藻基缓释型防霉功能材料的性能降低较小。

表 6-1 抗菌防霉性测试结果

样品	测试时间	白度	抑菌圈直径（mm）		抗霉菌性能	抗霉菌耐久性能
			金黄色葡萄球菌	大肠杆菌		
硅藻土负载复合材料 1%添加到乳胶漆	7d 样片	90%	28	30	0 级	0 级
	4 个月样片	88%	26	26	0 级	0 级
纯有机防霉材料 1%添加到乳胶漆	7d 样片	89%	37	35	0 级	1 级
	4 个月样片	82%	28	27	1 级	1 级
硅藻土负载复合材料 1%添加到粉体涂料	7d 样片	85%	30	30	0 级	0 级
	4 个月样片	85%	28	28	0 级	0 级
纯有机防霉材料 1%添加到粉体涂料	7d 样片	83%	36	37	0 级	0 级
	4 个月样片	83%	32	32	0 级	1 级

层状多组分的铋系金属氧化物是一种很有发展潜力的窄带隙光催化材料，构筑异质结构是调节铋系材料能带结构和提高可见光吸收效率的有效策略[24、25]。

采用水热法成功合成的 Bi_2WO_6/BiOBr 和 Bi_2WO_6/BiOCl 复合光催化材料，其可见光响应频段拓宽至 454~521nm，相同降解率下其可见光降解时间比纯 Bi_2WO_6 缩短了 33% 以上。通过调节模板剂和 NaCl 的添加量，可以实现材料微观结构在二维片状结—三维花球状结构—颗粒聚集体之间的可控转变。在可见光（$\lambda \geqslant 420$nm）照射下对罗丹明 B（RhB）、甲基橙（MO）、亚甲基蓝（MB）和孔雀石绿（MG）染料的降解效率都能达 95% 以上，且 6 次循环后催化剂性能依旧稳定。异质结 BiOBr 或 BiOCl 的存在提升了光生电子的迁移率，进而降低了光生电子-空穴对的复合率；并且材料具有较大的比表面积和较大的介孔孔容，有利于污染物分子的吸附以及光生空穴的扩散。

进一步采用水热沉积法将贵金属 Au 与 Bi_2WO_6/BiOBr 复合制备的 Au/Bi_2WO_6/BiOBr 三元复合光催化材料，Au 的添加量可以通过异质结与 Au SPR 效应的协同作用增强光催化性能。研究结果显示，复合材料对 RhB 光催化降解的反应速率相较于纯 Bi_2WO_6 提升近 2 倍，相较于 Bi_2WO_6/BiOBr 提升 1.24 倍，且 5 次循环后性能稳定。溴化铋基新型可见光催化功能材料微观形貌见图 6-8。

（2）硅藻基环境功能涂装材料。

环境功能涂装材料是指在一定的涂料配方体系下，通过添加环境功能材料实现净化、抗菌防霉等功能的新型材料。硅藻土是由单细胞硅藻经过长期地质作用形成的生物硅质岩，主要成分为蛋白石（$SiO_2 \cdot H_2O$）及其变种，SiO_2 含量一般大于 80%。因其高孔隙

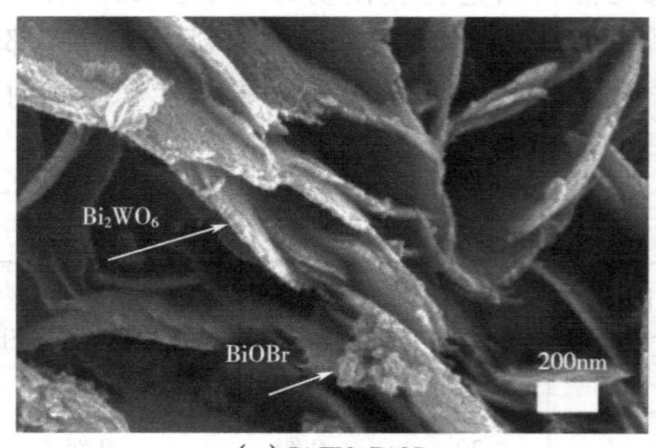

(a) $Bi_2WO_6/BiOBr$

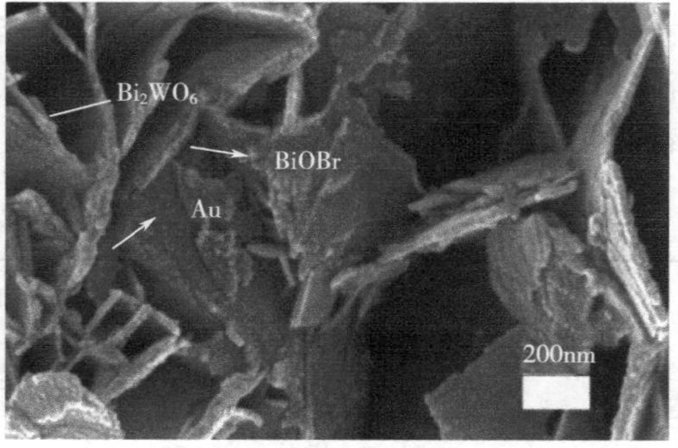

(b) $Au/Bi_2WO_6/BiOBr$

图 6-8　溴化铋基新型可见光催化功能材料微观形貌

度、较大比表面积、耐酸性、耐高温以及强吸附性能等诸多优秀的性能，已广泛应用于建材涂装行业，这不仅是对硅藻土最高效合理的应用途径之一，也对提高涂装材料环保性能具有重要意义。

利用硅藻土材料的多孔特性，开发硅藻土基涂装材料，研究了其调湿性能及应用工艺。对比研究了几种多孔矿物的孔径、比表面积及水蒸气吸脱附性能，如表 6-2 所示。可以看出，材料的吸放湿量与其比表面积、孔结构、孔径直接相关。硅藻土平均孔径较小，易于产生毛细凝聚和脱附，具有最佳的吸放湿量性能。

表 6-2　不同多孔矿物的比表面积、孔径、孔体积、微孔体积与吸脱附结果

矿物材料	主要成分结构	比表面积/（m^2/g）	平均孔径/nm	水蒸汽吸脱附
海泡石	含水镁硅酸盐链状层状纤维状	81.56	6.867	5.6%，4.4%
凹凸棒土	含水镁硅酸盐层链状	187.7	11.79	6.0%，3.7%
硅藻土	无定形 SiO_2 微米孔道 O、Si 空位	61.682	3.158	5.5%，4.82%
沸石	硅铝酸盐 B 型吸附回线	2.456	18.20	2.2%，1.83%

基于 Halsey 方程、六方密堆积排列方式及开尔文公式，计算了相对湿度在 20%～90% 之间时，材料的临界孔径。选取温度分别为 10℃、20℃、30℃和 40℃进行计算，计算结果如图 6-9 所示。可以看出，不同温度下的临界孔径差别不大。相对湿度在 40%～60% 之间的临界孔径分布在 3.10～5.66nm 之间，为调湿的最佳孔径范围。

基于以上研究基础，开发了硅藻基调湿功能粉体涂装材料，在单位面积不同用量条件下，测试了粉体涂装材料的调湿性能（表 6-3、表 6-4），可以看出其具有优异的吸放湿特性，能够实现对室内空间的湿度调节。另外，还可以通过复掺适量比例的环境功能材料来赋予其净化、抗菌防霉等环境功能性。

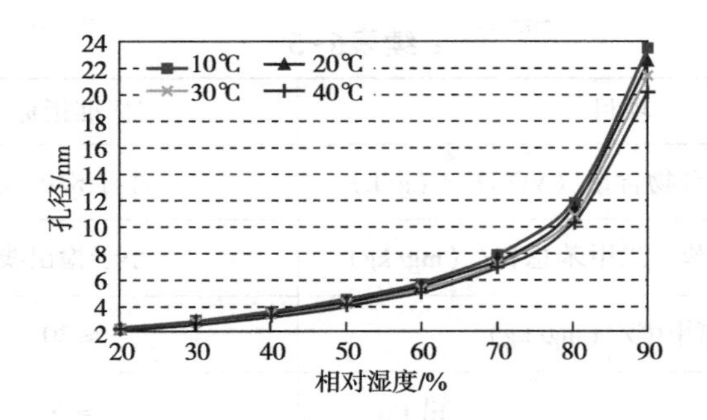

图 6-9 不同温湿度下孔径与相对湿度的关系

表 6-3 I 型粉体涂装材料（用量小于 $1kg/m^2$）调湿性能测试结果

样品	12h 吸湿量 w_a（$1\times10^{-3}kg/m^2$）	12h 放湿量 w_b（$1\times10^{-3}kg/m^2$）	w_{b12}/w_{a12}
1	5.12	3.18	62%
2	4.27	2.58	60%
3	3.41	2.04	64%

表 6-4 II 型粉体涂装材料（用量大于 $1kg/m^2$）调湿性能测试结果

样品	12h 吸湿量 w_a，（$1\times10^{-3}kg/m^2$）	12h 放湿量 w_b，（$1\times10^{-3}kg/m^2$）	w_{b12}/w_{a12}	3h 内平均吸湿速率［$1\times10^{-3}kg/(m^2\cdot h)$］	3h 内平均放湿速率［$1\times10^{-3}kg/(m^2\cdot h)$］
1	48.91	40.60	83.0%	9.39	-7.21
2	46.24	37.92	82.0%	8.86	-6.69
3	47.42	42.20	89.0%	8.82	-6.88

针对传统涂料中以实心矿物粉体为填料造成的透气性差和功能性单一等问题，采用多孔硅藻土为填料，研发出水性液态硅藻涂料，添加适量的功能材料后，该涂装材料可通过对有害物质的吸附，结合自身良好的透气性，实现有害物质在涂层内的自消纳。通过配方设计和制备工艺调整，确定涂料配方中乳液含量不宜高于 200 份，硅藻含量可以达到 180 份，以保证产品的使用性能和环保功能性。液态硅藻涂料的环保性和功能性检测结果如表 6-5 所示，环保性和健康功能性方面要优于普通的乳胶漆涂装材料。

表 6-5 水性硅藻涂料的功能性测试结果

序号	项目		标准指标	结果
1	水蒸气透过率，$V/$［$g/(m^2\cdot d)$］		>900	950
2	防霉菌性能		0 级	0 级
3	防霉菌耐久性能		0 级或 1 级	0 级
4	防结露性能	初露点/min	≥60	60
		结露量/g	≤2	1.97

续表6-5

序号	项目		标准指标	结果
5	挥发性有机化合物含量（VOC）/（g/L）		小于检出线	符合
6	苯、甲苯、乙苯、二甲苯总和/（mg/kg）		小于检出线	符合
7	游离甲醛/（mg/kg）		≤20	小于检出线
8	可溶性重金属/（mg/kg）	铅 Pb	≤5	2.0
		镉 Cd	≤0.5	小于检出线
		铬 Cr	≤5	1.7
		汞 Hg	≤0.1	小于检出线

6.2.3 适用范围与应用前景

高温高湿气候往往会造成建筑空间的化学、微生物污染问题，降低生活舒适度，对人体健康产生危害。因此，研发应用环境功能型建筑材料来改善室内环境受到越来越多的关注。硅藻土等天然矿物由于其特殊的孔隙结构而具有优异的吸附性能，以其为主要组成物质制备的环境功能涂装材料，具有良好的控湿、抗菌、防霉、净化等功能。

部分“一带一路”沿线国家硅藻土资源丰富，但其高附加值利用技术尚不成熟，缺乏先进的环保功能材料利用技术，高新技术在建材领域的应用不足。本技术在“一带一路”沿线国家具有非常广阔的应用前景，技术的推广应用将显著推动“一带一路”沿线国家硅藻土等自然资源高附加值利用技术的进步，促进建筑材料的功能化转型与产业升级。

6.2.4 社会经济生态效益

硅藻基环境功能材料及建材技术引导涂装材料多元化发展和供给侧产业结构调整，满足消费者对美好生活的需求。研发的环境功能涂装材料，克服了传统乳胶漆的不足，具有调节湿度、净化空气、防结露和防霉变等功能性，产品适用性广，尤其针对高温高湿地区容易出现乳胶漆霉变、发黑、开裂等问题能有效改善；对提高居民的居住条件、节约空调等调湿设备的使用频率，节约能源、改善生活水平具有重要作用。

据统计，我国建筑内墙涂料年产量近 400 万 t，每年向大气中排放的 VOC 总量近 40 万 t；全国无机干粉装饰壁材和水性硅藻涂料行业的年生产量约为 38 万 t，按此估算，本技术替代传统涂装材料后，每年可降低 VOC 排放超 3.5 万 t，对空气环境改善意义重大。

本技术成果推动了建筑内墙涂装材料环保水平进步与提升，硅藻土等环境矿物基涂装材料技术和净化功能等环保材料技术推广应用大大降低了内墙涂料产品的有害物质含量，新型涂装壁材硅藻泥、硅藻涂料的有害物质含量均可以达到检出限以下（一般甲醛检出限为 5mg/kg，VOC 检出限为 1g/L）。

本技术产品推广应用覆盖我国主要县市，其中 G20 会馆、博物馆、阿里巴巴总部、冬奥会场馆、北京地铁（图 6-10）等国家及国防重大工程中都有应用，还广泛应用到酒店、幼儿园、办公场所、学校、别墅与高端公寓和地产项目等家装行业。全国硅藻涂装材料生产销售产值超 300 亿元，已占中高档涂装材料市场的 50%。

（a）北京地铁6号线工程

（b）南昌八一起义纪念馆

（c）冬奥会场馆

（d）某家装工程

图 6-10　典型工程应用案例

6.3　电磁辐射防护建材技术

6.3.1　发展概述

进入 21 世纪，随着城市基础设施的完善，城市电磁辐射呈指数增长，电磁辐射危害人体健康的案例屡见不鲜[26]。电磁辐射防护功能建材是解决上述问题的关键材料，并受到国内外学者的广泛关注。20 世纪 50 年代，以美国、日本为代表的发达国家相继开展电磁辐射防护建材研究，并形成电磁防护混凝土、墙板等成熟产品，实现规模化应用。但“一带一路”沿线国家的电磁辐射防护功能建材研发起步晚，防护效能低、应用频带窄、材料品种少。

电磁防护建材研究之初，重点集中在不同种类的电磁功能填料对建筑材料电磁屏蔽与吸波功能的调制作用，以碳材料[27]、铁氧体[28]、钢纤维[29]等对建筑材料基体电磁特性进行调制，可赋予建筑材料电磁防护功能，但性能大多无法满足实际应用需求。随着纳米材料的发展应用，纳米尺度电磁功能填料逐渐代替传统材料应用于电磁防护功能建材研发，不仅可以大大降低填料用量，还能明显提升建筑材料的电磁防护性能[30]，且该技术已沿用至今。为了进一步提升电磁防护建材的性能、拓展防护频段，满足复杂电磁环境对电磁防护建材的高效宽频防护需求，国内外学者从建筑材料的微观结构调控和宏观结构设计入手，设计微观多孔结构[31]、阻抗渐变多层结构[32]、二维超构表面[33]、三维超构界面[34]、有序/无序结构[35,36]等，研发高性能电磁防护建材设计制备的新技术新方法。

针对当前电磁防护功能建材的多品类发展、高效宽频防护设计、功能集成化应用等需求和技术难题，基于不同基体建材的结构与材料特性内在关系、材料结构与电磁防护性能间构效关系、界面结构的电磁防护频段调控规律等基础理论，研发出多品类建筑材料高效宽频电磁防护功能设计与应用体系化技术，全面满足建筑电磁环境改善与治理的应用需求。

6.3.2 技术内容

（1）装饰性电磁防护建材设计技术。

大掺量电磁功能填料均匀分散于建筑基体会导致阻抗失配和强度衰减，为解决上述问题，提出了电磁功能填料结构化分布新设计思路，基于该技术研制出石膏、矿棉等基体的系列吸波功能装饰建材。

采用物理改性工艺，将含有电磁功能填料包覆于三维织物、耐碱玻璃纤维网格及蜂窝体等具有规则周期结构体的表面，形成电磁功能材料有序分布的结构体，将其与石膏基体复合制备出电磁功能填料呈有序结构化分布的新型吸波建材。经结构设计后，电磁功能填料按一定结构分布，引入谐振、散射、多次反射等损耗机制，可显著提升吸波性能（表6-6），并大大降低电磁功能填料用量。

表6-6　吸波基元呈不同分布形式的建筑材料吸波性能

电磁填料分布方式	电磁填料掺量/%	材料种类	反射率<-10dB 频段/GHz	最小反射率/dB
均匀分布	2.0%	石膏板	/（频宽0）	-9.5
线性分布	0.8%	石膏板	9~18（频宽9）	-28
平面周期	0.5%	石膏板	3.6~8（频宽4.4）	-13
三维蜂窝	0.6%	石膏板	2.5~8（频宽5.5）	-19
无序点阵	3.0%	矿棉板	2~40（频宽38）	-44
无序点阵	2.5%	木质板	2~18（频宽16）	-28.7

注：“/”表示没有。

利用矿物棉和木质基体材料的结构特性以及网络化结构设计工艺，使电磁功能填料在基体中以小颗粒团聚体形式呈无序点阵分布（图6-11），独立的吸波基元点阵通过局部导电网络的电损耗、散射与多次反射效应等机制衰减电磁波，同时解决了吸波基元均匀分布易形成连续导电结构影响阻抗匹配的问题，展现出优异的吸波性能。

（a）矿物棉基体材料　　（b）木质基体材料

图 6-11　吸波基元呈无序点阵分布的装饰建材微观结构

（2）高效宽频水泥基吸波材料设计技术。

应用量大、面广的水泥基材料电磁防护效能低、防护频段窄是限制其工程应用的关键技术难题，利用多尺度散射结构和三维界面超结构的构建，研发出高效、宽频电磁防护功能的水泥基材料。

基于电磁波长与散射结构尺度之间的理论关系，利用微纳尺度电磁功能填料、毫米尺度骨料和厘米尺度界面结构协同构建多尺度散射吸波结构体系，利用多尺度散射体系各个尺度散射材料与结构对不同波长电磁波的散射效应，增加电磁波传播路径的无规则性和在材料内部的等效传播距离，提升电磁波吸收性能。散射效应的增强还可以降低电磁功能填料的用量，减弱其对力学性能的影响。

通过构建三维超结构界面，利用电磁波的多次反射、散射、绕射、谐振等多元损耗及阻抗匹配优化协同效应，开发出高性能水泥基吸波材料，并突破了三维吸波结构制造工艺难题，实现高精度成型及轻质平板化应用。通过试验与计算机仿真相结合，系统研究了三维超结构界面吸波材料的吸波规律与构效关系，并探索了其高效吸波机制（图 6-12），发

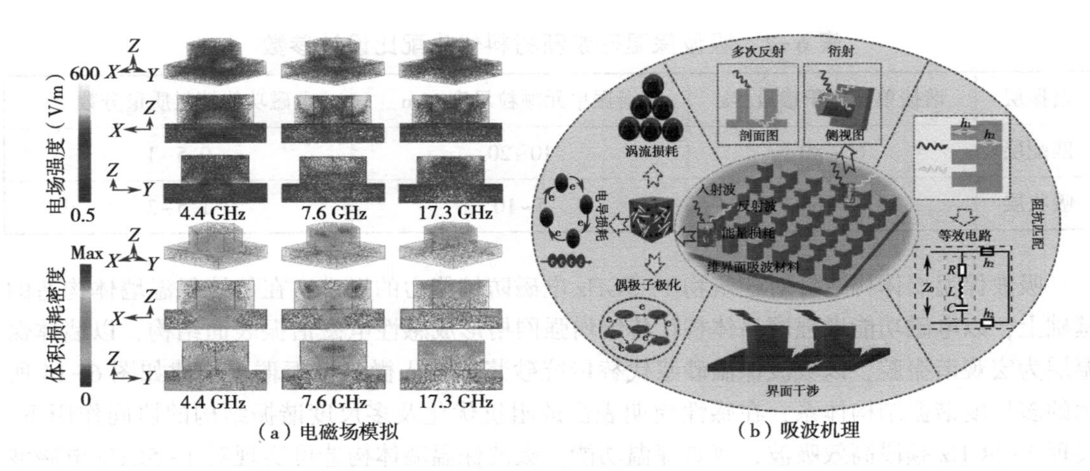

（a）电磁场模拟　　（b）吸波机理

图 6-12　三维超结构界面吸波材料的电磁场模拟及吸波机理

现结构效应是实现性能提升与调控的关键因素。相比于已报道的同类型水泥基材料，该材料对 1~40GHz 电磁波平均反射率<-30dB（图 6-13），抗压强度达到 40MPa 以上，性能显著提升。

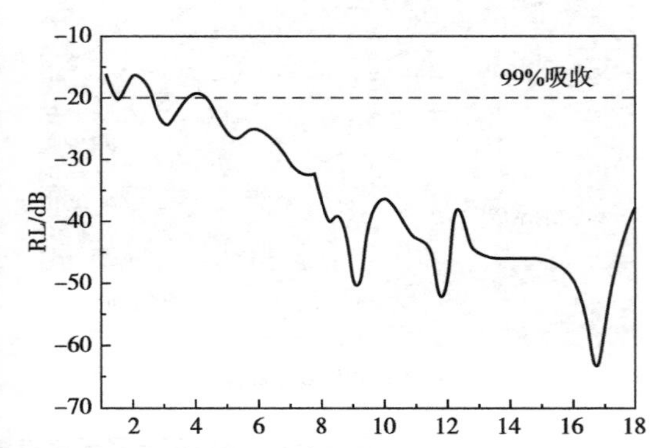

图 6-13　高效宽频水泥基吸波材料制品（左）及吸波性能（右）

（3）电磁防护建材吸波保温功能集成技术。

实际工程建设对吸波与保温功能协同具有重大需求，但存在双功能协同调控困难、成本难降低等瓶颈问题。基于材料的宏观-微观多尺度谐振结构的耦合吸波机制，协同宏观阻抗渐变结构的阻抗匹配优化机制与低成本透波谐振单元的低导热特性，开发了吸波保温功能一体化砂浆新材料与墙体新构造。

吸波保温砂浆以低成本、低导热的透波骨料构筑微观谐振群，配合阻抗渐变多层结构设计，构建具有阻抗渐变特性和宏观-微观多尺度谐振结构（微观谐振群和宏观谐振层）的电磁波吸收结构体系。试验发现，应用时调整各层材料的几何参数、电磁参数与配合比可实现吸波性能和导热性能的协同调控，材料优化配比参数如表 6-7 所示，变换层（吸收层）的谐振单元含量和颗粒尺度增大（减小）、吸波基元掺量低（高）更有利于电磁波吸收。吸波保温砂浆最优化性能：2~40GHz 范围电磁波反射率小于-10dB，材料导热系数达到 0.073W/（m·K）。

表 6-7　吸波保温砂浆新材料优化配比设计参数

谐振层	谐振单元体积掺量/%	谐振单元颗粒尺度/mm	电磁功能填料质量分数/%
匹配层	60~80	10~20	0.5~1
吸收层	40~60	5~10	1.5~3

吸波保温墙体构造针对建筑物 1~5GHz 电磁防护能力的提升，在传统保温墙体构造的基础上，以电磁功能增强网格体替代传统增强网格形成感性电磁谐振表面结构，以墙体保温层为宏观谐振腔，以吸波保温砂浆代替传统砂浆层引入微观谐振群，构建如图 6-14 所示的多尺度谐振结构体系，在感性周期表面的阻抗优化及多尺度谐振结构的协同作用下，实现 1~5GHz 频段高效吸波，兼具保温功能。吸波保温墙体构造可实现对 1~5GHz 电磁波反射率小于-10dB，保温性能可根据设计需求选择不同性能的保温材料应用于宏观谐振层

(即保温层) 进行调节。

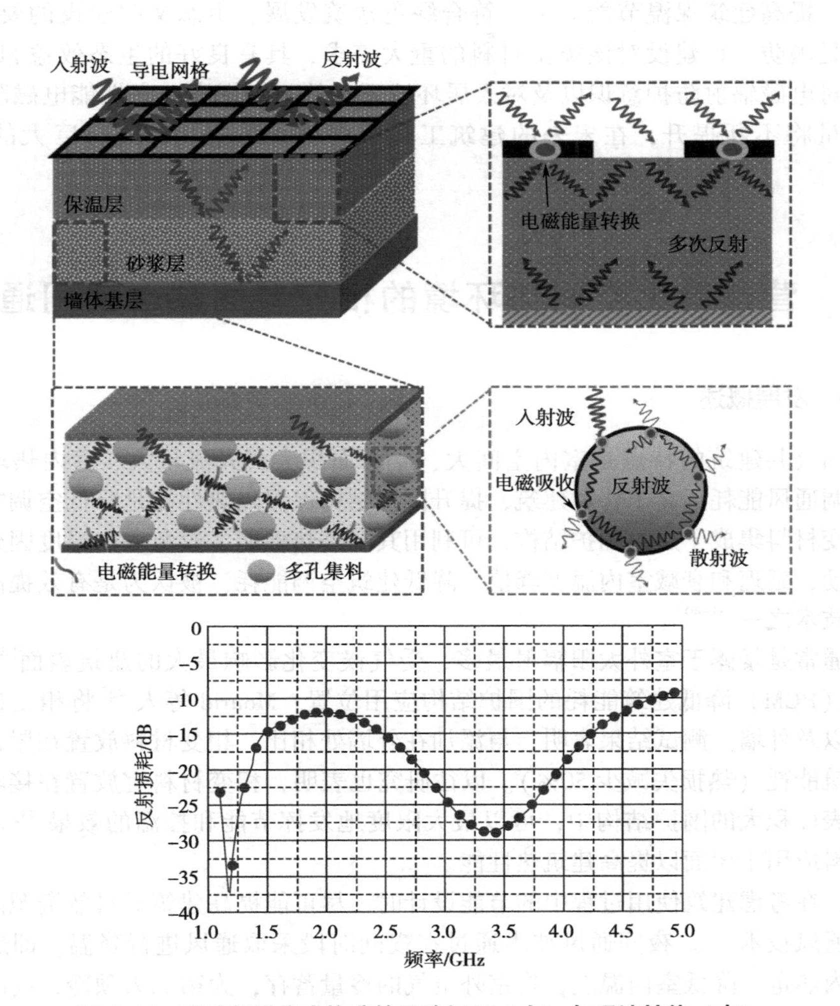

图 6-14　吸波保温集成构造的吸波机理（左）与吸波性能（右）

6.3.3　适用范围与应用前景

随着国内外 5G 通信以及电子信息技术的不断发展，城市和建筑空间电磁辐射背景强度不断增加，这对人体健康、精密设备以及信息安全等均造成潜在危害，有必要采取措施进行电磁辐射污染的防护与治理。电磁辐射防护建材技术在建筑材料吸波性能、材料成本、制造技术和应用性能等方面均具有明显优势，可以应用建筑物各个部位实现电磁防护功能，在未来的国内外市场中具有一定竞争力，应用前景广阔，特别是在功能性建材技术发展滞后的发展中国家。

6.3.4　社会经济生态效益

电磁辐射污染已成为世界第五大污染源，电磁辐射污染导致的负面效应逐渐显现，人居空间的电磁辐射防护刻不容缓，已经引起人们的广泛关注和高度重视。电磁辐射防护建材技术能够有效防护建筑物内外的电磁辐射，功能的集成设计还能够有效改善室内环境的舒适度，提高建筑保温节能效果，符合绿色建筑发展、生态文明建设的要求。此外，还能够满足国防工程建设对该类型材料的重大需求，具有良好的生态效益和社会效益。随着人们对电磁辐射防护意识以及对人居环境要求的不断提高，高性能电磁防护建筑材料的需求量将不断提升，在未来的建筑工程中会被大量应用，具有巨大的潜在经济效益。

6.4 营造高大空间热环境的相变屋面联合夜间通风技术

6.4.1 发展概述

大空间公共建筑的特点是室内空间大、屋面面积大、人流量大、室内热环境复杂多变，其空调通风能耗远高于普通建筑，提升围护结构保温隔热性能是降低空调能耗的有效方式。相变材料集成于建筑围护结构，可利用其高潜热性能，避免室内温度因外扰影响而大幅度波动，延迟和衰减室内温度峰值，降低建筑空调能耗，被认为是有效提高能源利用率的节能技术之一[37-40]。

屋顶通常是暴露于室外太阳辐射最多、受气候变化影响最大的建筑表面[41]，可作为相变材料（PCM）降低建筑能耗的围护结构应用位置。Mourid 等人[42]将相变材料分别应用在屋顶以及外墙。测试结果表明，与添加在外墙处相比，相变材料放置在屋顶处更有利于降低建筑能耗（热损失减少 50%）。以往研究也表明，相变材料宜放置在接收太阳辐射时间长、表面积大的围护结构中，可以最大限度地发挥节能和控温的效果[43]。因此建议将相变材料应用于屋面以提高建筑热性能。

此外，在考虑建筑使用过程中的节能设计时，尽可能提高建筑对自然资源的利用，如采用夜间通风技术[44]。夜间通风技术通过在夜间时段采取通风进行降温，即通过通风换气带走室内热量，降低室内温度，将室外空气的冷量蓄存，为第二天预冷，同时通风可以加快相变层的相变传热过程，增强其传热性能。将相变屋面与夜间通风技术进行优势互补可实现全天候调控室内环境。

相变屋面联合夜间通风技术高度依赖室外气候、建筑特性等因素，其在大空间的适用性和匹配策略有待明确。北非地区气候具有气温日较差大、太阳辐射强、干旱等明显的气候特点，为该地区室内热湿环境营造提供了充分利用太阳能的有利条件。北非地区典型气候分为热带沙漠气候和地中海气候。因此针对北非地区两种典型气候区（热带沙漠气候、地中海气候），将相变屋面联合夜间通风技术集成于大空间建筑，分析优化该技术的适用性及节能策略。

6.4.2 技术内容

下面将从相变屋面联合夜间通风技术原理、相变屋面联合夜间通风下室内热环境改善和节能匹配策略这三方面展开分析。

（1）相变屋面联合夜间通风技术原理。

相变屋面联合夜间通风技术原理是在白天通过相变屋面相变层吸热，降低日间建筑得热量，围护结构释冷，保证白天室内不过热；在夜间，相变材料放热加强高大空间中热压作用，增强夜间通风，消除室内余热并蓄冷，通风可以加快相变层的相变传热过程，夜间通风与相变屋面之间存在耦合增效作用[45,46]，该集成技术原理示意如图 6–15 所示。基于以上原理，本研究开展了针对北非地区大空间建筑的相变屋面联合夜间通风技术的节能分析。

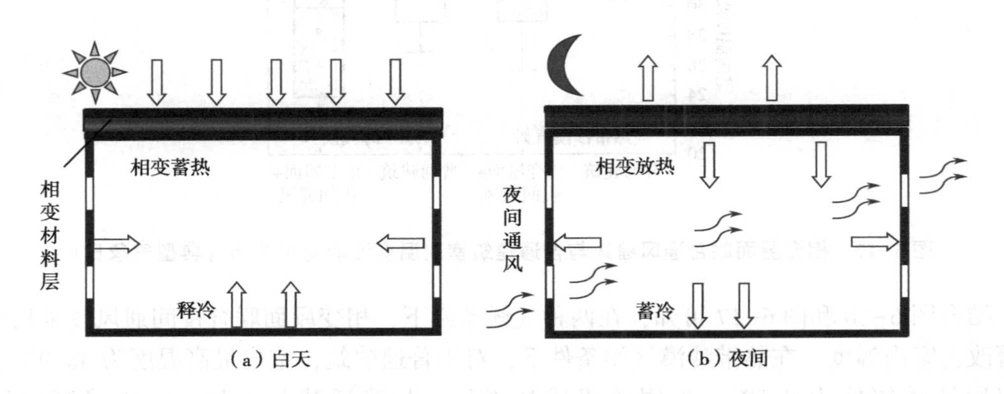

图 6–15　相变屋面联合夜间通风技术原理示意图

选取的当地大空间通高建筑，建筑面积为 875m²，不同围护结构构造及材料热工参数参考当地建造标准。室内热量主要来源于内部人员、灯光、电子设备，在 EnergyPlus 模拟软件中对不同内扰热源强度及运行时刻进行了模拟设置。

（2）室内热环境改善。

利用数值模拟分析了北非地区两种典型气候区（热带沙漠气候和地中海气候）下，大空间建筑在无空调运行条件时，采用相变屋面联合夜间通风技术的效果。首先对比了典型气象日室内平均温度的变化，接着分析了整个夏季制冷期该集成技术对室内温度的影响。为了直观反映相变屋面联合夜间通风技术对室内热环境的影响程度，对比了北非地区两种典型气候区相变屋面联合通风建筑与普通建筑在典型气象设计日的室内平均温度及温度波动变化，见图 6–16、图 6–17。

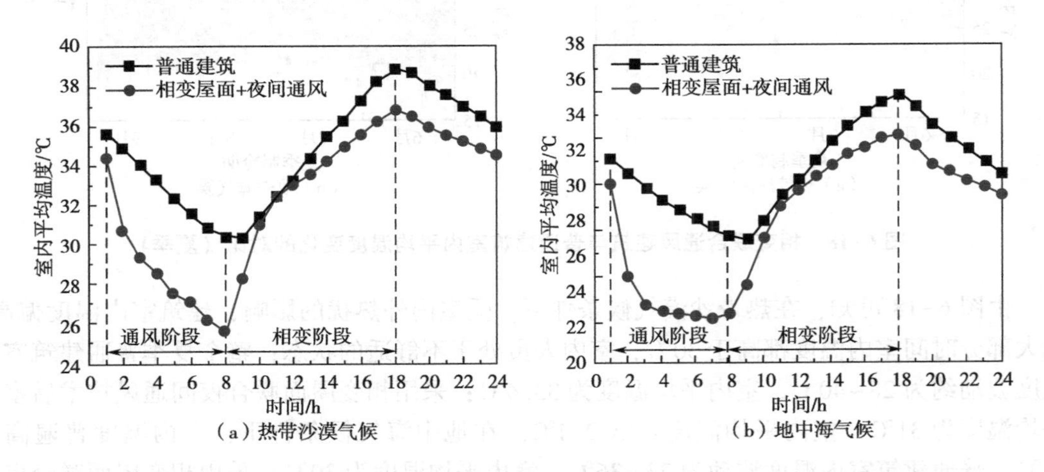

图 6–16　相变屋面联合通风建筑与普通建筑室内平均温度变化的对比（典型气象日）

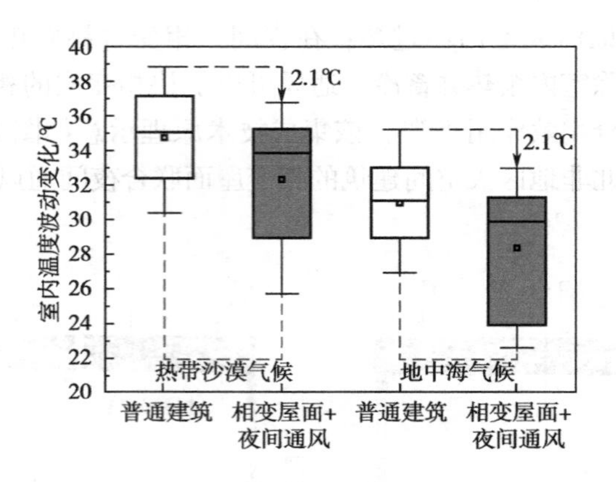

图 6–17　相变屋面联合通风建筑与普通建筑室内温度波动变化范围（典型气象日）

结合图 6–16 和图 6–17 可知，在两种气候条件下，相变屋面联合夜间通风技术均可以显著改善室内温度。在热带沙漠气候条件下，对于普通建筑，室内最高温度为 38.9℃，室内温度波动幅值为 8.5℃。采用该集成技术后，与普通建筑相比，室内最高温度为 36.8℃，降低了 2.1℃。在地中海气候条件下，由于室外气候温度较温和，对于普通建筑，室内最高温度为 35.1℃。采用相变屋面联合夜间通风技术后，室内最高温度为 33.0℃，室内最高温度降低了 2.1℃。因此，采用相变屋面联合夜间通风技术后，能够充分发挥两者在不同时间段的优势：白天蓄热隔热，夜晚排热降温，对室内温度的降低效果较好。

针对整个夏季制冷期，无空调运行条件下，北非地区两种典型气候区采用该集成技术对室内平均温度的影响，见图 6–18。

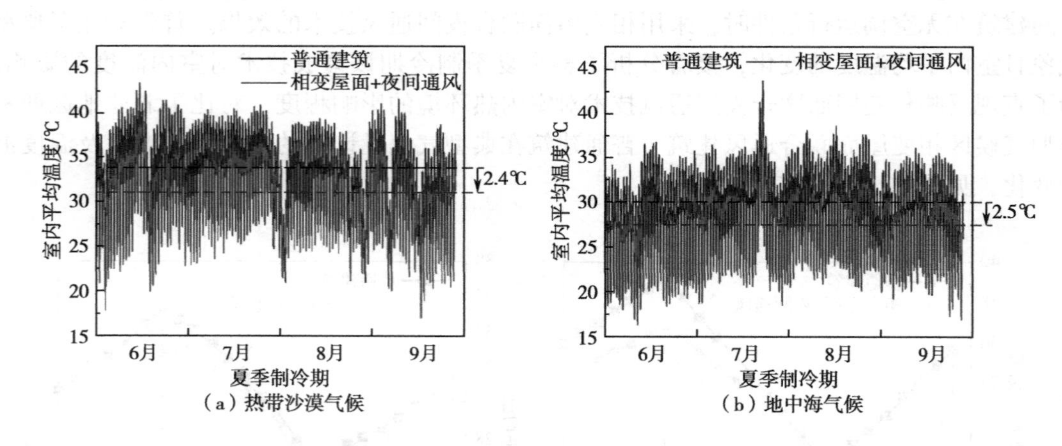

图 6–18　相变联合通风建筑与普通建筑室内平均温度变化的对比（夏季）

由图 6–18 可知，在热带沙漠气候条件下，受室内外热扰的影响，建筑室内温度偏高，绝大部分时间室内温度都高于 30℃，室内人员处于不舒适的状态；整个夏季普通建筑室内温度波动约为 28~40℃，室内平均温度为 33.4℃；采用相变屋面联合夜间通风技术后室内平均温度为 31℃，室内平均温度降低 2.4℃。在地中海气候条件下，室内温度普遍高于 28℃，普通建筑室内温度波动为 23~36℃，室内平均温度为 30℃；采用相变屋面联合夜间通风技术后室内平均温度为 27.5℃，室内平均温度降低 2.5℃。两种气候夏季制冷期下，相变屋面联合夜间通风被动式技术可以使得室内温度至少降低 2.0℃。

（3）相变屋面联合夜间通风的节能匹配策略分析。

在夜间通风形式下，根据当地气候及白天屋面受热情况，选取四种常用相变温度的相变材料（分别为石蜡 RT27，T31，T35HC，PT37），考虑实际应用成本和屋面荷载情况，对相变层厚度范围（0~30mm）进行节能优化分析，根据室外温度及围护结构散热时间选取通风时间段（1：00—8：00，3：00—8：00，5：00—8：00）和大空间推荐换气次数（3~18 次/h）并进行了匹配分析，节能率计算公式如式 6-2 所示。

$$\mu=\frac{Q_0-Q_{pcm+NV}-Q_{NV}}{Q_0} \tag{6-2}$$

式中，Q_0 为普通建筑的夏季空调总能耗（kW·h）；Q_{pcm+NV} 为相变屋面联合夜间通风建筑的夏季空调总能耗（kW·h）；Q_{NV} 为夜间通风风机能耗（kW·h）。热带沙漠气候夜间通风条件下不同相变因素及通风参数工况下的节能率，如图 6-19 所示。

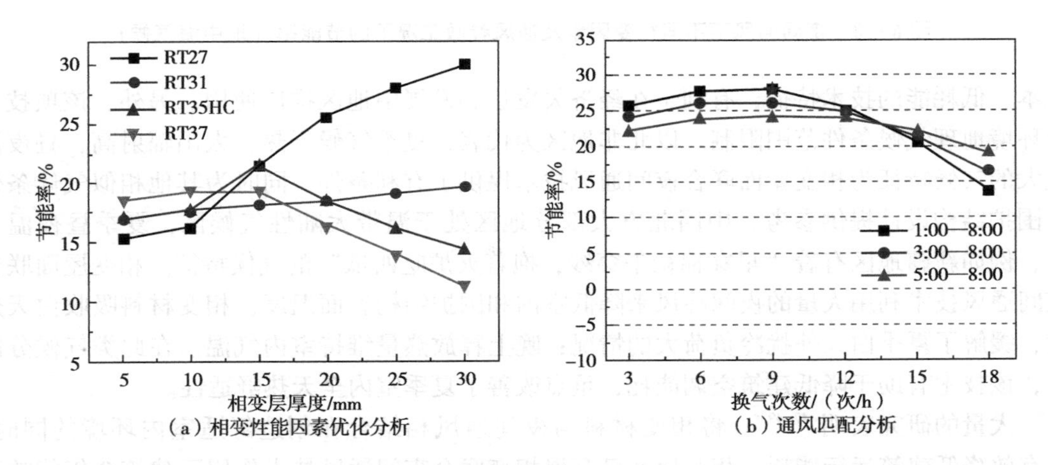

图 6-19 夜间通风下不同相变因素及通风参数工况下的节能率（热带沙漠气候）

由图 6-19 可知，在热带沙漠气候条件下，对于相变屋面，当相变层厚度小于 10mm 时，高相变温度的 PCM（PT37）的节能效果最好；当相变层厚度为 15mm 时，相变材料 RT35HC 节能效果最佳，节能率为 21.74%；当相变层厚度超过 15mm 时，宜采用低相变温度的 PCM（RT27），随着相变层厚度的增加，其节能率也逐渐增加。对于夜间通风，通风时间段为 1：00—8：00，换气次数取 9 次/h，节能效果最佳。

在地中海气候夜间通风条件下，不同相变性能因素及通风参数工况下的节能率见图 6-20。在地中海气候条件下，对于相变屋面，当相变层厚度为 5mm 时，宜采用高相变温度的 PCM（RT31），节能率为 9.39%；当相变层厚度设计超过 5mm 时，宜采用低相变温度的 PCM（RT27），但设计厚度不宜超过 20mm，原因是此气候下相变层厚度超过 20mm 之后节能率随厚度的增加不再显著。对于地中海气候，夜间通风技术节能效果显著，通风时间段为 1：00—8：00，换气次数取 6 次/h 时节能效果最佳。

6.4.3 适用范围与应用前景

“一带一路”沿线国家大部分是发展中国家，受其经济及技术条件限制，在考虑室内热舒适基础上，同时需要保证低成本、低耗能的要求。相变屋面联合夜间通风技术具有低

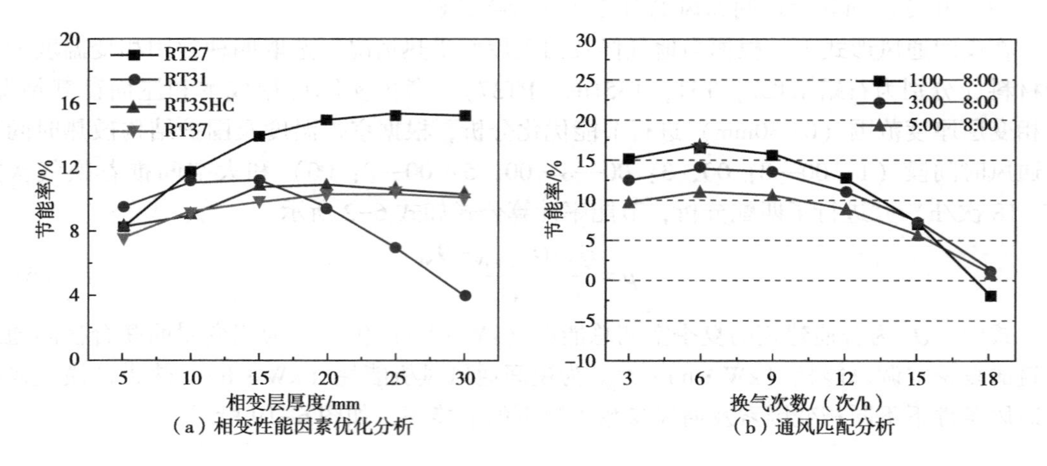

（a）相变性能因素优化分析
（b）通风匹配分析

图 6-20 夜间通风下不同相变因素及通风参数工况下的节能率（地中海气候）

成本、低耗能的技术特征，有利于在经济欠发达和发展中地区推广使用。另外，该项技术受环境地理气候条件范围限制。以北非地区为代表，夏季气候干热，太阳辐射高，昼夜温差大的气候特征为相变屋面联合夜间通风技术提供了有利条件，同时为其他相似气候条件下围护结构设计提供参考。中国北方大部分地区处于温带大陆性气候区，夏季昼夜温差大，例如新疆地区有着“早穿棉袄午穿纱，抱着火炉吃西瓜”的气候特征。相变屋面联合夜间通风技术利用大量的夜间冷风来降低室内和围护结构表面温度，相变材料吸收白天热量，缓解了夏季白天外扰冷负荷大的情况；晚上释放热量维持室内气温。在此类气候分区下，该技术有助于降低建筑空调能耗，重点改善了夏季室内全天热舒适性。

大量的研究表明[47-49]，将相变材料与夜间通风相结合在创造舒适室内环境的同时，可有效降低建筑运行能耗。相关地区已开展相变联合夜间通风技术作用下建筑全年能效测试。以成都地区为例，相变房间结合夜间通风时，相比普通房间空调使用可节省用电量60.9%[50]。随着人们对能源、环境问题的日益重视，相变材料与夜间通风结合的技术将越来越受到国内外的广泛关注，拥有广阔的应用前景。

6.4.4 社会经济生态效益

随着全球能源需求的增加和能源资源的日益紧缺，降低建筑能耗已成为各国社会经济发展的重要内容[51]。《中国建筑能耗与碳排放研究报告（2021）》指出，2019 年全国范围内的建筑在全生命周期内能源消耗总量为 22.33 亿 t 标准煤，碳排放量为 49.97 亿 t CO_2，占全国碳排放量的 50.6%[52]。建筑节能是我国建设低碳经济、完成节能减排目标、保持经济可持续发展的重要环节。相变屋面联合夜间通风技术在节能和减少碳排放方面具有重要作用，可很好地降低维持建筑热舒适的空调运行能耗运行能耗。

建筑行业是主要的碳排放行业之一，实现“一带一路”沿线各发展中国家建筑业可持续发展就必须减少碳排放。经测算，在热带沙漠气候和地中海气候条件下，相较于普通大空间建筑，采用相变屋面联合夜间通风技术的大空间建筑，在达到相同室内温度条件下，可分别降低空调能耗 21.4% 和 14.1%。若将节约的空调能耗折算成当地火力发电的碳排放量，采用此集成技术后，热带沙漠气候条件下 CO_2 排放量可降低 8833.3kgCO_2/年，地

中海气候条件下 CO_2 排放量可降低 4555. 6kgCO_2/年，生态环保效益显著。

本章参考文献：

[1] Madsen U, Breum N O, Nielsen P V Local exhaust ventilation–a numerical and experimental study of capture efficiency [J]. Building and Environment, 1994, 29: 319–323.

[2] See S W, Balasubramanian R. Physical Characteristics of Ultrafine Particles Emitted from Different Gas Cooking Methods [J]. Aerosol and Air Quality Research, 2006, 6 (1): 82–92.

[3] Lam N L, Smith K R, Gauthier A, et al. Kerosene: a review of household uses and their hazards in low and middle income countries [J]. Journal of Toxicology and Environmental Health, Part B, 2012, 15 (6): 396–432.

[4] Abdullahi K L, Delgado–Saborit J M, Harrison R M. Emissions and indoor concentrations of particulate matter and its specific chemical components from cooking: A review [J]. Atmospheric Environment, 2013, 71: 260–294.

[5] Huboyo H S, Tohno S, Cao R. Indoor $PM_{2.5}$ characteristics and CO concentration related to water–based and oil–based cooking emissions using a gas stove [J]. Aerosol and Air Quality Research, 2011, 11 (4): 401–411.

[6] Sofuoglu S C, Toprak M, Inal F, et al. Indoor air quality in a restaurant kitchen using margarine for deep–frying [J]. Environmental Science and Pollution Research, 2015, 22: 15703–15711.

[7] Previdi F, Spelta C, Madaschi M, et al. Active vibration control over the flexible structure of a kitchen hood [J]. Mechatronics, 2014, 24 (3): 198–208.

[8] Tong L, Gao J, Luo Z, et al. A novel flow–guide device for uniform exhaust in a central air exhaust ventilation system [J]. Building and Environment, 2019, 149: 134–145.

[9] Lim K, Lee C. A numerical study on the characteristics of flow field, temperature and concentration distribution according to changing the shape of separation plate of kitchen hood system [J]. Energy and Buildings, 2008, 40 (2): 75–84.

[10] Zhao Y, Li A, Tao P, et al. The impact of various hood shapes, and side panel and exhaust duct arrangements, on the performance of typical Chinese style cooking hoods [J]. Building Simulation, 2012, 6 (2): 39–49.

[11] 刘小民，王星，席光．厨房内吸油烟机射流气幕的参数化研究 [J]. 西安交通大学学报，2013，47 (1): 126–131.

[12] S. J. Tsai, R. F. Huang, M. J. Ellenbecker. Air–borne nanoparticle exposures while using constant flow, constant–velocity, and air–curtain–isolated fume hoods [J]. Annals of Occupational Hygiene, 2011, 54 (1): 78–87.

[13] Han O, Li A, Kosonen R. Hood performance and capture efficiency of kitchens: A review [J]. Building and Environment, 2019, 161: 106221.

[14] Lv L, Gao J, Zeng L, et al. Performance assessment of air curtain range hood using contaminant removal efficiency: An experimental and numerical study [J]. Building and Environment, 2020, 188 (2): 107456.

[15] 李梅芳．民居厨房油烟扩散及控制技术研究 [D]. 衡阳：南华大学，2010: 22–23.

[16] 张嘉羽．高速射流作用下排风汇流对热羽流捕集性能影响研究 [D]. 西安：西安建筑科技大学，2023.

[17] Mihalache O A, Møretrø T, Borda D, et al. Kitchen layouts and consumers' food hygiene practices: Ergonomics versus safety [J]. Food Control, 2022, 131: 108433.

[18] Zhao W, Hopke P K, Norris G, et al. Source apportionment and analysis on ambient and personal exposure samples with a combined receptor model and an adaptive blank estimation strategy [J]. Atmospheric Environment, 2006, 40 (20): 3788-3801.

[19] Madsen U, Breum N, Nielsen P V. Local exhaust ventilation—a numerical and experimental study of capture efficiency [J]. Building and Environment, 1994, 29 (3): 319-323.

[20] Wolbrink D, Sarnosky J. Residential kitchen ventilation-a guide for the specifying engineer [J]. Ashrae Transactions, 1992, 98 (1): 1187-1198.

[21] Li Y, Delsante A. Derivation of capture efficiency of kitchen range hoods in a confined space [J]. Building and Environment, 1996, 31 (5): 461-468.

[22] Zhang J J, Wang X Y, Wang J, et al. Effect of sulfate ions on the crystallization and photocatalytic activity of TiO_2/diatomite composite photocatalyst [J]. Chemical Physics Letters, 2016, 643: 53-60.

[23] 赵宇翔，王静，冀志江，等．硅藻土负载石榴皮提取物抗菌复合材料的制备与研究 [J]．硅酸盐通报，2018，37 (08)：2593-2600.

[24] 赵琪，刘蕊蕊，张琎珺，等．三维花状 Bi2WO6/BiOBr 异质结的制备及对多种染料的降解性能 [J]．无机化学学报，2022，38 (2)：321-332.

[25] Liu RR, Zhao Q, Ji ZJ. Ternary Au/Bi2WO6/BiOBr composites with synergistic effect for enhanced photocatalytic activity [J]. Journal of the Ceramic Society of Japan, 2021, 129 (12): 731-738.

[26] 孙遥，徐冠立，管登高，等．城市电磁环境污染及其防治对策 [J]．电讯技术，2012，52 (04)：604-608.

[27] 赵庆新，张津瑞，赵冉冉．炭黑掺量对水泥基复合材料微波吸收性能的影响及机理 [J]．硅酸盐学报，2011，39 (12)：2013-2020.

[28] 陈宁，王海滨，霍冀川，等．铁氧体水泥基复合材料的电磁特性研究 [J]．材料导报，2010，24 (3)：60-63.

[29] 戴银所，王明洋，王源，等．钢纤维复合水泥砂浆的吸波性能研究 [J]．硅酸盐通报，2015，34 (4)：1026-1030.

[30] Xie S, Ji ZJ, Zhu LC, et al. Recent progress in electromagnetic wave absorption building materials [J]. Journal of Building Engineering, 2020, 27: 100963.

[31] Xie S, Ji ZJ, Yang Y, et al. Electromagnetic wave absorption enhancement of carbon black/gypsum based composites filled with expanded perlite [J]. Composites Part B: Engineering, 2016, 106: 10-19.

[32] Xie S, Yang Y, Hou GY, et al. Development of layer structured wave absorbing mineral wool boards for indoor electromagnetic radiation protection [J]. Journal of Building Engineering, 2016, 5: 79-85.

[33] Xie S, Ji ZJ, Yang Y, et al. Layered gypsum-based composites with grid structures for S-band electromagnetic wave absorption [J]. Composite structures, 2017, 180: 513-520.

[34] Xie S, Zhu LC, Zhang Y, et al. Three-dimensional periodic structured absorber for broadband electromagnetic radiation absorption [J]. Electronic Materials Letters, 2020, 16: 340-346.

[35] Xie S, Ji ZJ, Shui ZH, et al. Effect of three-dimensional woven fabrics on the microwave absorbing and mechanical properties of gypsum composites using carbon black as absorbent [J]. Materials Research Express, 2017: 082606.

[36] Xie S, Ji ZJ, Yang Y, et al. Electromagnetic wave absorption properties of honeycomb structured plasterboards in S and C bands [J]. Journal of Building Engineering 7 (2016) 217-223.

[37] Ben Romdhane S, Amamou A, Ben Khalifa R, et al. A review on thermal energy storage using phase change materials in passive building applications [J]. Journal of Building Engineering, 2020, 32.

[38] Lei J, Yang J, Yang E-H. Energy performance of building envelopes integrated with phase change materials for cooling load reduction in tropical Singapore [J]. Applied Energy, 2016, 162: 207-217.
[39] Song M, Niu F, Mao N, et al. Review on building energy performance improvement using phase change materials [J]. Energy and Buildings, 2018, 158: 776-793.
[40] Kharbouch Y, Ouhsaine L, Mimet A, et al. Thermal performance investigation of a PCM-enhanced wall/roof in northern Morocco [J]. Building Simulation, 2018, 11 (6): 1083-1093.
[41] N. M. 2018, P. Sharma, M. M. Purohit, Performance of different passiveTechniques for cooling of buildings in arid regions [J]. Build and Environ. 38 (2003) 109-116.
[42] Amina Mourid, Mustapha El Alami, Frédéric Kuznik. Experimental investigation on thermal behavior and reduction of energy consumption in a real scale building by using phase change materials on its envelope [J]. Sustainable Cities and Society, 2018, 41, 35-43. DOI. org/10. 1016/j. scs. 2018. 04. 031.
[43] Qu Y, Zhou D, Xue F, et al. Multi-factor analysis on thermal comfort and energy saving potential for PCM-integrated buildings in summer [J]. Energy and Buildings, 2021, 241.
[44] Moosavi L, Zandi M, Bidi M. Experimental study on the cooling performance of solar-assisted natural ventilation in a large building in a warm and humid climate [J]. Journal of Building Engineering, 2018, 19: 228-241.
[45] Jamil H, Alam M, Sanjayan J, et al. Investigation of PCM as retrofitting option to enhance occupant thermal comfort in a modern residential building [J]. Energy and Buildings, 2016, 133: 217-229.
[46] Mechouet A, Oualim E M, Mouhib T. Effect of mechanical ventilation on the improvement of the thermal performance of PCM-incorporated double external walls: A numerical investigation under different climatic conditions in Morocco [J]. Journal of Energy Storage, 2021, 38.
[47] 冯国会，韩淑伊，刘馨，等 . 相变墙房间夏季夜间通风效果实验 [J]. 沈阳建筑大学学报（自然科学版），2013，29（04）：693-697.
[48] 冯国会，曹广宇，于瑾，等 . 夏季昼夜温差较大地区相变墙蓄冷可行性分析 [J]. 沈阳建筑大学学报（自然科学版），2005（04）：350-353.
[49] 林坤平，张寅平，江亿 . 我国不同气候地区夏季相变墙房间热性能模拟和评价 [J]. 太阳能学报，2003（01）：46-52.
[50] 许倩语，宋文武，江竹，等 . 基于夜间通风的相变房间室内热环境研究 [J]. 新型建筑材料，2016，43（5）：103-106. DOI：10. 3969/j. issn. 1001-702X. 2016. 05. 026.
[51] Barzin R, Chen J J J, Young BR, et al. Application of PCM energy storage in combination with night ventilation for space cooling [J]. Appl Energy, 2015, 158: 412-421.
[52] 中国建筑节能协会 . 2021 中国建筑能耗与碳排放研究报告：省级建筑碳达峰形势评估 [2021-12-23] [EB/OL]. http: //www. 199it. com/archives/1369165. html.

7　生活便利关键技术

随着社会经济的发展及生活水平的提高，人们对于建筑使用环境的要求也在不断提高，不再满足于基本的居住或使用功能，逐渐对建筑及其周边环境与配套设施的舒适性、便利性和多样性等方面更加关注，因此，绿色建筑对街区的规划提出了更高要求。此外，科技迅速发展对人们的生产生活方式产生了巨大的变革，现如今，人们可以通过智能家居设备、智慧管理技术实现建筑空间的智慧化，提升建筑环境的安全性、满意度、便捷性。

本章基于我国绿色建筑生活便利技术领域的创新成果，介绍街区规划技术、智能家居技术及绿色园区智慧管理技术，这些技术不仅在我国的应用中取得了较好的效益，也可向“一带一路”共建国家推广应用，为当地绿色建筑（园区）的建设提供指导，提升当地绿色建筑的生活便利性能。

7.1　生活便利街区规划技术

7.1.1　发展概述

国际联合国人居中心将“宜居性”与住房、社会服务和基础设施等条件相联系。经济学人智库在宜居城市调查中通过运动、文化、医疗等服务设施的可获得性，以及食品、消费品可获得性、道路网络等基础设施的供给等方面的评价指标对城市生活和工作便捷性进行考量。世界各地也陆续探索在城市中实现生活宜居和便捷的规划方法，生活便利程度成为社区规划关注的重点。例如，日本最早提出“广域生活圈”的概念，形成了科学配置基础、公共服务设施的规划策略；欧美国家形成了强调时间尺度的社区空间单元规划理念，包括法国巴黎的 15 分钟城市、澳大利亚的 20 分钟邻里和新加坡的 20 分钟城镇。

我国近年来陆续提出建设社区生活圈、便民生活圈、完整居住社区等提升发展理念，城市发展与规划逐渐加强了对于日常生活便利程度的重视。自然资源部于 2021 年发布了《社区生活圈规划技术指南》TD/T 1062—2021，强调社区生活圈应融合宜业、宜居、宜游、宜养、宜学的多元功能，并提出促进共享办公、文化活动、体育健身等服务要素与商业服务业用地混合布局，设置活力界面和休憩设施，优化绿化环境，提升出行体验等要求。住房和城乡建设部于 2022 年出台《完整居住社区建设指南》，提出加快补齐既有居住社区设施短板等工作要求，其中对基本公共服务设施、便民商业服务设施、市政配套基础设施、公共活动空间等方面内容进行了引导规定。商务部等 13 部门于 2023 年出台《全面推进城市一刻钟便民生活圈建设三年行动计划（2023—2025）》，聚焦社区消费空间，提出补齐基本保障类业态、发展品质提升类业态、优化社区商业网点布局及改善社区消费条件等工作目标要求，并对于超市、便利店、菜市场、快递末端综合服务场所等基础性服务设施提出相应支持政策。

总体来看，生活便利程度越来越受到全球关注，各个城市也在不断探索面向人民需求的街区规划方法。而针对已建成街区中存在的设施不足、公共空间欠缺等问题，城市更新则成为提升街道生活便利度的重要路径。通过合理配置公共资源、有效提升社区服务的可达性，优化城市居住空间组织与设施配给逻辑，有助于实现舒适便利、绿色宜居的高品质街区环境。

7.1.2 技术内容

（1）参与式社区规划技术。

面对社会日益发展的多层次多样化需求，城市公共设施与社会服务质量不断提升，很多城市通过城市体检、加强公众参与的方式来识别建成街区中的公共服务设施短板。例如，北京创新编管体系，探索提出“清单式”“菜单式”存量更新街区规划编制的新路径。该模式采用“四步走、八清单”编制技术，形成了基于资源评价与需求调研的规划编制与设施配置方法（图 7–1）。其中，“四步走”即通过体检评估找问题、多元协商问需求、整体策划配政策、制定计划推行动，明确“八个清单”，即问题清单、资源清单、需

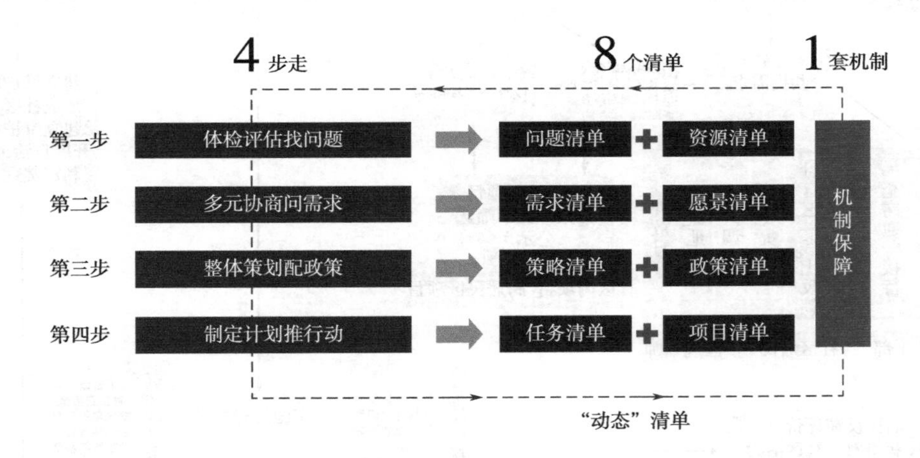

图 7–1 北京市“四步走、八清单”“六策略”工作机制

（资料来源：《北京：加强规划引领，持续推进首都城市更新走深走实、出彩出效》）

求清单、愿景清单、策略清单、政策清单、任务清单、项目清单。区级层面抓统筹，进一步提出用少量新增带动存量资源整合，形成“6 大策略”，即“公服增补、交通改善、基础保障、精治共治、职住优化、品质提升”，以推动街区空间结构优化、功能完善和品质提升。例如，针对当前老龄化问题，通过分析社区人口年龄结构以及老年人的需求，引进养老服务组织、增设社区医务室，补充综合为老服务中心、社区老年活动室、日间照护中心、助餐点等，满足老年人多样化、个性化养老需求。

在自下而上提出需求方面，上海建立参与式社区规划制度，将社区治理与社区规划相融合，引导居民等主体提出社区改造需求，参与式社区规划流程（图 7-2）。在具体操作方面，出台《上海市参与式社区规划导则》，明确“是什么、谁来做、怎么做”，鼓励社区通过“社区开放日”“走街”等形式实地调研、梳理社区资源，由居民结合自身需求自主发起“社区提案”，以“公益市集”“志愿者招募书”等方式吸引更多志愿者和居民参与，典型案例如表 7-1 所示。

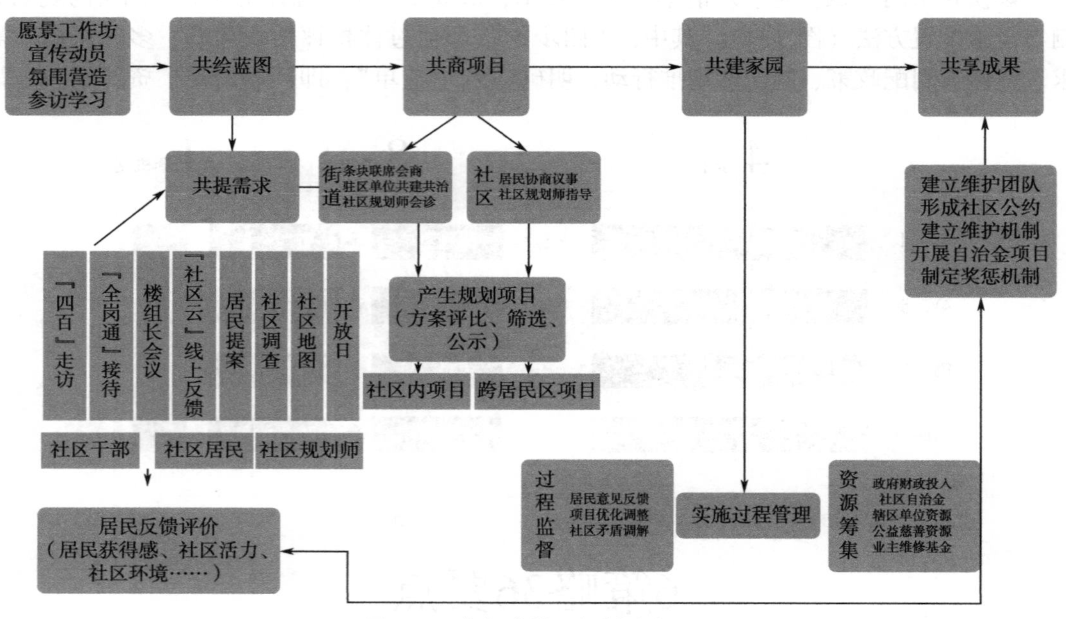

图 7-2　参与式社区规划流程图

（资料来源：《上海市参与式社区规划导则》）

表 7-1　参与式社区规划的类型典型案例

社区类型	案例名称		类型	大小	资金来源	实施主体
城市社区	浦东缤纷社区案例	“不任意的任意门”：老小区焕新计划——多元参与激发老旧社区发展动力	小型公共社区规划类	200m^2	公益慈善资金、居民自筹资金	政府、专家、设计团队、公益社团、社区居民

续表7-1

社区类型	案例名称		类型	大小	资金来源	实施主体
城市社区	浦东缤纷社区案例	更新与自治：浦东新区缤纷社区建设实践	小型/微型公共社区规划类	370多处缤纷社区项目	公共财政投入	政府、专家、社区规划师、社区治理组织和人员、社区居民
		参与式社区规划助力浦东东明路街道打造"宜居东明，人民社区"	小型/微型公共社区规划类	17个社区花园、37个居民小区规划	公共财政投入、居民自筹资金	街道党工委、高校专家团队、社区规划师、居委会、业委会、物业、社区居民等

注：本表引自《上海市参与式社区规划导则》。

（2）功能复合街区规划技术。

社区生活消费是社会公众发生频率最高的消费类型。在街区规划中，考虑商业服务设施与各类设施融合设置可提升使用相应公共服务时的便利性和舒适性，在满足线下消费需求的同时，创造社区活动和邻里交往的空间。在具体策略方面，应当鼓励消费空间与街区空间深度融合，对于公园、广场、步行街等公共空间，鼓励增加餐饮、零售等消费业态。鼓励沿街形成功能复合、设施开放的布局，营造舒适、便利的街道空间，强调街区通过水平与垂直功能混合、提升店铺密度，通过设置商业、文化临时设施等方式，为社会公众的各种活动提供场所。

纽约SoHo/NoHo街区（图7-3）通过建筑、用地功能混合，实现了街区功能多元复合及历史街区的活化探索。在近60年的发展历程中，SoHo/NoHo街区老旧厂房自发转型，形成了商业、居住、办公、生产等多种功能混合使用的空间特征。当地出台了相关法规支持功能混合，包括明确在商业等非居住建筑内可以设置临时的居住功能，并进一步推动非居住建筑改为居住用途。同时，规划还提出了混合用途区的概念，将街区的基本用地性质修改为工业/居住混合用地，以支持居住、商业、生产、公共设施等多元功能复合。在规划措施层面，支持各类建筑和地块设置底层商业，保持街区活力的氛围与体验；放宽规划条件限制，居住功能与非居住功能可以布局在同一个楼层，扩大街区的商业用途清单，纳入体育、康养、酒店等业态。

（3）街道步行环境改善技术。

为提升城市街道步行环境，一方面应优化街道布局，增加人行道、步行道和过街设施等步行友好的设施，灵活设置机动车道路的宽度，降低车速限制，保障行人的安全，鼓励慢行交通。另一方面应美化街道环境，如通过种植行道树、修建绿化带等方式增加街道绿化覆盖率，设置艺术装置等方式增加街道的吸引力，提高行人步行的愉悦度。《上海市街道设计导则》提出塑造活力街道，激发街区魅力，打造"可漫步街区"的理念。在提升街道环境风貌方面，一是强调街道空间需要有连续性和舒适性，如图7-4所示，对商业与生活服务街道的人行出入口、公共座椅及休憩节点、沿街商业活动空间等方面提出了要求。二是针对机动车通行优先、道路设计工程化、建筑道路相分离等影响街道步行环境的

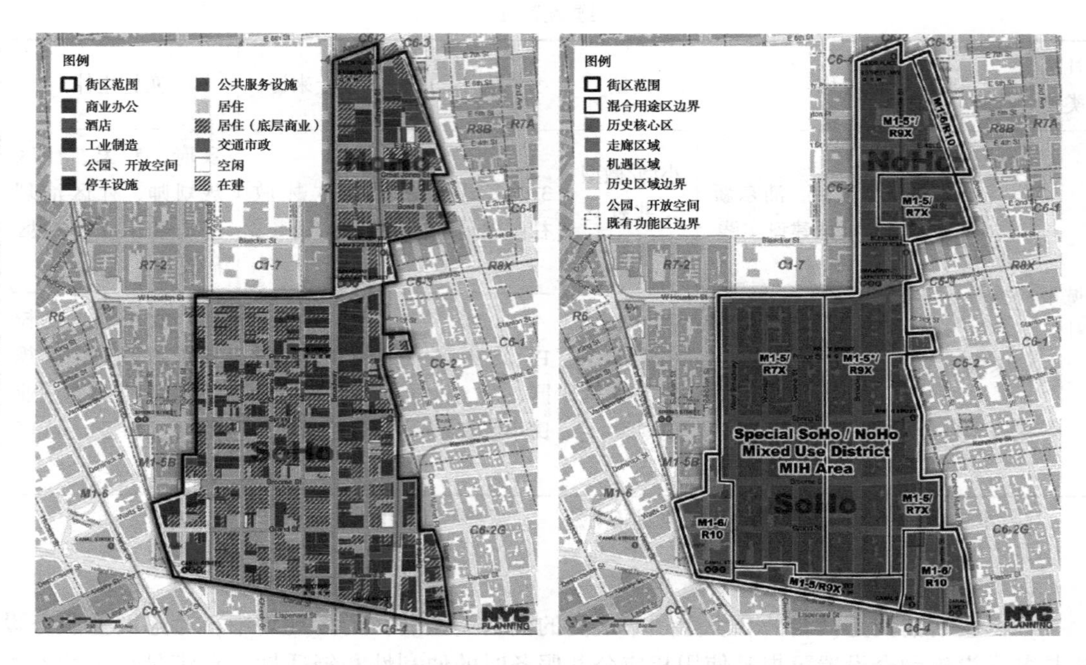

图 7-3 街区内的混合功能分布（右）与大型混合利用建筑分布（左）

（资料来源：《SoHo/NoHo 街区规划》）

问题，提出四大理念转变。关注重点由“主要重视机动车交通”向“全面关注人的流通和生活方式”转变，管控方式由“道路红线管控”向“街道空间管控”转变，设计方法由“一般的工程设计”向“整体空间景观环境设计”转变，目标评价由“强调交通效能”向“促进街区与街道融合发展”转变。同时从营造愉悦的步行感受角度，对沿街建筑立面提出设计引导，对街道空间的连续性和舒适性提出要求。

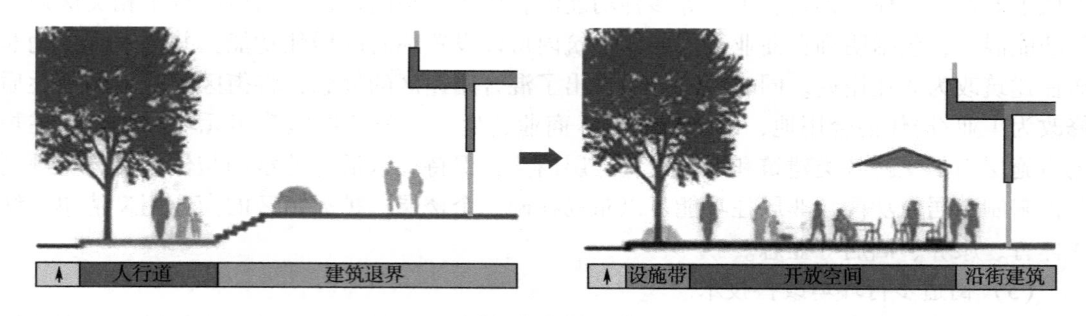

图 7-4 连续舒适的街道断面示意图

（资料来源：《上海市街道设计导则》）

7.1.3 适用范围与应用前景

在宜居街区的规划方面，我国已经初步形成了“理论体系+规划方法+实施路径”三位一体的中国模式。在理论构建方面，形成了 15 分钟社区生活圈、完整社区建设、一刻钟便民生活圈等发展理念。在规划方法方面，国家层面出台了相关的设计标准规范指导规划的编制，上海、成都等城市也形成了一些实践探索，在规划方法上鼓励共建共治共享，精准识别需求、多元参与。在实施路径方面，探索了市场化运营、智慧化管理等方面内容，在街区建设中引入市场企业、社会组织等主体参与，同时积极探索多元的数字化运营城市场景，提高了街道市政管养机械化率。

我国模式对世界各地城市宜居街区的规划、建设、管理与长效治理可以形成一定的借鉴意义，尤其对于"一带一路"国家。近年来，随着中外优势产能的合作不断加强，中国境外产业园开始大规模兴起，我国规划管理相关理念技术的海外实践主要采取以产业园区规划为主的输出模式，并逐渐扩展到临近区域[1]。而在产城融合的新发展趋势下，也对产业园区配套的生活区提出了更高的建设要求，对于境外城市产城融合建设，生活便利导向的街区规划理念具有重要意义。

7.1.4　社会经济生态效益

生活便利街区规划技术有助于实现国际层面宜居城市建设的理念。联合国 2030 年可持续发展目标包括建设具有包容性、安全、有复原力和可持续的城市和住区；生活便利街区的规划建设有利于实现安全、包容性、无障碍和绿色的公共空间，改进道路安全，加强参与性、综合性和可持续的人类住区规划和管理等方面的目标。另一方面，生活便利街区规划技术公众需求，实现人民对美好生活的向往。生活便利街区的建设有助于在城市发展中补齐民生短板、促进社会公平正义，保障幼有所育、学有所教、劳有所得、病有所医、老有所养、住有所居、弱有所扶。

7.2　智能家居技术

7.2.1　发展概述

智能家居技术将住宅作为主要应用平台，以家庭网络和各类智能终端为基础，通过集成人工智能、自动控制、网络通信、音视频、信息安全等技术，构建智能化的住宅设施与家庭事务管理系统，实现家居设施的智能控制功能，提供数字娱乐、智能安防、健康服务等应用服务[2]。

未来智能家居的发展需要促进技术衍进、工艺改进和升级迭代，让智能家电产品更精准、高效地为消费家庭服务，推动智能家电产品的落地应用，促进产业和行业的发展。

7.2.2　技术内容

（1）家电快连技术。

Wi-Fi 配置绑定是家电智能的第一步，家电必须要连接网络并且建立用户与家电的关系后，才能实现智能控制。传统配置绑定由于流程复杂、绑定迟缓、引导复杂等问题，时常导致 Wi-Fi 设备绑定失败。家电快连技术通过自动配网方案（图 7-5）默认设置新家电为永久可发现模式，在上电 30 分钟内，BLE 发现，一键连接；上电 30 分钟后，BLE 发现，靠近连接，无需进行手动配置。在用户管理端，各大品牌方均研发了家电控制系统，保证了家电管理的便携性。

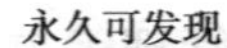

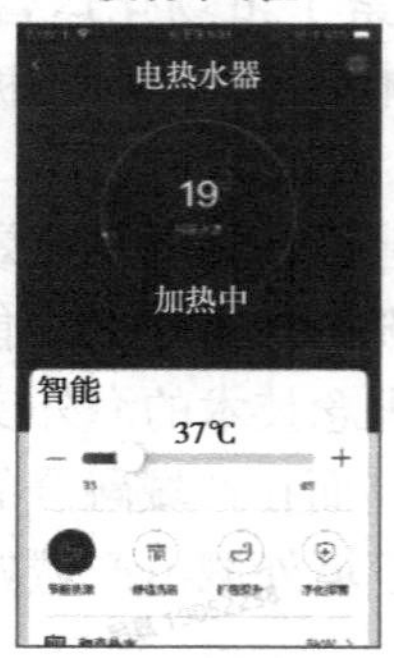

图 7-5　家电快连技术（部分）

（2）毫米波雷达技术。

毫米波雷达技术基于毫米波传播特性，推出了全姿态识别无线感知方案，可实现室内场景中轨迹定位、人数监测和人体全姿态识别（站、坐、躺、倒）等功能。如图 7-6 所示，通过毫米波信号捕捉姿态形成精确 3D 点云成像，AI 算法映射成抽象模态，便可有效分辨成人、儿童、宠物、干扰等反射波信息，具有静止姿态辨识能力。与此同时，该技术还可进行呼吸心率、生命体征监测，当老年人在睡眠期间出现呼吸暂停或心率非规律变化时，可及时报警，防止意外发生。同时，监测期间还可对呼吸、心率等数据进行后台综合分析，实现潜在疾病的早防早治。

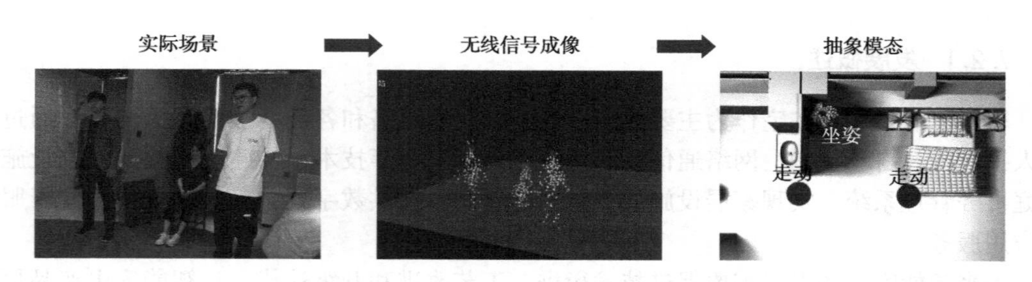

图 7-6　全姿态识别无线感知步骤

（3）边缘计算技术。

家庭场景中，完全依赖云计算进行数据传输和处理将会造成巨大的网络延迟。边缘计算可在边缘节点处理数据，有效减少传输和处理的数据量。随着物联网、5G、AI、AR/VR 等技术的发展及边缘计算技术的大量应用，智能家居技术从“单点智能”逐渐升级为“场景智能”“全屋智能”。图 7-7 展示了智能家居边缘计算应用流程，较云计算技术具有以下优势：

1）计算过程将家庭、私人数据全部或部分进行本地存储，对需要传输至云端的数据进行预处理和数据脱敏，降低数据传输过程中泄露的风险。

2）利用边缘计算对数据就近处理，满足高要求场景需求，提高数据传输的效率和稳定性。

3）通常情况下，边缘计算和云计算可以互相补充。当家庭网络失效时，边缘计算依旧可以进行家庭设备的本地控制。

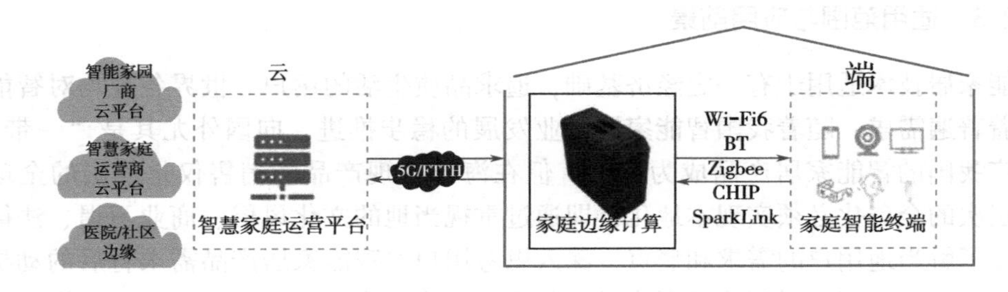

图 7-7 智能家居边缘计算应用流程

（4）人机交互技术。

智能家居针对住宅场景，通过物联网技术连接家居设备，进行家电控制、远程控制、环境监测、危险预警、安全监控等多种智能化操作[3]。人机交互技术为控制智能家居设备奠定了基础[4]，可使用户不受空间与时间限制，实现家居控制端的智能连接，使用户获得个性化、定制化的智能服务，满足用户需求。

以图 7-8 所示的全屋空气系统为例，人机交互技术除可将温度、湿度、CO_2、$PM_{2.5}$、TVOC、甲醛等室内常见参数进行可视化展示外，用户还可根据实际条件、个人喜好度等对室内参数进行手动或语音控制。与此同时，当交互系统检测到环境中的某些变量超标时，可自行决策，联动相关家电设备进行治理。全屋灯光系统则可以收集用户作息、工作时间等基本信息，实现提前开灯、开窗帘等操作，让用户切实感受到智能家居带来的便利感和幸福感。

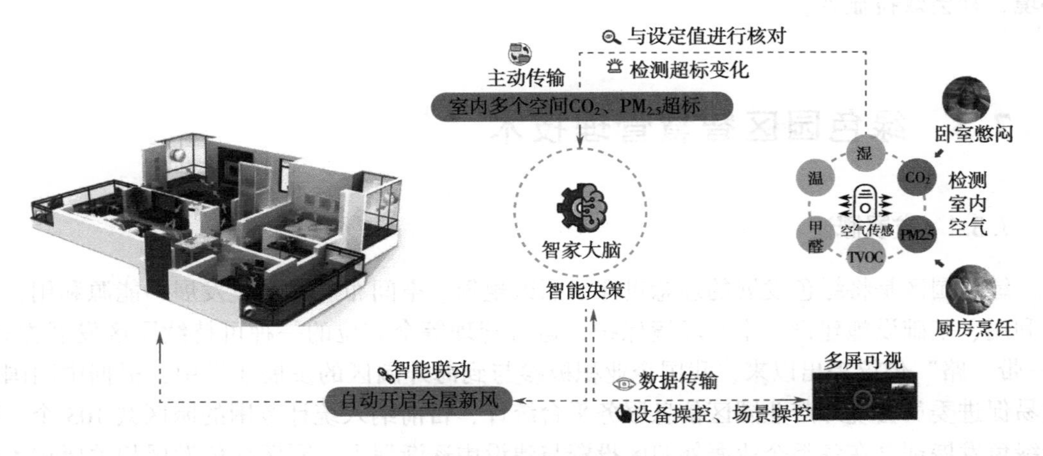

图 7-8 全屋空气系统交互技术控制流程

（5）智慧节能技术。

智慧节能技术的最大特点是打破过去单一的节能系统，实现系统间的智慧融合[5]，例如，将空调、空气净化器、加湿器等通过传感器与智慧控制系统进行连接，搭建智慧节能系统。

随着该技术的不断更新，还可定制智慧节能场景。以夜间智慧温控技术为例，当夏季夜晚室外温度较低时，用户习惯将空调关闭并将窗户开启，这时常导致用户下半夜热醒的情况发生。智慧节能技术通过实时获取室外温度参数，当室内外温差达到±1℃时，主动关闭空调并将室外空气引入室内，在保障室内舒适的同时，也降低了用户用电量。

7.2.3 适用范围与应用前景

智能家居技术适用于有一定经济基础，追求品质生活的用户。世界各地均对智能家居产品有着普遍需求，随着我国智能家居产业发展的稳步推进，向国外尤其是“一带一路”国家推广我国的智能家居产品成为必然。但在海外实现产品的销售仅是浅层的全球化推广，深层次的全球化必须实现本地化，即通过重视当地的文化风俗、商业习惯、法律法规等，充分了解当地用户的需求和痛点，深入思考用户对智能家居产品需求背后的动机、情感、意识形态[6]，研发满足当地需求的智能家居技术，实现产品的技术创新，推动智能家居产业的全球化优质发展。

7.2.4 社会经济生态效益

2020 年，智能家居技术首次在中国国际进口博览会上亮相，松下智感健康空间将智能家居技术与空气调节系统进行结合，根据历史数据设置舒适的睡眠空间（照明、室温、湿度、气味），并监测分析用户的心率、呼吸频率和睡眠阶段，为用户提供最佳的生活空间。2022 年，海尔 AI 墅居气候系统将全屋空气设备、智能家居设备进行智慧联控，打造一系列专属智慧微场景，为用户提供量身定制的好空气，实现了温度、湿度、$PM_{2.5}$、CO_2、甲醛、TVOC 等环境参数的可视化，针对不同区域、空间、人群提供多样化定制场景体验，让智能家居技术为用户提供更为精准的服务，带来更为舒适的室内空气体验。随着人们对室内生活品质要求的提高，从过去关注冷热舒适，到如今重视温湿平衡、空气净化、设备节能、环境友好等，智能家居技术的应用场景日益丰富，为用户创造了更为健康、舒适的环境，社会效益显著。

7.3 绿色园区智慧管理技术

7.3.1 发展概述

绿色园区是将绿色发展的理念贯穿于园区规划、空间布局、产业发展、能源利用、资源利用、基础设施建设、生态环境保护、运行管理等全方位的一种可持续园区发展方式。“一带一路”倡议提出以来，我国企业积极参与到海外园区的发展建设中，根据中国国际贸易促进委员会境外产业园区信息服务平台统计，目前纳入统计范围的园区共 103 个。随着绿色发展理念在各类企业海外园区投资与建设中逐渐深入，园区绿色发展相关要求不断深化，从环保合规拓展到生态保护、应对气候变化和可持续发展。

从可持续发展视角来看，工业园区被视为实现包容性和可持续工业化的重要工具，是推动实现联合国可持续发展目标（SDG）的关键。如图 7-9 所示，“一带一路”国家（地区）绿色园区建设有助于实现可持续发展目标（SDG）第 6 项、第 8 项、第 9 项、第 11 项、第 12 项和第 13 项目标，顺应全球绿色发展潮流。中国企业通过开发具有竞争力的包容与可持续园区，为其参与国际竞争提供了新的契机。

- 第6项目标：确保所有人都可以获得水和卫生设施，并实现其可持续管理
- 第8项目标：促进持久、包容性和可持续经济增长；为所有人提供全面有效的就业和体面工作
- 第9项目标：建造具备抵御灾害能力的基础设施；促进具有包容性的可持续工业化；推动创新
- 第11项目标：使城市和人类居住区具有包容性、安全性、适应性和可持续性
- 第12项目标：确保可持续消费和生产模式……
- 第13项目标：采取紧急行动应对气候变化及其影响

图 7-9　工业园区对可持续发展目标（SDG）的推动

绿色智慧园区具有丰富的发展内涵，主要体现在园区空间布局合理化、产业发展绿色化、能源资源利用绿色化、生态环境绿色化、建筑与基础设施绿色化等方面，并通过园区智慧运营来保障。为此，绿色智慧园区可进一步界定为：以绿色发展为核心，采用整体方法落实绿色发展理念，在规划设计中注重采用绿色建筑、能源节约、本地建材、生态交通、公共空间等；充分利用传感器、智能设备等信息化基础设施和信息化手段，获取数据信息，并对数据进行处理，为园区企业及员工提供便捷、舒适、节能、环保和人性化服务的产业聚集区。

在绿色园区全生命周期中，智慧管理涉及前期的顶层设计、规划建设和运营管理。从多主体互动的角度来看，智慧管理涉及园区与所在城市（地区）制度架构、规划体系、保障体系等的多尺度互动。构建系统、完善的绿色园区智慧管理体系是指导境外园区发展方式转变的重要途径之一。

7.3.2　技术内容

在传统绿色智慧园区的“规划——建设——管理”链条中，特别是规划与设计阶段，对于生态要素和建筑与基础设施要素的辨识和表述能力不足。随着传统蓝图式规划向动态规划的转变，建成环境管控的难度也日益增大。绿色园区智慧管理技术基于城市画像框架研究[7]相关技术，在明晰园区发展侧重和内涵表征的基础上集成多源数据，将传统数据同新的技术手段相结合，包括使用无人机摄影测量技术获取园区航测遥感数据、园区周边街景数据、时空大数据等，提供面向不同场景数据需求的数据服务框架。绿色园区智慧管理技术框架如图 7-10 所示。

在顶层设计阶段，基于多源数据对园区数据画像，以“驱动——压力——状态——影响——响应”（DPSIR）框架对绿色生态影响因素进行分析，建立生态系统与建筑和基础设施系统互动关联的指标体系基本框架，分析园区建设过程中不同时间尺度和空间尺度的指标取值合理性，以提高绿色智慧园区规划建设指标体系的科学性；针对绿色智慧园区的不同特点，采用图数据库技术和人工智能方法对规划涉及的多维信息融合汇总，建立多维视角下的多尺度评价指标库。在运营阶段，基于数据驱动模型方法，建立园区能源与环境发展趋势模拟预测的深度学习模型，用于园区水环境、建筑能源消耗、室内空气质量等监测评估与预测预警服务，建立室内环境监测评价系统。

（1）绿色智慧园区规划指标体系智慧化构建技术。

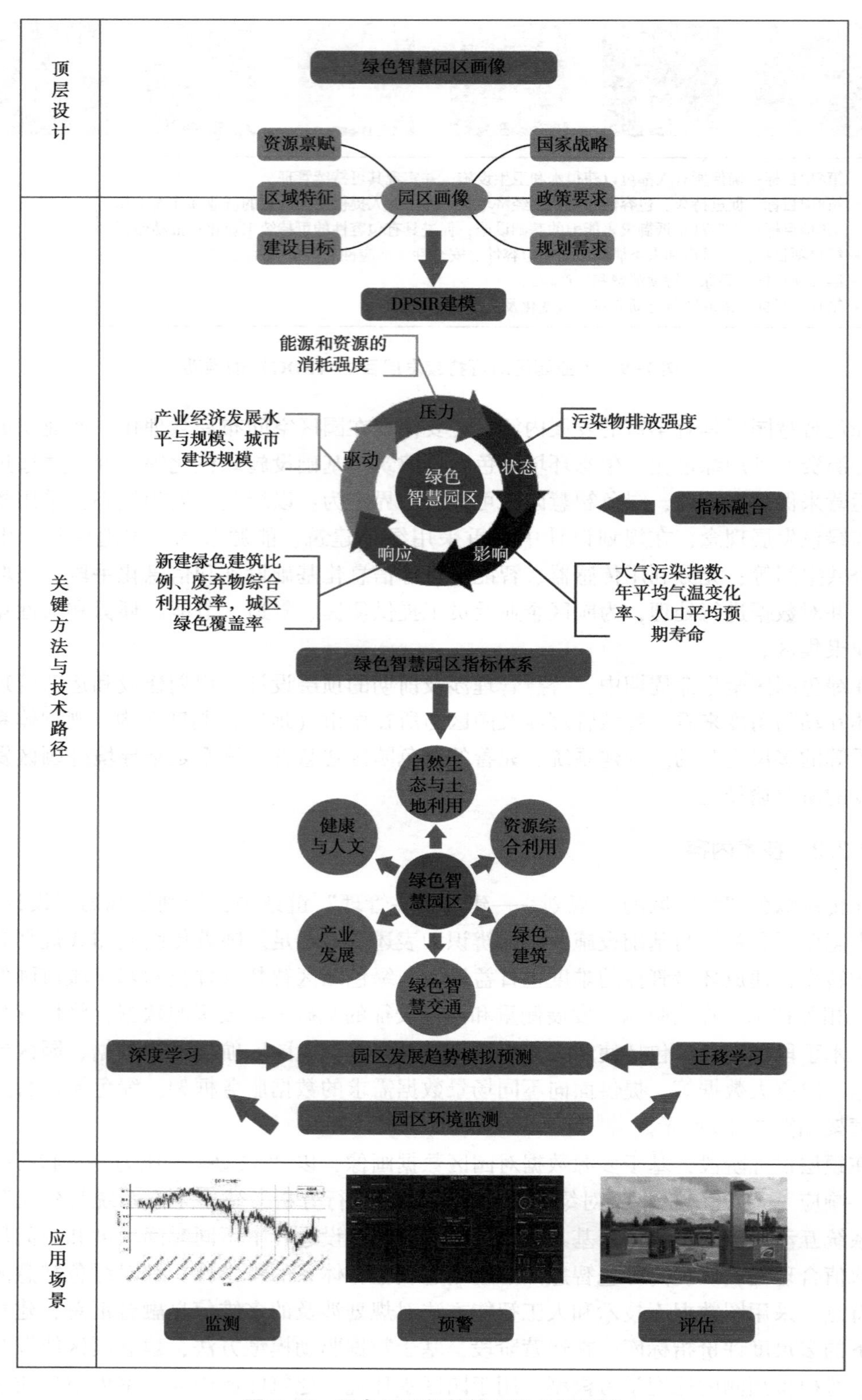

图 7-10　绿色园区智慧管理技术框架图

为满足绿色智慧园区发展的个性化要求，因地制宜制定指标体系，绿色园区智慧管理技术采用数据画像方法刻画园区特征，为后续基于 DPSIR 建模，构建绿色智慧园区指标体系奠定基础。

绿色智慧园区规划指标库是支撑园区规划设计和建设运营全过程的重要基础和载体，并为监测、预警、评估等应用场景提供支撑。"一带一路"绿色智慧园区规划设计涉及国家（地区）间不同标准体系的融合，绿色园区智慧管理技术引入图数据库技术，通过知识表达关系梳理并全面理解数据和指标，打通不同指标体系之间的壁垒，实现数据和指标的全面共享和调用，为绿色智慧园区规划设计人员理解园区指标体系、根据实际需求设计指标体系提供关键依据。

（2）绿色智慧园区能源环境模拟预测评估技术。

根据园区特征禀赋和所建立的指标体系，采用数据驱动方法对园区运行发展趋势进行预测分析，并基于预测分析提出针对性管控策略，为其运行策略提供优化，以实现绿色智慧园区的精细化智慧管控。在园区建设运营过程中，持续收集运行数据，动态更新园区数据画像，综合评估园区土地利用、生态环境、资源与碳排放、绿色建筑等多维度的生态效益及碳排放水平指标，指导园区的运行和管理不断优化。

随着园区逐步投入运营，园区内能源消费实体集群渐渐形成，园区运营方可通过推广节能实践、实施能源管理体系，识别能源效率提升改善机会，以及使用清洁和可再生能源等措施优化能源使用。在绿色智慧园区中充分利用园区已有的智慧化基础设施和绿色建筑中的各种传感器所收集的大量建筑运行及环境数据，将科学的数据分析应用到运维决策中，对绿色建筑的全生命周期进行节能减排的分析。

园区水环境的污染防治和管控是室外环境管理的重要组成部分。基于深度学习神经网络的数据挖掘和预测分析方法为精确的水质预测提供了新路径，该方法融合多源水质变化相关数据，利用深度学习模型算法建模分析，探究水质数据背后隐藏的规律，最终获得有效可靠的水质预测结果（图 7-11），可以准确反映出地表水体的污染状况和未来变化趋势，为园区管理部门提供水质预警信息，实现水污染的提前预防以及风险管控，增强水污染防治上的决策主动性。

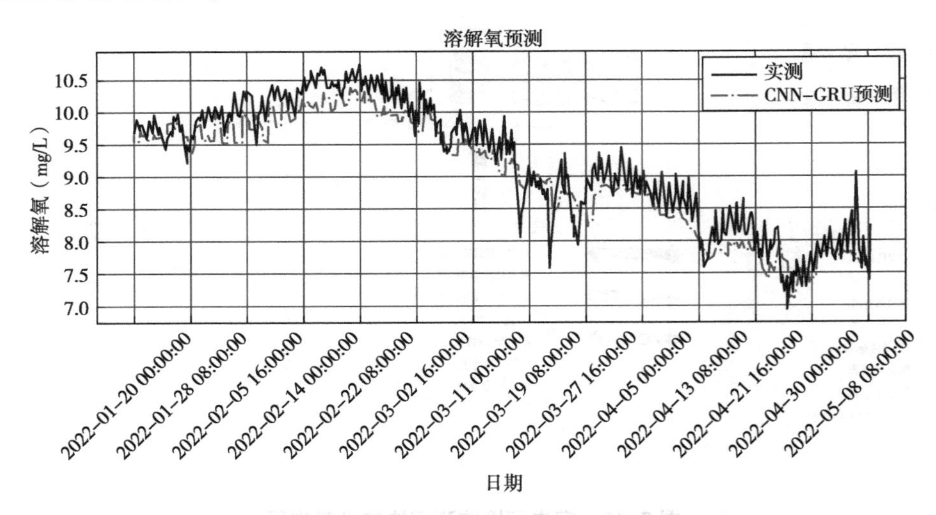

图 7-11　水质溶解氧指标 CNN-GRU 多步预测结果比对

（3）绿色智慧园区室内环境监测评价技术。

绿色园区智慧管理技术针对室内环境监测这一应用场景提供可监控多目标参数的集成设备终端和可操控的人机交互系统。集成设备终端带有 GPS 定位功能，带有移动通信卡，监测数据除在设备终端本地存储外还自动上传到第三方服务器（或云端）存储，用户可随时下载；用户可通过人机交互系统为集成设备终端设置时间和采样方式；设备自带电池并可连接电源持续采样；有可视化窗口向用户提供反馈。

如图 7-12 所示，该系统基于对室内环境监测模块的集成实现对多种室内环境参数的定时连续测量采集、显示、记录，并通过远程通信模块上传远程服务器实现数据存储，并

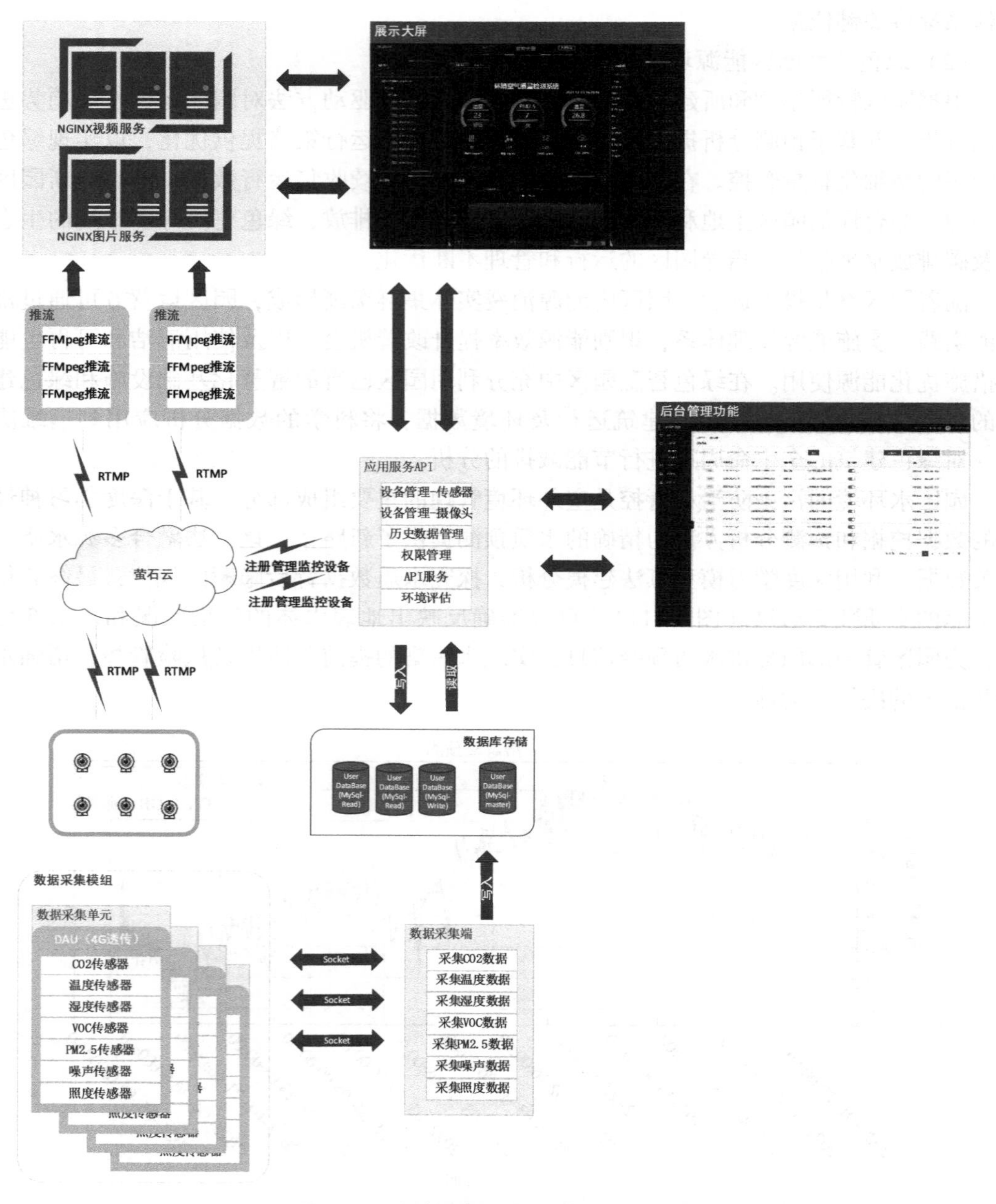

图 7-12　室内环境监测模块技术架构图

配合集成摄像头对室内图像信息进行采集。监测模块对室内环境参数和空气质量参数的监测时间间隔不低于10min。在采集数据基础上，集成多种评估算法对室内环境健康、节能、舒适等方面进行综合评价。评价结果可通过终端可视化界面反馈给建筑使用者，通过可操控的人机交互系统实现对室内环境的信息展示和反馈调控。

（4）基于BIM+AR的建筑智慧运维技术。

针对绿色园区建筑智慧运维需求，将BIM（建筑信息模型）和AR（增强现实）技术引入建筑运维阶段，满足运维管理过程中的各项基本需求。AR是一种将虚拟信息与真实世界进行交互和叠加的技术。通过使用AR技术，可以将计算机生成的虚拟对象、图像、声音或其他感官内容实时叠加到现实世界中，如图7-13所示，使用户可以在现实环境中与虚拟内容进行交互和体验。

图7-13　基于BIM+AR的智慧运维

7.3.3　适用范围与应用前景

绿色园区智慧管理技术应用于“一带一路”共建国家绿色园区规划、建设、管理全过程。在顶层设计层面提出规划设计方法，在对绿色智慧园区画像的基础上采用DPSIR模型和指标融合技术指导指标体系智慧生成，迁移学习和深度学习建模技术可应用于绿色智慧园区监测、预警、评估等典型场景。该技术建立了一套绿色智慧园区指标体系整合方法，采用图数据库技术建立绿色智慧园区规划指标数据库，为深入挖掘技术理念等“隐性标准”中融合的国际先进经验提供支撑。为绿色园区建筑智慧运维提供基于BIM+AR的建筑智慧运维技术，帮助设备资产管理和维护。

7.3.4　社会经济生态效益

绿色产业园区智慧管理技术通过在园区规划、建设、运营全过程贯彻绿色发展理念，实现与生态环保政策、法规和标准之间的对接，秉承高品质和国际化理念，对标国际标准并融入中国产业园区绿色发展过程中积累的实践经验，在空间布局、生态环境、绿色基础设施等方面，有效提升园区土地利用的空间效率和生态效率，对于增强应对气候变化的意识和能力，实现境外园区绿色、低碳、可持续的高质量发展，将产生积极影响。

本章参考文献：

[1] 陈宏胜，王兴平，李志刚．漫谈中国规划走向“一带一路”［J］．规划师，2019，35（05）：99-102.

[2] 王哲，李雅琪，冯晓辉．AIoT领域发展态势与展望［J］．人工智能，2019（01）：10-18.

[3] 刘学会，田珍．基于物联网的智能家居安防监控系统设计与实现［J］．制造业自动化，2012，34（17）：4.

[4] 朱飞宇，张雯琪，徐文超，等．物联网技术下智能家居的发展趋势研究［J］．科技经济导刊，2020，v.28；No.703（05）：26-27.

[5] 陈威．基于物联网技术的建筑能耗监测系统研究与分析［J］．绿色建筑，2019，11（1）：81-82.

[6] 王妍．TY公司AIoT智能家居海外市场发展战略研究［D］．南京：南京理工大学，2020.

[7] 顾中煊，罗淑湘，李玲，等．绿色生态城区画像与管控技术框架研究［J］．建筑技术，2022，53（01）：73-76.

8 资源节约关键技术

随着经济的飞速发展和人们对舒适生活的不断追求，能源资源消耗迅速增长。绿色建筑要求在保证建筑舒适性的条件下，通过被动设计优先、主动策略优化的方式，实现合理使用能源资源和不断提高能源利用效率的目的。

我国绿色建筑资源节约技术包括节地与土地利用、节能与能源利用、节水与水资源利用、节材与绿色建材等方面。本章主要从建筑可再生能源利用、智慧施工、节能型建材应用、围护结构热性能提升等方面入手，介绍一系列高效的绿色建筑资源节约关键技术，具体包括建筑太阳能光伏光热利用技术、地源热泵综合利用技术、基于 BIM 的智慧施工技术、相变蓄热建材及其建筑应用技术、热湿气候区围护结构节能技术，为“一带一路”共建国家提供绿色建筑资源节约技术的应用参考。

8.1 建筑太阳能光伏光热利用技术

8.1.1 发展概述

光伏发电与光热转化是太阳能利用的两种主要方式。太阳能光伏发电是利用半导体界面的光生伏特效应将光能直接转变为电能的一种技术，其工作核心部件是太阳能电池板，常用的光伏发电材料包括：单晶硅、多晶硅、非晶硅、碲化镉等。近十年来，全球光伏市场保持快速增长的态势，截至 2022 年底，全球光伏装机容量为 1 160GW 左右。一些研究机构预测，2050 年光伏发电将占总发电量的 40%。太阳能光热利用可分为低温利用（<100℃）、中温利用（100~200℃）和高温利用（>250℃）。其中，太阳能低温热利用主要用于干燥、建筑采暖、生活热水等领域，中温利用主要应用于海水淡化和工业用热领域，高温利用主要是太阳能光热发电[1]。

太阳能光伏光热一体化（Photovoltaic Thermal，PVT）技术通过将光伏发电和太阳能集热有机结合，形成太阳能光伏光热集热器，在光电转换的同时利用冷却介质将光伏电池片的热量回收，提升太阳能利用率，可以同时为建筑提供电能和热能，是一种很有潜力的能源系统形式[2]。太阳能光伏光热建筑一体化技术具备太阳能利用的多功能性，能够提供电力、热水和采暖等多种能量形式，可满足用户对不同能量的需求。例如，光伏热水-屋顶、光伏热水-墙、光伏空气多功能幕墙、光伏-Trombe 墙、光伏-热水窗、光伏-空气窗等一体化方案，不仅可以利用围护结构发电供热，而且大大降低了建筑的空调负荷，获得了额外的收益。

8.1.2 技术内容

（1）典型 PVT 技术。

PVT 系统的光电光热综合效率可以达到 60%～80%，明显高于单独的光-电系统或光-热系统。现有研究表明，以水为介质的 PVT 效率高于以空气为介质的 PVT 效率。当 PVT 系统更看重输出能量的数量或者更偏重于热能的供给时，建议采用带玻璃盖板的 PVT 结构。典型的 PVT 结构如图 8-1 所示，从上至下依次为玻璃盖板、空气层、太阳能电池组件、导热铜管、保温层、背板。太阳辐射透过玻璃盖板和 TPT 透明层的太阳辐射被 PVT 板吸收，一部分通过光生伏特效应转化为电能，剩余部分则转换为热能提升 PVT 板的温度，同时利用流道内的换热介质带走 PVT 板的热量，实现热量的收集以供用户利用。表 8-1 为典型 PVT 集热器的效率参考值。

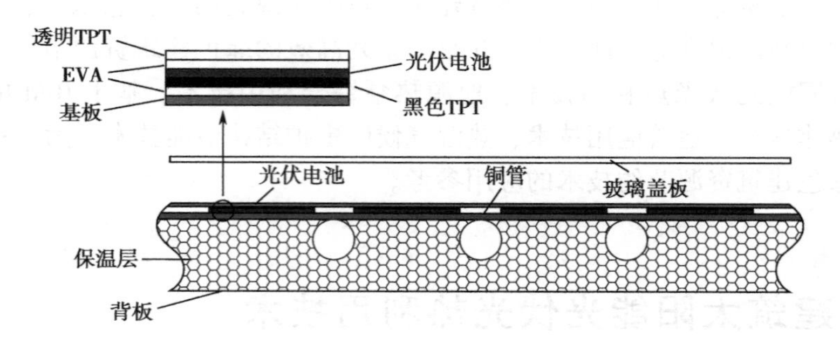

图 8-1 典型 PVT 结构示意图

表 8-1 典型 PVT 集热器效率参考值

PV/T 冷却型式	光电效率	光热效率	光电光热综合效率
空冷型	12.2%（瞬时）	55%（瞬时）	/
水冷型	12.9%（小时平均）	61.3%（小时平均）	/
纳米/相变流体	/	/	87.5%

太阳能电池组件背面的热吸收板和流体流道对热性能和电性能均起着重要作用。光伏组件热量的排出使得光伏电池温度降低，提高了光电效率。光伏电池、热吸收板、流体流道以及流体之间的传热取决于不同的因素，如材料电导率、设计结构、热阻等。图 8-2 为平板吸收器的 6 种流道形式，分别为：串联流道、平行流道、并串结合流道、螺旋流道、腹板流道、仿生流道。在设计时，推荐使用吸收器平板表面的温度和压降最小的流道几何形状。

（2）双蛇形流道 PVT 技术。

基于现有光伏光热空气集热器依然具有压力损失较大、热电性能较低的问题，研究学者提出了一种双蛇形流道太阳能光伏光热空气集热器，在传统蛇形流道空气集热器的基础上进行改进，以解决传统蛇形流道空气集热器压降高的缺点。图 8-3 为双蛇形流道太阳能空气集热器结构图，该结构将一部分长隔流板分为两部分，布置在流道的两侧，其余长隔流板布置在流道的中间，形成双蛇形流道，以提高换热效率。

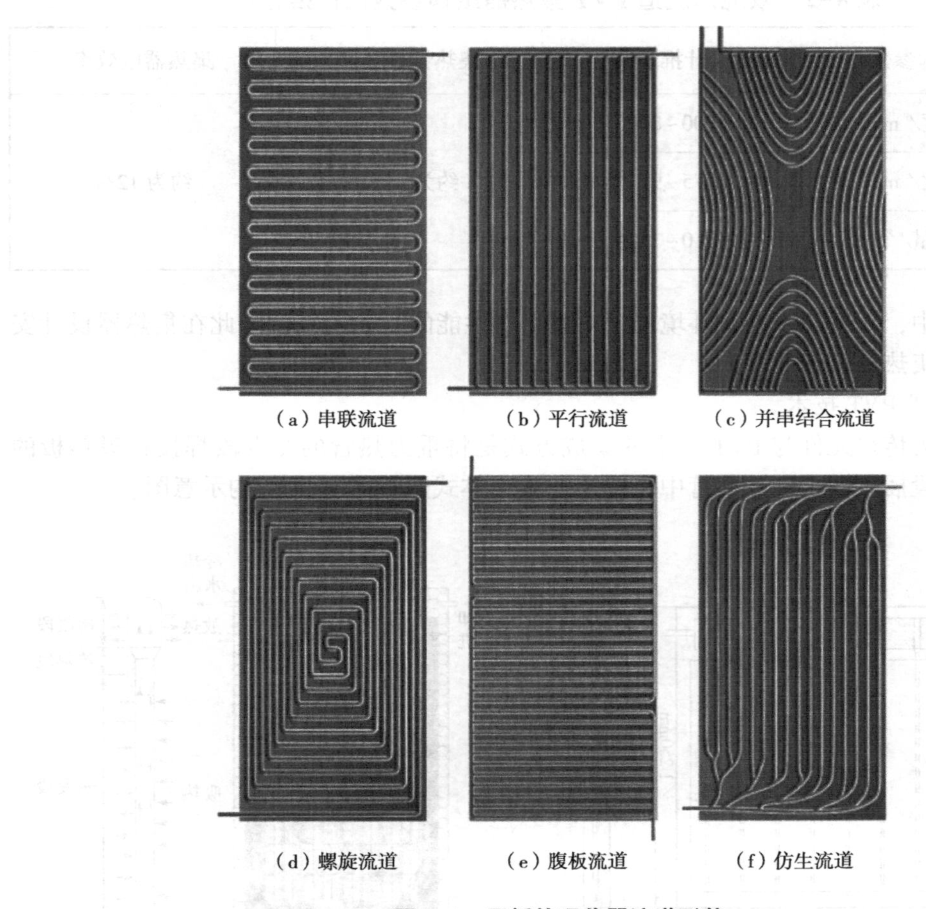

图 8-2 平板热吸收器流道形状

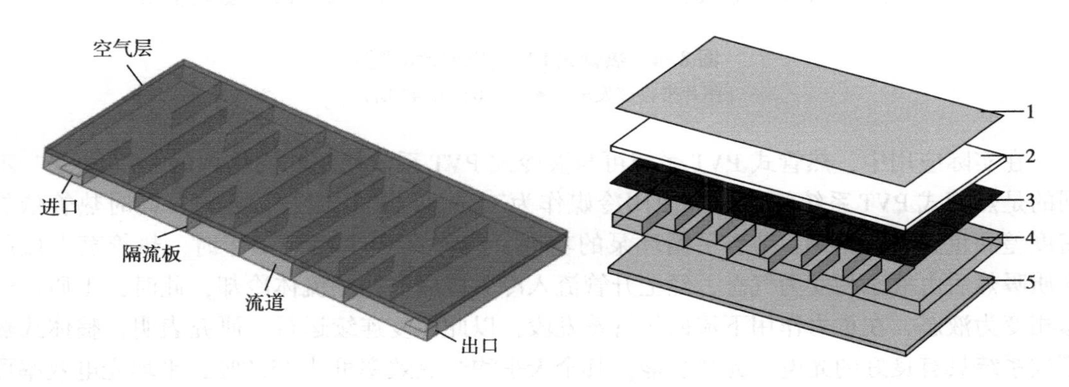

1—玻璃盖板；2—空气层；3—光伏电池；4—空气换热流道；5—保温层。

图 8-3 双蛇形流道 PVT 空气集热器结构模型图

双蛇形流道 PVT 空气集热器性能主要取决于集热器本身的结构参数和环境参数。结构参数中，隔流板高度、长度、数量对集热器的性能有较大影响，双蛇形流道 PVT 集热器推荐设计参数如表 8-2 所示。

表 8-2　双蛇形流道 PVT 集热器结构参数设计推荐值

集热器结构参数	设计推荐值	集热器热效率	集热器电效率
隔流板长度/ mm	700~800	约为 45%	约为 12%
隔流板高度/ mm	75~95		
隔流板数量/个	10~14		

环境参数中，太阳辐照度、环境温度对集热器性能的影响较大，因此在集热器设计安装时，要注意集热器位置及朝向。

（3）热管式 PVT 技术。

将热管作为传热元件与 PVT 技术的集成方式是将重力热管的蒸发段焊接在吸热板的背面，将冷凝段插入到定制的集管中，图 8-4 为整体式热管式 PVT 结构示意图。

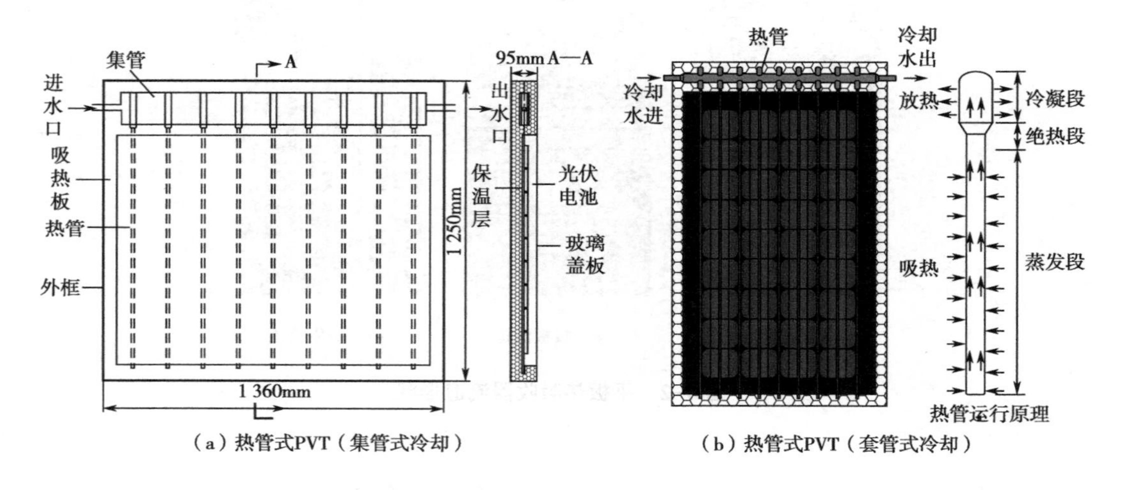

（a）热管式PVT（集管式冷却）　（b）热管式PVT（套管式冷却）

图 8-4　热管式 PVT 集热器示意图

［图片来自《发电技术》（2022 年 43 期）］

在实际应用中，热管式 PVT 系统可与液冷式 PVT 系统使用相同结构的 PVT 模块，不同的是热管式 PVT 系统管路内部使用冷媒作为工质且以两相流进行换热，同时热管依靠密度差和重力进行循环，节省了循环泵的功耗。热管式 PVT 模块工作时，热管蒸发段的工质吸热后由液态相变为气态，经上升管流入冷凝段后被换热流体冷却，此时，工质由气态相变为液态，在重力作用下流回热管蒸发段，以此往复连续运行。研究表明，整体式热管式系统具有良好的光电、光热性能，其全天平均光热效率可达 45.8%，平均光电效率可达 11.2%，平均光电光热综合效率可达 52.3%。

热管式 PVT 模块的另一种结构形式采用分离式热管进行传热，其优点在于可灵活调整热管冷凝段的换热结构和面积，增强热管传热性能。双冷凝段热管式 PVT 系统结构与工作模式如图 8-5 所示，夏季时，位于室外的水冷换热盘管作为热管冷凝段运行，以自然对流换热形式实现供给热水；冬季时，位于室内的风冷换热器作为热管冷凝段，以强迫对流换热形式实现室内供暖。在高寒地区，热管式 PVT 供暖系统的总效率为 52.0%～

66.3%，液冷式 PVT 系统的总效率为 46.4%~53.54%，热管式 PVT 系统的性能要优于液冷式 PVT 系统。

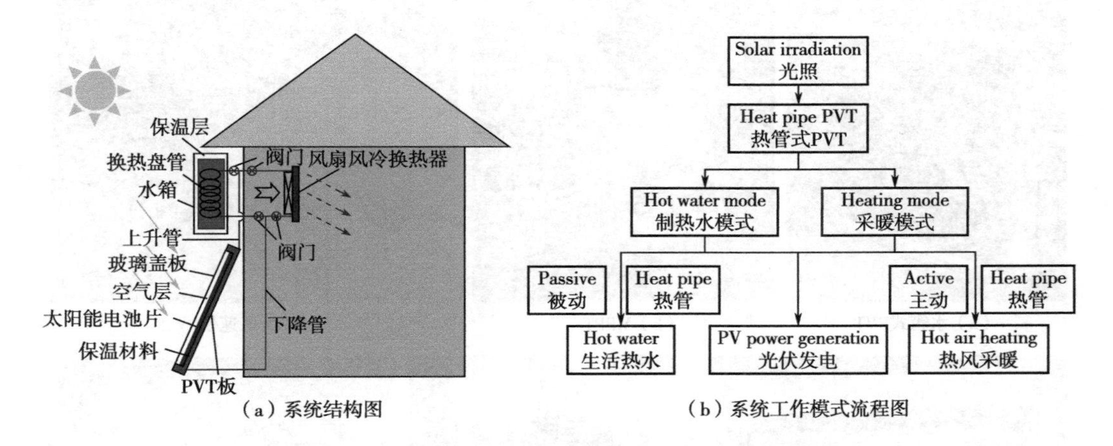

（a）系统结构图　　（b）系统工作模式流程图

图 8-5　双冷凝段热管式 PVT 供暖系统结构及工作模式流程图

（4）水箱式 PVT 系统。

图 8-6 和图 8-7 为了新型水箱式 PVT 系统的实验测试装置。系统由水箱式 PVT 模块、蓄电池、最大点功率跟踪（MPPT）、各种测量元件和数据采集仪组成。水箱式 PVT 模块朝南安装成 90°或 30°。当太阳光照射到达光伏电池和吸热板的表面时，部分能量会转换为电能，并通过 MPPT 由电池存储。另一部分太阳光被转换为热能，并通过水箱壁传递到水箱中。该种形式的 PVT 系统缩小了传热路径，避免了管道堵塞，扩大了吸热板与冷却水之间的换热面积，且集热器与水箱结合，节省了安装空间和管材，降低了生产成本。

针对水箱式 PVT 系统，在四川省甘孜地区对其安装角倾角为 90°和 30°时分别进行了

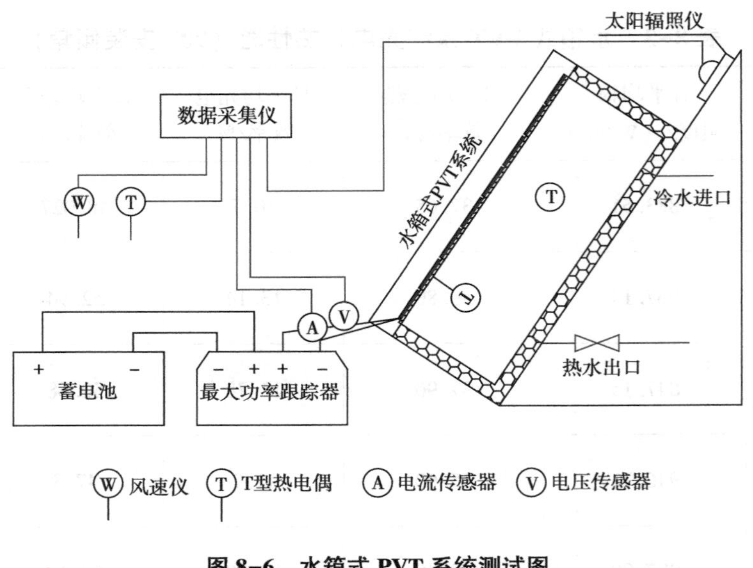

图 8-6　水箱式 PVT 系统测试图

（a）水箱式PVT　（b）MPPT　（c）风速仪

（d）蓄电池　（e）辐照计　（f）数据采集仪

图 8-7　水箱式 PVT 系统实验测试装置

测试，如表 8-3、表 8-4 所示，安装角度为 90°时，其光电、光热及综合效率分别为 11.53%～14.70 %、35.60%～39.80%及 49.18%～54.40%。安装倾角为 30°时，其光电、光热及综合效率分别为 14.33%～15.67%、39.56%～43.84%及 55.01%～58.17%。可见安装倾角 30°时，系统具有较高的输出性能。

表 8-3　水箱式 PVT 系统光电光热性能（90° 安装倾角）

日期	日平均辐照度/（W/m^2）	日平均光热效率/%	日平均光电效率/%	日平均综合效率/%	水箱始/终温/℃
2021.1.23 10：00—17：00	883.51	37.65	10.7	48.027	5.6/30.6
2021.1.24 12：30—17：00	967.14	39.80	13.14	52.94	14.9/33.4
2021.1.25 10：00—17：00	847.15	37.90	12.78	50.68	6.9/31.0
2021.1.26 10：00—17：00	946.71	35.60	11.7	47.3	6.2/31.5
2021.1.27 11：00—17：00	903.00	38.40	11.79	50.19	10.3/32.6

续表8-3

日期	日平均辐照度/（W/m²）	日平均光热效率/%	日平均光电效率/%	日平均综合效率/%	水箱始/终温/℃
2021. 1. 28 12：00—17：00	890. 48	38. 30	13. 23	51. 53	13. 1/31. 4
2021. 1. 29 10：00—17：00	836. 00	38. 30	13. 05	51. 35	5. 7/29. 7
2021. 3. 2 10：00—17：30	402. 00	38. 30	12. 15	50. 45	8. 8/21. 1

表 8-4　水箱式 PVT 系统光电光热性能（30° 安装倾角）

日期	日平均辐照度/（W/m²）	日平均光热效率/%	日平均光电效率/%	日平均综合效率/%	水箱始/终温/℃
2021. 2. 21 11：30—17：30	1 056. 18	42. 65	13. 00	55. 65	10. 1/39. 1
2021. 2. 22 12：00—16：00	1 043. 00	43. 84	12. 90	56. 74	12. 8/32. 4
2021. 2. 23 10：30—17：30	921. 50	39. 78	13. 40	53. 48	8. 8/36. 3
2021. 2. 25 9：30—17：00	924. 89	38. 58	13. 05	51. 63	7. 6/36. 2
2021. 2. 26 10：30—17：30	983. 00	41. 30	13. 32	54. 62	9. 7/40. 1
2021. 2. 27 9：30—17：30	930. 75	39. 56	14. 10	53. 66	7. 9/39. 5
2021. 2. 28 9：30—17：30	893. 64	43. 00	13. 05	56. 05	8. 3/41. 2

（5）液冷式 PVT 系统。

液冷式 PVT 供暖系统主要由太阳能光伏光热模块、管道、阀门、循环水泵、风冷散热器、风机、风管、MPPT 太阳能控制器、胶体蓄电池等组成，循环工质为-15℃防冻液。该系统中，太阳能光伏光热模块发电的同时作为吸热端，加热其中的防冻液，并通过水泵循环使较高温度的防冻液从出液管流入风冷散热器，通过风机与室内空气进行强制换热，防冻液温度降低后流经进液管、水泵，回流至太阳能光伏光热模块，以此往复连续运行（图 8-8）。

太阳能光伏光热模块通过出液管、进液管、阀门等器件与风冷散热器相连接，风冷散热器作为放热端放置于室内，太阳能光伏光热模块作为吸热端呈 45°倾角放置于室外靠墙

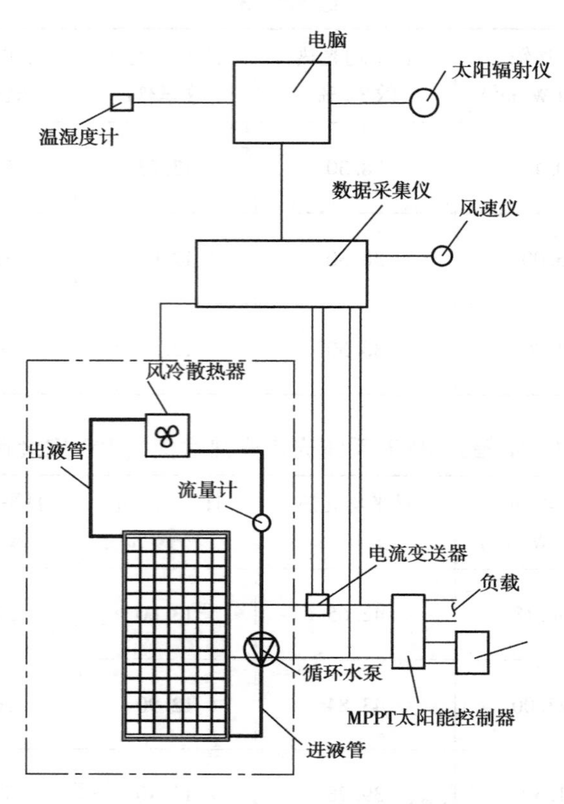

图 8-8 液冷式 PVT 供暖系统测试原理图

位置，风机放置于室内并通过柔性风管与风冷散热器相连接，循环水泵安装在进液管路段，MPPT 太阳能控制器、胶体蓄电池放置于室外与太阳能光伏光热模块的光伏电池片相连接。

表 8-5 展示了液冷式 PVT 系统与 PV 系统在冬季甘孜地区的光电、光热及综合测试性能。结果表明冬季高海拔地区采用 PVT 供暖系统具有非常可观的收益，测试期内单日供热功率为 744.7~954.6W，可基本满足室内供暖需求，日平均房间温度为 15.2~21.6℃。供热功率的大小受太阳辐射强度的影响较大，太阳辐射强度越大，系统供热功率也越大。

表 8-5 PV 与液冷式 PVT 系统实验测试结果

日期	平均太阳辐照度/（W/m^2）	系统	光电效率/%	光热效率/%	综合效率/%	平均室温/℃
2021. 1. 29	880. 3	PVT 系统	12. 0	43. 0	52. 2	16. 6
		PV 系统	12. 7	—	9. 7	—
2021. 1. 31	940. 2	PVT 系统	12. 0	42. 9	52. 1	15. 2
		PV 系统	12. 9	—	9. 9	—

续表8-5

日期	平均太阳辐照度/（W/m²）	系统	光电效率/%	光热效率/%	综合效率/%	平均室温/℃
2021. 2. 1	994. 6	PVT 系统	12. 7	42. 6	52. 3	18. 0
		PV 系统	12. 7	—	9. 7	—
2021. 2. 2	840. 2	PVT 系统	12. 2	44. 2	53. 5	17. 4
		PV 系统	13. 0	—	9. 9	—
2021. 2. 3	1 077. 6	PVT 系统	12. 4	39. 0	48. 5	19. 2
		PV 系统	12. 2	—	9. 3	—
2021. 2. 4	1 096. 9	PVT 系统	11. 7	37. 4	46. 4	19. 7
		PV 系统	12. 3	—	9. 4	—
2021. 2. 5	1 089. 8	PVT 系统	11. 8	37. 9	46. 9	20. 0
		PV 系统	12. 4	—	9. 5	—

8. 1. 3　适用范围与应用前景

世界各国能源需求不断增加，太阳能光伏光热利用技术可充分利用太阳能资源，实现电、热等多种能量形式的供给，将该技术应用于太阳能资源丰富地区，可大大提高该地区的太阳能综合利用能力，降低能源成本。

以东南亚地区为例，大部分地区的年总辐照量高于 1 500kW · h/m²，光照资源达到 2 级水平，具有较好的太阳能利用潜力。该地区的马来西亚位于常年阳光普照的全球阳光带，非常适合太阳能发电，自 2012 年开始启动了住宅屋顶太阳能计划，其太阳能屋顶潜力约为 34 194MW。目前，太阳能发电超过马来西亚已安装可再生能源发电量的 60%，太阳能技术应用前景很好。以新加坡绿色公寓设计为例，新加坡 Canberra 私人公寓项目安装太阳能光伏系统，并采用并网方式运行，向公寓内的公共照明供电。太阳能光伏系统容量为 31. 68kW，按平均每天 4. 4h 最大功率供电计算，年发电量约为 50 900kW · h。PVT 技术在辐照较好的东南亚地区，如马来西亚、泰国、越南等国家，具有地理优势和能源需求优势。

太阳能 PVT 技术在严寒、寒冷地区同样具有广泛的应用前景，尤其在欠发达区域，如农村地区采用该技术可以实现供电、供热水、供暖三联供，实现清洁用能。在我国，太阳能供暖主要以辅助供暖形式存在，可根据当地资源禀赋，使用 PVT 装置，配合其他稳定性好的清洁能源向用户供暖，推广潜力较大。

此外，根据寒冷地区特定用户、场地需求，还可以进行电力加热空气取暖，采用光伏-空气集热器、光伏多功能幕墙、光伏-Trombe 墙等系统，结构简单，可靠性高，维护成本低。图 8-9 展示了一种光伏-Trombe 墙系统冬季运行模式。

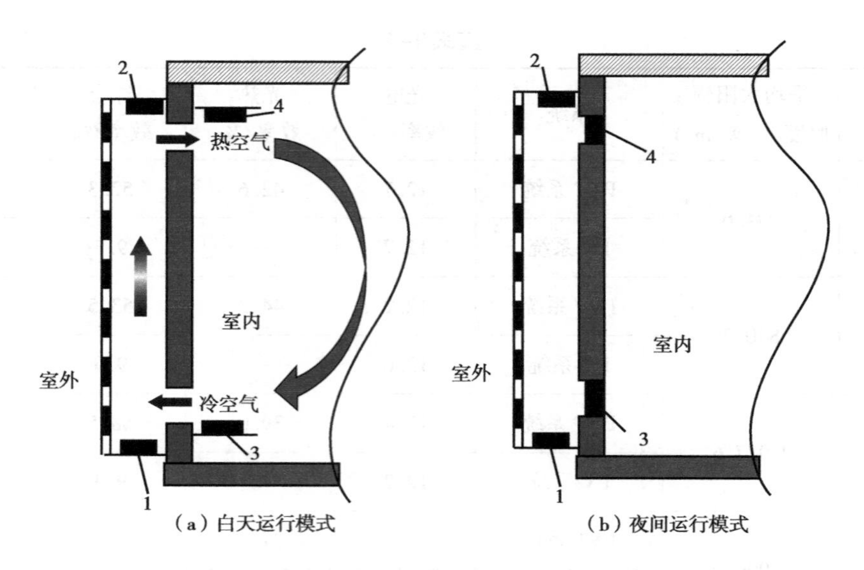

1—室外下风口；2—室外上风口；3—室内下风口；4—室内上风口。

图 8-9 光伏-Trombe 墙系统冬季运行模式

［图片来自《化工进展》(2012 年 31 期)］

对于夏热冬暖地区，将太阳能光伏光热技术与通风技术结合，利用热压通风原理，当光伏电池背面的空气被加热后，被热浮力带走，在降低光伏电池温度、提升发电效率的同时，还可降低室内冷负荷，实现建筑节能。图 8-10 展示了一种通风型光伏玻璃幕墙的运行模式。此系统在北半球的寒冷地区，如法国、德国、伊朗、丹麦等国家具有实际应用潜力。

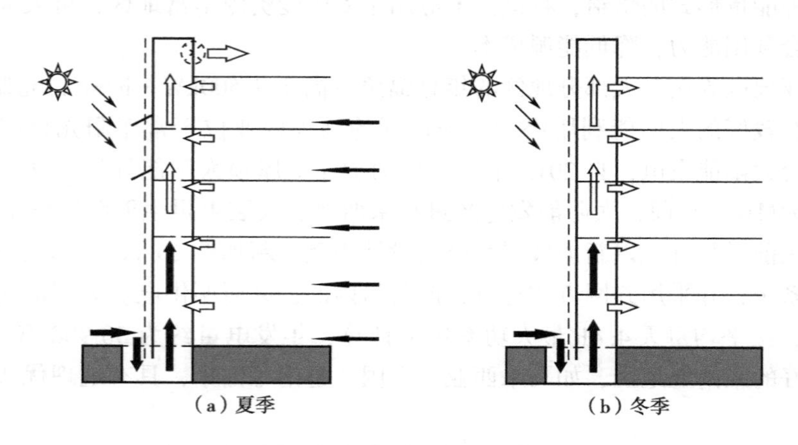

图 8-10 通风型光伏玻璃幕墙夏冬季运行模式

8.1.4 社会经济生态效益

PVT 技术是一种能源综合利用技术，可以有效降低建筑能耗，提高能源利用率。对于 PVT 系统而言，太阳辐照度、发电/集热效率、系统建设成本、运行成本、当地供暖价格、电力价格及通货膨胀等因素均会对 PVT 系统的经济性产生不同程度的影响。相关研究表明，当日平均太阳辐照量大于或等于 2.4kW·h/（m^2·d），即年太阳辐照量大于等于 876kW·h/（m^2·year）时，系统的资本回收期不超过十年。综合来看，太阳能光伏光热技术社会经济生态效益可以总结为以下几点：

（1）提高太阳能利用率。实现太阳能全光谱利用，太阳能综合利用率可达 70%。

（2）降低设备能耗。合理的 PVT 流道设计可以降低压力损失，减少风机能耗。

（3）降低能源成本。PVT 技术与其他建筑节能技术耦合设计，可降低建筑能耗，节约成本。如可将太阳能光伏光热空气集热器耦合空气源热泵系统，成本较低，即发即用。

（4）节约安装面积。建筑是太阳能应用的最佳载体，采用 PVT 技术可有效解决系统光电、光热两套系统在安装位置、安装面积上的矛盾。

（5）推动节能减碳。提高了建筑可再生能源应用比例，减少建筑碳排放，推动碳中和目标实现。

（6）能量灵活输出。太阳能光伏光热综合利用技术可以提供多种能量形式，满足不同应用场景及用户需求。在实际应用中，可以选择合适的光伏电池覆盖率，进行电力输出优先、热力输出为辅的组件选择和系统设计。

8.1.5　应用案例

PVT 技术在实际项目中已有应用，以新徽派民居（图 8-11）为例，建筑位于安徽省黄山市屯溪区，将 BIPVT 技术应用到建筑设计中[2]，建筑南向屋顶采用光伏黛瓦技术，直接覆盖在南向坡屋面上，为避免马头墙对屋顶的遮挡，降低马头墙高度并退让两侧山墙 0.5m 铺设光伏瓦。南向墙体一是采用集热-除甲醛墙体；二是采用青砖型光伏组件，通过干挂法设置在外墙面；南向窗户采用碲化镉光伏通风窗，兼顾“花格窗”虚实相间的特点及获得更多的采光，利用电池的半透过性设计成需要的图案；门楼采用 PVT 热水技术，倾斜 45°设置在入口雨篷上，以获得更多太阳辐射；南向平台护栏同样将电池设计成格栅的形状，保持了原有建筑的典型特征；在西向马头山墙面上，采用通风-除菌杀毒太阳能烟囱技术加强室内通风。

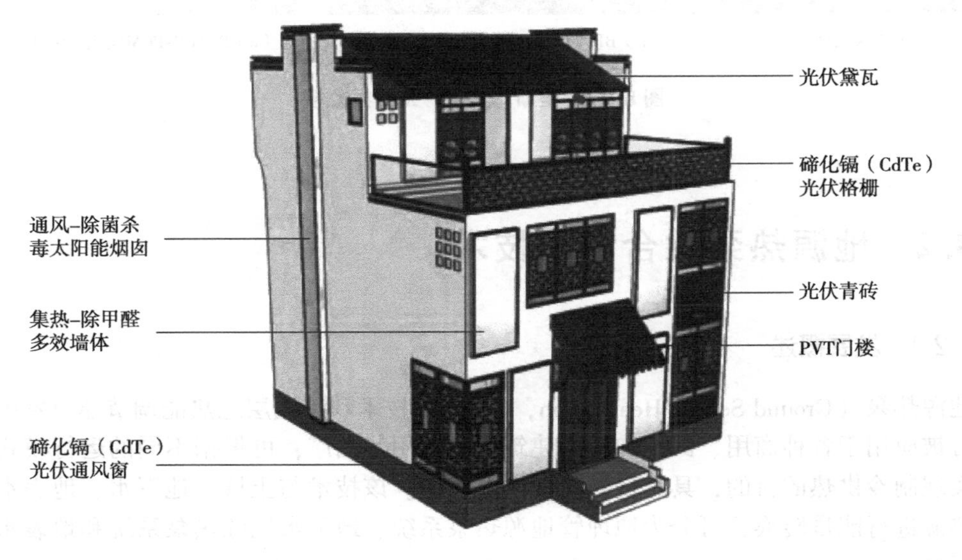

图 8-11　新徽派民居 BIPVT 设计

该建筑全年发电总量可达 5 367kW·h，可以降低全年热水负荷 1 171kW·h。BIPVT 技术的应用可减少太阳能对建筑热环境的不利影响，在夏季可被动降低 2℃房间温度，在冬季可被动降低 5~6℃房间温度。该案例中的整体思路是进行围护结构设计，在改善建筑热性能的同时提高太阳能利用率。将新型 BIPVT 技术与屋顶、窗户、墙体等构造相结合，实现发电、供热水、采暖、冷却、除菌、杀毒、除甲醛等多种功能，不仅能够大大降低建筑能耗，还能提高室内环境舒适度和健康性，同时外观上与环境和谐，且更具现代美感，是将 BIPVT 技术应用于独立式住宅建筑较为典型的案例。

又如，葡萄牙里斯本 Solar XXI办公楼采用被动式设计技术和光伏光热技术。该建筑南向设置 PVT 幕墙，冬季为建筑辅助供暖；夏季通过地面冷却地下管道系统对建筑物进行夜间冷却降温，降低建筑能耗。

建筑南墙部分区域设置了 BIPVT-PCM 模块，如图 8-12 所示，即在石膏板中集成相变（Phase Change Material，PCM）模块。在白天，由于阳光照射，光伏板吸收太阳辐射，在转换过程中产生热量，用于相变材料熔化。在夜间，融化的 PCM 凝固并释放热量，使面板在很长一段时间内保持一定的温度。BIPVT-PCM 在葡萄牙里斯本 Solar XXI办公楼的成功应用引起了国际上对能源效益的关注，其他国家和地区可以借鉴该建筑的被动式设计和可再生能源技术。通过改进现有建筑或新建建筑，提高能源效率，降低能耗。其中的 BIPVT-PCM 模块展示了相变材料在建筑保温功能方面的潜力，对于一些处于高纬度地区的“一带一路”国家和地区，可以考虑将相变材料集成到建筑元件中，例如外墙、屋顶或地板，以提高建筑的保温性能，从而节约能源。

（a）建筑南面

（b）BIPVT-PCM模块安装（一）

（c）BIPVT-PCM模块安装（二）

图 8-12　里斯本 Solar XXI办公楼

8.2　地源热泵综合利用技术

8.2.1　发展概述

地源热泵（Ground Source Heat Pump，GSHP）技术利用浅层地热能调节建筑室内热环境，可被应用于各种商用、民用和公共建筑中，适用范围广，可根据不同的运行模式切换可以实现制冷供热的目的，具有良好的技术经济性。该技术与土壤、地下水、地表水或污水等热源进行能量转换，可分为地埋管地源热泵系统、地下水地源热泵系统和地表水地源热泵系统。

“地源热泵”这一技术概念最初由瑞士人 Zoelly 在 1912 年提出，限于当时科技发展，并没有得到科学界重视，直到 1946 年，世界首个采用地源热泵技术的采暖系统才在美国建成。随着世界各国对地热资源开发利用程度的不断加大，地热资源利用量不断增加。根据 2020 年 World Geothermal Congress（世界地热大会）的统计，直接利用地热能的国家/地区已经达到 88 个，地热直接利用装机容量排名前五的国家为中国、美国、瑞典、德国、土耳其。2015—2020 年，全球新增地热发电约为 3 649GW，增长约 27%，地热直接利用总装机容量增长 52.0%。地热发电与直接利用地热这两者之和，所用热能比 2015 年增长 72.3%。全球每年地热直接利用可防止 7 810 万 t 碳和 2.526 亿 t CO_2 排放到大气中[3]。各国对于地源热泵技术的研究与应用在不断发展。目前，美国使用最广泛的是土壤源热泵，此系统可以被高效应用于大部分地区，克服水源热泵系统易腐蚀的弊端。德国热泵市场在 1973 年石油危机后快速发展，且整体市场呈增长趋势。日本广泛使用的是水源热泵，主要应用于住宅、公共建筑的供冷供暖。

我国对于地源热泵技术的研究始于 20 世纪 60 年代，天津大学吕灿仁在 1964 年对我国利用热泵节约资源的自然条件和研究方向进行了详细分析，认为我国气候和自然资源有利于发展热泵采暖，但受经济条件限制，未能取得更多研究成果。随着经济发展和科研投入增加，我国地源热泵的研究和应用在 2000 年以后实现了跨越式发展。2014 年以后，地源热泵的热度虽有所下降，但国家仍在大力推行地源热泵技术的应用，更多复合地源热泵系统也在不断出现，以解决土壤热不平衡问题或进行辅助供冷供热。在原来地源热泵系统的基础上，引入辅助冷却或者加热装置，形成复合地源热泵系统。复合地源热泵系统可以弥补某些地区冬夏季负荷不平衡的缺陷，在经济方面，辅助设备的使用可以有效减少埋管长度，节约钻井成本。目前主要的辅助装置是太阳能集热器和冷却塔系统。

8.2.2　技术内容

（1）地源热泵技术。

地源热泵是陆地浅层能源通过输入少量的高品位能源（如电能等）实现由低品位热能向高品位热能转移的装置。通常地源热泵消耗 1kw · h 的能量，用户可以得到 4kw · h 以上的热量或冷量。图 8-13 展示了地源热泵技术原理。

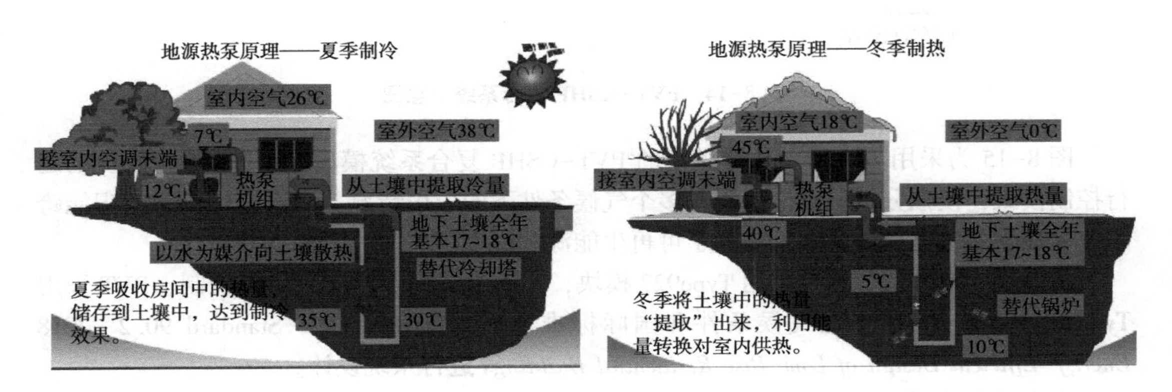

图 8-13　地源热泵技术原理

(2) PVT-GSHP 复合系统。

目前，节能的制热水方式多采用太阳能热源，然而太阳能热利用技术的应用受地理、气候环境影响较大，不能全年保证完全达到热水需求。将热泵技术与太阳能利用技术结合可融合双方的优势，实现更节能的运行方案。太阳能地源热泵复合系统将太阳能与地热能作为热源，通过独立或联合运行实现对建筑的供冷、供热、供热水及供电多种功能。

图 8-14 展示了 PVT-GSHP 复合系统示意图，非供暖季，PVT 吸收太阳辐射产电和产热，热量通过集热管道内的换热流体储存在蓄热水箱中，再通过地埋管换热器将能量储存在土壤中。供暖季，利用热泵将储存在土壤中的热量提取出来用于建筑供暖，而同时 PVT 收集的热量可以作为地源热泵的辅助热源。PVT 发电则可辅助系统循环水泵和热泵机组的运行。

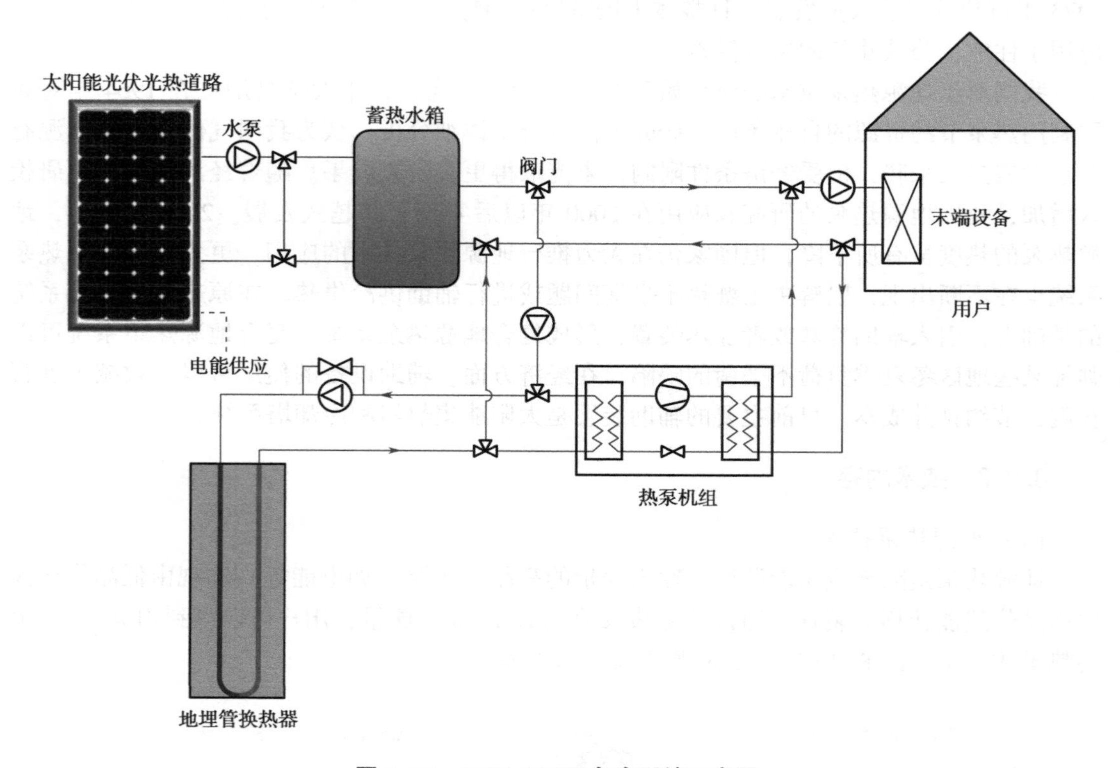

图 8-14　PVT-GSHP 复合系统示意图

图 8-15 为采用 TRNSYS 软件搭建的 PVT-GSHP 复合系统模型，图 8-16 为系统的运行控制模式，模拟分析该复合系统在多个气候条件下的应用情况，该系统可实现太阳能跨季节储热、冬季补热等功能，提高了可再生能源利用率。

在该模型中，地源热泵采用 Type927 模块，并通过缓冲水箱实现启停控制，PVT 采用 Type50b 模块。依据当地气候条件和国际标准 ANSI/ASHRAE/IES Standard 90.2-2018 *Energy-Efficient Design of Low-Rise Residential Buildings* 进行系统设计。

在全世界范围内选取了不同气候条件的 8 个城市，针对一栋典型二层居住建筑，在屋顶布置 $80m^2$ 的 PVT 组件，计算 PVT-GSHP 系统能耗和可再生能源利用率，结果如表 8-6 所示。

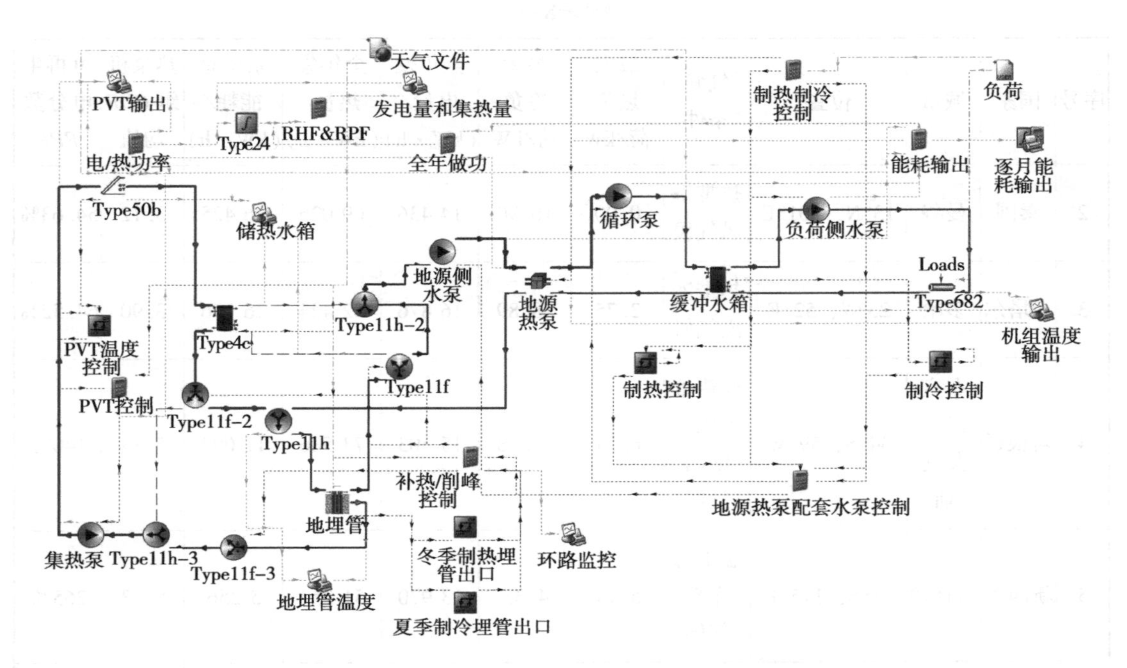

图 8-15　PVT-GSHP 复合系统 TRNSYS 模型图

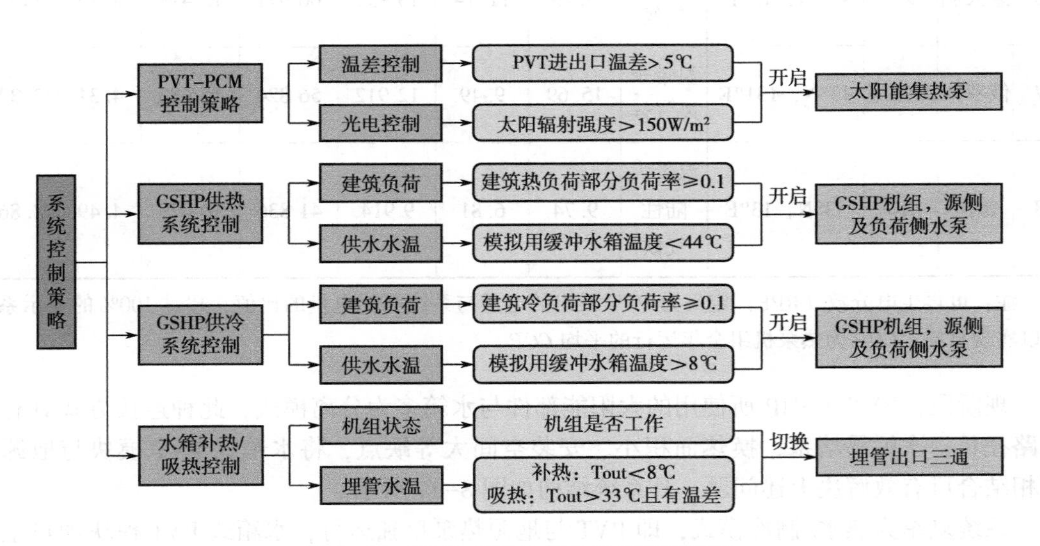

图 8-16　PVT-GSHP 复合运行控制模式

表 8-6　不同气候条件的 8 个城市 PVT-GSHP 系统能耗和可再生能源利用率

序号	国家	城市	位置	气候条件	最大热负荷/kW	最大冷负荷/kW	全年发电量/(kW·h)	全年集热量/(kW·h)	系统总能耗/(kW·h)	热泵机组 *COP* 均值	可再生电分数 *RPF*
1	新加坡	新加坡市	01°N，104°E	热带雨林气候	0. 00	14. 41	14 018	62 155	24 790	3. 11	56. 55%

续表8-6

序号	国家	城市	位置	气候条件	最大热负荷/kW	最大冷负荷/kW	全年发电量/(kW·h)	全年集热量/(kW·h)	系统总能耗/(kW·h)	热泵机组 *COP* 均值	可再生电分数 *RPF*
2	泰国	曼谷	13°N，101°E	热带季风气候	0.00	16.90	14 436	69 026	26 425	3.12	54.63%
3	卡塔尔	多哈	25°N，52°E	热带沙漠气候	2.75	18.89	16 876	82 424	26 156	3.90	64.52%
4	阿根廷	布宜诺斯艾利斯	34°S，59°W	亚热带季风性湿润气候	6.54	12.18	15 503	73 586	11 099	5.14	140%
5	新西兰	惠林顿	41°S，175°E	温带海洋性气候	5.14	4.35	13 970	51 252	5 256	5.13	265%
6	意大利	罗马	42°N，12°E	地中海气候	9.35	11.14	13 992	66 971	12 419	4.85	112%
7	俄罗斯	海参崴	43°N，131°E	温带季风气候	15.69	9.49	12 912	56 824	15 683	4.31	82.32%
8	德国	柏林	53°N，13°E	温带大陆性气候	9.74	6.81	9 914	41 836	10 029	4.49	98.86%

注：可再生电分数（RPF）定义为 PVT 发出的电量与系统消耗电量的比值，超过 100% 的表示系统可以实现自给；*COP* 为热泵机组全年运行的平均 *COP*。

现阶段，PVT-GSHP 所使用的太阳能部件与水箱多为分离模式，此种连接方式具有传热路径长、水垢易堵塞、换热面积小、安装空间大等缺点，将水箱式 PVT 模块与地源热泵相结合可有效解决上述问题，其系统结构如图 8-17 所示。

系统夏季为热水/制冷模式，即 PVT 与地源热泵单独运行，水箱式 PVT 模块加热生活热水，而热泵通过水箱 2 和室内换热器吸收室内热量并将热量转移至水箱 1 内，并通过地埋管将热量储存于土壤内。冬季为热水/采暖模式，即水箱式 PVT 模块与热泵采用并联供热方式为建筑供暖。

PVT-GSHP 复合系统的综合应用应当注意以下技术问题：

1）地埋管长度设计。地埋管总长度对地埋管换热量有较大影响，随着地埋管长度增加，土壤蓄热量增加，设计时总长度可控制在 2 000~5 000m。当地埋管长度一定时，采取增加钻孔深度，减少钻孔数量的布置方式有利于提高热泵机组能效比，并且在地埋管越短时，提升幅度越明显。

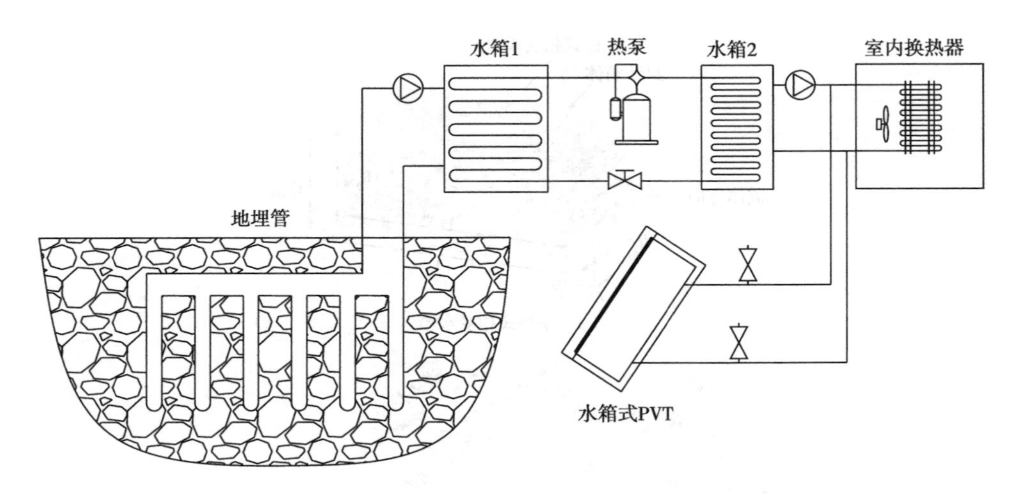

图 8-17　水箱式 PVT-GSHP 系统

2）土壤平衡性设计。保证供暖季和非供暖季蓄热量和供热量平衡，如蓄热量过高，供热量较少，土壤温度会逐年上升，土壤热不平衡程度会逐渐加剧。

3）合理设置 PVT 面积。热泵机组的能效比随着 PVT 面积的增加而增加，而整个系统的能效比随着 PVT 面积的增加而降低。因此应当合理设计 PVT 面积，实现系统高效运行。

（3）模块式相变水箱辅助储热技术。

地源热泵技术在应用中常常存在供热和所需热负荷不匹配的矛盾，应用 PVT-GSHP 复合系统时，太阳能资源也同样具有不稳定、不连续的特点。因此，在进行地源热泵技术综合利用时，需考虑热量资源储存的问题。采用模块式相变水箱技术，能有效解决供需不匹配的问题，实现热量跨时段储放。图 8-18 为模块式相变水箱示意图，相变材料具有储热密度大、效率高以及近似恒定温度下吸热与放热等优点。相变水箱技术利用相变材料的显热和潜热，提高水箱的蓄热放热能力，主要包括蓄热和放热过程，箱内的水既能作为换热流体又可作为储能工质。

实际应用中应根据应用场景选用合适的相变材料，避免选用有腐蚀性的相变材料。同时，可利用夜间低谷电价，通过电加热储热，供热泵在白天或其他时间为蒸发器所用。

结构设计可采用两种或两种以上材料分区设计，或采用多种封装形状，根据温度情况合理布置。为了最大程度改善水箱性能，保持高效运行，也常常增加肋片以增强换热，并对水箱进行运行参数监控。

8.2.3　适用范围与应用前景

地源热泵技术的综合利用，需要考虑气候条件和地热资源，分析技术的可行性。目前，世界上大部分国家都具备开展地源热泵技术的客观自然条件。如德国位于欧洲中部，属于西欧海洋性与东欧大陆性气候间的过渡性气候，夏季不太热，冬季大部分时间不冷，平稳温和是德国气候的总体特征，在这样的气候条件下，各种形式的热泵都可以使用。瑞典夏季供冷需求较小，而冬季供暖需求很大，气候条件很适用于单供暖地源热泵的使用。又如，瑞典属于欧洲热泵市场最完善的国家，热泵供暖对于用户来说属于传统的供暖形

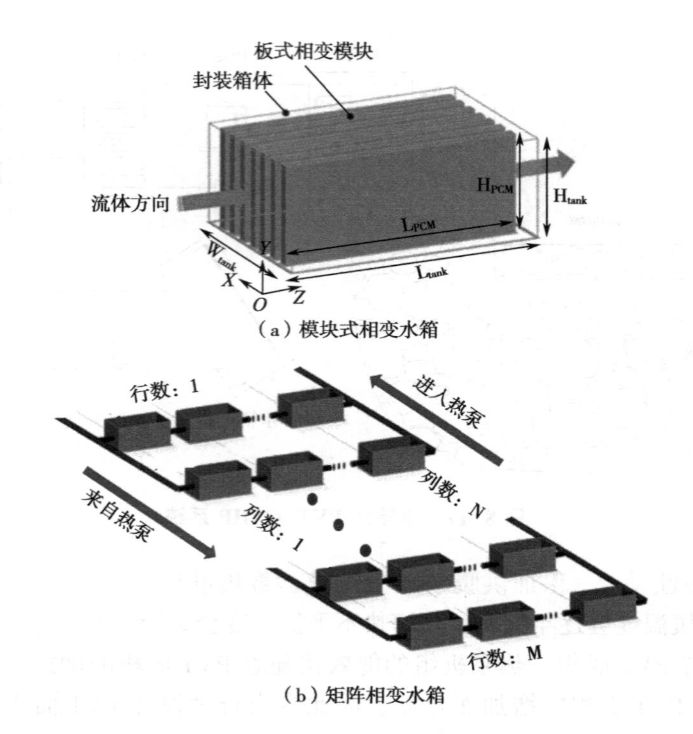

（a）模块式相变水箱

（b）矩阵相变水箱

图 8-18 模块式相变水箱示意图

式，评价良好，进一步的增长主要取决于瑞典新建建筑的增加及传统能源价格的增长。

对于全年气候较为温暖的地区，采用地源热泵技术进行供暖并不占主导地位，但将地源热泵技术与太阳能相关技术联合设计应用，则具有很大的应用场景，在改善土壤热平衡的同时可实现多种能源利用。多功能 PVT-GSHP 复合系统可实现制冷、采暖和供热水等功能，能够全年运行，满足建筑热需求。与此同时，系统结构简单紧凑，与常规热泵系统结构有较高的一致性，具有小型化和商品化的潜力。

地源热泵综合利用技术可广泛应用于绿色建筑、智能建筑设计中，配合埋地相变水箱，地下空间建筑也有许多应用场景。

8.2.4 社会经济生态效益

将太阳能和地源热泵结合起来用于建筑供热可充分利用可再生能源，减低建筑能耗，同时拥有太阳能和浅层地热能节能、环保的优点，弥补了二者作为独立热源的不足，还可实现太阳能跨季节蓄热。与常规地源热泵系统相比，PVT-GSHP 复合系统的季节性能系数提高了约 55.3%[4]。节能环保，运行可靠，复合系统的一次能源节约率可达 53.1%，二氧化碳当量排放量减少了 52%，系统费用减少了 56.4%[5]。

将储能技术与地源热泵技术综合利用，起到优势互补的作用。采用模块式相变水箱，不同于基于负荷的整体式水箱，可以实现灵活应用、批量生产。蓄能密度大，缩小了水箱体积，节约了占地面积。

以北京大兴国际机场地源热泵技术应用为例，该项目围绕蓄滞洪区开展地源热泵系统研究，同时结合区域锅炉房及热力管网，规划设计了 2 座集中能源站，分别为 1 号能源站和2号能源站。2座能源站可以集中满足蓄滞洪区周边近257万m^2配套建筑的冬季供热和夏季供冷需求。图8-19为2个能源站的供能区域图，其中红色线框区域为1号能源站供能区域，蓝色线框区域为2号能源站供能区域。该项目的成功实施为大型集中式浅层地源热泵技术的推广提供了设计和工程经验，随着可再生能源技术的不断发展和推广，类似的地源热泵系统也可在“一带一路”国家得到更广泛的应用，以实现能源的可持续利用。

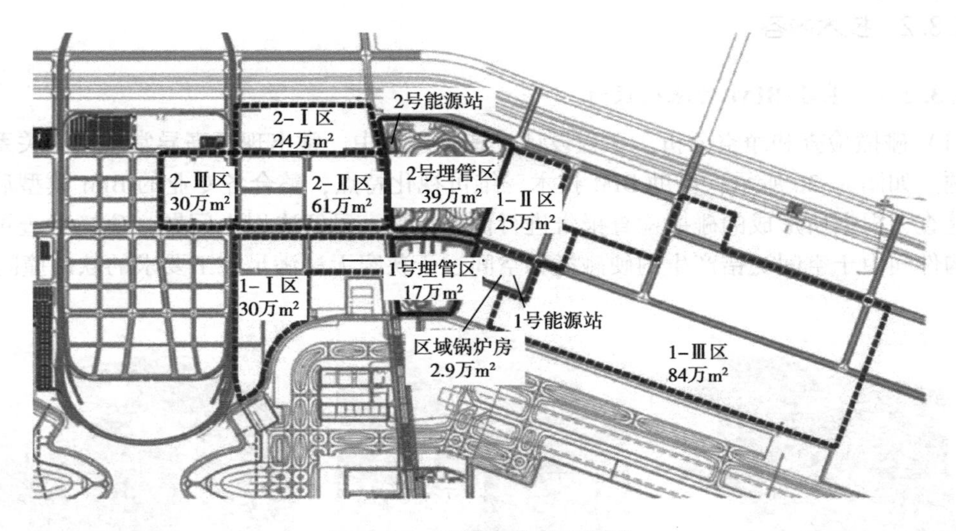

图8-19 地源热泵供能区域

注：扫二维码看彩图。

8.3 基于BIM的绿色智慧施工技术

8.3.1 发展概述

1974年，Charles M. Eastman首次提出建筑虚拟模型。1995年，国际协作联盟决定推出工业基础类（Industry Foundation Classes，IFC），标志着BIM技术开始在全球兴起[6]。不同国家BIM技术的标准制定和实施进展不同，初期在芬兰、挪威、新加坡等国家运用，随后包括我国在内的其他国家也开始发展该技术。2012年，我国住房和城乡建设部开始建筑工程BIM技术标准编制工作，制定了一系列BIM技术国家标准，并发布了一系列政策，推动了BIM技术在我国的发展。

随着时间推移，BIM技术的含义越来越丰富。国际BIM联盟（Building SMART International）根据功能不同对BIM技术进行了三种定义：①建筑信息模型化（Building Information Modeling），即通过生成建筑信息，将其应用于建筑的设计、施工以及运营等阶段的商业过程；②建筑信息模型（Building Information Model），是设施的物理和功能特性的数字化表达；③建筑信息管理（Building Information Management），利用数字模型信息对商业过程进行组织和控制[7]。

我国国家标准《建筑信息模型施工应用标准》GB/T 51235—2017中对BIM的定义

为：①建设工程设施信息的数字化表达，在全生命期内提供共享的信息资源，为各类决策提供信息；②BIM 技术的创建、使用和管理过程[8]。

随着建筑业信息化管理模式的发展，衍生出智慧建造技术、BIM 技术。基于总承包管理模式，以 BIM 应用为基础，应用于绿色施工诸多方面[9]。本节主要介绍基于 BIM 的绿色智慧施工技术，以指导 BIM 技术在建筑施工前期及施工管理中的应用。

8.3.2 技术内容

8.3.2.1 基于 BIM 的深化设计

（1）碰撞检查和净空分析。工程设计、施工过程中，常出现标高异常、空间关系混乱等问题。如图 8-20 所示，借助 BIM 技术三维可视化特点，整合各专业的 BIM 模型后进行碰撞检查，根据所形成的碰撞检查报告进行优化设计，可解决以上问题。碰撞检查可解决实体构件间由于空间交错产生的硬碰撞和空间过于狭窄无法满足施工要求的软碰撞问题。

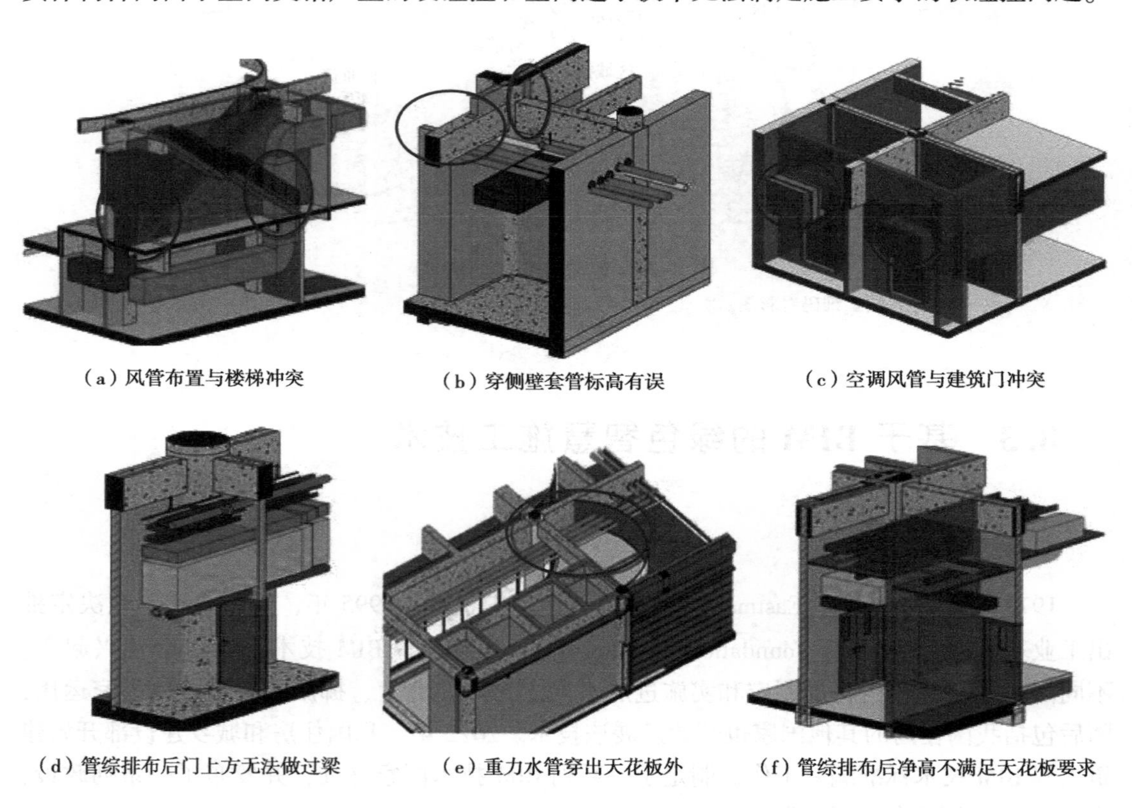

（a）风管布置与楼梯冲突　（b）穿侧壁套管标高有误　（c）空调风管与建筑门冲突

（d）管综排布后门上方无法做过梁　（e）重力水管穿出天花板外　（f）管综排布后净高不满足天花板要求

图 8-20　各专业汇总碰撞检查分析图

针对工程空间狭小、管道复杂、空间净高要求不同等问题，可通过确定并复核各建筑功能区净高，制定 BIM 净高分析报告来保证设计成果的可靠，如图 8-21 所示。

（2）预留洞核查。根据优化的综合管线排布方案对结构预留孔洞进行检测分析，给出最佳开孔位置，充分利用 BIM 技术的可视化特点，核查每个预留洞口位置和大小并出图（图 8-22），重点核查各专业交叉严重的地下室人防区域。

图 8-21 净高漫游核查图

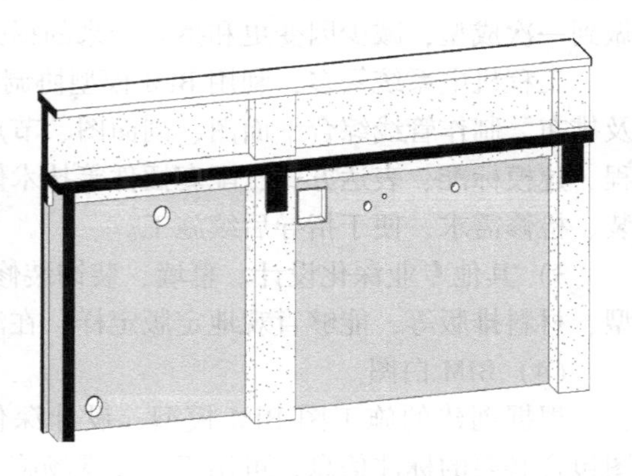

图 8-22 预留孔洞三维图

（3）各专业施工深化设计。基于设计文件、施工图、BIM 模型等资料，创建施工各阶段 BIM 模型，完成 BIM 相关应用工作。其中，BIM 模型包括土建、机电、精装修、园林景观、市政道路及桥梁、场地及配套工程等，如图 8-23 所示。

（a）建筑模型

（b）结构模型

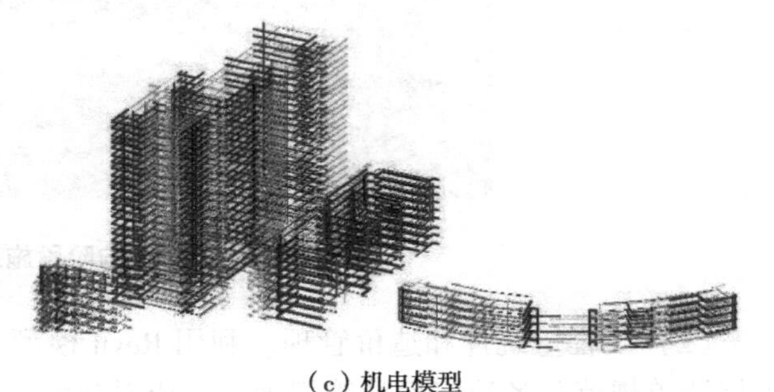

（c）机电模型

图 8-23 施工阶段 BIM 模型图

1）土建深化设计。土建结构深化设计包括建筑结构预留洞口、预埋件位置、砌体工程等施工图纸的深化。例如，通过 BIM 排砖，消除不满足要求的砖块，使墙体错缝更加工整、美观。利用排砖图将责任落实到个人，形成审核——砌筑——检查的闭环式质量管理过程。

2）机电深化设计。为确保工期和工程质量，避免因设计不协调和设计变更“返工”，选用支吊架规格不合理造成浪费或安全施工等问题，需综合考虑设计图纸及深化设计。施

工前利用BIM技术根据图纸进行“预装配”，提前解决构件“打架”问题。在实际施工中做到一次成型，减少因变更和拆改带来的损失，提升效率、节约时间和经济成本。

工程机电系统繁多，利用BIM模型协调各专业间矛盾，统筹安排机电管线的空间位置及排布，制作管线综合平面图、剖面图、节点三维示意图等图纸。通过管综设计方法、流程、建模标准、表达方式、配套插件等技术体系，高效进行三维管综设计，并充分考虑安装、检修需求，便于指导后续施工。

3）其他专业深化设计。幕墙、装饰装修、园林景观等专业通过BIM建模进行效果选型、材料排版等，能够直观地定版定样，在满足多方需求的情况下加快建造工期。

（4）BIM白图。

根据创建的施工图BIM模型，设计深化BIM模型并分阶段导出BIM白图。BIM白图包含必要的标注信息，可用于指导现场施工。

8.3.2.2　基于BIM的施工过程管理

（1）施工场地布置。如图8-24所示，将施工临时设施设备建模加入BIM系统，可直观地展示各施工作业面的施工情况和不同专业的交叉作业影响。按照时间模拟不同施工阶段的临建布置，确定场地安排及大型机械设备的最优配置，为现场施工提供最有利的资源搭配。

图8-24　主体结构阶段施工布置三维图

（2）工程量统计和造价管理。利用Revit模型及相关算量插件批量计算工程量。根据国标清单规范和各地定额计算规则，完成对建筑、结构、装修、市政工程、机电工程部分工程量的计算汇总，输出相关工程量清单。如遇设计变更，可通过变更BIM模型，提取相关报表来反映工程变更对工程量的影响。

（3）施工方案模拟。通过BIM工程模型及施工模拟指导编制专项施工方案，预演所有工序：

1）提前找出施工方案和施工组织的问题，对施工阶段的主要工序、重难点、专项方案进行施工模拟。

2）按方案提前模拟现场施工，排查可能存在的危险源、安全及消防隐患等。合理排布专项方案的施工工序，提高方案的专项性、合理性。

3）提前在电脑上试错、纠错、优化施工工序和施工进度，最终达到最优施工方案。

（4）施工过程4D模拟。因机电、市政、装修、幕墙等多个专业同时施工，工作面规划与穿插是工期组织的重点。利用BIM技术，将施工进度计划信息整合进施工图BIM模型，形成4D施工模型。通过模拟工程整体施工进度安排，检查施工工序衔接及进度计划合理性，生成施工进度模型及施工进度模拟视频。

1）施工工艺模拟。超大体积主体结构、混凝土、转换层等工序复杂、特殊的问题，利用BIM技术结合施工工艺进行精细化施工模拟，检查具体工艺的可行性，生成节点模型及工序模拟视频，如图8-25所示。

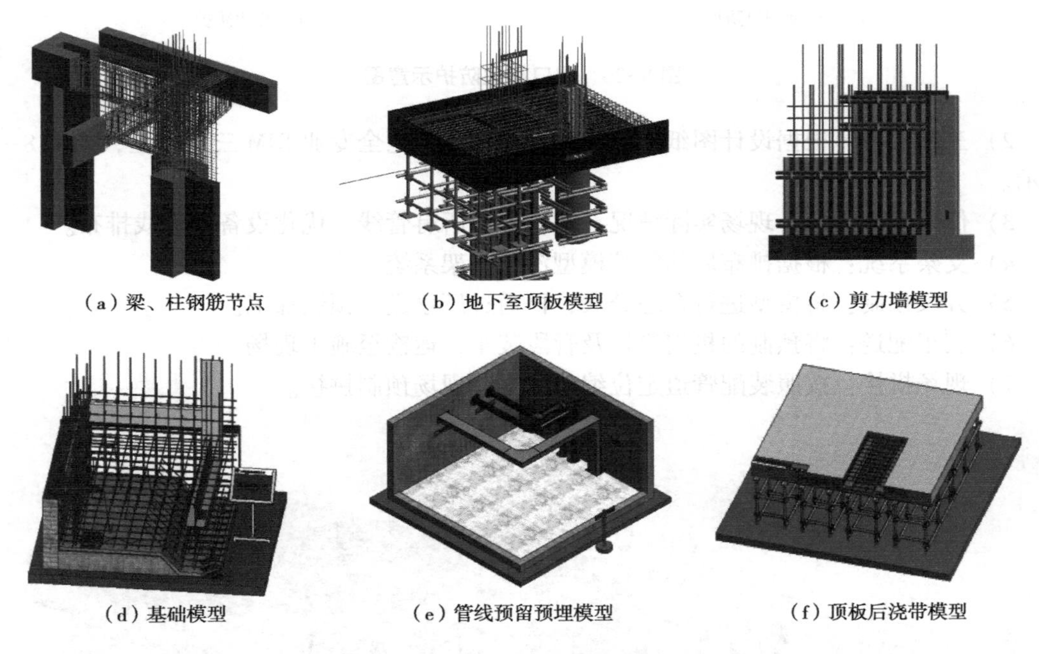

图8-25 工艺、节点深化模型图

2）洞口临边防护施工模拟。利用BIM技术对工程基坑、临边、洞口、楼梯、电梯井等部位进行临边防护预布置，如图8-26所示。建立BIM模型动态仿真漫游、技术方案和进度模拟分析，提前告知一线操作人员临边洞口搭设复杂部位和重点关键点部位的位置和具体做法，增强人员安全防护意识。

（5）材料控制及优化。利用BIM技术快速计算出材料实体工程量，对各项支出进行分类梳理，提前进行成本模拟、预测，保证施工过程中材料成本及核算分析，避免盲目采购、账目不清等问题，提高管理效率、减少经济效益损失。该技术可在工厂预制加工部分统计出材料用量，减少现场堆料和加工，实现建筑材料管控的优化。

（6）装配式机房施工。根据机电施工特点进行专项BIM应用，包括安装施工工序模拟、路径分析、机房内设备排布、碰撞检查及优化等。利用BIM技术优化机电管线。预制机电设备，使用现代化自动设备，提升机电安装工程质量和效率，减少不必要的材料损耗，改善工地作业环境，实现绿色、快速、优质、智慧的建造目标。装配式机房预制拼接流程如下：

1）现场测量：实地测量复核梁、柱、墙、基础等的施工误差。

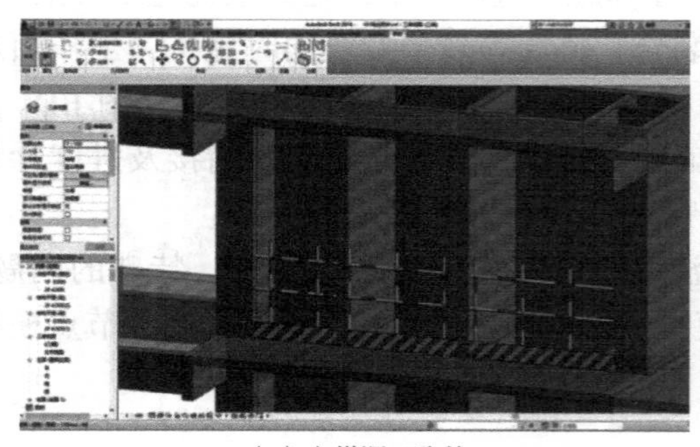

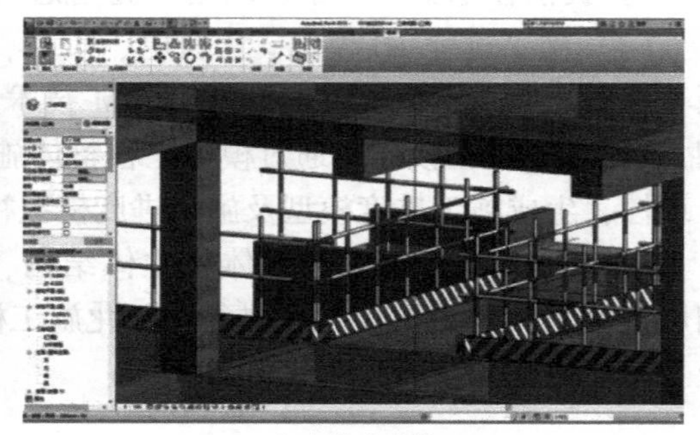

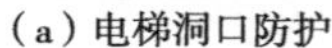

（a）电梯洞口防护　　（b）临边防护

图 8-26　洞口临边防护示意图

2）三维模型：根据设计图纸搭建建筑、结构、机电全专业 BIM 三维模型，如图 8-27 所示。

3）优化模型：结合现场实际情况，综合考虑所有管线，优化设备及管线排布。

4）支架系统：根据排布后的管综模型深化支架系统。

5）分段预制：将模型进行合理分段，再通过厂家进行预制加工。

6）装车配送：将预制的机组模块及管段装车，运输至施工现场。

7）现场拼接：按照装配管道定位编号图进行现场预制拼接。

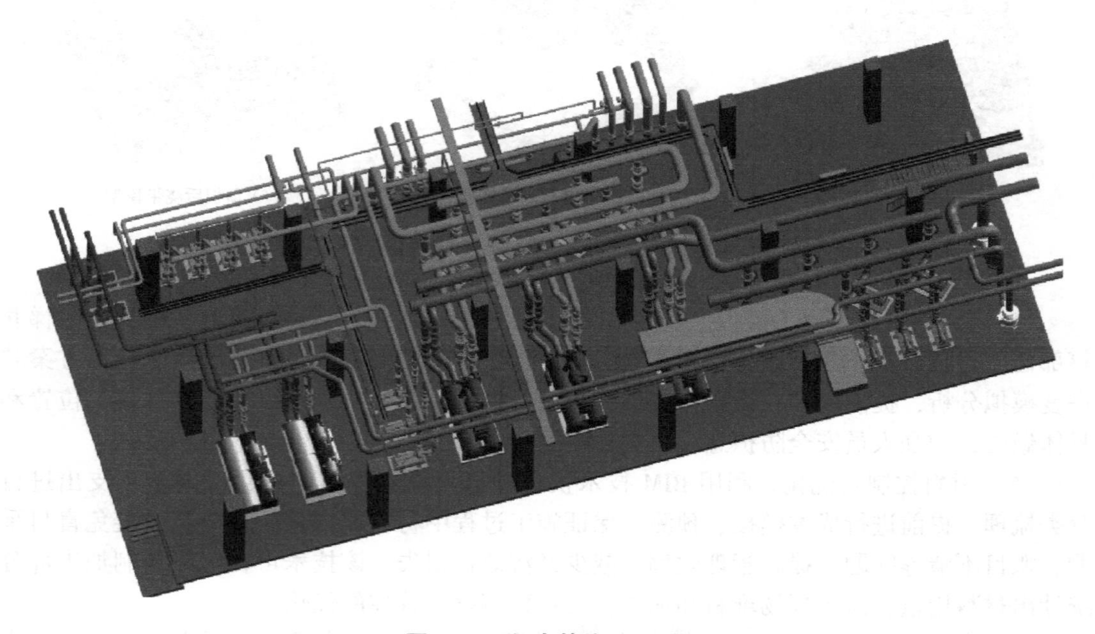

图 8-27　机电管线 BIM 图

（7）精装修 BIM 应用。在深化设计 BIM 模型的基础上补充室内装饰构件，形成装修深化设计 BIM 模型，真实表达室内装饰设计效果，如图 8-28 所示。模拟装修方案、快速统计装修材料工程量，有助于装修方案沟通与决策。特别是病房及电梯厅区域，将装修模型与土建模型、设备末端模型对比检查，避免专业冲突，提高装修质量。

图 8-28 精装修 BIM 模型图

（8）无人机专项 BIM 应用。采用无人机倾斜摄影测量技术，利用专业级无人机生成多种实景模型数据，结合 BIM 模型辅助工程进行场地分析，通过无人机三维激光扫描技术与控制测量，得到当地坐标和数字地面模型，如图 8-29 所示。

（a）场地分析

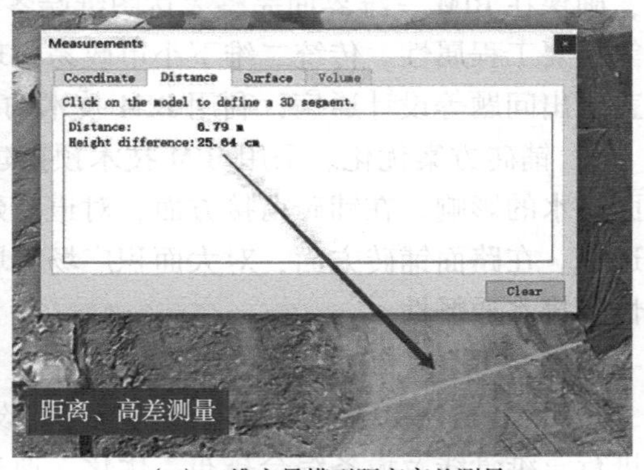

（b）三维实景模型距离高差测量

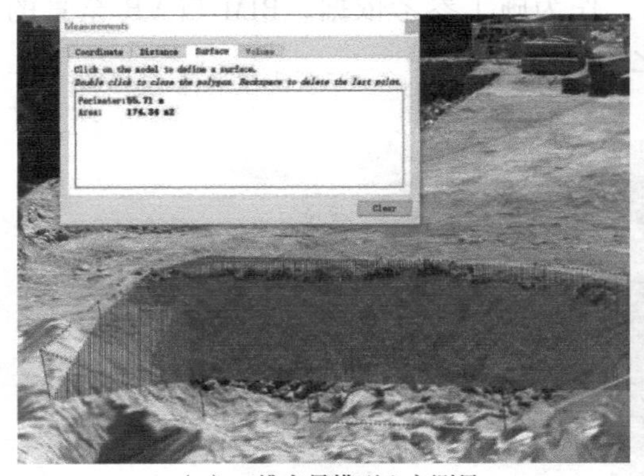

（c）三维实景模型土方测量

（d）三维实景模型面积测量

图 8-29 三维倾斜摄影场地分析应用图

（9）市政工程、景观绿化 BIM 应用。

1）景观模型搭建。针对山体绿化、整体景观区域较大的工程，可根据 CAD 图纸及模型，搭建施工深化景观模型，确保设计提供的景观图纸信息可完整表达，如图 8-30 所示。在建模的过程梳理设计图纸，及时发现问题并出具报告，提高图纸审查效率和效果质量。

图 8-30　景观模型渲染图

2）市政管线模型搭建。基于设计提供的市政管线 CAD 图纸，搭建工程市政管线模型，确保在 BIM 三维界面完整表达图纸端各类管线的路由、长度、标高、坡度、管径和配件等重要工程属性。传统二维下小市政易出现地下室顶板凸出地面、管线放坡不够、管井井盖易出问题等设计通病，利用 BIM 技术的小市政管线可以很好地规避以上设计问题。

3）铺砖方案优化。采用 BIM 技术预搭建各种区域铺砖方案，重点关注铺砖衔接及对路面排水的影响。在铺砖衔接方面，对道路延边切段分类并优化沿边材质，确保路面排水的通畅。在路面铺砖方面，对大面积广场区域铺砖方案进行切分，权衡优化路面坡度的美观性和排水通畅性。

（10）VR/AR 技术应用。

1）设备机房 BIM+VR 全景展示技术。设备机房管线错综复杂，运用 Revit 软件对设备房进行三维管线及设备综合排布、优化。通过 VR 体验进行参考决策，选择最合理的施工方案。最终输出设备机房 VR 全景（图 8-31），作为施工参考依据。BIM 与 VR 全景的结合，使得 BIM 更好地发挥出其可视化、可优化的特点。

图 8-31　BIM+VR 制冷机房全景展示图

2）BIM+VR 交互体验。利用 BIM+VR 技术进行交互体验及安全技术交底，通过模拟并重复演练真实的VR事故场景，如发生火灾、基坑坍塌、高空坠物、脚手架倾塌、模板倾倒、高空坠落（有安全带、无安全带）等，让体验者身临其境地感受安全生产隐患和事故带来的危害，增强工作人员安全意识，提高安全防范工作效率。

利用BIM+VR技术可视化与信息完备性的特点，将其作为数字化安全培训数据库。现场施工人员在BIM+VR技术多维数值模拟环境中认识、学习、掌握现场用电、大型机械使用等安全知识（图8-32），实现不同于传统方式的数字化安全培训，有效改善不同年龄、不同教育背景和技术素养的工人施工行为，增强安全意识。

（a）安全教育VR体验

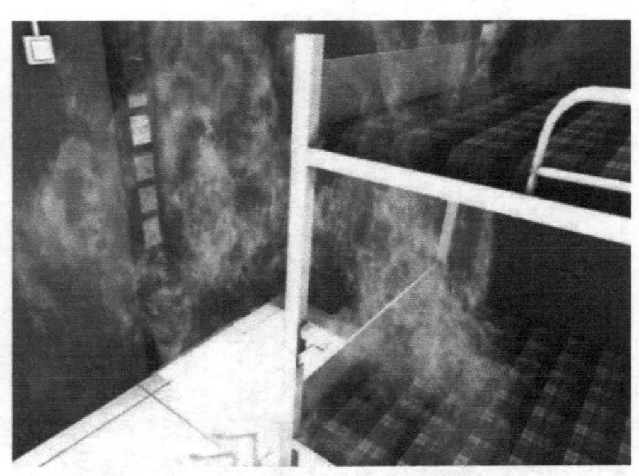

（b）火灾逃生VR体验

图8-32　BIM+VR安全体验示意图

8.3.3　适用范围与应用前景

BIM技术应用以制作精细、信息完整、数据详实的信息模型为基础，以贯穿深化设计、材料采购、加工制作、现场管理全生命周期的5D管理系统为平台，为专业配合提供串联协同，为组织管理提供分析优化，为决策制定提供“大数据”支撑，为后期运营管理提供数字化保障，以达到管理升级、降本增效的目的。

同时，BIM技术作为一种全新的计算机应用技术，在全世界范围内得到了广泛的推广与应用。与传统的建筑设计应用软件相比，用户可以直接运用三维模型进行设计，使得建筑项目的设计进度、设计成本以及设计范围发生了质的变化，BIM技术具有的优势主要表现在：显著提升设计效率，设计数据可以多次重复利用，系统的协调性增强，设计成本大幅降低，项目设计质量提升，时间成本降低，降低设计与文档的出错率等。可以预见，BIM凭借其所具有的协调性、优化性、系统性、模拟性、可视化以及可出图形等特点，将会在建筑设计、施工等领域得到更为广泛的应用。随着“一带一路”倡议的实施和不断深化，中国标准、技术和经验越来越多地走向世界，BIM技术在海外的应用场景将会越来越广泛。

8.3.4　社会经济生态效益

借助BIM技术指导现场施工，利用BIM模型实现高效地多专业整合协调，尽早发现设计、施工方案、现场施工质量、进度及安全等方面的问题并及时修改，可最大限度地减少现场施工返工，降低工程施工成本，提高了工程施工质量，提升了工程经济效益。

基于BIM的深化设计和施工过程管理等绿色施工技术，可以在日常工作中帮助管理人员实现“减负”，可以有效缩短工期，提高设计、施工效率，减少碰撞、返工等，提升建筑安全和质量，节约成本。

8.3.5 应用案例

吉隆坡 Exchange 106（标志塔）项目位于马来西亚首都吉隆坡市 TRX 国际金融中心，如图 8-33 所示。项目属于超高层办公楼，建筑高度为 452m，总建筑面积为 38 万 m^2，总占地面积为 1.38 万 m^2，地下 4 层，地上 98 层，于 2016 年 4 月 2 日动工，2018 年 12 月 14 日竣工，用时 986 天。

图 8-33 吉隆坡 Exchange 106（标志塔）项目效果图

项目所面临的主要问题集中在设计协同和总承包管理协同两方面，BIM 应用需求如表 8-7 所示。

表 8-7 吉隆坡 Exchange 106（标志塔）项目 BIM 应用需求

编号	主要问题	具体表现	BIM 应用需求
1	设计协同	边设计、边施工，钢结构设计及施工时间紧、任务重	需将设计、深化、出图和数控加工集成化
2		幕墙、机电、装饰等专业图纸设计各自为战，存在大量冲突、碰撞	需要进行设计协同，深化出图，解决冲突问题
3	总承包管理协同	“全球采购”战略下跨国物料运输难度大，对工期影响显著	需要集物料追踪、进度管理为一体的管理手段
4		项目参与方众多，语言沟通困难，技术交底及现场施工管理难度大	应推行三维可视化交底并将交底落实到施工现场
5		工期紧、任务重，主体结构与各专业施工紧密穿插，施工组织难度大	需要借助虚拟手段反复比选，优化施工组织部署
6		设计变更带来了大量的图纸变更，图纸下发和图纸管理难度大	需要确保新图纸及时下发到现场，避免旧图施工

针对上述BIM应用需求，项目部在设计协同和总承包管理协同上双线并进。一方面，项目基于BIM建模软件（Revit及Tekla）大力推行设计协同，将各专业的BIM模型合并在一起进行深化设计，预先识别并解决各类冲突问题，实现施工“零意外”，直接出图并将模型文件导入数控机床进行施工。另一方面，建立了基于BIM技术的总承包管理协同平台，实现设计图纸及时更新、现场问题实时反馈、BIM模型信息共享、每日施工任务安排、跨国钢结构物流追踪、进度计划分析等多角度的管理应用。通过BIM技术的应用节省了大量的时间，提升了管理效率，提高了现场施工质量。

8.4 相变蓄热建材及其建筑应用技术

8.4.1 发展概述

相变材料作为潜热储能的介质，能够实现近似恒温条件下能量的吸收、储存与释放，解决能量供需不匹配的问题，提高能源利用率，被广泛应用于新型节能建材、工业余废热回收、供暖与空调节能以及电力的“移峰填谷”等领域。相变材料与建筑材料相结合，可以调控温度，提高热舒适度，使建筑能耗控制在合理的范围内。

目前，建筑中应用较广泛的相变材料是无机水合盐类，相变温度为0~80℃，其潜热较高、成本低廉、导热系数较大。但是，此类材料存在过冷严重、易发生相分离、金属腐蚀性等问题，是应用过程中需解决的关键问题。石蜡类、脂肪酸类等有机相变材料虽不存在上述问题，但导热性能差、体积储热密度小、易燃烧，同样限制其在建筑中的应用。

相变材料的建筑应用，一种是利用具有相变蓄热功能的建筑材料，如墙体、天花板、地板、门窗等[10]，通过相变材料的吸放热特性实现建筑能耗的降低和室内热环境的调控；另一种是与空调系统、地板辐射系统、通风系统等相结合，通过主动式相变蓄热减少能源需求和峰值负荷，降低建筑能耗。相关研究表明：利用具有相变功能的墙体材料可以显著降低建筑室内气温波动幅度[11-13]，具有降低建筑空调能耗的潜力。以铝蜂窝板为封装和结构材料，冷压复合制成相变装饰板材，其节能效果可在传统外保温体系节能效果的基础上再提高20%以上[14]。相变石膏板的节能调温效果同样显著[15-17]，研究发现相变石膏板可实现冬季供暖节能率5.2%，模拟研究显示夹芯结构相变石膏板能降低79%的建筑能耗。虽然国内外已经开展了大量的相变蓄热建材及其应用效果的研究和验证工作，但在相变材料性能、封装应用效果等方面仍存在诸多技术问题亟待突破，以实现规模化的推广应用。

针对无机水合盐相变材料性能调控、高性能封装及建筑应用方面的技术难题，开发出具有低过冷、长寿命的无机相变蓄热材料及新型封装工艺，制备出具有不同形式的相变功能建材，以实现相变建材的规模化建筑应用，本节对该技术进行介绍。

8.4.2 技术内容

8.4.2.1 低过冷、长寿命无机相变材料制备技术

无机相变材料的过冷与相分离问题严重影响其蓄热效率与使用寿命。基于“异质形

核”过冷控制理论，采用熔融共混等方法制备出不同相变温度的低过冷、长寿命无机相变材料。

针对三水醋酸钠体系相变材料，采用熔融共混法将不同类型的异质形核剂与其进行复合，根据形核剂的相对过冷抑制率计算，发现 $Na_2HPO_4 \cdot 12H_2O$ 对三水醋酸钠相变材料的最佳过冷抑制效果（达到 94.79%）。三水醋酸钠发生相分离的主要原因是相变过程中生成的醋酸钠溶液的溶解能力有限，不能完全溶解无水醋酸钠。基于此，提出了补充额外水提高溶解度以及添加增稠剂提高溶液黏度的相分离控制方法。通过循环试验，研究了凹凸棒土、羧甲基纤维素（CMC）以及羟乙基纤维素（HEC）三种增稠剂对三水醋酸钠高温相变体系的适用性，发现 2wt% 的 CMC 以及 HEC 能够有效改善冷热循环所产生的相分离现象。

针对六水氯化钙体系相变材料，基于“晶格参数相差 15%”原则，对适用于六水氯化钙体系的成核剂进行成核结晶试验，发现 3wt% 六水氯化锶对六水氯化钙成核结晶过程影响最为显著，具有最佳的过冷度改善效果，可控制过冷度小于 1.5℃，并保持较长的吸/放热时间。利用添加悬浮剂的方法改善六水氯化钙的相分离问题，将硅藻土、凹凸棒土、聚丙烯酰胺、羧甲基纤维素等分别与其复合，并进行熔化——凝固循环试验，发现凹凸棒土对相分离具有最佳的改善效果，经长期循环后仍然具有较高的蓄热性能。以上两种相变材料的相关性能如表 8-8 所示，具有优异的相变蓄热性能和循环稳定性。

表 8-8　本技术所制备相变材料的基本性能

材料	相变温度/℃	相变潜热/（J/cm^3）	过冷度/℃	3000 次冷热循环相变潜热衰减率/%
六水氯化钙	20~30	232	<1.5	≤16.5
三水醋酸钠	50~60	330	<1.7	≤13.8

8.4.2.2　相变材料高性能封装技术

建筑领域应用的相变材料主要是固-液相变材料，需要利用封装容器对相变材料进行封装后才能应用。因此，相变材料的封装技术是保证其实现建筑应用的关键因素，合理的封装工艺也能够保证实际应用中相变材料的蓄热性能及稳定性。真空负压密封工艺与层状多孔矿物复合协同作用，可通过物理阻隔实现对相变材料的明显约束，极大增强相分离抑制能力，保证封装后材料的潜热保持效果。

以十水硫酸钠相变材料为例，利用具有层状结构的膨胀蛭石对相变材料进行真空吸附，以铝塑复合薄膜材料进行封装，可制备出具有优异性能的相变封装单元。研究发现，十水硫酸钠相变材料与膨胀蛭石按 2∶1 比例进行真空吸附复合制备的相变材料，过冷度为 0.5℃，相变潜热为 108.73J/g，500 次相变循环后潜热保持率为 83.45%，相较未使用真空吸附技术提升 51.4%。由图 8-34 可以看出，真空吸附工艺能够使相变材料进入膨胀蛭石层状结构内部，实现层状结构的约束作用。在此基础上加入膨胀石墨，可进一步增强导热并提高相分离抑制效果，添加 0.5wt% 膨胀石墨后，300 次冷热循环后潜热值为 108.57J/g，相比于未进行导热增强设计的材料提高 22% 以上。同时，利用扁平状聚乙烯盒和铝塑复合袋作为封装容器，封装相变材料后也可获得具有较高蓄热能力的相变封装单元（图 8-35）。

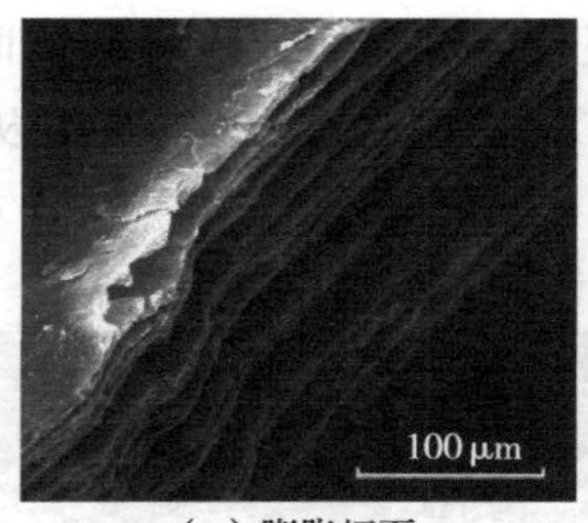

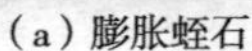
（a）膨胀蛭石

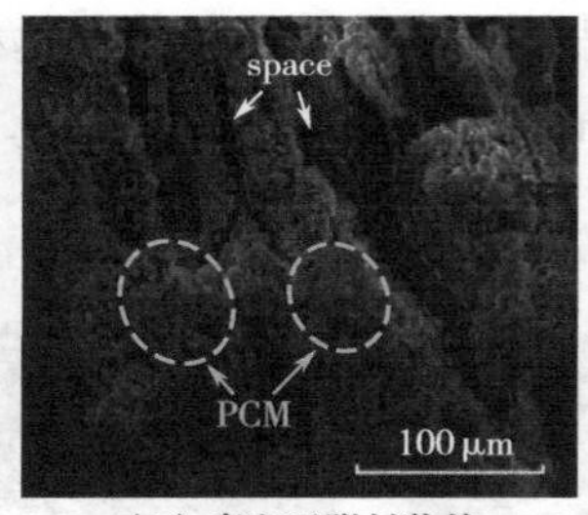

（b）真空吸附封装前

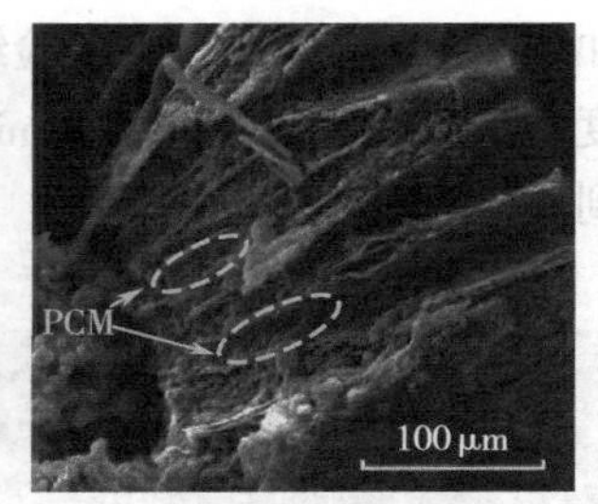

（c）真空吸附封装后

图 8-34　膨胀蛭石以及真空吸附封装前后复合相变材料的微观形貌

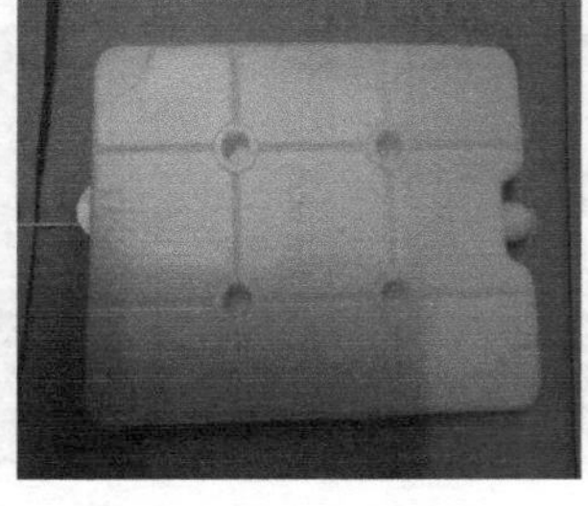

图 8-35　不同形式的相变封装构件

8.4.2.3　相变蓄热功能建材应用技术

相变蓄热功能建材应用于不同的建筑部位时需设计不同的施工方法。扁平状聚乙烯盒主要应用于建筑吊顶，利用其高效的吸放热特性，实现建筑空间的温度调节功能，轻质铝合金龙骨配合相应的连接固定工艺即可实现。铝塑复合袋主要应用于相变地暖，一方面缓解地暖启动阶段脉冲温度过高的问题，另一方面可以充分利用谷期电，大大降低地暖的运行成本。根据安装结构类型，相变地暖可以分为有混凝土回填层的湿式地暖和无回填层的干式地暖，如图 8-36 所示。

图 8-36　湿式相变地暖（左）与干式相变地暖（右）

将真空负压封装的单元与水泥基体相结合，可制备出夹芯结构水泥基相变蓄热板材，其相变温度、蓄热量等参数可根据实际需求选择不同的相变材料和封装量进行调节，导热系数不小于0.6W/（m·K）。该材料主要应用于墙体，需要配合设计龙骨结构进行安装固定，如图8-37所示。对照试验结果表明，安装相变蓄热板材的房间相比于普通房间，最高温度出现时间推迟158~162min，最高温度降低4.4~5.7℃，室内温度波动幅度从11℃下降到6℃。

（a）安装（一）

（b）安装（二）

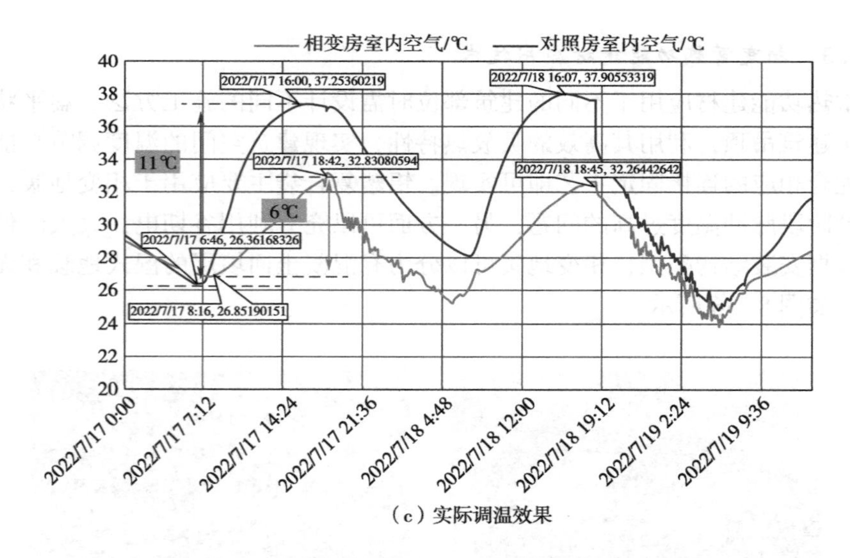

（c）实际调温效果

图8-37 相变蓄热水泥基板材安装与实际调温效果

8.4.3 适用范围与应用前景

相变蓄热材料在建筑被动调温、谷电蓄热采暖以及暖通空调领域具有广泛应用前景，产品覆盖相变调温装饰一体化板材、集成房屋用相变蓄能板材、相变地暖模块、热泵空调用相变蓄热采暖模块等。目前，主流建筑为轻质建筑，建筑热惰性普遍较差，室内温度波动大，需要空调系统长时间开启来维持室内舒适温湿度，建筑实际运行能耗远远大于设计值。相变蓄热功能建材能够在不增加建筑自重和空间的前提下，大幅度提高建筑热惰性，降低建筑能耗。在“双碳”战略目标下，我国建筑“热增容”的市场空间巨大。

中国人民大学国家发展与战略研究院发布的《南方百城供暖市场：模式、潜力与影响》报告指出，分户式采暖将是南方采暖的主要模式；预计到2025年将有2 362万~4 644万居民可享受到经济可承受的供暖服务，到2030年将进一步增加到3 246万~6 577万。据测算，未来十年，南方供暖市场经济规模将达到4 000亿~5 000亿元。相变蓄热地暖以其舒适性、灵活性以及低运行成本等特点在我国广大南方地区具有广阔的市场前景。

相变蓄热材料在北美、欧洲以及亚洲地区广泛用于建筑节能与热舒适度调节，典型应用案例有美国的马里兰医学中心、德国莱比锡办公楼、葡萄牙马托西纽什住宅区、日本津山市小学等。苏格兰sunamp公司所生产的相变蓄热（热水系统）模块在欧洲地区实现超过20 000套的销售量。英国EPS公司在欧洲和中东地区部署了大量了相变蓄冷模块，空调系统的能耗与运行费用实现了大幅度的降低。随着全球温室效应的加剧以及各国环保相关政策的落实，相变材料在欧美以及亚太地区的建材领域、供热制冷领域具有广阔的应用前景。

8.4.4 社会经济生态效益

传统建筑节能减碳技术对建筑节能的贡献率提升效果有限，亟须新材料、新技术助力实现建筑领域节能减碳。相变蓄热建材能够提高建筑热惰性，降低室内温度波动幅度，降低建筑运行能耗，是解决建筑领域节能减碳问题的最佳材料，有望成为除保温材料外的大规模应用的新型节能建材，其发展还能带动相关产业，将带来较好的经济效益。

相变材料在暖通蓄冷蓄热领域的发展已经初具规模，装机总容量超过1 000MW，供热服务面积达到2 000万m^2，每年消纳谷电10亿kW·h，减排二氧化碳100万t。相变蓄热采暖系统采用谷电蓄热、峰电放热的运行模式，用于暖通系统节能改造具有显著经济效益。以采暖面积为24万m^2的天津某项目为例，若按当地的集中供热收费条例，每年需要交纳960万元的取暖费用，采用谷电相变蓄热采暖系统，每年系统运行费用仅需交纳450万元，成本节约50%以上。

济南市沃德绿建大厦地暖系统应用了相变蓄热地暖模块（图8-38），通过夜间谷电（约0.26元/度）蓄热，白天峰电（约1.2元/度）放热，不仅提高了建筑室内热舒适度，还节约了暖通系统的运行费用。

图8-38 沃德绿建大厦相变蓄热地暖项目

8.5 热湿气候区围护结构节能技术

8.5.1 发展概述

热湿气候区特点为气温高、湿度大、降水充沛且日温差小。我国南部、东南亚、南亚、非洲东部等地区均为此类区域。采用与气候相适应的节能技术对该类地区建筑围护结构进行设计，可显著降低当地建筑能耗。

蒸发降温目前被证明是热湿气候区透明围护结构有效的降温节能措施。国内外关于喷雾降温的研究大部分是直接向室外或半室外局部空间进行喷雾以达到降温目的。1940 年，Houghten[18]首次开展屋顶蒸发冷却研究，测试了屋顶蓄水和洒水两种蒸发降温效果，并证明了这两种方法降低室温的有效性。1958 年，Blount[19]指出，在装有空调设备的低层商场或者单层厂房等大屋面类型的建筑物上采用屋面洒水系统，可以降低 25%的空调负荷。国内对于建筑利用蒸发冷却技术的研究始于 1959 年，赵鸿佐[20]在西安观测了洒水瓦屋面的室内自然通风效果，结果表明：裸露的瓦屋顶表面最高温度达 52℃，洒水后可迅速下降至 25℃，室温可降低 5℃左右。2008 年，赵惠忠[21]设计了上海世博会主题馆屋顶喷淋系统，模拟结果显示，晴天和多云天气状况下采用屋顶喷淋均有较明显的节能效果。2013 年，刘春[22]对玻璃雨棚下喷雾降温系统进行测试，为工程上设计喷雾方案和选择喷雾降温设备提供了依据。2014 年，黎敏婷[23]建立了玻璃屋面雾粒遮阳及降温测试系统，发现小粒径雾粒的遮阳效果更好，雾层对太阳辐射的遮挡率为 21.3%~38.5%，系统运行后，玻璃屋面内表面平均温度下降约 16℃。

种植屋面技术也被应用于热湿气候区进行围护结构节能降温，该技术通过在屋顶进行绿化种植，以达到园林景观和屋面隔热的作用。一方面，种植屋面可以利用植被遮阳、种植层热阻及土壤水分蒸发来减少太阳辐射对屋面的影响，从而降低室内温度；另一方面，大面积种植屋面也可以减少城市地表径流[24]，延长屋面寿命，改善建筑屋面热环境及生态环境[25]，缓解热岛效应[26]。

本节主要介绍适用于热湿气候区的较为成熟的玻璃采光顶喷淋降温系统以及种植屋面技术。

8.5.2 技术内容

8.5.2.1 玻璃采光顶喷淋降温系统

玻璃采光顶喷淋降温系统的降温原理是使透明建筑材料表面上附着一层水膜，通过水和采光顶壁面的对流换热以及水的蒸发作用吸收采光顶表面及其周围空气的热量。如图 8-39 所示，采光顶淋水降温系统主要由两部分构成，一是供水循环装置，包括水泵、补水装置、循环水槽等部分；二是淋水装置，包括管线和喷嘴。淋水降温系统还可结合雨水收集回用系统、光伏发电系统组成太阳能驱动的雨水回用淋水降温系统。

在进行喷嘴设计前，首先要选择喷淋方式和管线铺设方案。若采光顶上有高度合适的结构框架，则可以沿框架铺设管线，并采用大角度金属锥形喷嘴或低压喷雾喷嘴，喷嘴密度略小于喷嘴的最大喷射直径即可。设置一定的倾斜角度可以使每个喷嘴的覆盖范围扩大，喷

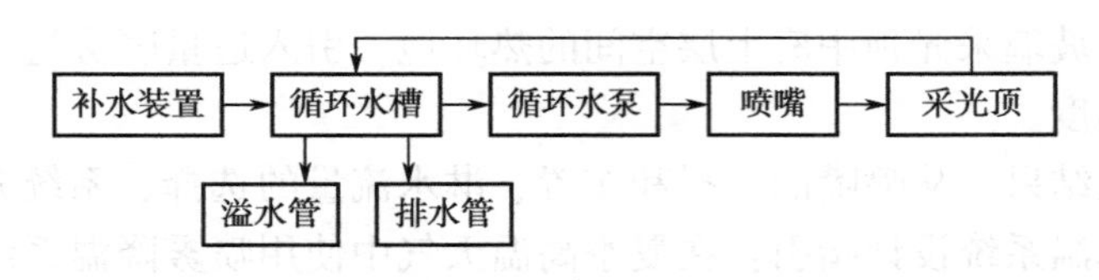

图 8-39 淋水降温系统示意图

射锥角为60°的喷雾喷嘴，倾斜30°（与壁面法向夹角）时，喷射范围最大，整体降温效果最好[27]。如图8-40、图8-41所示，两列之间交叉排列，可以使水膜分布更均匀。

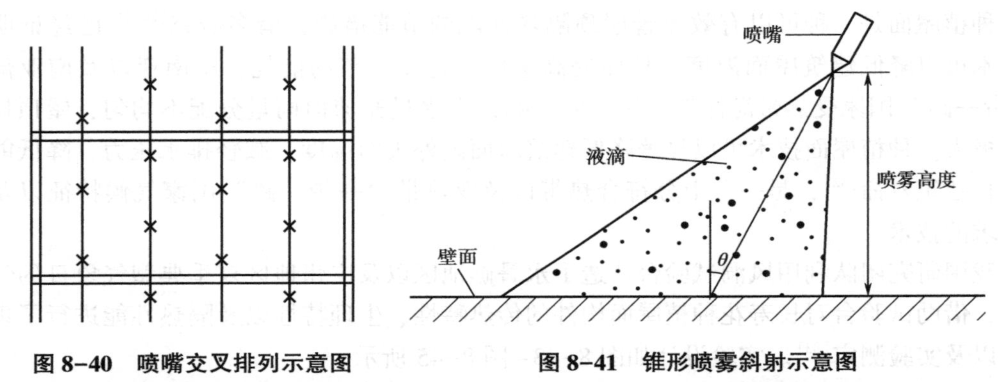

图 8-40 喷嘴交叉排列示意图 **图 8-41 锥形喷雾斜射示意图**

根据扇形喷嘴的出口特点和流量大小确定水的出流速度，结合流体方程计算水贴附玻璃的流速分布后确定平均流速，得出特定工况下的水膜平均厚度。根据 Doniec[28] 最小原理，液膜存在临界最大厚度，即垂直壁面上的水流量增加到一定量之后壁面上的平均水膜厚度不会再继续增加，此时壁面已经被液膜完全覆盖。实验中所得到的水膜临界厚度和临界流量随角度的变化曲线如图8-42所示。

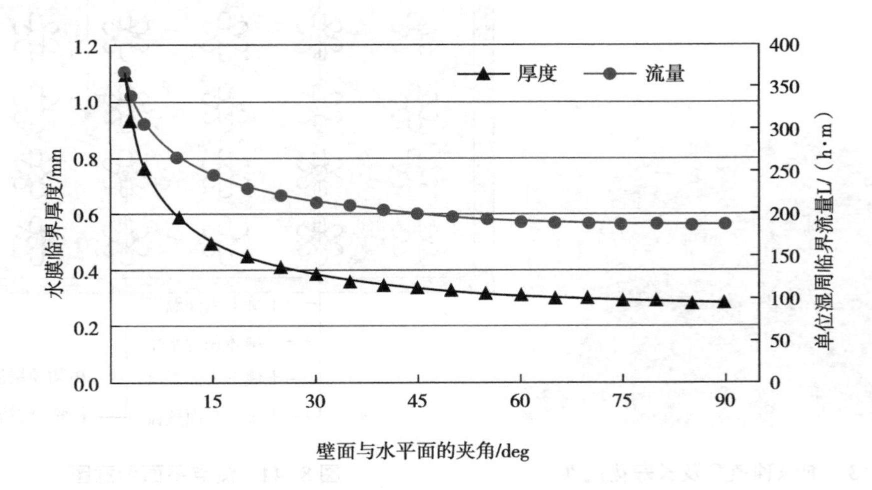

图 8-42 水膜临界厚度和临界流量随角度的变化

若采光顶跨度很大（淋水路径大于5m），则应当适当增加淋水流量，若采光顶跨度较小（淋水路径小于3m），可以适当减少流量。结合实验结果，建议夏季和过渡季当采光中

庭上方的太阳辐照度至少高于 250W/m^2 同时气温高于 27℃时，开启喷淋降温装置。喷雾降温系统可以调节玻璃采光顶中庭上层空间的热环境，引入适量喷雾进入中庭上层空间可以有效降低室内温度。

基于寻优试验结果，从喷嘴的选择和布置、淋水流量的选择、系统开启条件等方面形成了采光顶喷淋降温系统设计指引：在夏季高温天气中使用喷雾降温系统的降温效果最显著，可降温 10℃以上，遮阳效果在不同季节的使用效果相差不大，太阳辐射透过率可降低 0.1 左右；间歇喷淋的方式具有更好的经济性，建议间歇时间为 5min，具体的间歇时间可以依据滞留在采光顶上的水量及不同的天气条件下其蒸发速率而改变。

8.5.2.2 种植屋面技术

种植屋面是一种可以有效改善屋顶隔热性能的节能措施，诸多研究[29-31]已经证明该种技术可以降低建筑屋面温度，从而提高室内舒适度，节约能耗。东南亚以及南亚部分“一带一路”国家受热带海洋性季风气候影响，雨水量充沛但雨量分配不均匀，屋顶排水负担极大。种植屋面技术可以显著降低建筑屋面内外表面温度，减轻排水压力，降低能耗并延长建筑寿命[32]，是一种十分符合热带以及亚热带“一带一路”国家气候特征以及节能需求的技术。

我国研究团队利用风洞试验台营造了永暑礁地区以及广州地区夏季典型气象日的气象环境，借助试验台对长寿花种植屋面构件的传热特性、生理特性以及隔热性能进行了理论研究以及实验测定[33]。实验设计如图 8-43~图 8-45 所示。

图 8-43　泡沫种植盒及长寿花试件

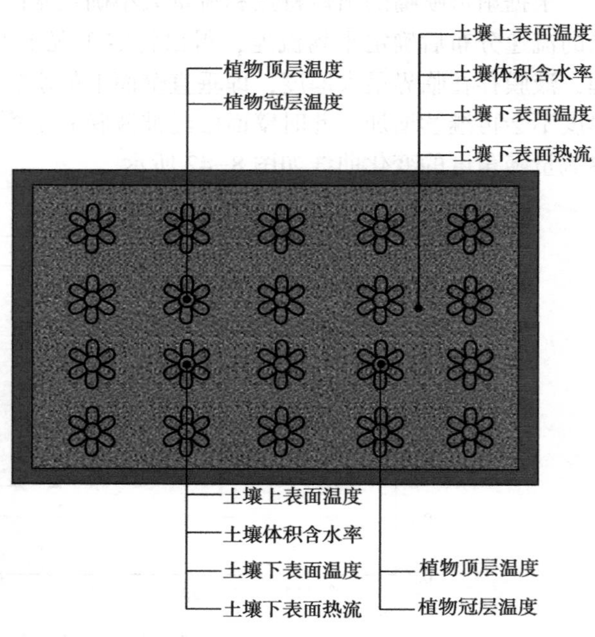

图 8-44　测点平面示意图

通过与净土壤试件在土壤下表面温度、传递至结构层热流强度及蒸发量等指标对比中发现，长寿花植株可以有效减少传递至屋面结构层的热量，并且在极端气候条件下，仍然能够通过高效的蒸发作用释放屋顶热量。此外，长寿花种植屋面试件具有良好的隔

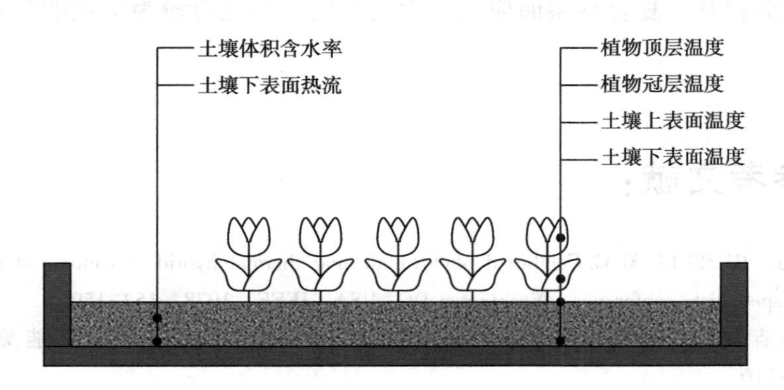

图 8-45 测点剖面示意图

热效果。与净土壤试件相比，长寿花试件在永暑礁地区夏季典型气象日土壤下表面温度峰值低 9℃，日间高温强辐射时段（9：00—16：00）土壤下表面温度平均值低 8.1℃。

此外，长寿花试件在极端气候条件下表现出更强的蒸发潜力。在永暑礁地区、广州地区夏季典型气象日气候条件下，净水的蒸发率分别为 0.27kg/（m^2·h）和 0.24kg/（m^2·h）。在永暑礁的气候条件下，长寿花试件的蒸发率为净水蒸发率的 40.7%；在广州的气候条件下，长寿花试件的蒸发率为净水蒸发率的 37.5%。长寿花种植屋面体现了较好的隔热降温作用，同时在自身生理特征、种植屋面排水设计、土壤保水压力、岛礁土壤利用、观赏价值与经济价值方面具备天然优势。

8.5.3 适用范围与应用前景

采光顶喷淋降温系统未来将在“一带一路”沿线城市的发展中具有良好的应用前景。高温高辐射时段较长的地区，且具有较大面积无遮挡或少遮挡的玻璃采光顶的建筑都适合采用喷淋降温系统。长寿花因其耐旱、耐高温、耐盐碱的特性非常适合在热湿地区生存[34]。长寿花的天然特性较好的契合了“一带一路”国家中部分热带、亚热带地区城市屋面节能设计需求。长寿花属单株植物，成年植株密铺状态下种植间隔为 15~20cm，灵活的摆放方式使得在种植屋面设计中可以优先采用排水明沟设计，既可以有效防止内涝，又便于雨水收集。

8.5.4 社会经济生态效益

从降温冷却效益来看，玻璃采光顶喷淋降温技术与种植屋面技术均可以有效控制太阳辐射的影响，采用绿色环保的方式营造舒适的室内环境，采光顶喷淋降温系统目前已经广泛投入应用。大型综合体的采光顶通常是各种玻璃与钢结构的组合，由于太阳辐射的影响，刚性框架与玻璃之间的温度应力会产生较大差异，易导致玻璃的应力破损，造成建筑围护结构的自然破坏，淋水降温既能保持中庭的采光性能基本不变，又能够使玻璃和钢骨架的温度应力降低，可以说是一项一举多得的节能技术。

种植屋面能够在城市中增加绿化面积，改善城市环境，增强城市生态系统的稳定性。长寿花花朵颜色鲜艳丰富，在屋顶绿化设计中可以通过不同品种搭配，形成良好的观赏效果；其中齿叶伽蓝菜、大叶伽蓝菜还具有药用价值，在兼顾建筑热环境改善的同时还能创造经济收益。复合型屋面应用产生的节能效益也有较为可观的环境效益与经济回报。

本章参考文献：

[1] KERN E C J, RUSSELL M C. Combined photovoltaic and thermal hybrid collector systems [C] //IEEE photovoltaic specialists conference. Washington DC, USA: IEEE, 1978: 152-159.

[2] 王君，王矗垚，季杰．BIPV/T 技术在新徽派民居中的应用探索 [J]．新能源进展，2021，9 (04)：300-310.

[3] 马冰，贾凌霄，于洋，等．世界地热能开发利用现状与展望 [J]．中国地质，2021，48 (6)：1734-1747.

[4] Jeong Y, Yu M G, Nam Y. Feasibility Study of a Heating, Cooling and Domestic Hot Water System Combining a Photovoltaic-Thermal System and a Ground Source Heat Pump [J]. Energies. 2017, 10 (8): 1243.

[5] Canelli M, Entchev E, Sasso M, et al. Dynamic simulations of hybrid energy systems in load sharing application [J]. Applied Thermal Engineering, 2015, 78: 315-325.

[6] Boissier P, Mainil-Varlet P, Mautone G R. Increasing concentration of sinovial: effect on cartilage protection in a rabbit aclt model [J]. Cartilage, 2021, 13 (2): 185S-195S.

[7] GB/T 51235—2017，建筑信息模型施工应用标准 [S]．北京：中国建筑工业出版社，2017.

[8] 王代兵，张学伟，姜化强，等．智慧建造绿色施工技术应用效益评价模型体系 [J]．建筑与预算，2018，No. 269 (09)：5-9. DOI：10. 13993/j. cnki. jzyys. 2018. 09. 001.

[9] 张兵，武卫东，常海洲．相变蓄热材料在节能建筑领域的应用与研究进展 [J]．化工新型材料，2019，47 (09)：54-57.

[10] 孙小琴，樊思远，林逸安，等．相变材料在夏热冬冷地区建筑围护结构中应用的性能研究 [J]．制冷与空调（四川），2020，34 (02)：191-196.

[11] 邓燕，丁云飞，王宁宁，等．外墙复合相变贴片材料相变及隔热性能研究 [J]．功能材料，2020，51 (08)：8014-8018，8152.

[12] 于楠，陈超，蔺洁，等．应用于太阳能相变蓄热 pc 构件升温养护建筑的复合相变材料热物性 [J]．化工进展，2020：1-10.

[13] 赵金平，艾明星．相变储能蜂窝板在建筑保温节能中的应用 [J]．建设科技，2016 (11)：25-27.

[14] 李帆，陈红霞，孙晓雨，等．相变石膏板在轻质装配式建筑中的应用与全年效果实测 [J]．新型建筑材料，2020，47 (10)：113-118.

[15] Sayyar M, Weerasiri R R, Soroushian P, et al. Experimental and numerical study of shape-stable phase-change nanocomposite toward energy-efficient building constructions [J]. Energy and Buildings, 2014, 75: 249-255.

[16] 赵亮，方向晨，黄新露，等．相变储能材料的制备及其在石膏基体中的应用研究 [J]．新型建筑材料，2020，47 (03)：135-138.

[17] FC Houghten H O C G. Summer cooling load as affected by heat gain through dry, sprinkled and water covered roof [J]. ASHVE Trans, 1940 (46): 231.

[18] Blount S M. A report on sprayed roof cooling system. Ind. Exp. Prog. Facts for Industry Ser. Bul2. No. 9. [R]. North Carolina state College, 1958.

[19] 赵鸿佐．屋顶淋水降温．南方建筑降温问题研究 [R]．西安冶金学院，1959.

[20] 赵惠忠，黄晨，李维祥，等．上海世博会主题馆空调屋顶节能研究 [J]. 暖通空调，2008，38 (12)：96-99.
[21] 刘春，吴辰旸，张帆．室外空间喷雾降温的建模与分析 [J]. 西安建筑科技大学学报（自然科学版），2013，45 (03)：324-329.
[22] 黎敏婷，丁云飞．建筑玻璃屋面喷雾遮阳及降温效果 [J]. 2014.
[23] Lee J Y, Moon H J, Kim T I, et al. Quantitative analysis on the urban flood mitigation effect by the extensive green roof system [J]. Environmental Pollution, 2013, 181: 257-261.
[24] Gocke M I, Huguet A, Derenne S, et al. Disentangling interactions between microbial communities and roots in deep subsoil [J]. Science of The Total Environment, 2017, 575: 135-145.
[25] Ke X, Men H, Zhou T, et al. Variance of the impact of urban green space on the urban heat island effect among different urban functional zones: A case study in Wuhan [J]. Urban Forestry & Urban Greening, 2021, 62: 127159.
[26] 刘秋升．喷嘴雾化特性及传热特性的数值模拟研究 [D]. 保定：华北电力大学，2017.
[27] A D. Physicochemics [M]. PERGAMON-ELSEVIER SCIENCE LTD, 1984.
[28] 杜超．绿色屋面水滞蓄效果及污染物淋失特性研究 [D]. 合肥：合肥工业大学，2021.
[29] 陈其龙．西安地区屋亦绿化对建筑热环境的影响研究 [D]. 西安：西安建筑科技大学，2018.
[30] Olivieri F, Perna C D, D'Orazio M, et al. Experimental measurements and numerical model for the summer performance assessment of extensive green roofs in a Mediterranean coastal climate [J]. Energy & Buildings, 2013, 63 (Aug.): 1-14.
[31] 刘慧慧，张高锋，黄云，等．基于屋顶绿化热工性能研究节能降温效应 [J]. 建筑节能，2016，44 (11)：46-51.
[32] 蔡佳成．南海岛礁地区长寿花种植屋面隔热性能热湿气候风洞实验研究 [D]. 广州：华南理工大学，2021.
[33] 陈少萍．长寿花栽培管理 [J]. 中国花卉园艺，2019，No. 450 (18)：26-28.

9 环境宜居关键技术

绿色建筑环境宜居属性体现在建筑场地与周边生态环境、物理环境的舒适宜人。宜居的室外环境不仅能促进人们参与室外活动，有益居民身心健康，还能降低室内能耗，节约能源。近年来全球气候变暖、高温热浪灾害频发，导致人们生存和活动的安全性与舒适性面临严峻挑战。“一带一路”沿线发展中国家和经济转型国家的传统建设环境在极端气候影响下存在脆弱性，且因地理、气候和城市建设水平的差异，沿线国家在营造宜居的城市热环境时面临的问题和需求也较为复杂。目前“一带一路”沿线国家建筑环境热安全情况评估、热浪灾害及风险应对的基础研究仍较为匮乏。在此背景下，科学、全面、准确地评估和调节沿线国家的城市热环境，已成为绿色建筑和城市环境宜居建设的关键方面。

本章着眼于绿色建筑环境热安全问题，以建立科学、系统的热安全评价及调节体系为目标，重点介绍三项环境宜居关键技术，包括高温热浪评价及热浪监测站选址技术、室外中暑风险评估技术和基于局地气候区的城市热岛评估技术，希望通过这些技术的应用，有效提高共建国家建筑环境应对极端高温事件的抵抗力，保障人们生活质量，同时减轻气候变化对城市的负面影响。

9.1 高温热浪评价及热浪监测站选址技术

9.1.1 发展概述

在全球气候变暖的大背景下，国内外学者针对环境热安全防控问题对高温热浪评价技术展开了研究。在热浪事件研究中，热浪的定义往往需要根据区域不同而进行相应调整。由于高温热浪受气候、地理位置和复杂环境的相互影响，不同国家或组织对高温热浪的评价标准与界定上存在差异，如中国、荷兰等国家及世界气象组织以气温要素为单一依据[1]；而美国、加拿大、德国等国家则根据气温、相对湿度对人体的影响提出了高温指数作为评价依据[2]。

高温热浪识别和评价技术多通过气象及遥感数据，对高温热浪频次、强度、时间变化特征和空间特征进行分析。Ding 等人[3]利用 1961—2007 年中国 512 个气象站的观测数据开展研究，发现 20 年纪 90 年代后中国热浪事件呈显著增加趋势。Wang 等人[4]利用 1959—2013 年中国 587 个地面观测站数据对中国热浪特征及其与大气环流间的影响进行了分析。然而，传统气象站点的实测数据具有分布不匀、覆盖区域有限等问题，无法精确反映高温气候分布的空间差异，可能对研究的准确性带来影响。而遥感数据覆盖范围广、时效性强，具有综合可对比的特性，同时在获取空间信息上也具有优势。因此，综合利用气象及遥感数据可更加精细地对高温热浪的时空特征分布和演变规律进行图形象化总结，有助于促进高温热浪的区域性研究。

高温热浪预警系统通过气象观测站获取地面气象观测资料。国家基准气候站是根据国家气候区划及全球气候观测系统的要求设置的可获取、具有充分代表性的长期、连续资料的地面气象观测站。由中国气象局发布的《国家基准气候站选址技术要求》QX/T 289—2015 对其气象观测站站址要求、站址勘察技术等进行了规定。区域级气象观测站是为服务于中小尺度灾害性天气预报、特定区域气象预报或当地经济社会发展需要，在国家级地面气象观测站的基础上补充建设的地面气象观测站。对于高温热浪预警，区域级观测站的建立有助于提升预测的准确性、可靠性和科学性。然而，现有研究对于区域级热浪监测站选址技术方面仍存在空缺，高温热浪预警、热浪监测站选址技术有待结合热浪发展特征和趋势，精细化划分建站优先级，结合优化算法进一步实现监测站布局的自动优化。

9.1.2 技术内容

9.1.2.1 高温热浪时空演变特征识别技术

高温热浪特征可通过高温热浪发生率及热浪震级进行分析。高温热浪发生率识别依托于高精度气象数据集及遥感信息，通过判断当地日最高温度 T_{max} 是否大于每日阈值来识别，当连续出现 3 天及以上的高温日时，记一次热浪事件（图 9-1）。其中，每日高温阈值为参考期每日 T_{max} 的第 90 百分位，以 15 天为窗口。为了避免长期寒冷地区将非高温的异常天气识别为热浪，而长期炎热地区频繁出现极端高温而无法达到阈值的情况，每日高温阈值做相应调整。通过识别当地每年发生热浪的累积日数（HWD）与频次（HWF）可获得热浪的发生率。热浪震级采用 Russo 等提出的每日热浪震级指数（HWMId）和表观热浪指数（AHWI）进行计算，根据当地的历史事件量化热浪震级。

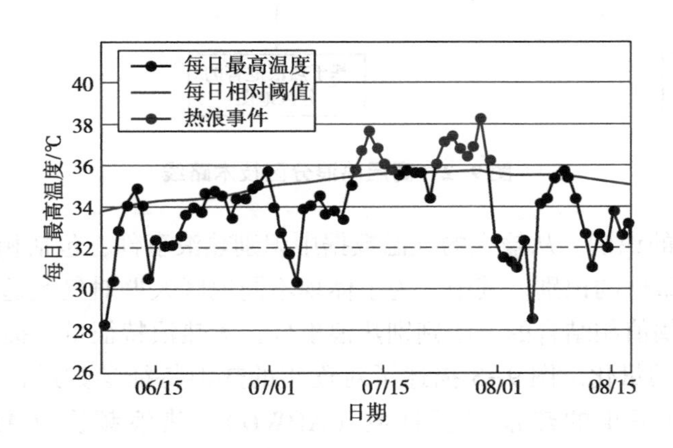

图 9-1 热浪事件识别的示例

高温热浪趋势分析与突变检测运用 Mann-Kendall[5] 和 Sen[6] 斜率估计器来检测热浪特征变量的趋势。通过预白化处理删除序列中的自相关性，构建新的时间序列进行趋势分析，以防止时间序列中存在自相关，而导致趋势出现偏差。

9.1.2.2 基于空间层次聚类的热浪分区技术

城市中的热浪特征受土地覆盖类型等因素影响而具有很大的区域差异，高温热浪分区技术在热浪特征及趋势识别技术的基础上，进一步利用空间层次聚类方法得到热浪危害分区地图，提供分析框架，帮助更好地研究区域差异性。

如图 9-2 所示，热浪分区技术流程主要分为 5 个部分，即数据处理、热浪识别、热浪特征量化、热浪分区、分区地图的可视化。其中，热浪特征量化是整个技术的重点，即根据热浪定义计算和描述热浪特征信息，并对热浪特征进行趋势分析，为热浪分区提供参数输入；热浪分区模块是整个技术的中心，通过对热浪特征信息进行空间聚类，在空间上整合热浪持续时间、频次、震级以及幅度等多维特征。

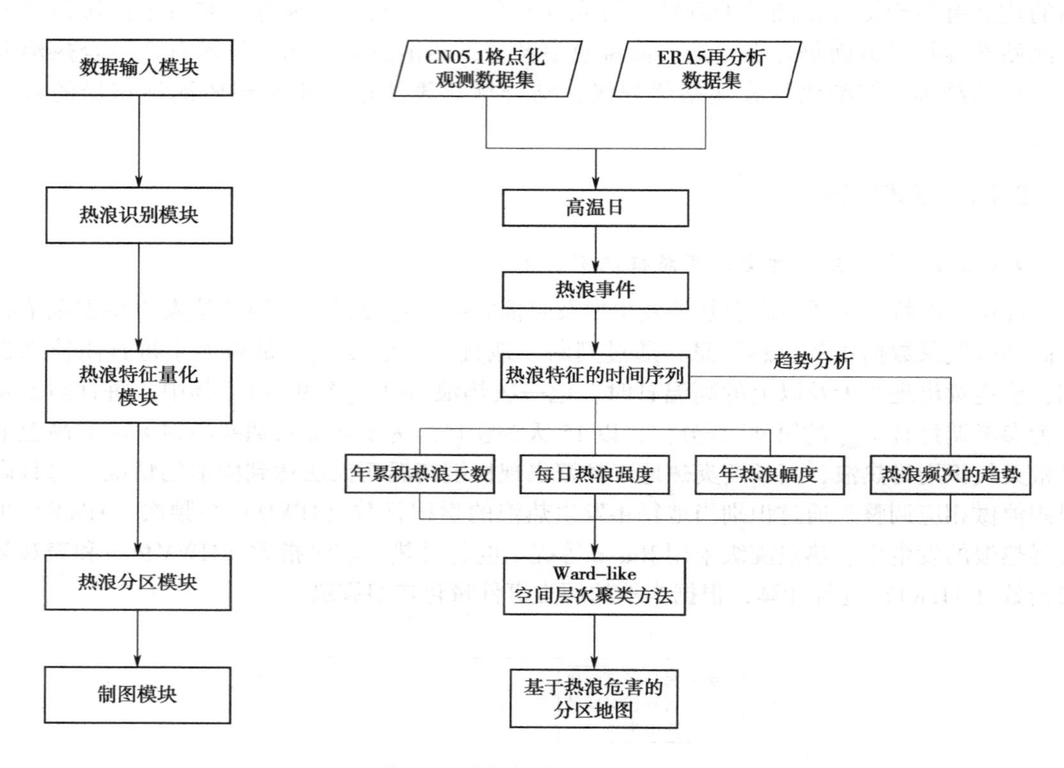

图 9-2　高温热浪分区技术路线

（1）热浪事件的识别。从输入的气温数据中识别热浪事件，包括相对阈值的计算、高温日的识别、热浪事件的识别。其中，为了体现不同地区人群对气候适应能力的差异，采用相对阈值和绝对阈值相结合的方法判别热浪事件，为热浪特征量化提供输入数据。

（2）热浪特征的量化。图 9-3 描述了对逐年的热浪特征参数进行量化的过程，不但包括计算每个格点每年的热浪累积日数（AHWD）、热浪频次（AHWF）、热浪震级（AHWI）、热浪幅度（AHWM），也包括每个格点热浪特征参数的趋势分析。

（3）热浪的分区。热浪分区参数包括每年热浪特征时间序列 Mann-Kendall 突变检测与趋势分析结果和时间序列中由突变点划分的亚时期内年均热浪特征和趋势度。图 9-4 描述了考虑空间连续性的热浪聚类与分区流程，首先根据热浪分区参数与研究区域的格网矢量分别建立特征空间矩阵与地理空间矩阵。在此基础上通过 choicealpha 函数衡量两个相异矩阵的权重。最后利用 Ward-like 空间层次聚类方法得到分区结果，对结果进行滤波处理并绘制热浪分区地图。

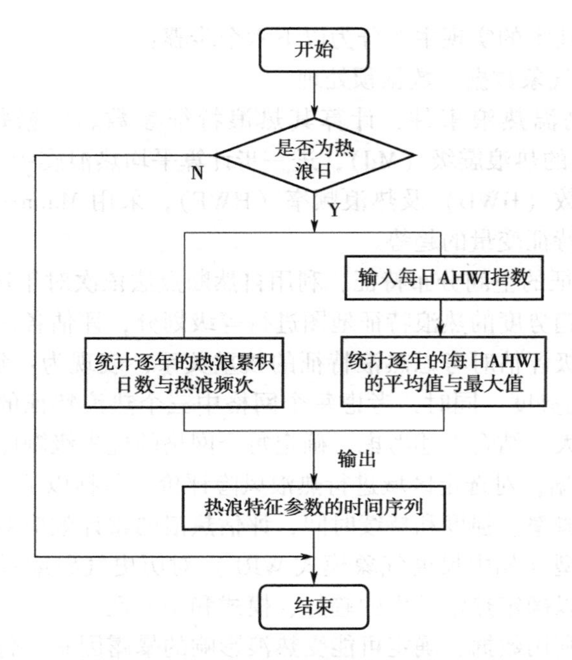

图 9-3 热浪特征量化流程图

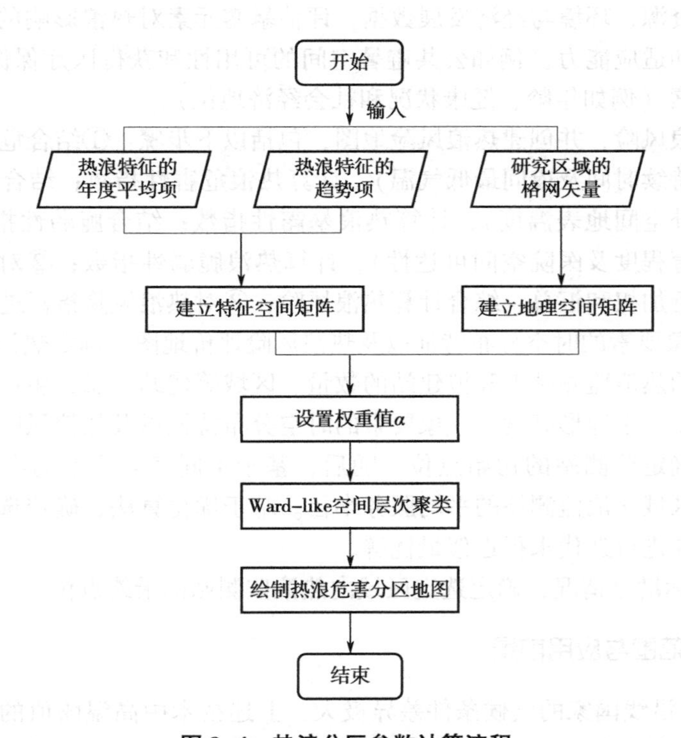

图 9-4 热浪分区参数计算流程

9.1.2.3 基于风险评价的热浪监测站选址技术

高温热浪监测站选址技术提供了一种先进的数据驱动方法，在确保资源分配高效性的前提下，不仅提高了热浪预测的准确性和可靠性，更有利于建立更科学的热浪预警系统。

高温热浪监测站选址技术的实现主要分为以下六个步骤：

（1）获取网格化气象数据，数据预处理。

（2）识别历年高温热浪事件，计算其热浪特征参数。根据每个网格的体感温度（AT），计算每个网格的热浪震级（Md），进一步计算平均热浪震级（AHWM）。同时，计算每个格点的热浪天数（HWD）及热浪频率（HWF），采用 Mann-Kendall 和 Sen 斜率估计器方法来检测热浪特征变量的趋势。

（3）基于热浪特征的空间分布特征，利用自然断点法依次对年均热浪天数、平均热浪震级以及热浪频次的趋势度的热浪特征地图进行等级划分，评估各区域建立热浪监测站的优先级。监测站优先级评估时考虑热浪特征的权重关系，表现为：年均热浪天数>平均热浪震级>热浪频次的趋势度。同时，考虑每个网格中三个热浪特征的等级，具体表现为等级越高，则优先级越大。结合上述考虑，确定每个网格的优先级顺序。

（4）获取多源数据，对选定区域进行热浪风险评价。包括以下内容：

通过热浪发生的概率、强度和持续时间，评估热浪的累计效应对人群和环境的威胁程度，包括基于气候模型（如中尺度气象模式 WRF）对历史气象或者未来气象的模拟结果进行时间序列分析，以确定热浪发生的趋势、模式和季节性。

通过人口和土地利用数据，确定可能受热浪影响的暴露因素，包括热浪期间的人口空间分布特征，热浪期间不同土地利用的地表温度空间分布特征。

通过人口、资源、环境与经济发展数据，评估暴露元素对热浪影响的敏感性，包括暴露要素的复原力和适应能力（例如公共避暑空间的可用性和获得医疗保健的机会），以及导致脆弱性的因素（例如年龄、健康状况和社会经济地位）。

综合计算热浪风险，并创建热浪风险地图，包括以下步骤：①结合危害性指标（例如热浪强度、热浪持续时间及夜间最低气温），计算热浪危害性指数；结合暴露性指标（例如人口数量和室外空间地表温度），计算热浪暴露性指数；结合脆弱性指标（例如 GDP、年龄、性别、教育程度及医院空间可达性），计算热浪脆弱性指数；②对危害性、暴露性和脆弱性指标进行加权和汇总，综合计算热浪风险；③对热浪风险指标进行标准化。

（5）基于气象要素的时空分布特征以及热浪风险评价地图，确定热浪监测站的备选点位。基于已建成的热浪监测站点和拟建站的数量、区域等建站信息，生成初始点位。若无相关已知条件，则基于地形高度、气象要素的时空分布特征以及热浪风险评价地图，通过空间聚类的方法确定监测站的初始点位。随后，基于不同气象要素的半变异函数拟合结果，综合确定该区域热浪监测站的平均服务半径。基于优化算法，确定选定区域内的热浪监测站备选点，并进行迭代求得近似最优解。

（6）结合实际勘察情况，确定选定区域内热浪监测站的最终点位。

9.1.3 适用范围与应用前景

“一带一路”沿线国家的气候条件差异极大，上述技术中高温阈值的选择综合考虑了气温的季节性和地域性特征，具有广泛的适用性，可以避免对长期炎热或寒冷地区的热浪事件产生误断，能够更加准确的区分沿线各地区的高温热浪事件。

基于空间层次聚类技术生成的高温热浪危害地图，可以应用于不同国家高温热浪现象的研究和监测，帮助识别广泛区域内的高温热浪时空分布规律，对高温热浪的形成机理、规模范围和持续时间等特征进行评估，为气候变化监测、城市规划和灾害风险评估等领域提供科学依据，具有广泛的应用前景。

9.1.4 社会经济生态效益

极端高温热浪可能对全球社会经济和自然生态系统产生多方面的影响，特别威胁到“一带一路”沿线气候类型复杂、经济基础薄弱区域的可持续发展。上述技术有助于深入研究气候变化对热浪频率和强度的影响，在辅助政府决策、气象监测、城市规划和公共卫生等方面具有重要的社会经济效益。

本技术可以用于评估和监测高温天气，设立热浪监测站实时监测气温、湿度、风速等气象数据，为气象预报和预警提供准确的数据支持。通过对监测数据的分析和评价，可以更好地了解高温天气的特征和影响，为应对高温天气提供科学依据。通过本技术，政府和相关部门可以更好地掌握天气情况，提前做好应急响应准备，从而为公众提供更加准确的气象服务，帮助人们更好地适应气候变化，提高生活质量，进一步增进社会福祉。

基于风险评价的热浪监测站选址技术通过优先考虑高风险区域，并兼顾气象要素的空间特征，可快速的筛选出备选建站位置，提高选址效率、降低建站成本。例如，广州佛山中心地区位于我国建立热浪监测站的高优先级地区，通过利用热浪监测站选址技术筛选获得的该地区热浪监测站备选点方案如图 9-5 所示。通过数据分析筛选热浪监测站点位，不仅确保了资源分配的高效性，还提高了热浪预测的准确性和可靠性，为城市热浪预警系统的建立提供了准确的技术支撑。

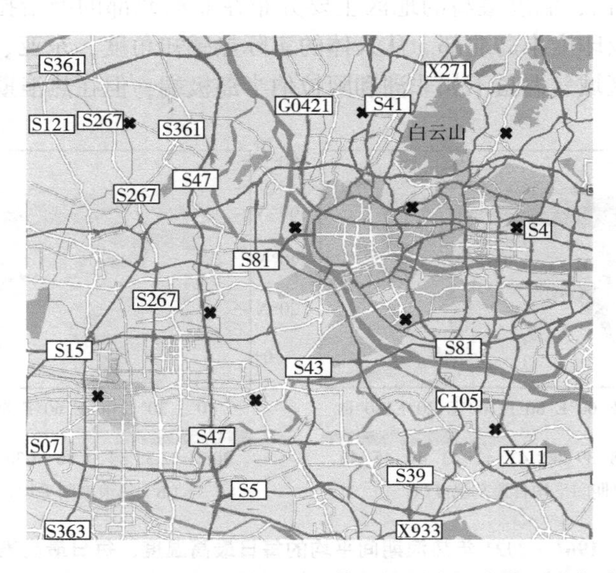

图 9-5 广州佛山中心地区基于优化算法得到的热浪监测站备选点位

9.1.5 应用案例

为对“一带一路”沿线地区高温热浪事件特征和趋势进行分析，选用了 1961—2021 年欧洲中期天气预报中心的再分析数据集（ERA5）中的日最高温度、日平均温度与相对湿度数据，该数据集为逐时数据，空间分辨率为 0. 25°×0. 25°。

“一带一路”沿线地区在 1961—2021 年的热浪发生率如图 9-6 所示，年均热浪日数

（HWD）与频次（HWF）在地理空间分布上具有一定的相似性，其大小都与纬度、海拔有关。HWD与HWF分布的差异性主要体现在极大值的分布上，比如，非洲北部与阿拉伯半岛的沙漠地区年均热浪日数最多，但由于常年高温，持续时间长，使得年均热浪频次并不多。经过计算平均持续日数可以发现，这些沙漠地区单次热浪事件的持续天数极长，而单次的热浪事件的平均持续天数的差异可能与降雨量以及下垫面性质有关。

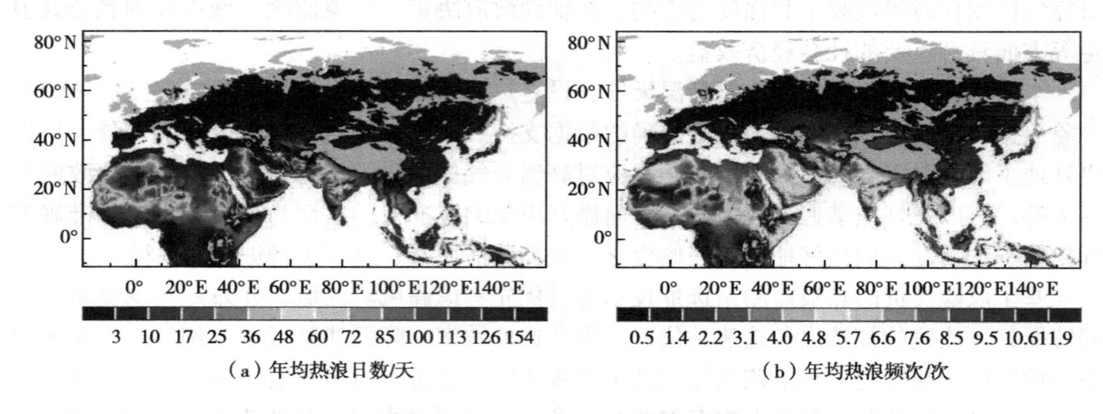

（a）年均热浪日数/天　　（b）年均热浪频次/次

图 9-6　1961—2021 年年均热浪累计日数和年均热浪频次

从热浪期间平均日最高温度（T_{max}）与平均日最高表观温度（AT_{max}）分布图（图9-7）中可以看出，温度最高的地区主要分布在非洲北部的撒哈拉沙漠、阿拉伯半岛的鲁卜哈利沙漠以及印度半岛北部。从人体的实际热感知角度，东亚、东南亚地区的热浪危害得以显现，该区域气温虽不如非洲和阿拉伯半岛极端，但在热浪期间依然闷热难耐。

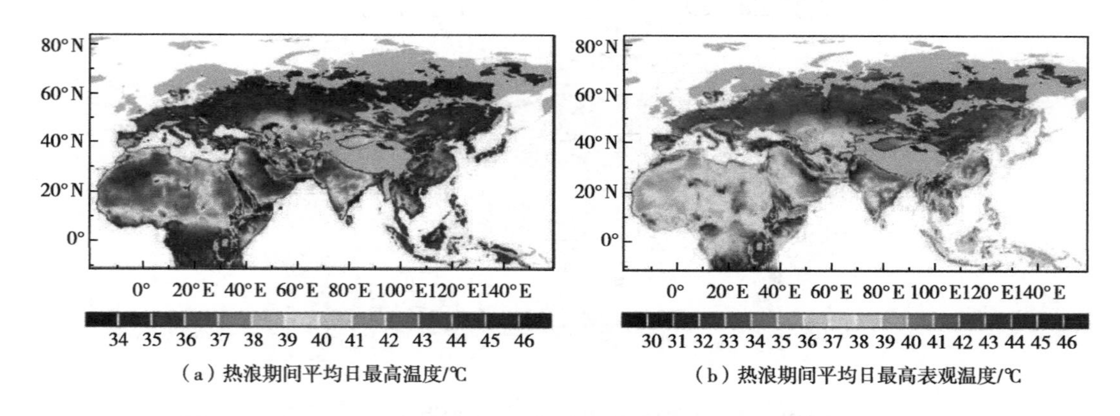

（a）热浪期间平均日最高温度/℃　　（b）热浪期间平均日最高表观温度/℃

图 9-7　1961—2021 年热浪期间平均的每日最高温度、每日最高表观温度

通过检验“一带一路”沿线地区 1961—2021 年热浪发生率与震级的发展趋势，如图 9-8 所示，61 年里，除青藏高原以及附近山脉地区以外，HWD 与 HWF 在大部分中低纬度地区呈显著增长趋势，增长幅度较大的地区集中在非洲、西亚、东南亚地区中热浪发生率较高的地区，仅在印度半岛北部等个别地区有下降趋势。

从图 9-9 来看，热浪震级的发展趋势不如热浪的发生率迅速，大部分地区经历热浪的时间在变长，但是热浪的增加速度较为缓慢。用表观温度去衡量震级时，在东南亚以及中非的海岸地区检测到更高的增长率，说明在湿度的影响下，这些地区的人们正在经历越来

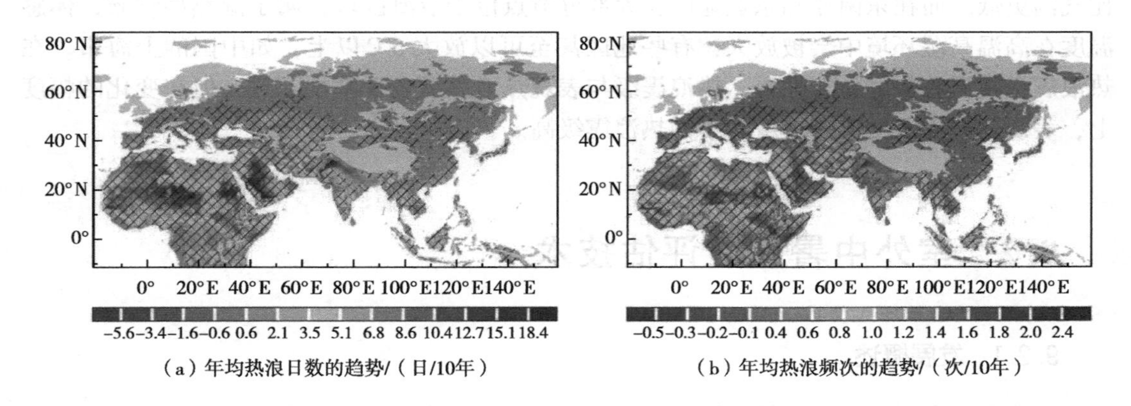

（a）年均热浪日数的趋势/（日/10年）　（b）年均热浪频次的趋势/（次/10年）

图 9-8　1961—2021 年热浪发生率的趋势

注：交叉斜线代表趋势显著地区。

越强烈的热应激事件。另外，在中高纬度地区检测到了较大的增长趋势，但表现并不显著，可能原因在于这些地区历史时期较少出现热浪事件。

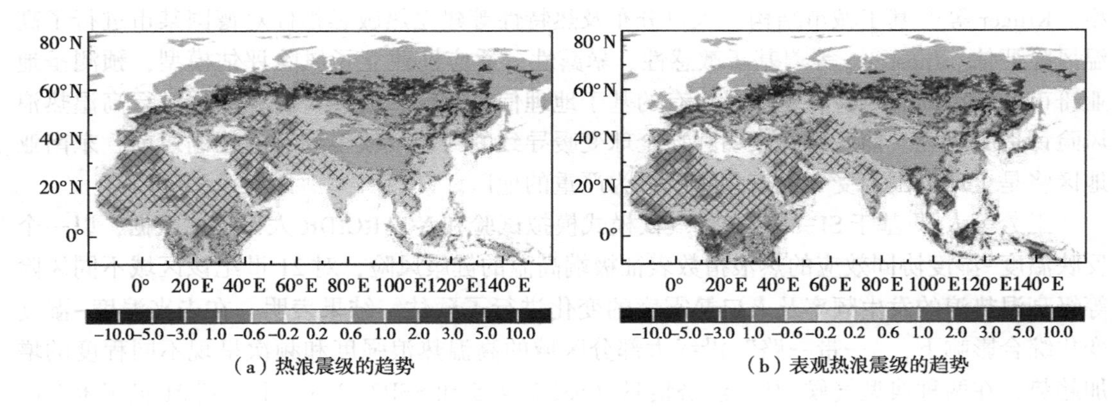

（a）热浪震级的趋势　（b）表观热浪震级的趋势

图 9-9　1961—2021 年热浪震级的趋势

注：交叉斜线代表趋势显著地区，均为无量纲。

为进一步分析“一带一路”沿线高温热浪的发展趋势，在沿线共筛选 25 个重要节点。节点涵盖了东亚、南亚、东南亚、西亚、独联体、中东欧以及非洲七个区域，主要为“一带一路”倡议下的重要城市、港口、工业园区。

结果显示，HWD 最高的节点为伊朗的巴士拉市，其次是伊拉克的巴格达市和沙特阿拉伯的利雅得市，年均热浪日数均达到 100 天以上。大部分节点的热浪日数具有显著增加的趋势，其中，增长幅度最高的是柬埔寨的金边和苏丹的喀土穆州，其次是老挝的万象赛色塔综合开发区、伊拉克的巴格达市等，这些地区的 HWD 在过去 61 年里以每 10 年 7 天以上的速度在增加。所有的节点中，仅有巴基斯坦的拉合尔市的热浪发生率在显著降低。另外，热浪频次与日数的高值区分布基本相似。

从热浪强度来看，热浪期间平均 T_{max} 最大的节点是位于西亚伊朗的巴士拉（44℃），此外，非洲和西亚的多个节点的平均 T_{max} 也达到了 40℃以上。而热浪期间表观温度与温度的高值区的分布存在一些差异，非洲和西亚地区的节点由于气候干燥，其表观温度一般会比气温更低。而在东南亚和东亚地区，大部分节点位于沿海区域，属于湿热型气候，体感温度在高温高湿环境中会被放大，有些地区甚至可以放大5℃以上，如中国的上海市。在热浪震级发展趋势的显著性上，热浪震级与表观热浪震级表现基本一致，但在变化的幅度上，表观热浪震级的上升速度均不如热浪震级高。

9.2 室外中暑风险评估技术

9.2.1 发展概述

高温灾害会引发人员中暑问题，危机人民的生命安全。而“一带一路”沿线国家多是发展中国家和经济转型国家，约2/3国家的GDP低于世界平均水平，抵御热浪灾害的能力不容乐观。对于“一带一路”沿线国家而言，开展室外热环境的中暑风险评估、城市热岛评价方法方面的研究是十分必要和迫切的。

2003年，Dousset等[7]对巴黎高温热浪风险进行了评估并构建了logistic风险评估模型。Krüger等[8]基于城市结构、人口分布及热特性等建立热敏感指标对德国某市进行了高温风险评估。Inostroza等[9]基于敏感性、暴露性、适应性建立了风险评估模型，预测圣地亚哥市的城市高温风险，这也是少有的基于地理信息系统、遥感及统计数据进行高温热浪风险评估的研究。前人研究表明，在全球变暖导致的极端气候得到有效控制之前，东南亚地区将是全球范围内受气候变化影响最为严重的地区。

王芳等人[10]基于SI-MIP全球气候模式模拟试验和NCARCIDR人口预估数据，以一个反映温度-湿度协同效应的热浪指数表征极端高温的健康风险，对21世纪该区域不同风险等级高温热浪的发生频率及人口暴露度的变化进行了预估。结果表明，在未来温度-湿度变化综合影响下，“一带一路”沿线大部分区域的高温热浪强度和频次呈现不同程度的增加趋势，在两种典型气候-社会经济情景（SSP2-4.5和SSP3-8.5）下，到21世纪末全区各等级极端高温热浪的人口暴露度总和将增加至基准时段（1986—2005年）的2.0倍和3.3倍，且越高风险等级（对人体健康影响越大）的高温热浪出现频次及其人口暴露度的相对增加越突出。极端高温热浪及其人口暴露度最突出的增加出现在低纬度的南亚和东南亚地区，对这些区域发展中国家的大量人口构成潜在威胁。总体上气候因素对人口暴露度增加的贡献最大，气候/人口因素的相对贡献大小存在明显的区域差异。

本技术采用灾害风险评估概念模型，对“一带一路”沿线国家室外中暑风险进行评估，在此基础上，提出城市热环境评价方法，为沿线国家室外热环境营建提供技术依据。

9.2.2 技术内容

9.2.2.1 中暑风险评估方法

图9-10阐明了基于风险理论的中暑风险评估模型。在防灾领域，地震、飓风或洪水等灾害风险在危害、脆弱性和暴露交叉的位置最大。“危害”一词包含了可能导致自然灾害的危险因素，“脆弱性”代表了增加一个地区灾害风险的潜在弱点，“暴露”代表人们在可能受到危害不利影响的地方的存在，通常被量化为相关区域的人口。

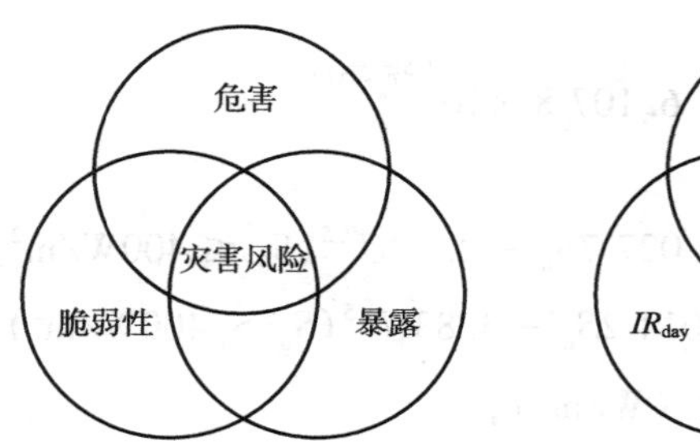

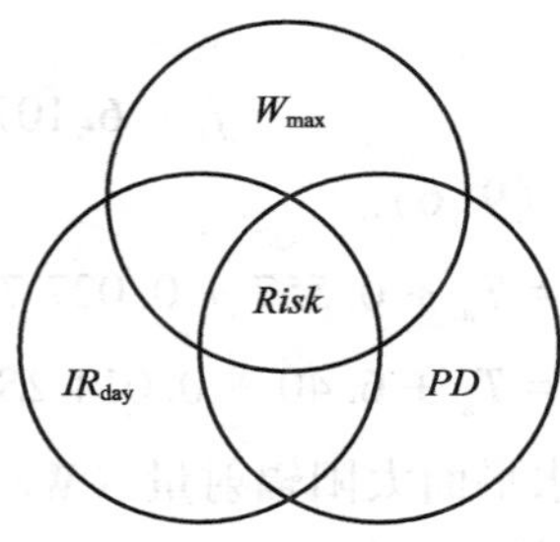

图 9-10 基于风险理论的中暑风险评估模型

中暑风险定义为最热月 1km² 范围内的最大中暑人数（*Risk*，人/km²/月）。危害定义为当日最大湿球黑球温度（W_{max},℃）。湿球黑球温度（Wet Bulb Globe Temperature，WBGT）作为评价室外热环境舒适度的评价指标，已经得到了广泛的应用，并且被美国职业与安全研究所选作评价室外环境的指标。脆弱性和暴露这两个指数分别定义为当日每百万人口中暑人数（IR_{day}，为 W_{max} 的函数，人/百万/日）和当地的最大人口密度（*PD*，人/km²）。脆弱性函数依据 Masataka Kasai 等人提出的公式，如下所示。

$$IR_{day} = \begin{cases} 0.10W_{max} - 2.01(W_{max} < 28.3) \\ 1.64W_{max} - 45.82(W_{max} \geqslant 28.3) \end{cases} \tag{9-1}$$

$$Risk = \left(\sum_{day=1}^{day=30} IR_{day} \times PD\right)/10^6 \tag{9-2}$$

为统一概念，最热月的定义是一年中平均 WBGT 最高的月份。最热时段指的是该月逐时平均 WBGT 最大的时刻。最大人口密度是对分辨率为 1km×1km 的人口网格化数据进行比较分析，得出的当地 1km² 范围内人口数量的最大值。最大中暑人数基于最大人口密度被算出。

WBGT 按式（9-3）进行计算。

$$WBGT = 0.1T_a + 0.7T_w + 0.2T_g \tag{9-3}$$

式中：T_a——干球温度（℃）；

T_w——湿球温度（℃）；

T_g——黑球温度（℃）。

T_a 可从典型气象年数据中直接获取。T_g 和 T_w 需要通过计算获得。

T_w 是关于大气压、空气温度、相对湿度的隐函数，根据 sprung 法则进行计算，如式（9-4）所示。

$$\begin{aligned} f &= f_{ws} - Ap(T_a - T_w) \\ f &= f_s\varphi \end{aligned} \tag{9-4}$$

式中：f——水蒸气分压（Pa）；

f_{ws}——T_w 下的饱和水蒸气分压（Pa）；

A——常数，0.000662（℃$^{-1}$）；

p——大气压（Pa）；

φ——相对湿度（%）；

f_s——饱和水蒸气分压（Pa）。

根据 Teten 提出的式（9-5）计算。

$$f_s = 6.1078 \times 10^{7.5\frac{T_a}{T_a + 237.3}} \tag{9-5}$$

T_g 的计算见式（9-6）。

$$\begin{aligned} T_g &= T_a + 0.557 + 0.0277S_o - 2.39U^{0.5}(S_o \leq 400\text{W/m}^2) \\ T_g &= T_a + 6.40 + 0.0142S_o - 3.83U^{0.5}(S_o > 400\text{W/m}^2) \end{aligned} \tag{9-6}$$

式中：S_o——水平面太阳辐射量（W/m^2）；

U——风速（m/s）。

根据以上方法可对不同地区进行中暑风险评估研究。

9.2.2.2 城市热环境评价方法

以辅助热环境设计与分析为目标，基于集总参数法及改进的 CTTC 模型，建立城市热环境评价方法，可实现区域热环境快速分析功能，辅助城市规划和建筑设计。通过提供地块、活动场所等建筑设计图纸，自动实现图纸模型检测与转换。利用软件将转换的图纸进行地块重叠、迎风面积比、遮阳覆盖率、绿地绿化量、平均风速、渗透与蒸发等数据指标审核，基于 WBGT（湿球黑球温度评价指标）、热岛强度指标及热环境中暑风险指标进行评价分析，对评价分析不通过图纸给出修改依据，或对评价分析通过图纸提供分析报告。

该方法分为 5 个步骤，分别为图纸输入、图纸转换、数据审核、评价分析、结果输出。其关系如图 9-11 所示。

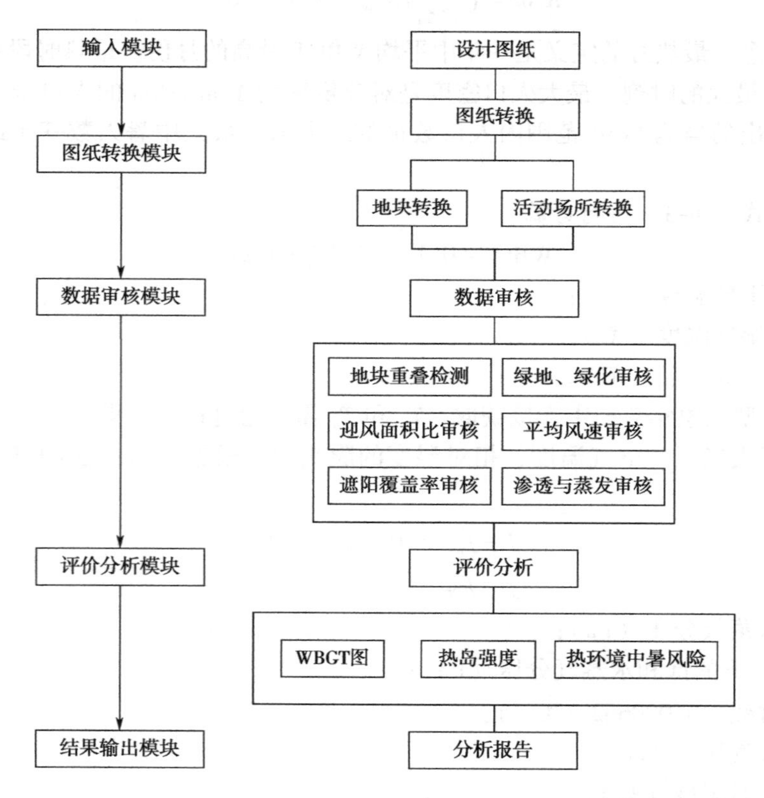

图 9-11 “一带一路”沿线国家城市热环境评价方法技术路线

其中，图纸转换和数据审核是整个方法的重点，完成对输入数据的转换与处理，为评价分析提供数据输入；评价分析是整个方法的关键，完成对数据审核中输出的图纸信息分析，自动统计地块指标，自动计算逐时 WBGT 值、热岛强度值及热环境中暑风险评估，并绘制曲线图，完成对设计图纸地区的热环境评价。

（1）图纸输入。输入内容为城市居住区建筑规划设计图纸，为整个热环境评价流程提供基础数据。该软件可运行于 Auto CAD 平台，在 CAD 软件界面直接对设计图纸进行分析。

（2）图纸转换。如图 9-12 所示，对地区设计图纸进行转换，完成对输入数据的加工处理与结果输出，将闭合区域定义为各类地块，并自动处理小面积的自交区域边界；分析各类指定地块（含有建筑地块、水泥地块、沥青地块、透水砖、土壤地块、草灌地块、乔木地块、水体地块、地砖地块）在居住区范围内的面积，并为数据审核模块提供地块数据输入。

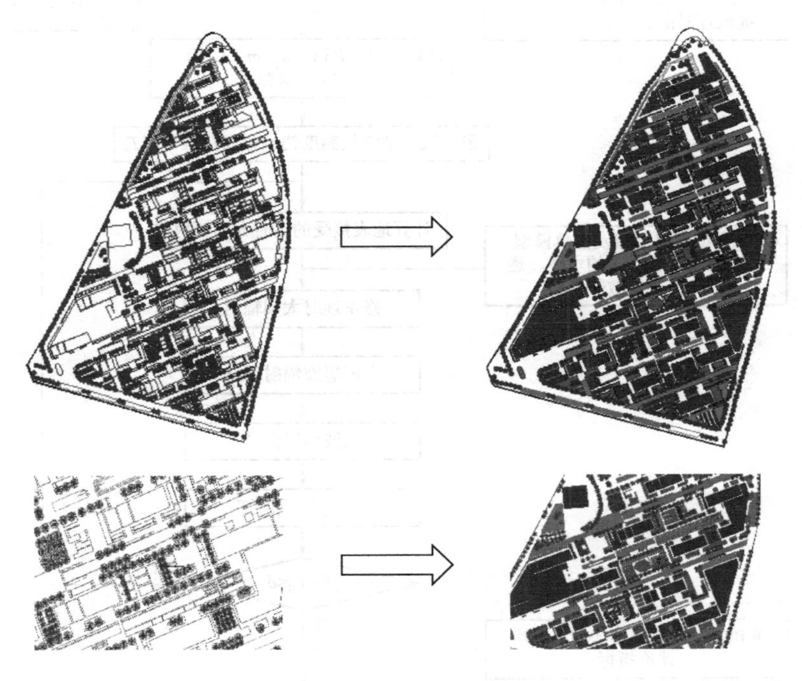

图 9-12　图纸转换

（3）数据审核。数据审核主要实现对图纸地块信息的检测和各住区环境条件参数审核，包括地块重叠检测：将不同地块的重合区域自动进行扣除，自动计算地块边界，并填充；迎风面积比审核：计算设计地区中各建筑的迎风面积比及地区平均的迎风面积指标，并与规范标准进行比对；遮阳覆盖率审核：对设计地区内的遮阳覆盖率指标进行统计分析；绿地、绿化审核；平均风速审核和渗透与蒸发审核，其中渗透面积比分析通过分析硬化地面范围内渗透性地面面积占硬化地面总面积的比率得出。

各审核计算过程完成后，将计算结果与规范标准进行比对，并将检测及比对结果以表格形式输出，分析结果自动统计并生成统计报表。

（4）评价分析。主要实现对数据审核中输出的图纸信息分析，自动统计地块指标，自动计算逐时 WBGT 值、热岛强度值，并绘制曲线图。

WBGT 值分析通过计算设计地区的空气温度、风速等参数计算得出全天逐时湿球黑球温度，绘制逐时的 WBGT 曲线图。

热岛强度分析利用设计地区的规划图纸信息，计算该地区空气温度并与当地典型气象日气温比较，得出全天逐时温度差，得到热岛强度的计算结果并生成统计报表。

热环境中暑风险评估根据环境参数计算结果，结合人体在热环境条件下存在中暑风险的环境条件指标，自动计算并分析中暑风险指数。

评价分析模块流程如图 9-13 所示。

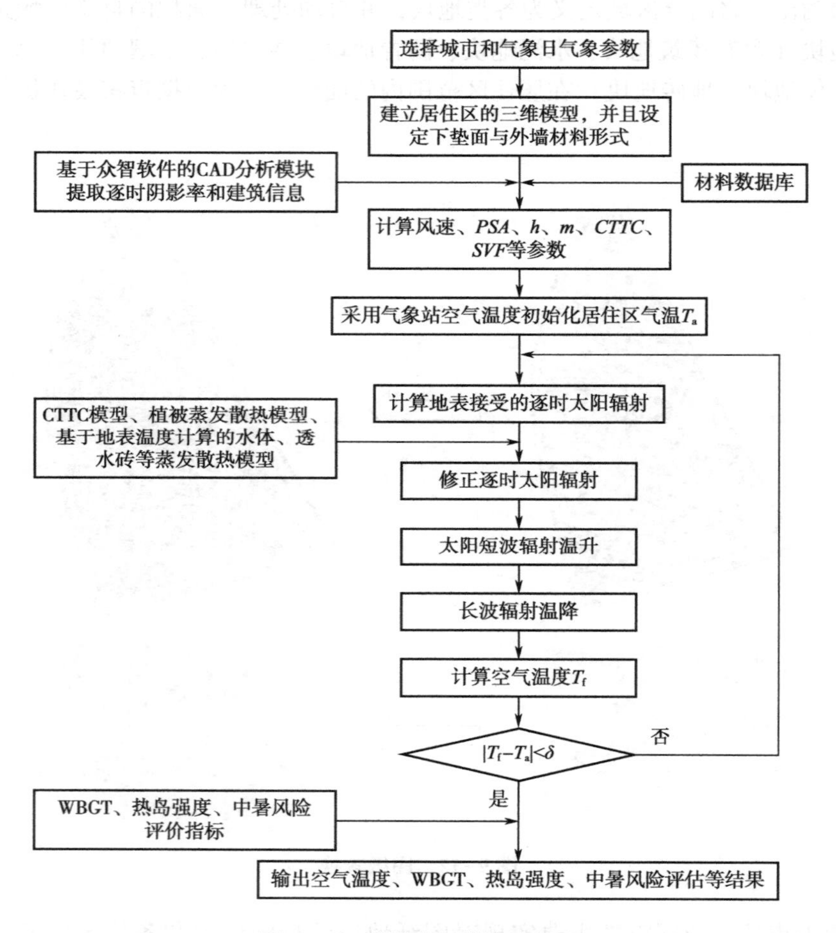

图 9-13　评价分析模块流程图

（5）结果输出。如图 9-14、图 9-15 所示，对数据审核结果和评价分析结果进行汇总和输出。自动生成设计地区热环境分析计算书和报告书，为方案评审、相关研究等提供直观的依据。

9.2.3　适用范围与应用前景

在全球气候变化背景下，室外中暑风险评估对城市规划、公共健康和户外活动至关重要。中暑风险评估模型基于各地人口网格化数据和典型气象年数据，可对不同的城市进行

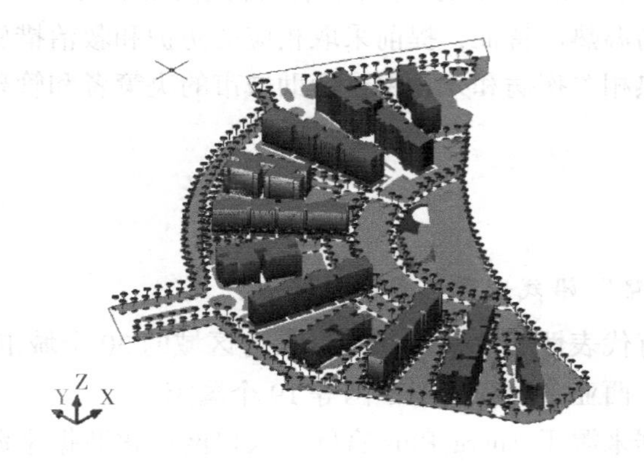

图 9-14　分析结果

建筑热环境分析报告

工程名称：　**小区

报告日期：　2022年1月27日

绿地与绿化	屋顶绿地率	—	≥50%	
	绿地率	55.128%	≥35%	
	绿化覆盖率	—	≥70%	
平均风速		%pjfsb%	%gpjfsb%	

三、热环境评价分析

3.1规范相关规定

评价性设计应按居住区所在气候区的典型气象日逐时计算热环境设计指标，并应符合下列规定：

$$WBGT(\tau)_{夏季} \leq 33℃$$

$$\Delta t_0(\tau)_{夏季} \leq 1.5℃$$

式中 $WBGT(\tau)_{夏季}$——居住区夏季逐时湿球黑球温度(℃)；

$\Delta t_0(\tau)_{夏季}$——居住区夏季逐时热岛强度(℃)。

3.2评价指标计算结果

评价设计分析结果

时间*	PSA	ΔT_{sol}(℃)	t_a(℃)	$WBGT$(℃)	Δt_a(℃)
01 : 00	1	5.079	29.228	27.437	–0.069
02 : 00	1	4.184	28.693	28.212	–1.485
03 : 00	1	3.398	28.19	28.81	–2.543
04 : 00	0.01	2.964	27.75	28.628	–2.873
05 : 00	0	2.381	27.405	29.453	–3.87
06 : 00	0	2.15	26.966	28.665	–3.551
07 : 00	0	2.309	26.578	26.489	–2.844
08 : 00	0	3.277	26.998	24.776	–1.26
09 : 00	0	5.186	28.42	24.97	0.937
10 : 00	0	7.796	30.618	25.915	3.861
11 : 00	0	10.347	32.929	27.019	6.968
12 : 00	0	13.226	35.617	78.992	9.733

图 9-15　自动生成报告书与计算书

中暑风险评估。城市热环境评价方法可指导城市管理者通过绿化、遮阳和通风改善，减轻热岛效应，创造更宜居城市环境。对公共健康和户外活动而言，它通过预测室外中暑风险，科学制定针对易受影响人群的预防和应急措施。这些应用不仅提高了对极端天气的适应性，还促进了公共安全和健康保护，应用前景广泛。

9.2.4　社会经济生态效益

基于风险理论的中暑风险评估方法及城市热环境评价方法，实现了中暑风险的快速评

估，为“一带一路”沿线国家热环境的快速准确评价提供技术支撑。上述技术的应用有助于通过及时评估和监测高温热浪特征，提前采取相应的防护和救治措施，减少高温热浪对人体健康的影响，降低热相关疾病和死亡率，帮助城市的决策者和管理者更好的制定气候适应性的政策。

9.2.5　应用案例

9.2.5.1　“一带一路”沿线地区中暑风险评估

按人口密度选取具有代表性的“一带一路”核心区域的30个城市进行中暑风险评估。所选城市涉及东亚7国、西亚7国和南亚5国等19个国家。

典型气象年天气数据来源于EnergyPlus官网，人口网格化数据来源于欧盟委员会联合研究中心。人口网格化数据有多种分辨率和年份选项。本案例选用的数据为2015年，空间分辨率为1km×1km。

表9-1涵盖了30个城市的各类信息，包括一年中最热月份、一天中的最热时段、经纬度、最大人口密度、脆弱性和最大中暑人数等。

表9-1　各城市详情

城市	最热月最热时间段	最热月	经度/(°)	维度/(°)	*PD*/(万人/km²)	最热月最热时段平均 *WBGT*	IR_{day}/(人/百万人/日)	*Risk*/(人/km²/月)
越南胡志明	13：00	4	106.8	11.0	6.1	29.5	2.7	5.0
越南河内	13：00	7	105.8	21.0	4.5	30.6	4.7	6.4
约旦安曼	13：00	7	36.0	32.0	2.3	25.0	0.5	0.3
印度尼西亚雅加达	13：00	5	106.8	-6.2	2.4	29.5	2.7	1.9
印度新德里	13：00	8	77.2	28.6	6.5	30.1	4.4	8.5
印度浦那	13：00	5	73.9	18.5	6	26.2	0.6	1.1
印度孟买	13：00	6	72.8	18.9	8.9	28.7	1.6	4.2
印度金奈	13：00	5	80.2	13.0	6.4	30.9	4.9	9.5
印度加尔各答	12：00	6	88.5	22.7	11.5	30.3	4.0	13.7
印度班加罗尔	13：00	5	77.6	13.0	5.9	25.1	0.5	0.9
印度艾哈迈达巴德	15：00	6	72.6	23.1	5.3	30.9	5.1	8.1
印度阿姆利则	15：00	6	78.5	17.5	4.3	27.0	0.8	1.0
印度阿拉哈巴德	13：00	6	81.7	25.5	10.1	30.6	4.7	14.2
伊朗德黑兰	13：00	8	51.3	35.7	2.1	24.4	0.4	0.3
伊拉克巴格达	15：00	8	44.2	33.3	6.8	31.8	6.8	13.9

续表9-1

城市	最热月最热时间段	最热月	经度/(°)	维度/(°)	*PD*/(万人/km²)	最热月最热时段平均 *WBGT*	IR_{day}/(人/百万人/日)	*Risk*/(人/km²/月)
叙利亚大马士革	15：00	8	36.2	33.5	2.9	24.3	0.4	0.4
新加坡巴耶利峇	12：00	5	103.9	1.4	7.2	29.0	2.0	4.4
泰国曼谷	14：00	6	100.6	13.9	2.4	28.8	1.8	1.3
斯里兰卡科伦坡	13：00	4	79.9	6.9	3.2	29.1	2.0	2.0
沙特阿拉伯利雅得	15：00	8	46.7	24.7	0.9	30.5	4.2	1.1
缅甸毗摩那	14：00	4	96.2	19.7	2	31.0	5.0	3.0
孟加拉国吉大港	13：00	5	91.8	22.3	9.1	28.4	1.5	4.2
孟加拉达卡	14：00	8	90.4	23.8	17.5	30.1	3.6	19.2
老挝万象	15：00	7	102.6	18.0	1.1	29.1	2.4	0.8
科威特	13：00	7	48.0	29.4	1.5	33.5	9.1	4.1
菲律宾马尼拉	13：00	5	121.0	14.6	11.8	29.5	2.9	10.2
巴基斯坦伊斯兰堡	13：00	8	73.1	33.6	3.9	28.4	3.0	3.5
巴基斯坦海得拉巴	13：00	5	74.5	31.4	3.3	27.7	1.1	1.1
阿曼马斯喀特	13：00	7	58.6	23.6	1.2	31.1	5.2	1.9
阿富汗喀布尔	14：00	7	69.2	34.6	3.8	22.9	0.3	0.3

纬度与最热月关系如图9-16所示，北半球低纬度地区最热月范围为5~8月（所有城市纬度范围为-6.2°到35.7°）。同时城市纬度与其最热月份存在一定的相关性，决定系数为0.621。

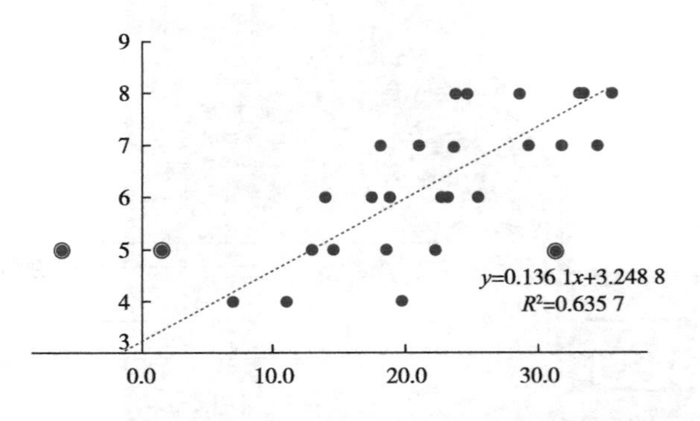

图9-16　最热月-纬度线性拟合（红色环包围的点代表被排除的城市）

从暴露性看，人口密度越大意味着暴露指数越高。达卡最大人口密度（17.5 万人/km^2）高于其他所有城市，往后排列依次是马尼拉、加尔各答等城市。最大人口密度在 10 万人/km^2（下文同单位）以上的城市有 4 个，主要分布在印度、菲律宾、孟加拉国等国家；中暑风险为 6~9.9 的城市有 8 个，主要分布在孟加拉国、印度、新加坡、伊拉克、越南等国家；中暑风险为 2~5.9 的城市有 14 个；中暑风险小于 2 的城市有 4 个。人口密度大的城市多分布在东亚、南亚，西亚国家的城市人口密度相对较低。

从脆弱性看，科威特最热月脆弱性最大（9.1 人/百万人/日），往后排列依次是巴格达、马斯喀特等城市。脆弱性大的城市多分布在西亚，这是由于西亚地区空气温度普遍偏高。

利用中暑风险评估模型分析得出各城市的中暑风险及其分布。“一带一路”典型城市中，达卡的中暑风险最大，在最热月 1km^2 范围内中暑人数（后称中暑风险）最大可达 19.2 人，往后排列依次是阿拉哈巴德、巴格达等城市。中暑风险大于 10 的城市有 5 个，主要分布在印度、孟加拉国、伊拉克等国家；中暑风险为 6~9.9 的城市有 4 个，主要分布在印度、越南等国家；中暑风险为 2~5.9 的城市有 8 个，除科威特外其他城市都分布在东南亚；中暑风险小于 2 的城市有 13 个。可以看出，中暑风险分布规律与人口密度相似：中暑风险大的城市多分布在东亚、南亚，西亚国家的城市中暑风险相对较低。原因在于人口密度相较于脆弱性对中暑风险影响更大。

9.2.5.2 巴布亚新几内亚学校项目室外热环境评价分析

巴布亚新几内亚学校项目位于巴布亚新几内亚首都莫尔斯比港，包括 2 层员工公寓、1 层小学、2 层小学、2 层中学和 1 层多功能厅。原始场地由南向北地势逐渐增高，设计方案主要包括三个坡度较小的平面，第一个平面为操场区域，向北第二、三个主要是建筑区域，第三个平面北侧接一个斜坡，平面间通过台阶连接，三个平面间的地势差分别为 4m、2m。

采用城市热环境分析方法进行项目的室外热环境模拟评价分析。根据图纸按照比例绘制 AutoCAD 平面图纸，用于软件模拟计算（图 9-17）。对场地进行雨季 1 月和旱季 8 月的室外热环境模拟，雨季和旱季各时刻的湿球黑球温度均小于 33℃，满足《城市居住区热环境设计标准》JGJ 286—2013 规定的“当居住区内人群户外活动处于休息或以 3.5km/h

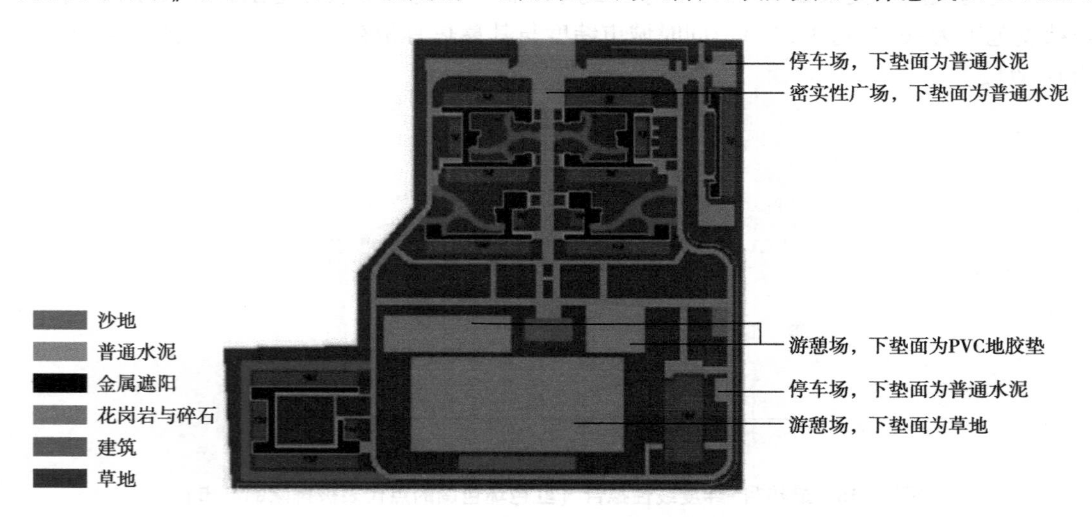

图 9-17　巴布亚新几内亚学校室外热环境模拟建模平面图

一下速度闲步状态时，为保证热适应者人体生理安全的生理温度指标不超过38℃限值，所对应热环境的湿球黑球温度值应为33℃。”

9.3　基于局地气候分区的城市热岛评估技术

9.3.1　发展概述

19世纪初期，英国气象学者Luke Howard发现了“城市热岛”现象。城市热岛评估技术主要经历了从传统气象观测方法到现代遥感技术的演变[11-15]。

在最初阶段，城市热岛强度是通过对比城市内外不同地点的近地表气温来衡量的[16,17]。这种方法主要基于传统的气象观测站获取数据。随着科技的发展，红外遥感影像逐渐成为研究“地表温度热岛”的主要数据来源，其覆盖面积广的优势使其能够更全面地评估城市热岛效应。然而，遥感观测也有其局限性，例如很难拍摄到城市的全貌，建筑立面也很难出现在遥感影像中。这部分红外信息的缺失对“地表温度热岛”的评价准确性造成了一定程度的损失。

传统的WUDAPT方法应用广泛[18,19]，但由于缺乏可信的建筑高度信息，导致其对建成类的分类精度较低。

基于局地气候分区的城市热岛评估技术通过更精细化的城市局地气候分类，更准确地捕捉城市表面温度的变化，对城市热岛效应进行更深入的分析和研究。

9.3.2　技术内容

9.3.2.1　局地气候分区分类技术

局地气候分区（LCZ）分类技术一方面通过用户输入指定的矢量数据和卫星影像数据，自动计算局地分区所需要的形态参数。另一方面，通过对城市形态参数进行模糊分类得到城市下垫面的局地气候分区类型，对土地利用数据进行重分类得到自然下垫面的局地气候分区类型。最后，输出并绘制汇总后的局地气候分区地图。此外，还包括精度评价，以及对分区结果进行滤波和重采样的功能。

技术路线划分为5个部分，分别为数据输入、参数计算、LCZ分类、结果验证、分区制图，其关系如图9-18所示。其中，参数计算是整个方法的重点，完成对输入数据的处理与转换，为LCZ分类提供数据输入，计算过程中参数的选择影响着分区结果的精度；LCZ分类是整个方法的关键，完成对计算模块输出的城市形态参数的集成，根据不同参数的组合，完成对研究区域城市局地气候的初步分区。

（1）数据输入。输入数据分为城市矢量数据、遥感影像数据与土地利用（LULC）数据。利用研究区域矢量作掩膜，将输入数据统一进行裁剪。对裁剪过后的所有矢量以及栅格数据进行投影，统一投影坐标系。

（2）参数计算。根据预设的基本分区单元的尺寸建立格网，将输入的建筑矢量、水体矢量、道路矢量数据与格网进行成对相交，通过空间连接的工具将矢量数据面积信息写入格网，通过字段计算器计算建筑密度、水体率、道路率；对于栅格数据，通过分区统计的

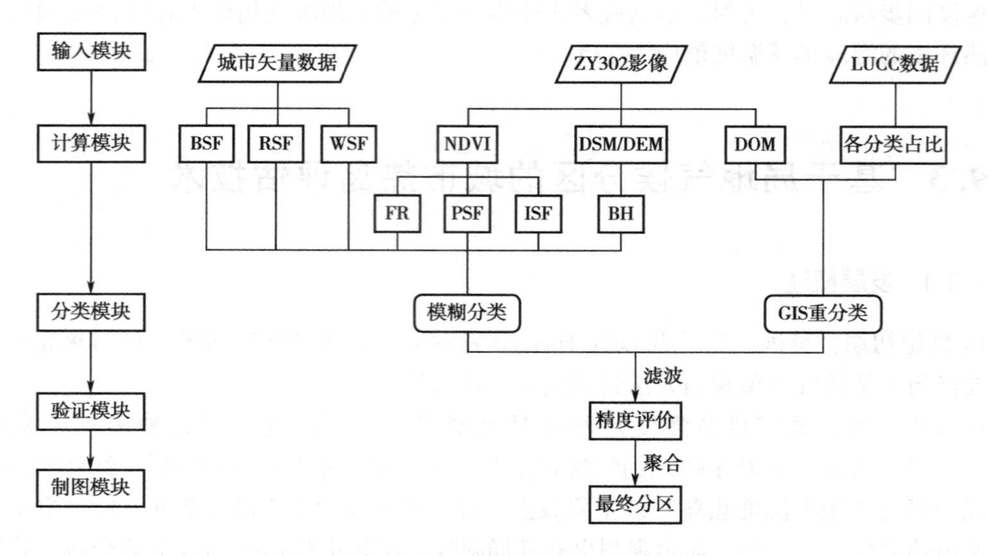

图 9-18　局地气候分区分类方法技术路线

方式生成格网分辨率的栅格，通过值提取到点、空间连接将统计的植被覆盖度、透水率、不透水率、建筑高度参数写入格网信息中。

（3）LCZ 分类。依据 LCZ 分区理论，在参考属性表的基础上进行调整，采用模糊分类与 GIS 重分类两种手段分别对城市类型与自然类型进行判别。

（4）结果验证。实现对分类模块输出的初步分类结果进行精度评价。

（5）分区制图。对初步分类结果进行聚合，基本分区单元根据众数滤波的方法聚合到目标尺度（默认为 300m，该尺度被认为是更符合城市局地气候的实际研究与应用的尺度），并将得到的最终分区结果以图片形式呈现。

9.3.2.2　城市热岛评估技术

城市热岛强度（UHI），即城乡温差的大小，是量化城市热岛效应大小的关键指标，其主要受到城市发展扩张以及城市地理位置的影响。其中地表热岛强度（SUHI）可以通过城市区域的平均地表温度减去城市周边自然区域（如农田绿地的平均地表温度）计算得到。

地表温度通过卫星遥感影像分析获得。在卫星图像选择上均采用夏日正午附近时刻卫星图像，两个时间点采用相似气象环境背景。影像预处理包括几何校正、辐射定标与大气校正。卫星遥感的地表温度计算均使用 ENVI 软件通过大气校正法（Radiative Transfer Equation）反演计算得到。该过程分为以下六个步骤：①大气顶部（TOA）光谱辐射率的计算；②TOA 到亮度的温度转换；③NDVI 的计算；④植被比计算；⑤发射率的计算；⑥地表温度的计算。

20 年前后热岛强度变化计算主要通过 ArcGIS 软件计算实现。首先通过城市地表温度与城市周边的地表温度差值得到两个时间点所对应城市范围的热岛数据及 $SUHI_{2020}$ 与 $SUHI_{2000}$。在 GIS 中通过栅格运算方法，将两个时间点的热岛强度做差值运算，进而获得相同范围内同一栅格所对应地表温度的差值，栅格所携带数据对应该地块所对应的 20 年间热岛强度的变化。

$$\Delta SUHI = SUHI_{2020} - SUHI_{2000} \tag{9-7}$$

这种方法可以减少一部分气候变化所产生的计算误差。最后通过统计每个栅格所代表的数据，采用加权平均的方法得到城市这20年间平均热岛强度变化。

9.3.3 适用范围与应用前景

随着城市化进程的加速，城市热岛效应成为影响城市可持续发展的关键因素之一。基于局地气候分区的城市热岛评估技术，通过引入立体影像获取建筑高度信息并构建城市信息数据库，并利用优化模糊分类方法得到城市局地气候分区，实现了对城市热岛效应的高效评估和精细化管理[20,21]。这一技术的应用不仅限于学术研究，且已开发出专门的软件工具，可应用于城市规划、建筑设计、环境保护等多个领域，能够为城市规划和政策制定提供有力的数据支持。

未来，随着遥感技术、大数据分析等技术的不断发展和应用，基于局地气候分区的城市热岛评估可以更加精细化。通过更高分辨率的遥感影像和更丰富的城市数据，进一步提高评估的准确性和实用性。此外，结合物联网技术实时监测城市气象，将为动态调整城市规划和建立气候适应性城市提供可能。

9.3.4 社会经济生态效益

基于局地气候分区的城市热岛评估技术不仅有助于科学评估和理解城市热岛效应，还可以为城市公共空间热环境的改善提供理论指导。这对于改善城市微气候，缓解城市热岛效应以及提升居民身心健康具有重大意义。

9.3.5 应用案例

作为“一带一路”西亚地区重要的国家，伊朗高原属于沙漠性气候和半沙漠性气候，全年温度较高，北部春夏秋季较为凉爽，冬季较为寒冷，南部夏季炎热，冬季温暖。伊朗大部分地区的冬季温暖湿润，降水也往往形成于此，这和北下的冷空气有关系，而夏天的时候，伊朗由于处于副热带高压的控制下，气温很高降水较少。从春季到夏季，伊朗高原中部地表温度迅速上升，这是由于夏季地表风速增强引起的。

德黑兰是伊朗首都，分为22个城区（图9-19），人口最多且密集，是西亚地区最大的城市之一，因此分析德黑兰的地表温度与城市要素的关系对探究如何缓解伊朗其他城市和其他国家的热岛效应有借鉴意义。

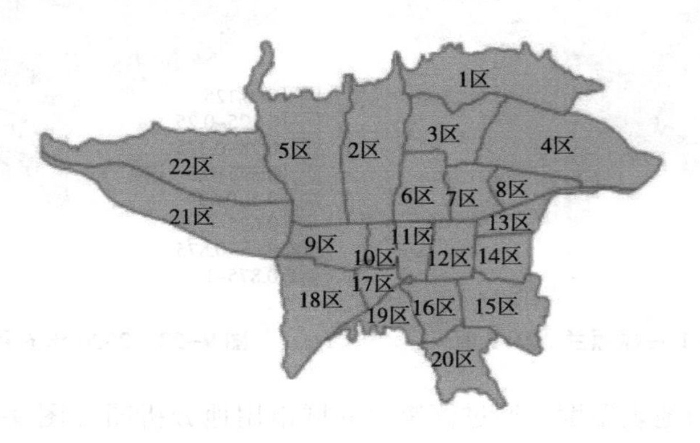

图9-19 德黑兰市行政区划图

采用卫星遥感数据，对伊朗地表温度进行了评价分析，其结果如下：

（1）地表温度分布特征。基于Landsat8的数据处理，经过计算和简化，得到不同时段的地表温度情况。以德黑兰市2020年1月（冬季）和6月（夏季）的数据做比较，寻找整体的温度分布规律。

从温度分布图可以看出（图9-20和图9-21），无论是在冬季还是夏季，位于城市边缘的城区温度相对中间的城区高。在夏季西部城区是温度最高的地方，局部地方甚至可以达到60℃以上，夏季是德黑兰热岛问题最强烈的时间段，22个城区普遍高温，局部地方甚至出现极端温度的现象，地表温度达到58.2℃以上。当空气温度达到30℃以上时，人体就要通过空调、风扇等工具降温以缓解人体不适，长期处于这样的环境不利于身心健康。

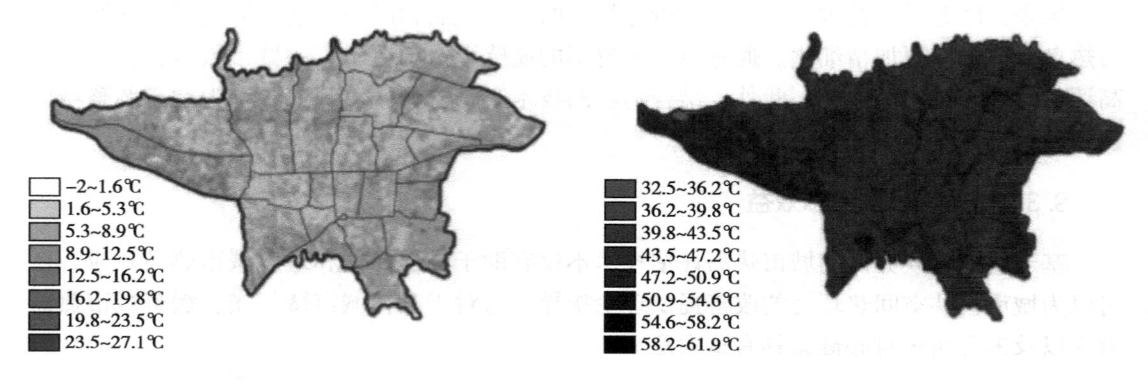

图9-20　2020年1月德黑兰地表温度　　**图9-21　2020年6月德黑兰地表温度**

（2）城市植被与地表温度。通过对比德黑兰冬季与夏季的归一化植被指数（*NDVI*）发现（图9-22和图9-23），德黑兰整体平均*NDVI*在0.5以下，数值不高，植被覆盖度一般，局部地区会出现较高的值。冬季全市*NDVI*较低，这和寒冷天气不利于植物生长有关。夏季是适宜植物生长阶段，不同区域*NDVI*值有所差异，中部*NDVI*稍高，城市边缘地带也出现了较高的地方，呈现出带状和点状的分布形态。

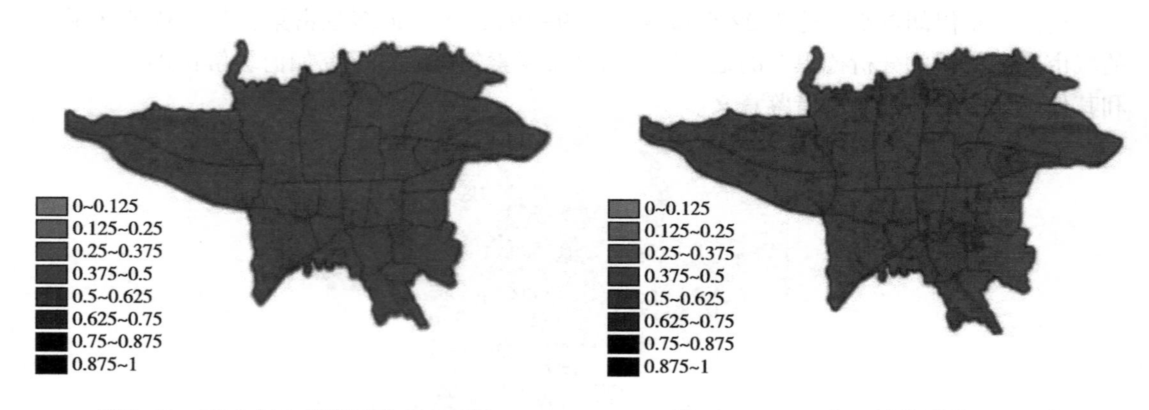

图9-22　2020年1月德黑兰*NDVI*值　　**图9-23　2020年6月德黑兰*NDVI*值**

（3）城市用地与地表温度。通过德黑兰的城市用地分析图（图9-24）可以看出，德黑兰有一定的城市绿地公园布置，有利于城市景观和植被覆盖率的提高。对于用地性质，居民用地成团布置，满足了人们居住的需要，但是东边的居住用地过于密集，不利于热岛缓解。德黑兰南部区域的农业用地和蓄水池有利于缓解热岛，但水体不多，辐射范围有限。

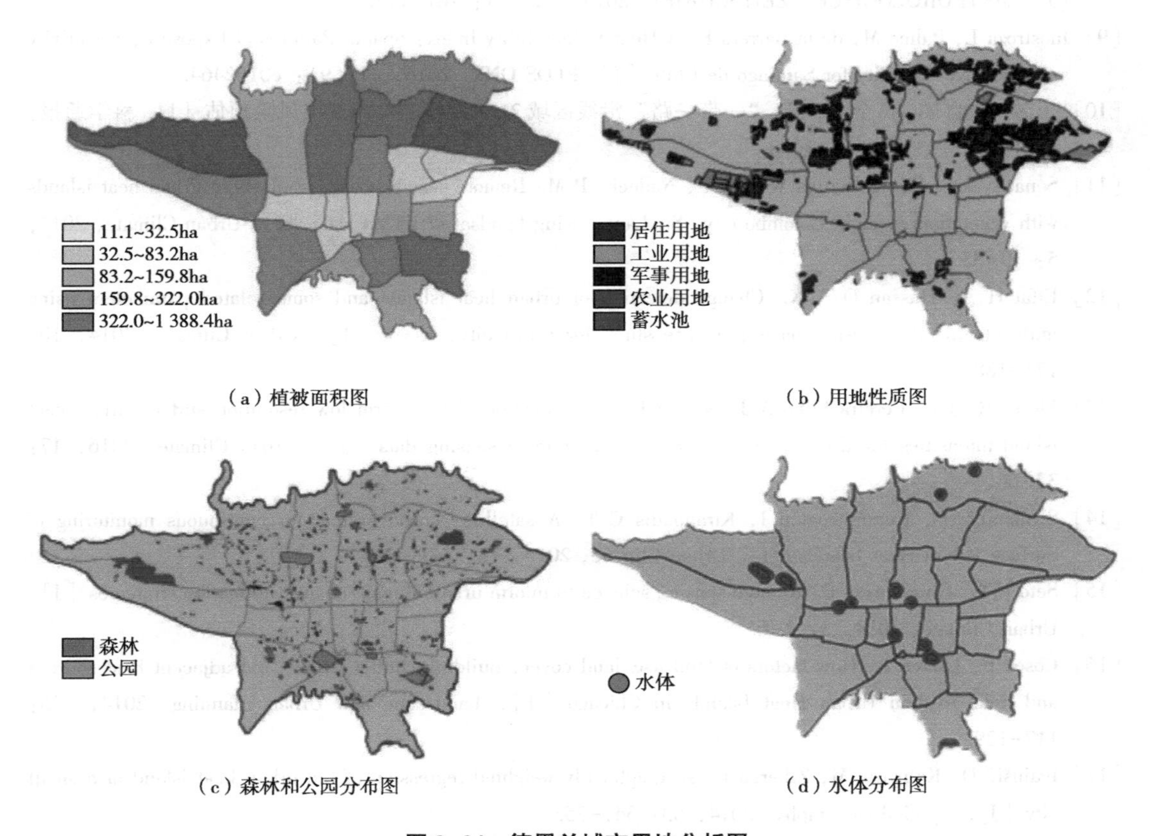

（a）植被面积图 （b）用地性质图

（c）森林和公园分布图 （d）水体分布图

图 9-24 德黑兰城市用地分析图

本章参考文献：

[1] 郭桂祯，廖韩琪，孙宁．我国自然灾害风险监测预警现状概述［J］．中国减灾，2022（03）：36-39.

[2] Huynen M, Martens P, Schram D, et al. The impact of heat waves and cold spells on mortality rates in the Dutch population［J］. ENVIRONMENTAL HEALTH PERSPECTIVES, 2001, 109（5）: 463-470.

[3] Ding T, Qian W H, Yan Z W. Changes in hot days and heat waves in China during 1961-2007［J］. INTERNATIONAL JOURNAL OF CLIMATOLOGY, 2010, 30（10）: 1452-1462.

[4] Wang P Y, Tang J P, Sun X G, et al. Heat Waves in China: Definitions, Leading Patterns, and Connections to Large-Scale Atmospheric Circulation and SSTs［J］. JOURNAL OF GEOPHYSICAL RESEARCH-ATMOSPHERES, 2017, 122（20）: 10679-10699.

[5] Kendall M G. Rank Correlation Methods［J］. Griffin, 1975［54］.

[6] Sen P K. Estimates of the Regression Coefficient Based on Kendall's Tau［J］. Journal of the American Statistical Association, 1968, 63（324）: 1379-1389.

[7] Dousset B, Gourmelon F, Mauri E. Application of satellite remote sensing for urban risk analysis: a case study of the 2003 extreme heat wave in Paris［C］. 2007.

[8] Franck U, Krüger M, Schwarz N, et al. Heat stress in urban areas: Indoor and outdoor temperatures in different urban structure types and subjectively reported well-being during a heat wave in the city of Leipzig [J]. METEOROLOGISCHE ZEITSCHRIFT, 2013, 22 (2): 167-177.

[9] Inostroza L, Palme M, de la Barrera F. A Heat Vulnerability Index: Spatial Patterns of Exposure, Sensitivity and Adaptive Capacity for Santiago de Chile [J]. PLOS ONE, 2016, 11 (9): e0162464.

[10] 王芳，张晋韬，葛全胜，等．“一带一路”沿线区域21世纪极端高温热浪风险预估 [J]. 科学通报，2021, 66 (23): 3045-3058.

[11] Senanayake I P, Welivitiya W D D P, Nadeeka P M. Remote sensing based analysis of urban heat islands with vegetation cover in Colombo city, Sri Lanka using Landsat-7 ETM+ data [J]. Urban Climate, 2013, 5: 19-35.

[12] Effat H A, Hassan O A K. Change detection of urban heat islands and some related parameters using multi-temporal Landsat images; a case study for Cairo city, Egypt [J]. Urban Climate, 2014, 10: 171-188.

[13] Flores R. J L, Pereira Filho A J, Karam H A. Estimation of long term low resolution surface urban heat island intensities for tropical cities using MODIS remote sensing data [J]. Urban Climate, 2016, 17: 32-66.

[14] Sismanidis P, Keramitsoglou I, Kiranoudis C T. A satellite-based system for continuous monitoring of Surface Urban Heat Islands [J]. Urban Climate, 2015, 14: 141-153.

[15] Seto K C, Christensen P. Remote sensing science to inform urban climate change mitigation strategies [J]. Urban Climate, 2013, 3: 1-6.

[16] Coseo P, Larsen L. How factors of land use/land cover, building configuration, and adjacent heat sources and sinks explain Urban Heat Islands in Chicago [J]. Landscape and Urban Planning, 2014, 125: 117-129.

[17] Ivajnšič D, Kaligarič M, Žiberna I. Geographically weighted regression of the urban heat island of a small city [J]. Applied Geography, 2014, 53: 341-353.

[18] Wang R, Ren C, Xu Y, et al. Mapping the local climate zones of urban areas by GIS-based and WUDAPT methods: A case study of Hong Kong [J]. Urban Climate, 2018, 24: 567-576.

[19] Bechtel B, Alexander P J, Beck C, et al. Generating WUDAPT Level 0 data-Current status of production and evaluation [J]. Urban Climate, 2019, 27: 24-45.

[20] Das M, Das A. Assessing the relationship between local climatic zones (LCZs) and land surface temperature (LST) -A case study of Sriniketan-Santiniketan Planning Area (SSPA), West Bengal, India [J]. Urban Climate, 2020, 32: 100591.

[21] Wang Z, Zhu P, Zhou Y, et al. Evidence of relieved urban heat island intensity during rapid urbanization through local climate zones [J]. Urban Climate, 2023, 49: 101537.

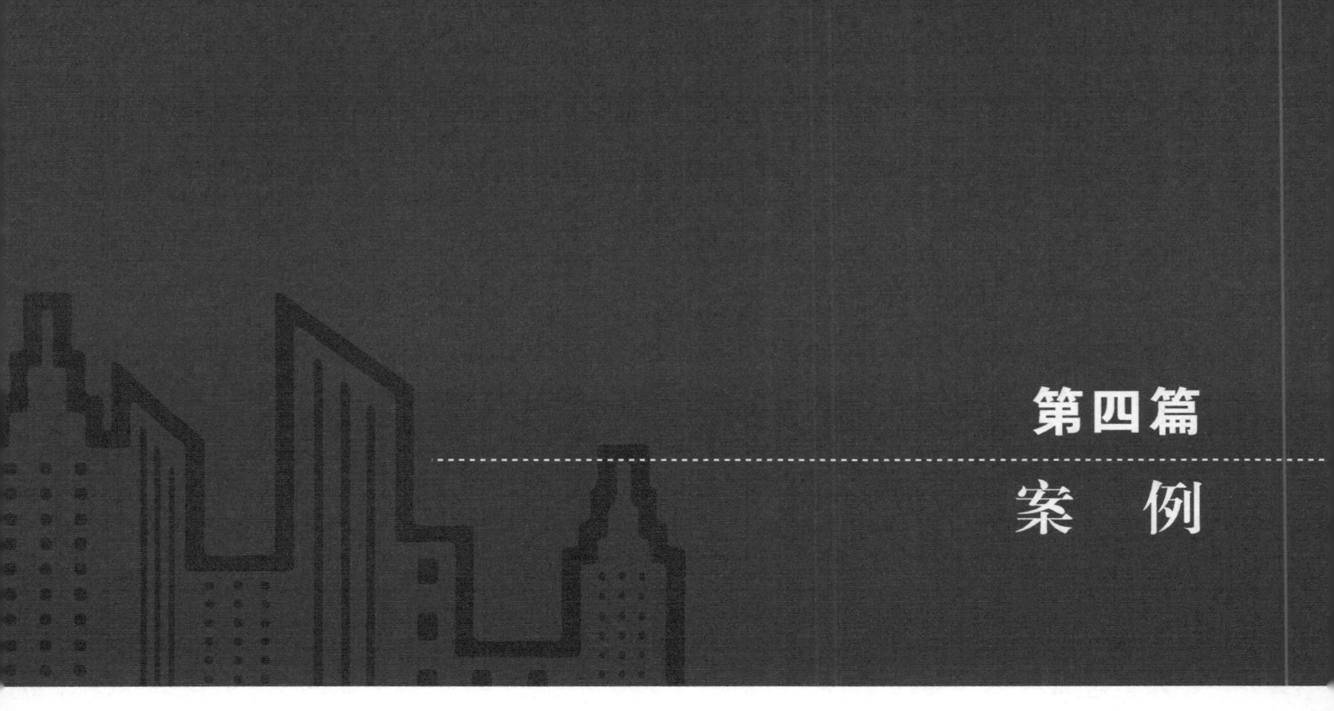

第四篇 案 例

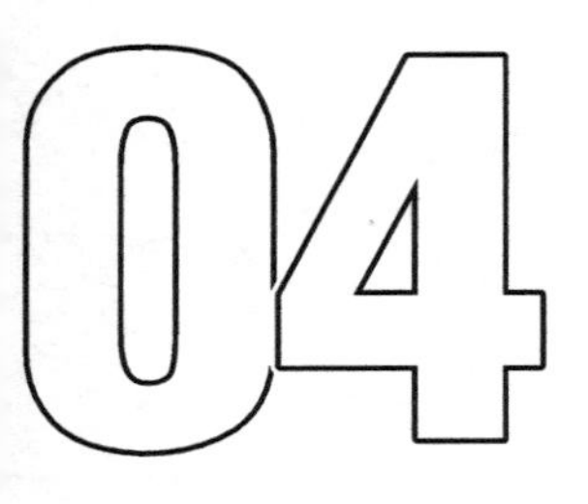

本篇关注的是绿色建筑工程案例，包含了来自四个“一带一路”共建国家的绿色建筑项目以及四个国际双认证项目。通过对这些案例的详细解读，可以使读者深入理解中国绿色建筑标准在世界各国的探索与实践情况。

首先，通过对四个“一带一路”共建国家的绿色建筑项目案例进行分析，使读者了解绿色建筑工程在各国不同地理环境和文化背景下，如何通过应用创新的技术和设计理念，满足我国的绿色建筑国际标准的技术要求，从而为中国绿色建筑标准在全球的发展提供借鉴与启示。

其次，本篇还包含了四个国际双认证案例，这些案例是在国际绿色建筑认证体系下通过联合认证的项目，绿色建筑性能水平较高。通过对这些案例的解读，可以使读者深入理解国际绿色建筑认证体系的要求，进一步认识到不同绿色建筑体系的差异性和共同点，探索标准融合的可能性。

10 “一带一路”共建国家绿色建筑实践案例

《国际多边绿色建筑评价标准》T/CECS 1149—2022 发布实施后，被我国绿色建筑评价机构作为“一带一路”共建国家开展绿色建筑国际标识评价的标准依据，开展绿色建筑国际标识评价工作。截至 2023 年 6 月，我国绿色建筑权威评价机构已完成了密克罗尼西亚联邦国家会议中心、援白俄罗斯国际标准游泳馆、巴布亚新几内亚星山广场二期、老挝铁道职业学院、刚果共和国布拉柴维尔商务中心、迪拜哈斯彦清洁煤电厂行政办公楼共 6 个“一带一路”共建国家绿色建筑项目的国际评价工作，这些项目为我国绿色建筑“走出去”提供了可借鉴的样板，对指导“一带一路”共建国家工程建设高质量发展具有重要意义。本章选取其中 4 个有代表性的项目，全面展示项目的实践做法，为依据《国际多边绿色建筑评价标准》T/CECS 1149—2022 进行国际标识评价工作的实施提供参考。

10.1 密克罗尼西亚联邦国家会议中心

10.1.1 项目简介

密克罗尼西亚联邦国家会议中心项目位于密克罗尼西亚联邦波纳佩州帕利基尔。密克罗尼西亚联邦位于中部太平洋地区，由 607 个大小岛屿组成，岛屿为火山型和珊瑚礁型，多山地，属热带海洋性气候，年均气温 27℃，年降水量约 2 000mm，是世界上降水量最多的地区之一。

会议中心与国家总统府建筑群隔路相望，地理位置如图 10-1 所示。项目为广东省政府对外援助项目，用地面积 18 000m^2，建筑面积 3 988m^2，容积率 39.09%，绿地率 39%，工业化预制构件比例 100%，结构体系为钢框架-中心支撑结构。最高建筑高度 18.2m，项目为单层建筑，主要功能区间包括 500 座多功能厅，150 座会议室兼新闻发布厅、展厅、办公室和设备室等，室外设有停车位 168 个。建成后将成为当地最具代表性的地标性建筑，是密联邦最具现代化的集政治、文化、经济、办公于一身的标志性建筑。

密克罗尼西亚联邦国家会议中心项目承载着我国“一带一路”倡议，是实现中密双方深化政治互信、加强互利合作的重要平台，也是中密双方拓展文化、教育，开展交流合作的重要载体，更是中密两国友谊的重要象征。项目设计方案以“友谊之星”为主题，将中密两国国旗的共同元素五角星进行拆分后再组合，形成建筑的母题，通过外部廊道将建筑整体串联起来，如同桥梁一样联系着两国之间的深厚友谊。项目设计方案如图 10-2 所示，效果图如图 10-3 所示。

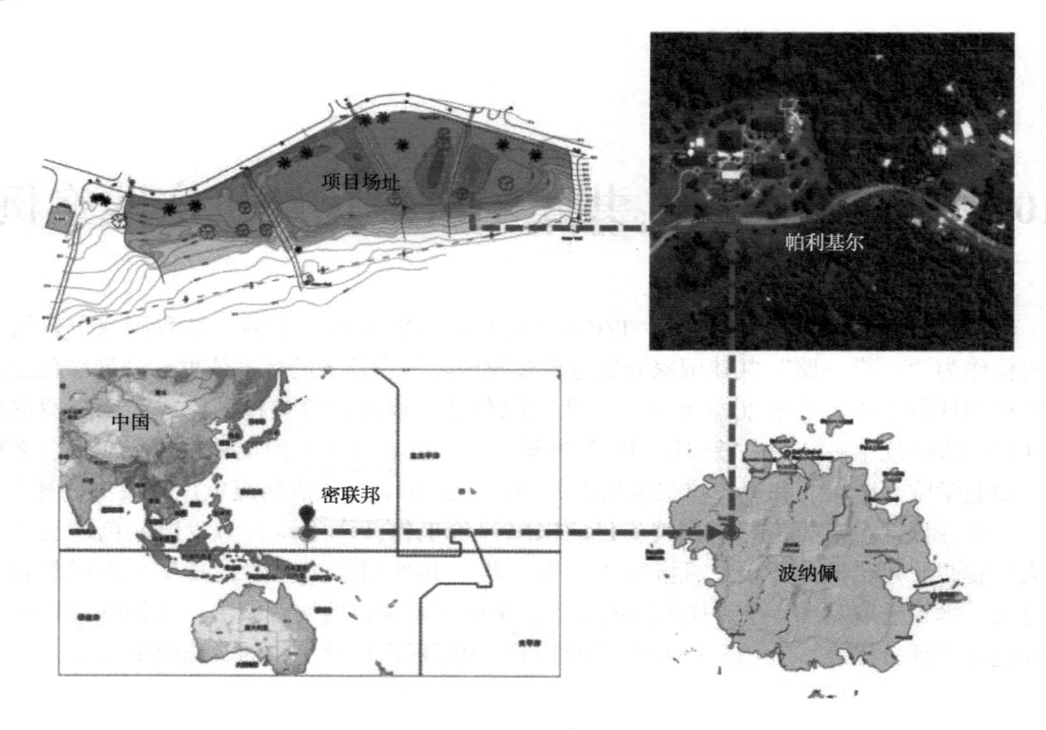

图 10-1　项目地理位置

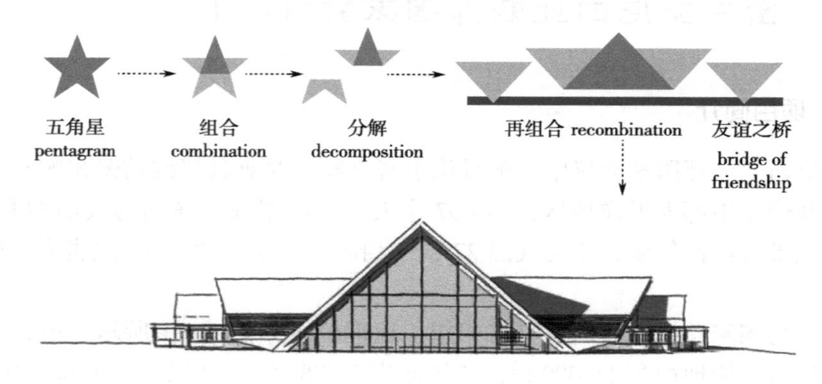

图 10-2　项目设计方案

图 10-3　项目效果图

10.1.2 绿色建筑技术

10.1.2.1 安全耐久

场地安全方面，项目场地地质情况良好，无滑坡、泥石流等地质灾害风险，场地四周无化学品、易燃易爆品等危险源的威胁，无电磁辐射。当地降雨丰富，场地排水系统在原有天然排水沟的基础上，小部分修改室外排水路径，采用地下混凝土排水管将地面雨水排出场外，保证场地无洪涝风险。为提供足够的地基承载力，建筑基础和室外道路基础均采用当地容易取得的珊瑚沙进行换填处理，且厚度至少达 500mm。

场地内交通规划采取人车分流措施，如图 10-4、图 10-5 所示，主要车流从北入口（西侧）引入西侧停车场，下车人员通过连接的人行道路通向贵宾休息室。东部设置回车道，作为后勤出口，人流则直接从主入口广场进入建筑内部，避免了人行与车行流线的交叉，充分保障行人尤其是老人和儿童的安全。

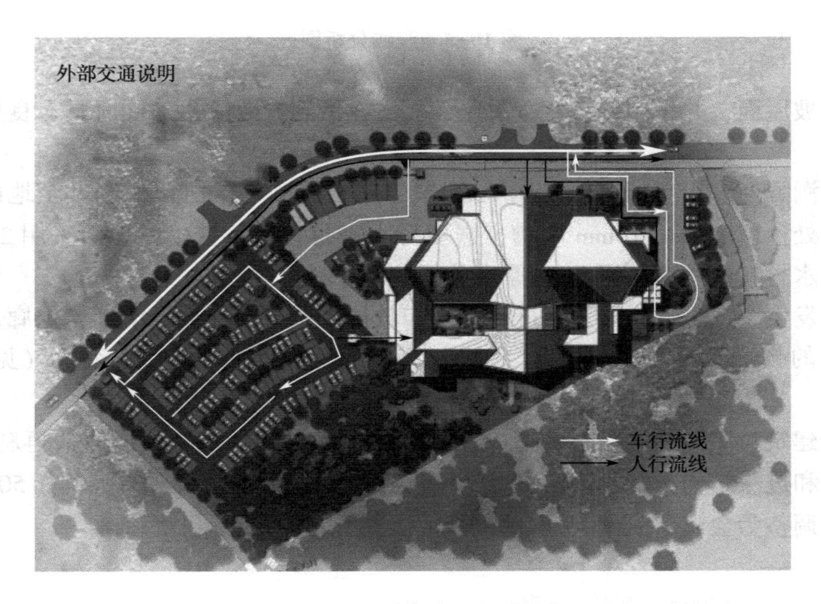

图 10-4 外部交通示意图

建筑结构方面，该工程建筑结构的安全等级为一级，地下混凝土框架结构采取的设防烈度为 8 度（按提高一度），抗震等级为二级；地上钢框架-中心支撑结构采取的抗震等级及设防烈度分别为三级和 8 度（按提高一度）。项目采用 EPC 模式，所有外部设施均与建筑主体结构统一设计、施工，包括外遮阳、太阳能设施、空调室外机位、外墙花池等外部设施。建筑外门窗安装牢固，抗风性能 5 级，幕墙气密性 3 级，水密性能 4 级，保温性能 4 级，隔声性能为 3 级，符合现行相关标准的规定。

为增强建筑耐久性，建筑钢构件采用 Q345B 钢材，全部钢构件在工厂制造完成，现场拼装节点均为螺栓节点。高强螺栓采用摩擦型高强螺栓，性能等级为 10.9S 级，钢结构防腐设计耐久年限为 20 年，防腐体系为环氧富锌底漆+环氧云铁中间漆+聚氨酯面漆，所有钢构件均做防火保护，防火涂料采用厚型，耐火极限 2.5h。因项目当地无法采用河沙生产混凝土，项目采用石粉替换，使混凝土强度等级达 C30。建筑屋面采用和当地传统建筑

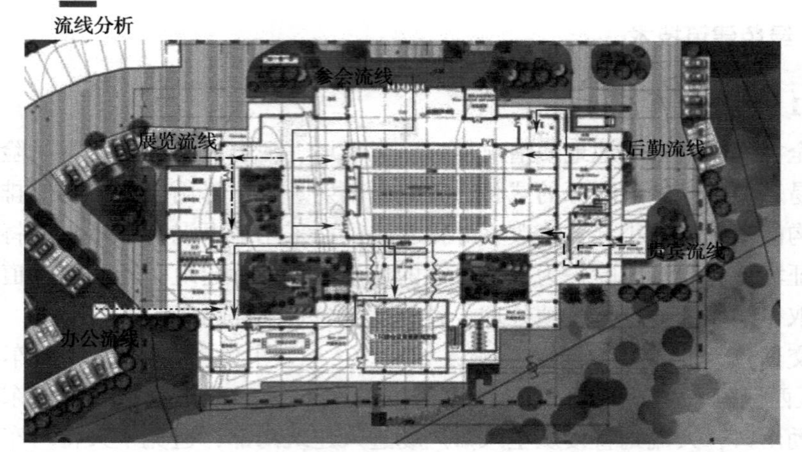

根据人员组成的不同，可大致将人流分为贵宾流线、参会流线、办公流线、后勤流线、展览流线五大类，由于该会议中心仅承担小部分的演出要求，故后勤流线同时包括了演员流线。

图 10-5 流线分析图

风格一致的坡屋面，并采用铝镁锰金属屋面板，在做到有效排水的同时具有良好的耐腐蚀性能。

建筑防潮方面，卫生间墙面采用 7mm 聚合物水泥砂浆，由顶板底做至地面，在地面与墙面交接处预留 10mm×10mm 凹槽，嵌填防水密封材料；卫生间地面采用 2mm 厚聚合物水泥基防水材料；屋面采用 2mm 厚高分子防水涂料。

为保证发生突发事件时可及时进行疏散和救护，建筑功能分区清晰，走廊、疏散通道等通行空间的畅通性良好，并设置了完整、清晰的警示和引导标识系统（见图 10-6~图 10-8）。

为增强建筑对不同功能需求的适应性，提高使用空间功能转换或改造再利用的能力，采用大开间和进深结构方案，灵活可变空间占建筑面积比例为 68.2%，例如 500 座会议厅可根据需要调整为会议、演出、办公、展览等功能空间，灵活可变。

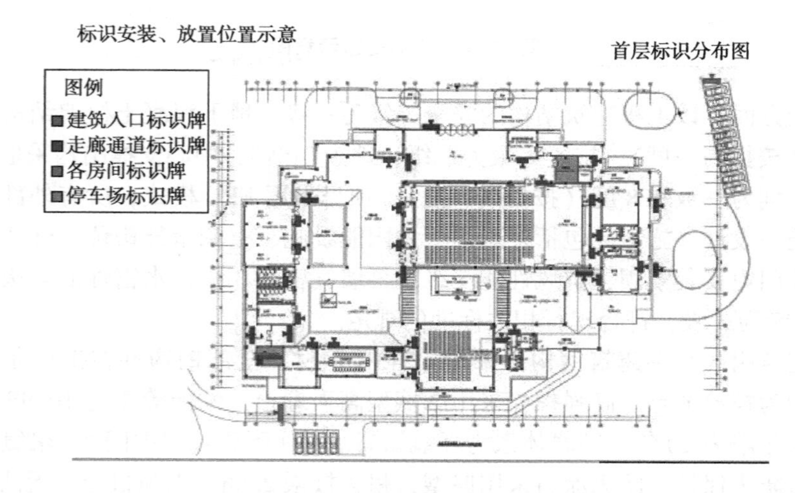

图 10-6 标识位置示意图

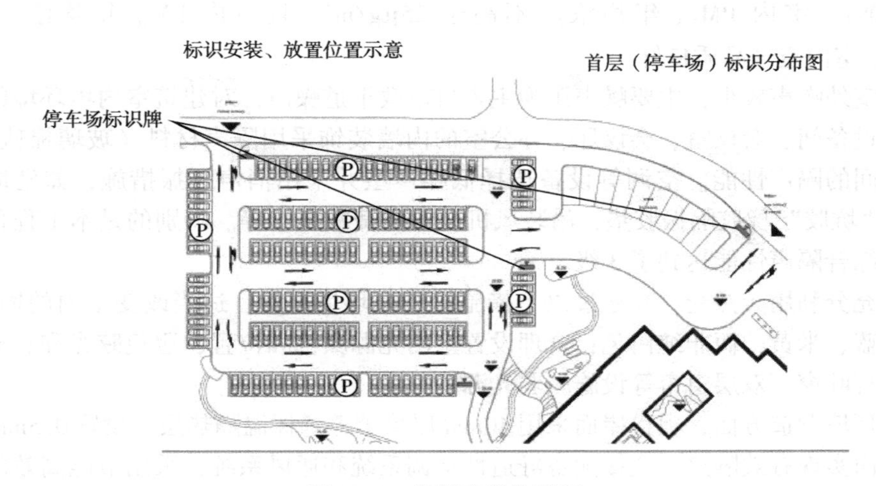

图 10-7 标识安装位置图

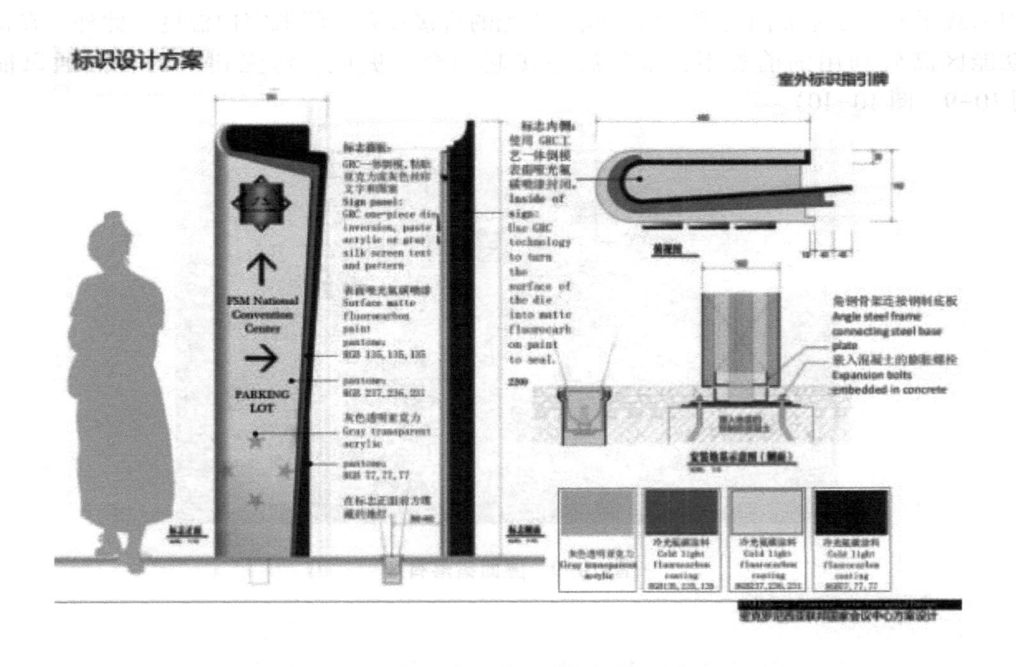

图 10-8 标识设计方案

10.1.2.2 健康舒适

室内空气质量保障方面，项目将卫生间设置于建筑自然通风的负压侧，并保证一定的压差，防止污染源空间的气味和污染物进入室内而影响室内空气质量。项目设置机械排风，合理规划取风口和排风口的位置，避免气流短路，所有功能房间均设置采用初效过滤加中效过滤方式的新风系统。项目一方面采用当地易取得的建筑材料，另一方面从就近国家进口绿色建材，特别是装饰装修材料严格选材。经计算，室内氨、甲醛、苯、总挥发性有机物、氡等污染物浓度低于我国现行国家标准《室内空气质量标准》GB/T 18883 规定限值的 20%，室内 $PM_{2.5}$ 年均浓度不高于 25μg/m³，且室内 PM_{10} 年均浓度不高于 50μg/m³，室内空气品质良好。

项目室外噪声较少，主要噪声源为主入口市政干道噪声，对建筑室内声环境的影响很小。重要设备间、会议室、会议厅、办公室的内墙装饰采用隔声材料（玻璃棉毡等），有效提升房间的隔声性能。空调等设备选择低噪声型并采用消声隔振措施，如坐地风机配 25mm 厚“坑胶”橡胶隔振胶垫，吊装风机设置弹簧减震器等。特别的是本工程幕墙选用的玻璃，综合隔声性能达到了 3 级。

项目充分利用天然光，并通过以下措施提升光环境质量：适当改变室内的墙壁颜色，如使用淡蓝、米黄，而非纯白色；合理设置室内光源颜色和位置，避免眩光和直射；部分房间加装百叶窗、双层窗帘等设施减弱光源。

热湿环境营造方面，项目屋面采用 40mm 厚聚苯乙烯保温隔热层，设置 0.5mm 厚隔汽膜，使屋面实现有效隔热。全楼配备舒适性空调系统和通风系统，采用节能高效的分体式空调机，空调风管设置隔汽层与保护层。由于当地为海洋性气候，降雨频繁，且阳光充沛，结合当地原生建筑大坡屋面特点，建筑采用金属大坡屋面设计，有效组织排水，减小结构承载压力，坡屋面内设置隔层，减弱阳光的直接辐射，降低室内温度。此外，在保证各功能区高效利用的前提下，以外廊串接起围合式庭院，增强建筑的自然通风能力（图 10-9、图 10-10）。

图 10-9　屋面错落有致

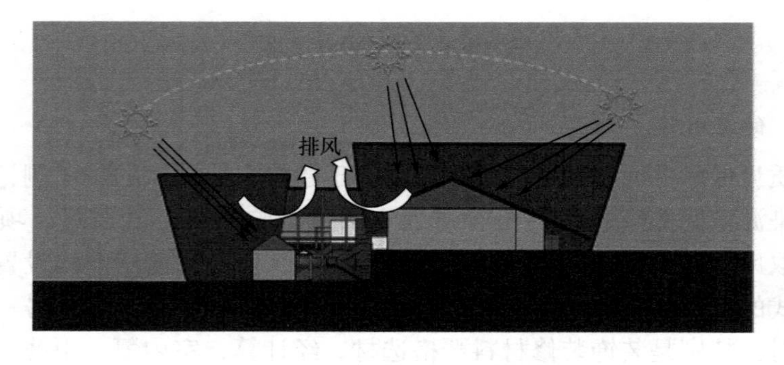

图 10-10　通风采光示意图

10.1.2.3 生活便利

为向到访本项目的各类人群提供便利，建筑室内公共区域、室外公共活动场地及道路均满足无障碍设计要求，通过设置无障碍坡道、无障碍卫生间、无障碍停车位、轮椅坐席等无障碍设施，形成了连贯通畅的无障碍通行路径。

此外，项目还面向社会提供便利的公共服务设施。场地内共有 1 000m² 的公共广场及 4 000m² 的公共绿地向公众免费开放。利用景观绿化空间设置专用健身慢行道，供行人跑步、散步、观光使用（图 10-11）。场地内设有 5 000m² 的停车场，全天开放，内外部均可免费停车。

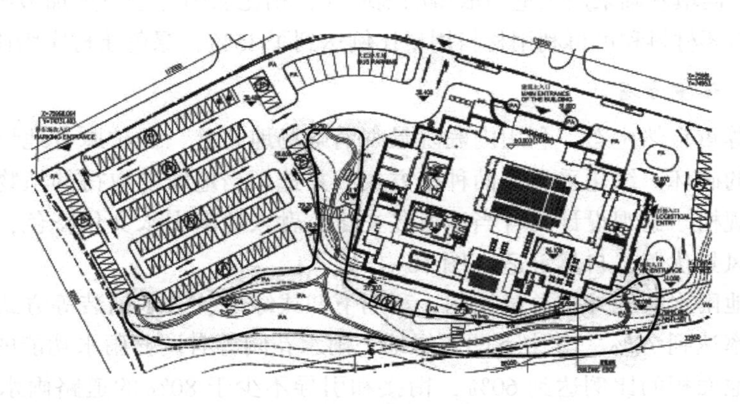

图 10-11 专用健身慢行道布置图

10.1.2.4 资源节约

项目所在地地下水资源丰富，土地资源丰富，且原场地部分区域自然地势较低，项目尊重原有地形，在不进行大量土方开挖的情况下，将地势较低处设置为地下室，不再开发更多地下空间，地下空间设计如图 10-12 所示。

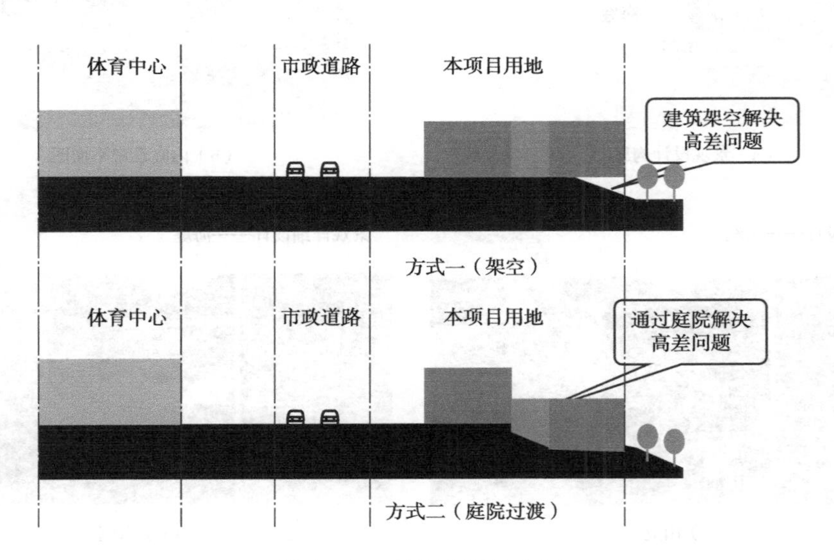

图 10-12 地下空间设计图

项目所在地为热带海洋气候，建筑朝北，幕墙传热系数≤0.2，遮阳系数为0.4，可见光透射比≥0.35。为降低能耗，空调系统均采用高效分体式空调机，500座多功能区采用风管式空调机加新排风系统，气流组织为上送上回，新风由观众厅送入，排风由舞台排出，既保证人员新风量需求，又不使舞台机械设备产热量传入观众厅；其他功能用房均根据室内装修采用天花式或风管式末端，并设置新排风系统。办公室、多功能厅、设备机房、走廊、楼梯间等空间采用LED光源，人工照明随天然光照度变化自动调节，按平时、深夜、节日等模式进行智能控制。

项目土建装饰采用一体化设计，装修选用工业化内装部品。建筑所用混凝土采用当地生产的石粉拌制，换填基础采用当地易取得的珊瑚沙，相比从国外进口更加节约资源和降低能耗。建筑可再循环材料和可再利用材料用量比例达到了15%，绿色建材应用比例大于70%。

10.1.2.5 环境宜居

项目场地尊重自然生态，利用内庭院景观消解场地高差，保护原有地形地势，降低对生态环境造成的破坏。绿化采用地面种植方式，并选用当地容易取得的植物树种，合理布置植物种类和规格。景观设计结合当地海岛文化，融入岭南山水文化特色，建筑庭院设置山庭、海庭，风景优美，自然舒适（图10-13）。

项目对场地雨水实施外排总量控制，利用下凹式绿地、透水铺装等方式，使得场地年径流总量控制率达到70%。其中下凹式绿地、雨水花园等有调蓄雨水功能的绿地和水体的面积之和占绿地面积的比例达到60%，衔接和引导不少于80%的道路雨水进入地面生态设施，硬质铺装地面中透水铺装面积的比例达到50%。

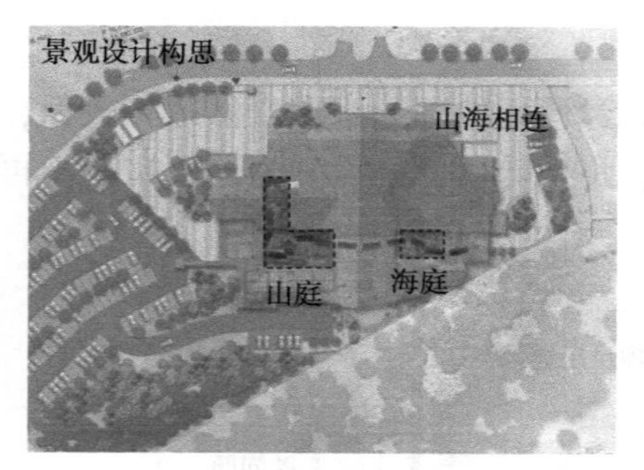

（a）景观设计构思图

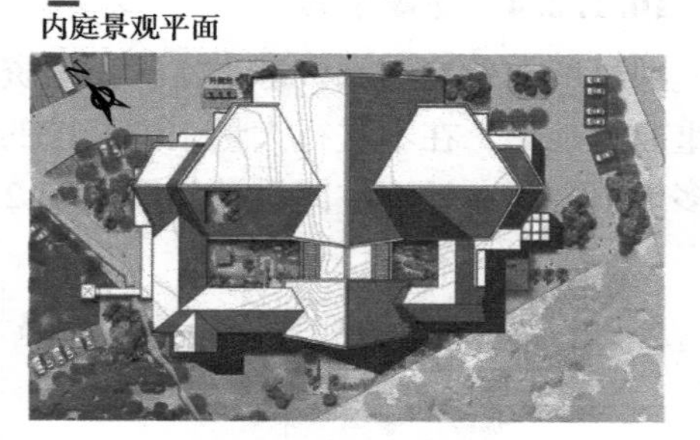

（b）内庭景观平面图

（c）山庭

（d）海庭

图10-13 庭院景观设计

室外声环境设计采用 SEDU 软件进行模拟分析。如图 10-14 所示，项目室外场地的主要噪声源为交通噪声，场地内的环境噪声优于现行相关标准的要求。

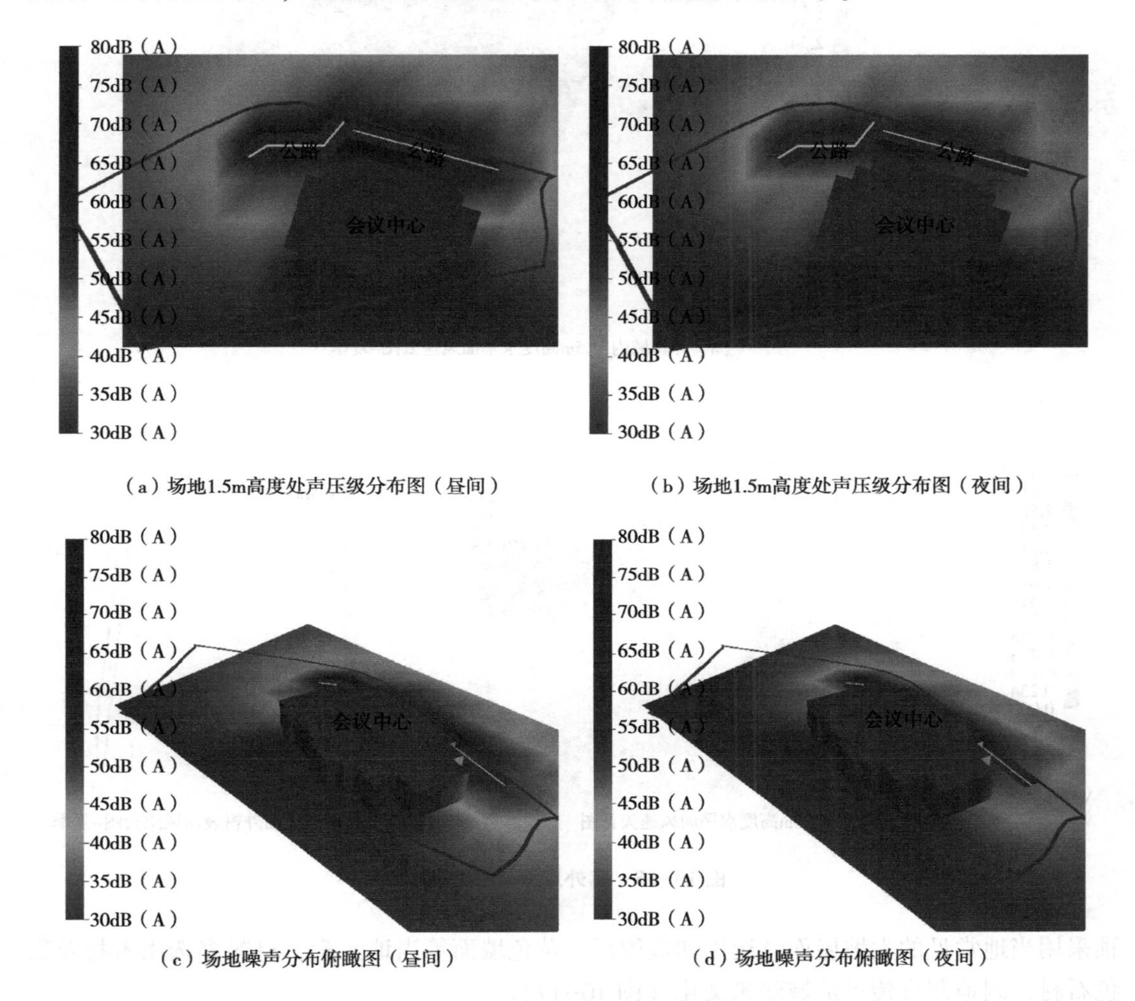

（a）场地1.5m高度处声压级分布图（昼间）

（b）场地1.5m高度处声压级分布图（夜间）

（c）场地噪声分布俯瞰图（昼间）

（d）场地噪声分布俯瞰图（夜间）

图 10-14 室外噪声模拟图

项目通过室外照明设计及幕墙、玻璃选材优化等措施避免光污染。夜景照明的灯具灯光不朝向居住区域，最大光强方向不朝向来往车辆方向；道路侧设置截光灯具，避免对驾驶员、行人产生眩光影响。玻璃幕墙的可见光反射比及反射光对周边环境的影响符合我国现行国家标准《玻璃幕墙光热性能》GB/T 18091 的规定。外门窗玻璃可见光反射率不大于 0.2 且不大于项目所在地相关要求。

室外风环境模拟结果（图 10-15）表明，建筑物周围人行区距地高 1.5m 处风速小于 5m/s，户外休息区、儿童娱乐区风速小于 2m/s，室外风速放大系数小于 2，且只有一排建筑。场地内人活动区无涡旋或无风区，50% 以上可开启外窗室内外表面的风压差大于 0.5Pa。

10.1.2.6 提高与创新

建筑从当地传统民居中获取设计灵感（图 10-16），建筑风貌体现地区特色。项目屋

（a）计算域内-1.5m高度水平面风速云图-夏季

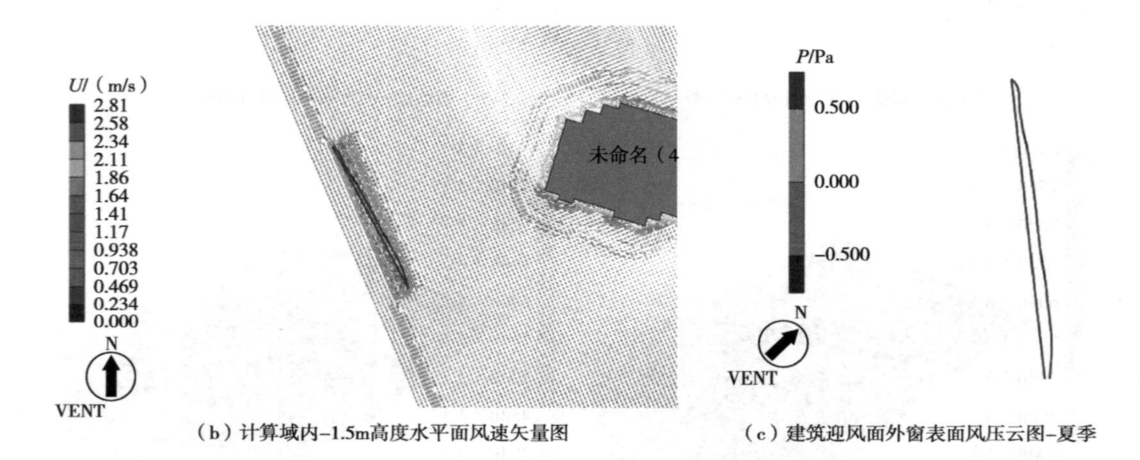

（b）计算域内-1.5m高度水平面风速矢量图　　（c）建筑迎风面外窗表面风压云图-夏季

图 10-15　室外风环境模拟图

顶采用当地常见的大坡屋面，运用如坡屋顶、黄色墙面等当地元素，材料多选用木材及黑色石材，因地制宜传承地域建筑文化（图 10-17）。

图 10-16　当地传统民居

图 10-17　会议中心外观图

项目设计阶段与建造阶段应用建筑信息模型（BIM）技术，在设计阶段采用信息化虚拟三维设计，模拟计算相关参数；在建造阶段，项目钢结构共计 515t，全部在中建科工广东有限公司智能化钢结构生产基地制造完成，全程采用智能化建造，钢构件的加工采用 BIM 技术进行深化（图 10-18）、模拟安装，提高建造质量和效率。主体钢结构关键位置全螺栓连接，现场采用装配化施工方式，减少焊接、湿作业等污染环境的施工。

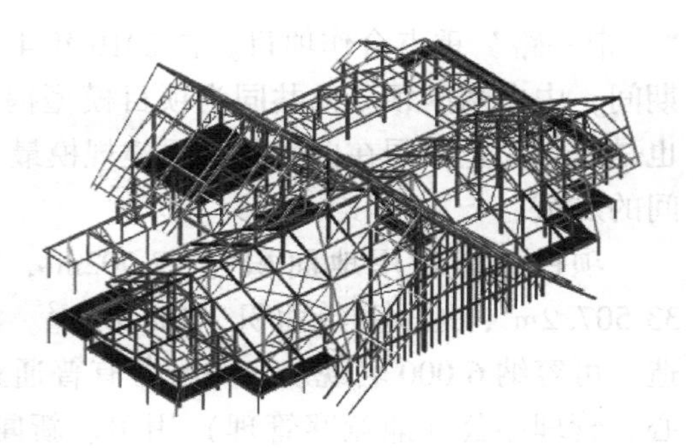

图 10-18 三维立体化图

10.1.3 总结

大洋洲经济发展水平差异显著，除澳大利亚、新西兰等国家以外，多数岛屿国家经济水平较为落后，当地缺少成熟的绿色建筑技术体系。该地区传统建筑采用混凝土结构并使用传统建材，因当地土建基材极其昂贵且部分岛国缺少海沙，混凝土建筑不仅造价昂贵还存在耐久性差的问题。混凝土生产加工过程能耗大、污染重，使得该地区传统建筑业发展与各国严格的环保要求形成了较大的矛盾。钢结构装配式建筑的发展将会从很大程度上解决这一关键矛盾，为当地建筑业可持续发展提供有效可行的技术方向。钢结构绿色装配式建筑相对传统钢筋混凝土建筑自重轻，可大幅减少基础造价；地基处理灵活，适用于山地、海岛、坡地等多种地形条件。该体系可实现构件工厂流水线生产，进入现场的原材料使用率接近 90%。现场无需进行大量支模浇筑砌筑等作业，出错率小、建筑垃圾大量减少，综合成本较传统结构体系低，实现了真正意义上的可持续发展。在新的建设模式下，施工工期大大缩短，符合节能减排和发展循环经济的要求。同时，由于施工装配工艺相对简单，钢结构装配式建筑建造可以降低现场施工对劳动力的需求，可更加集中有效利用当地有限的技术性劳动力资源。

绿色钢结构装配式建造模式通过合理的规划、设计、制造、安装一体化服务，实现建造业的标准化、精细化和定制化，在技术上更加先进可靠。该建造模式将现场工人转变为产业工人，改善工人工作环境和条件，提高劳动生产率。建筑产业化的成熟模式将劳动密集型企业转变为技术密集型企业，并有效地提高建筑工程的技术含量，将粗放型管理转变为集约型管理。产业化可降低材料、劳动力消耗，提高建筑综合品质，同时达到节能减排效果，这种建造模式将会有效改善大洋洲经济欠发达国家的建筑发展现状，特别是解决区域性建筑基材昂贵、成熟的技术性劳动力稀缺、环保要求高等因素与绿色建筑发展之间的矛盾，实现可持续绿色发展。

本项目于 2019 年 10 月开工，预计 2024 年 6 月竣工。依据《国际多边绿色建筑评价标准》T/CECS 1149—2022 进行预评价，项目获得绿色建筑国际评价三星级。项目主要解决了经济落后地区或国家钢结构建筑高效建造和海洋性气候条件下钢结构构件的盐雾腐蚀问题，应用了钢结构构件智能制造、钢结构构件深化设计、钢结构现场标准化安装等技术；探寻对“一带一路”共建国家具有借鉴意义。

10.2 援白俄罗斯国际标准游泳馆

10.2.1 项目概况

援白俄罗斯国际标准游泳馆项目位于白俄罗斯共和国首都明斯克市，项目为中白两国

"一带一路"重点合作项目。在2019年4月举办的第二届"一带一路"国际合作高峰论坛期间，中白两国领导人共同为项目模型揭幕，项目建成后将成为白俄罗斯最大的游泳馆，也是迄今为止中国在白俄罗斯援建规模最大的社会公益性项目，体现着两国和两国人民之间的友谊。

项目总建设用地面积为57 902m^2，总建筑面积40 976.01m^2，其中地上建筑面积33 507.2m^2，地下建筑面积7 468.81m^2。场馆按国际泳联（FINA）AC-4级标准设计建造，可容纳6 000名观众，并配备有普通观众用房、VIP观众用房、运动员用房、训练中心、管理办公（兼竞赛管理）用房、新闻媒体用房、比赛与管理技术用房、商业用房及400个室外停车位，可用于举办多项国际水平水上运动项目赛事，同时也为运动员训练、全民健身和举办大型文体娱乐演出创造了良好条件。建筑包括地上1层，附属用房地上3层，地下建筑1层。项目容积率0.71，建筑高度30.92m，绿地率22.3%，效果图与平面图如图10-19~图10-21所示。

图10-19 项目效果图

图10-20 项目内部视角效果图

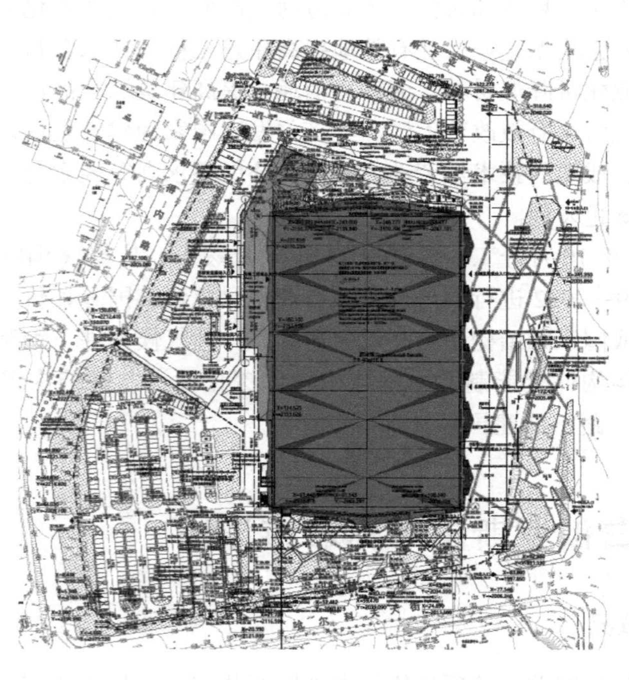

图10-21 项目平面图

10.2.2 绿色建筑技术

10.2.2.1 安全耐久

项目建设场地无洪涝、滑坡、泥石流等灾害的威胁，无危险化学品、易燃易爆等危险源的威胁，且无电磁辐射、含氡土壤等危害，场地安全满足要求。

建筑结构设计按中国现行国家标准执行，围护结构与主体结构连接可靠，项目建筑外墙、屋面、门窗及外保温等围护结构满足安全耐久和防护的要求。外窗的物理性能均满足我国现行国家标准《建筑外门窗气密、水密、抗风压性能分级及检测方法》GB/T 7106—2019 的规定，其抗风压性能达到 3 级，气密性能达到 4 级，水密性能及隔声性能均达到 3 级。同时，外部设施与建筑主体结构统一设计、施工，确保连接可靠，建筑外部设施设置防雪坠落装置（图 10-22），考虑到为后期检修和维护提供条件，预留了屋面检修口。建筑内部非结构构件、设备及附属设施等满足建筑使用安全，与主体结构之间的连接满足承载力验算及相关规范的构造要求，电梯与主体结构连接可靠，并满足安全使用要求，竖向井道在主体结构设计使用年限内的基本风压及常遇地震作用下，能正常运行。

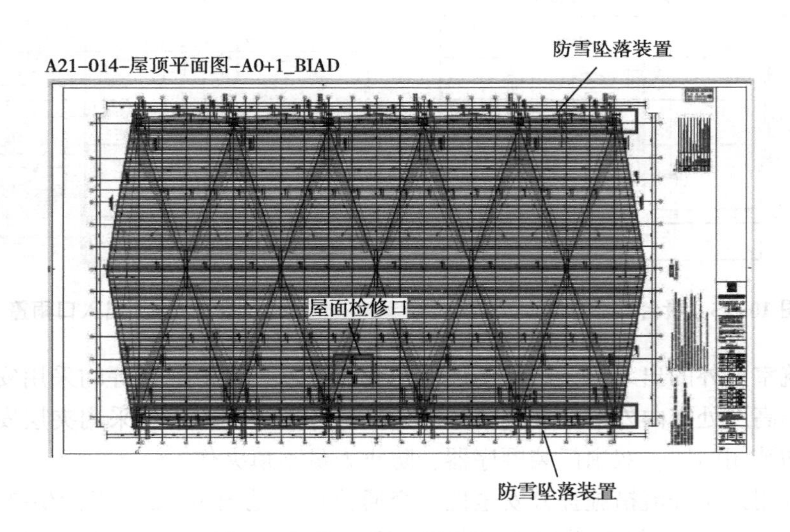

图 10-22 外部防雪坠落装置

游泳馆建筑内通常空气湿度大，为避免水蒸气导致墙体发霉，壁纸脱落、发霉，涂料层起鼓、粉化，地板变形等破坏装修效果的情况发生，项目采用了防水防潮措施，卫生间、浴室地面设置 1.5mm 厚聚氨酯涂料防水层，墙面和顶棚刷防潮涂料。

游泳馆内、观众看台、比赛场地、训练场地均设置疏散通道。场馆室内外均设置标识导视系统，其中，警示标识（图 10-23）包含禁止吸烟、小心台阶等内容，帮助人们正确使用建筑设施，增强安全意识，避免事故发生，保障人员安全；引导标识系统（图 10-24）包含入口标识、楼层标识等，为使用者提供地点与交通信息，保证赛时、赛后两种状态下各种人流可以顺利到达目的地。

项目采取保障人员安全的防护措施，不同标高的平台、坡道、场地等处设有栏杆、栏板等安全措施，距地 1 000mm 处设置扶手，观众看台栏杆高度 1 100mm（图 10-25）；建筑出入口设置雨篷防护措施（图 10-26），雨篷挑出长度不小于 1m，挡雨并防止坠物伤人。此外，项目利用场地和景观形成缓冲区，室外距离建筑外立面 1.5m 区域未设置人行活动区，该区域作为景观、绿化用地等使用。

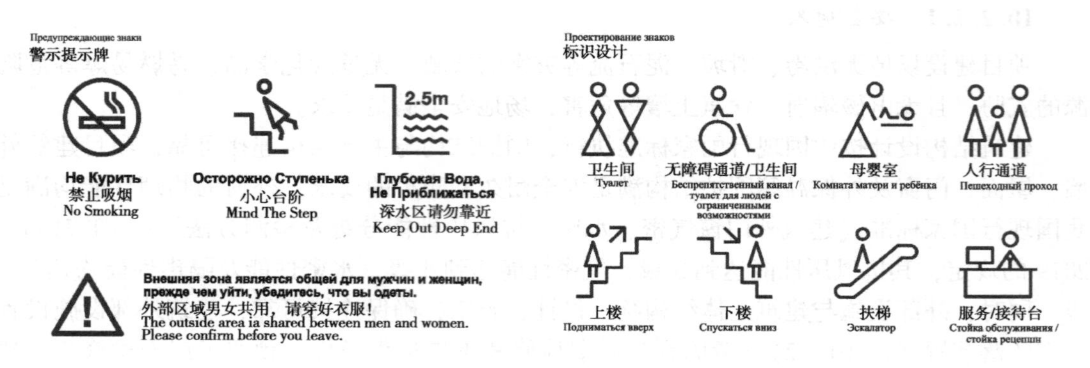

图 10-23 警示标识　　图 10-24 引导标识

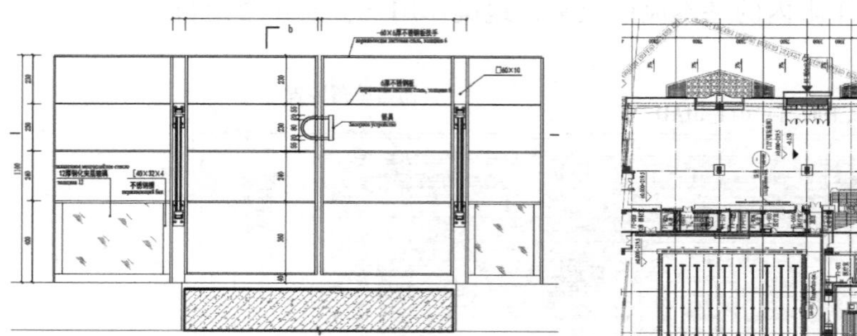

图 10-25 看台栏板详图

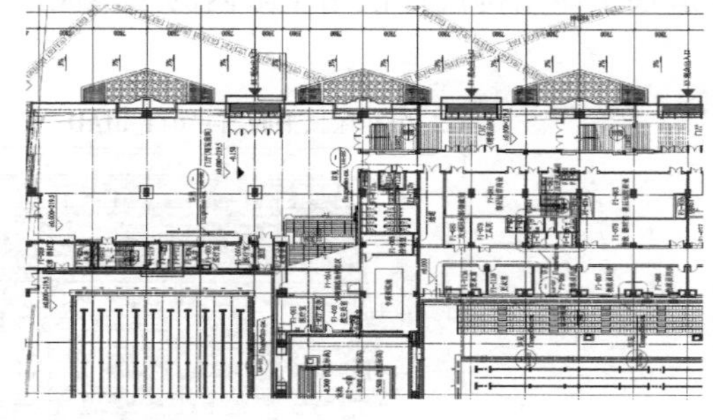

图 10-26 出入口雨篷

分隔建筑室内外的出入口、门厅、玻璃门窗、幕墙、防护栏杆等均采用安全玻璃，二层及以上人群高度处室内外落地玻璃窗考虑人员抗冲撞防护要求，采用夹层安全玻璃。建筑所有门扇均装闭门器，双扇门装顺序器，防止人员不慎夹伤。

项目还采用人车分流措施提升安全性，交通分析图见图 10-27、图 10-28，室外场地共设置 10 个出入口，北侧起逆时针方向由 1#至 10#进行编号。其中 1#、4#、5#、8#、9#、10#号是运动员、观众、媒体等人行出入口，2#、3#、5#、6#、7#号为行车出入口。采用路灯、庭院草坪地埋等照明方式，保证步行道路有充足照明。

项目采取了一系列措施提升建筑耐久性。部品部件方面，给水管采用钢塑复合管，电气系统采用低烟无卤阻燃型线型；建筑结构材料方面，项目屋面采用空间立体钢桁架结构体系，钢结构防腐涂装设计年限不小于 20 年，满足《色漆和清漆　防护涂料体系对钢结构的防腐蚀保护》GB/T 30790 所规定的在 C5 环境中的要求，在 50 年的设计使用年限内需进行维修的次数不少于 3 次（不含正常养护次数）；装饰装修建筑材料方面，高耐久性防水和密封材料占总防水和密封材料的质量比例达到了 100%，门窗采用中国产优质硅酮中性胶，其“弹性恢复率”和“耐紫外线拉伸强度保持率”等指标符合相关标准的耐久性要求。

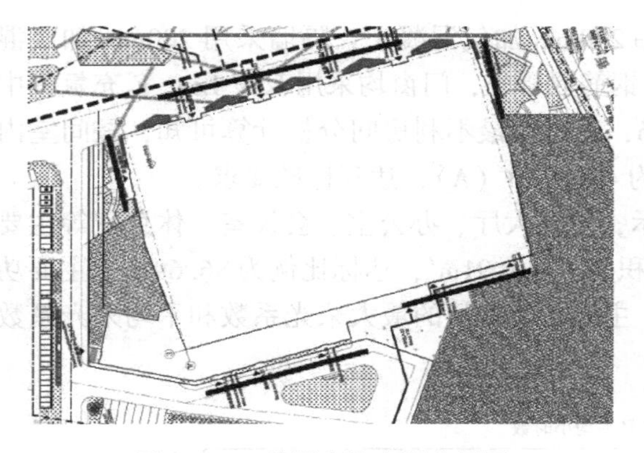

图 10-27　首层人流交通分析图

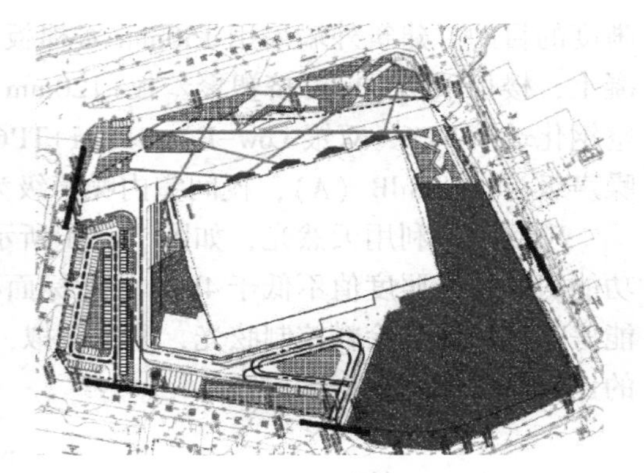

图 10-28　首层车流交通分析图

10.2.2.2　健康舒适

为提升室内空气品质，项目从减少污染源和提升净化能力两方面采取了措施。项目选用 5 种绿色建材，且每一类材料用量占同类材料的比例为 100%，从而降低了室内空气污染物浓度，预评估（图 10-29）结果显示，室内甲醛浓度为 0.006mg/m³，TVOC 浓度为 0.023mg/m³，比现行我国国家标准《室内空气质量标准》GB/T 18883 的有关规定降低 20%。新风系统设置初中效二级过滤器，净化效率大于 90%，组合式空调机组采用模块式纳米触媒净化杀菌装置，空调箱内预留杀菌段，室内颗粒物浓度计算结果显示 $PM_{2.5}$ 年均浓度为 4μg/m³，PM_{10} 年均浓度为 7μg/m³（图 10-30）。厨房设置机械通风系统，分设全面排风和局部排风。卫生间设置机械排风系统，每间按换气次数 10 次/h 分别设置排风扇，按区域设置集中排风机。

水质方面，项目生活饮用水、直饮水、集中生活热水水质均符合相关标准的规定。项目在地下一层设置生活给水泵房，采用生活调贮水箱加变频调速泵组联合供水的方式，生活调贮水箱总有效容积为 5m³，其材料为 316 不锈钢材质，采用不锈钢、溢流泄水管及防虫网等防止生物进入的措施。所有给水排水管道、设备、设施设置明确、清晰的永久性标识，暗装管道不涂识别色，但与阀门连接两侧管道部位标注色环以供识别。

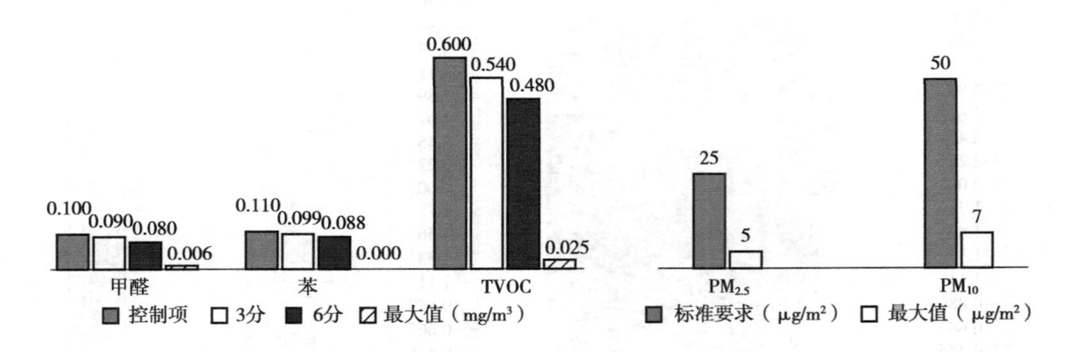

图 10-29　有机污染物浓度达标统计图　　图 10-30　颗粒物年均值达标统计图

声环境营造方面，项目为减缓交通噪声对室内的影响，在场地内道路一侧种植稠密的乔、灌、草结构多层绿化林带。对建筑内给水排水、暖通空调及电气系统的噪声源进行隔声降噪处理。项目比赛大厅体积大，混响时间长，对声音清晰度略有影响，因此在比赛大厅内采取吸音顶棚、墙面做法，以避免和减少声学缺陷，调整混响时间，达到提高声音清晰度的目的。建筑外墙采用150mm岩棉板+200mm加气混凝土，隔墙采用200mm加气混凝土，楼板采用20mm挤塑聚苯板+120mm钢筋混凝土，门窗均采用双银Low-E充氩气中空钢化玻璃TP6（双银Low-E）+12Ar+TP6，通过对最不利房间分析计算可知，昼间室内噪声级为41.88dB（A），夜间室内噪声级为40.29dB（A），达到标准要求。

项目充分利用天然光，如图10-31所示，比赛大厅、办公室、会议室、休息室等主要功能房间采光照度值不低于4h/d的达标面积为9 814.91m²，达标比例为86.69%；主要功能房间采用浅色涂料控制眩光，通过模拟，主要功能房间的最大采光系数和平均采光系数的比值小于6，满足要求。

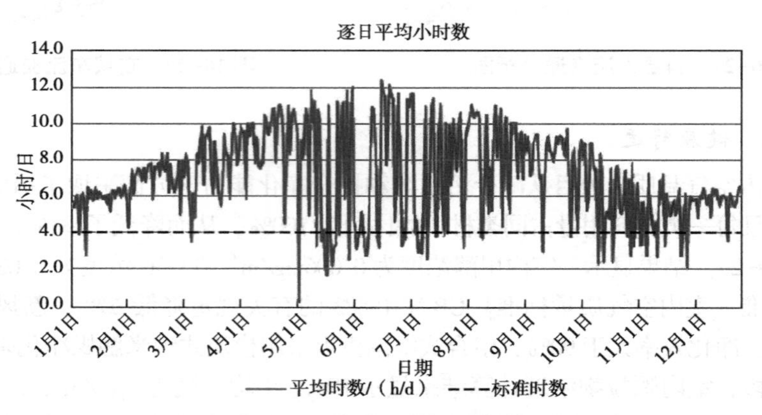

图10-31 动态采光逐日统计图

热湿环境营造方面，该项目优化建筑空间和平面布局，改善自然通风效果，过渡季典型工况下主要功能房间平均自然通风换气次数不小于2次/h的面积比例达到83.33%（图10-32~图10-35）。设置可调节遮阳设施，改善室内热舒适。通过合理设置冷热源、

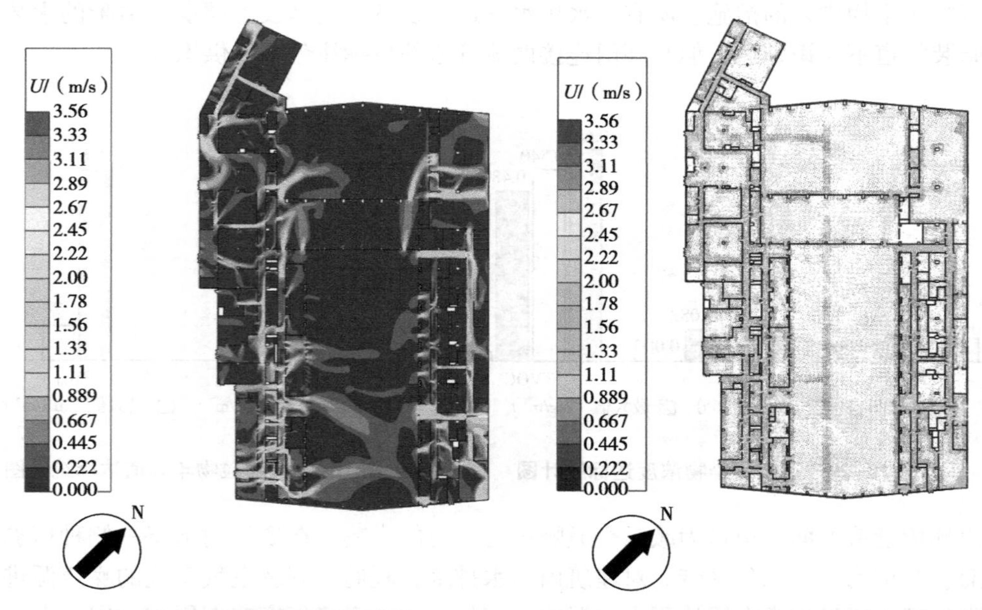

图10-32 项目室内速度云图

图10-33 项目室内速度矢量云图

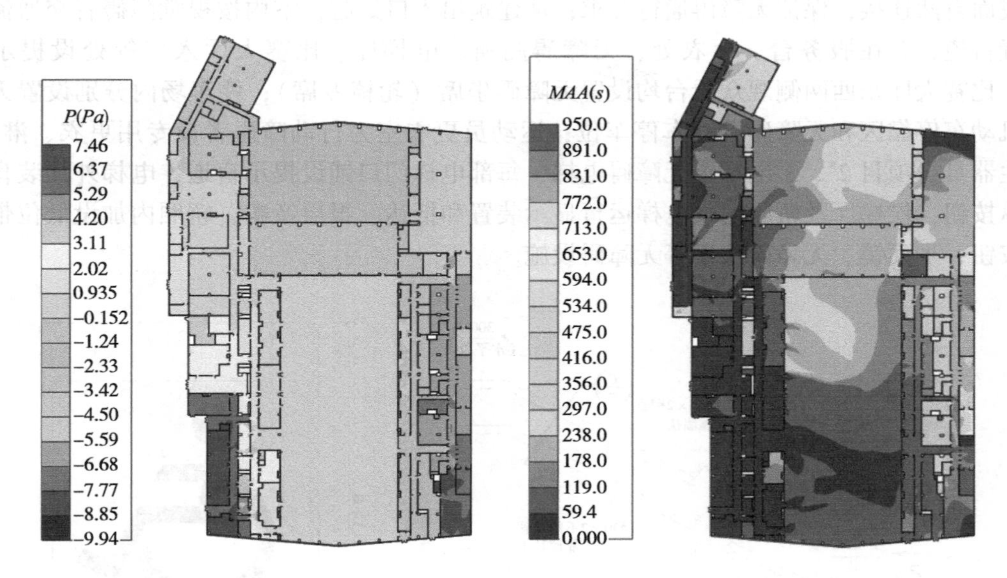

图 10-34 项目室内压强云图　　图 10-35 项目室内空气龄云图

分区设置空调系统、优化气流组织使室内人工冷热源热湿环境整体评价指标满足要求的面积比例达到 60% 以上。

10.2.2.3 生活便利

项目场地与公共交通站点联系便捷，如图 10-36 站点所示，明斯克市电车公交总站站点与 5[#]出入口距离在 100m 内，明斯克地铁 2 号线与 1[#]出入口距离在 50m 内，场地出入口步行距离 800m 范围内设有 2 条线路的公共交通站点。

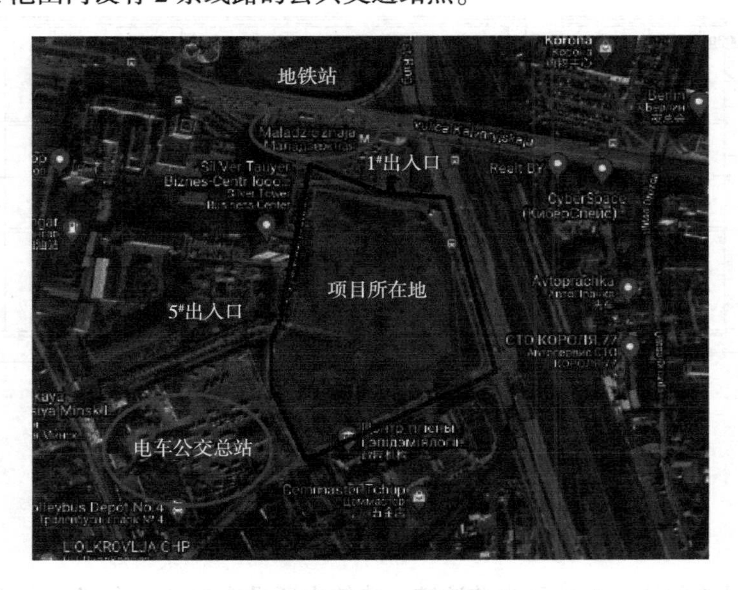

图 10-36 项目交通站点示意图

项目无障碍设施设计执行中国现行国家标准《无障碍设计规范》GB 50763，设计详图如图 10-37 所示。建筑主要出入口处不设台阶，室内外地面标高以小于或等于 3% 坡度的坡面自然连接，保证无障碍通行要求；从建筑出入口处起，室内按视觉障碍者交通流线设置盲道，并在服务台、存衣处、无障碍厕所、电梯厅、比赛大厅入口等处设提示盲道；比赛大厅东西两侧观众看台均设置无障碍坐席（轮椅专席）；停车场内分别设置无障碍机动车停靠区和无障碍机动车停车位；运动员更衣室为行动障碍者设专用更衣、淋浴、卫生器具。项目2#、3#电梯为无障碍电梯，每部电梯门口铺设提示盲道，电梯外加装盲文操纵按钮，侯梯厅及轿厢内设电梯运行显示装置和抵达、报层音响，轿厢内加设低位带盲文按钮、平面镜、无障碍扶手等无障碍设施。

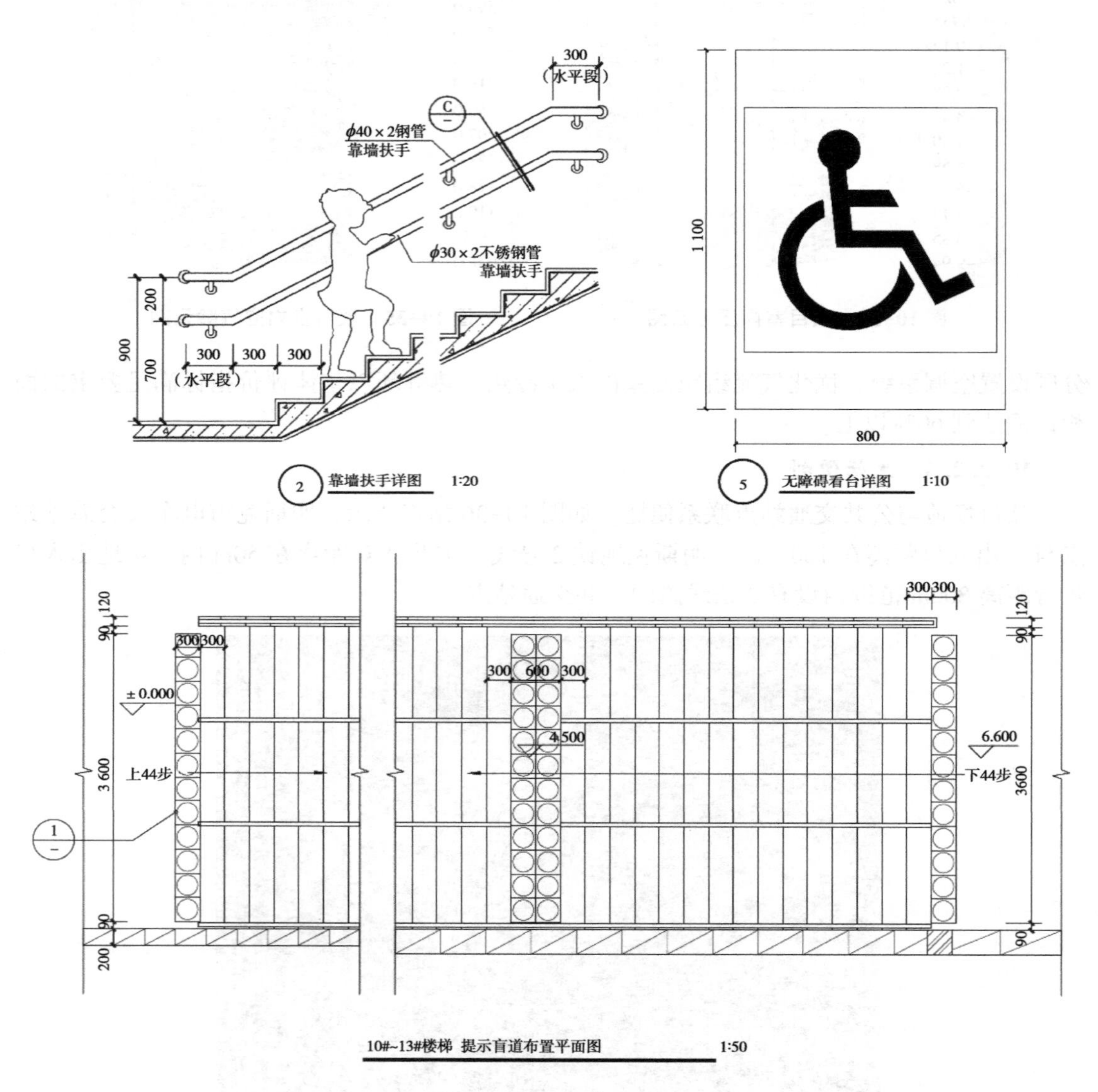

图 10-37　建筑无障碍设计详图

项目服务设施便捷。本项目为游泳馆，建筑内还设有办公、会议、商业等功能，满足两种及以上公共服务功能；停车库可供内部人员使用，同时在国家队非训练时间向社会公众开放；项目内设置游泳馆、健身中心等，在非国家队训练时间段可向社会开放；项目场地北侧明斯克地铁 2 号线站点，设有社会公共停车场，满足周边建筑 500m 范围内设有社会公共停车场（库）的要求；项目设置运动场地、公共广场、公共绿地各 1 处，均在非国家队训练时间段对社会开放。

10.2.2.4 资源节约

项目容积率为 0.71，设置 401 辆机动停车位，全部位于地上，停车位占地比为 7.49%，注重节地与土地利用。

节能与能源利用方面，项目屋面传热系数为 0.62W/（m^2·K），外墙传热系数为 0.31W/（m^2·K），外窗传热系数为 1.6W/（m^2·K），热工性能比中国国家现行建筑节能设计标准提高 15% 以上。采用节能型电气设备及节能控制措施，主要功能房间的照明功率密度值达到中国现行国家标准《建筑照明设计标准》GB 50034 规定的目标值；三相配电变压器达到二级能效，照明产品、水泵、风机等设备满足中国现行有关标准的节能要求。

项目全部使用满足 2 级节水效率的卫生器具，冷热源采用风冷热泵机组，属于采用无蒸发耗水量的冷却技术，未设置景观水体，最大限度实现节水与水资源利用。

节材与绿色建材方面，项目合理选用建筑结构材料与构件，采用岩棉+钢结构+不锈钢连续焊接金属屋盖，全部采用 Q345 及以上高强钢材。项目所有区域实施土建与装修一体化设计及施工；项目采用的可再循环材料主要为钢材、木材、铝合金型材、石膏制品、门窗等，可再循环材料用量比例为 11.79%；绿色建材的用量比例达到 30%。

10.2.2.5 环境宜居

项目厨房排油烟罩内设置预过滤器（金属过滤式），在厨房内吊装设置高效油烟净化装置（静电式），净化设备的去除效率不低于 90%，符合相关规定。在场地西侧设置垃圾收集点，对可回收垃圾、厨余垃圾、有害垃圾等进行分类收集（图 10-38、图 10-39）。

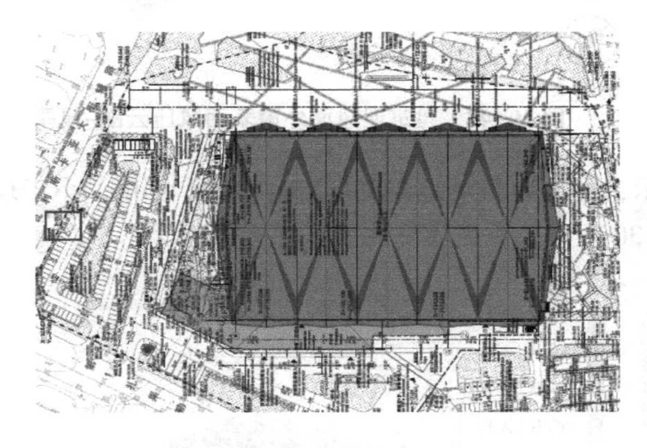

图 10-38 垃圾收集点示意图

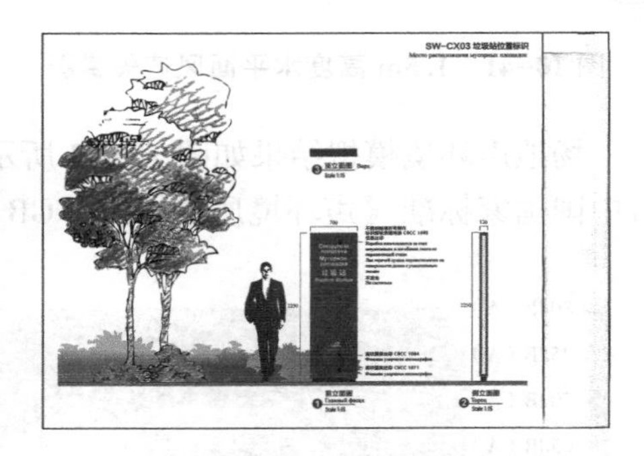

图 10-39 垃圾站位置标识

项目合理布局建筑及景观，保留场地内 30 棵胸径大于 500mm 的原有树木，以充分保护场地生态环境。

采用乔灌草复层绿化，种植明斯克市当地植物，种植区域覆土深度和排水能力均满足植物生长需求，绿地配植乔木不少于 3 株/100m^2。项目采用绿色雨水基础设施，设置 5 172.9m^2 的下凹式绿地，设置透水铺装面积 2 501.3m^2，占硬质铺装总面积 50%，可控制地年径流总量控制率达到 70%。

为改善场地光环境，避免建筑反射光（眩光）、夜景照明及广告照明等造成的光污染，项目采用可见光反射比不大于 0.2 的玻璃幕墙。夜景照明灯具均采用 LED 节能灯具，建筑四周墙身及屋顶设计的立面照明灯具全部采用角度可调的 LED 光源。

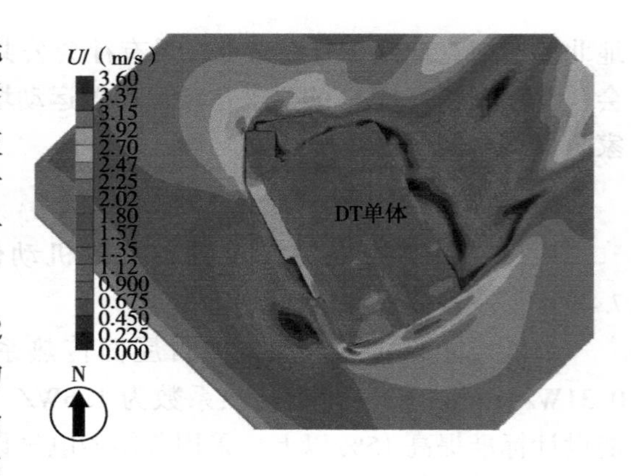

图 10-40　1.5m 高度水平面风速云图

场地风环境模拟如图 10-40～图 10-42 所示，冬季典型风速和风向条件下，建筑物周围人行区距地 1.5m 高处的风速为 3.37m/s，最大风速放大系数为 1.55，除迎风第一排建筑外，建筑迎风面与背风面表面风压差为 4.67Pa；过渡季、夏季典型风速和风向条件下，场地内人活动区未出现涡旋或无风区；过渡季、夏季典型风速和风向条件下，室内外表面风压差大于 0.5Pa 的可开启外窗的面积比例达 93.2%。

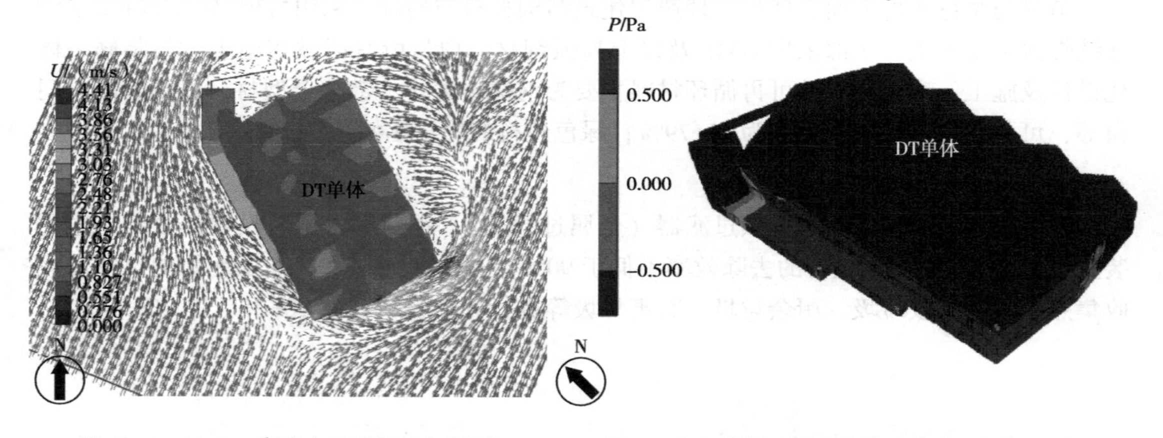

图 10-41　1.5m 高度水平面风速矢量图　　**图 10-42　建筑迎风面外窗表面风压云图-夏季**

场地声环境模拟结果如图 10-43 所示，可见项目场地昼间 52dB，夜间 43dB，小于现行中国国家标准《声环境质量标准》GB 3096 中 2 类声环境功能区标准限值。

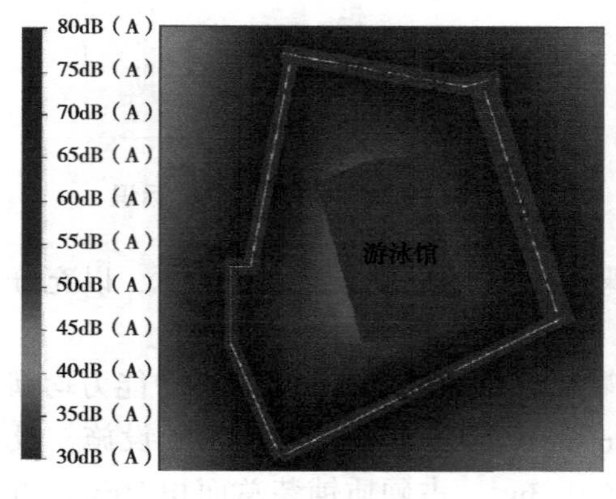

（a）场地1.5m高度处声压级分布图（昼间）

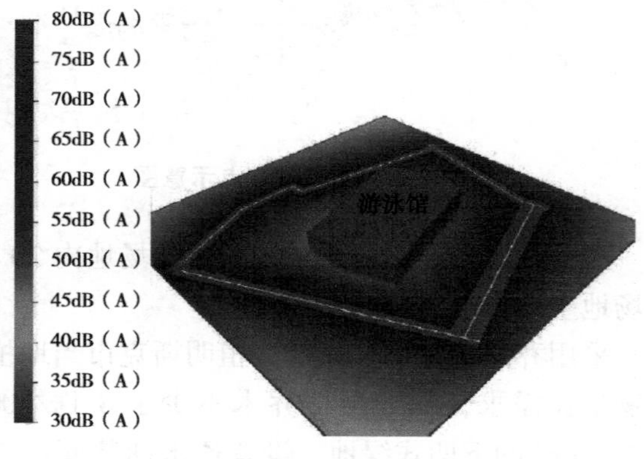

（b）场地噪声分布俯瞰图（昼间）

（c）1.5m高度处声压级平面分布图（昼间）

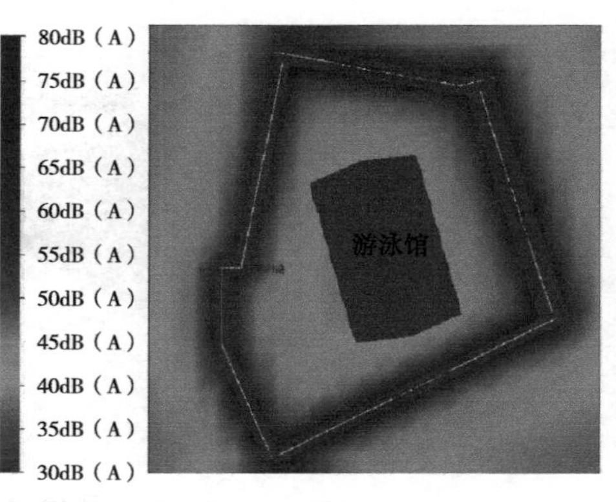

（d）场地1.5m高度处声压级分布图（夜间）

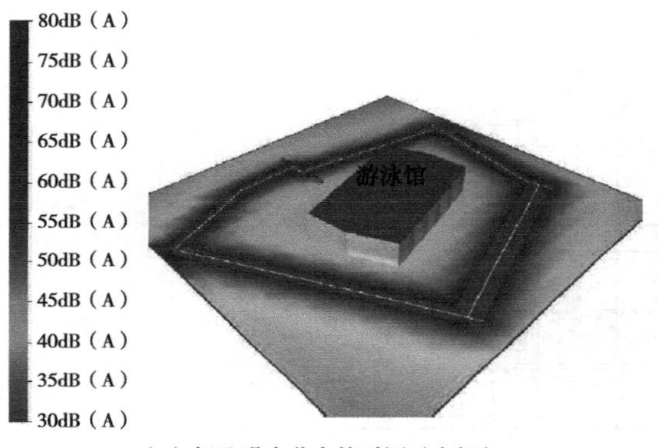

（e）场地噪声分布俯瞰图（夜间）

（f）声压级鸟瞰分布图（昼间）

图 10-43　场地声环境模拟图

10.2.2.6　提高与创新

项目在规划设计、施工建造中应用 BIM 技术，建立完整的工程模型和数据库，如图 10-44 所示。因项目为高空间、大跨度、环境潮湿的建筑，为了确保建筑节能、保温、防火等方面达到高标准要求，项目充分利用轻型钢丝网架岩棉板混凝土墙体体系（3D 墙板）（图 10-45）、不锈钢连续焊接金属屋面（图 10-46）等新技术。非采光部分的外墙和室内大部分的隔墙均采用 3D 墙板设计，面积共计 22 000m^2。

（a）走道管综深化

（b）设备机房深化

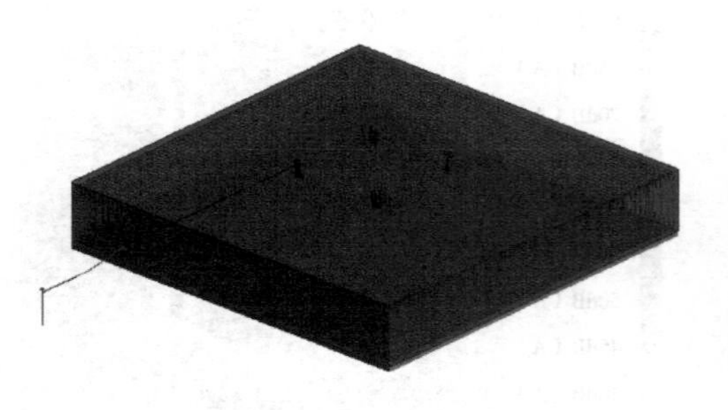
（c）塔吊基础施工模型

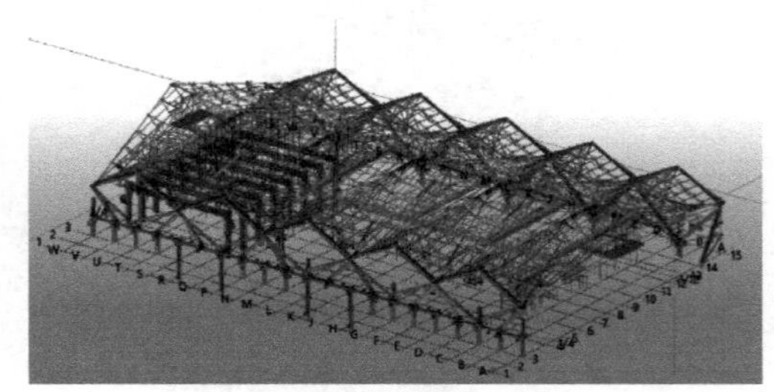
（d）钢结构深化模型

图 10-44　BIM 技术应用

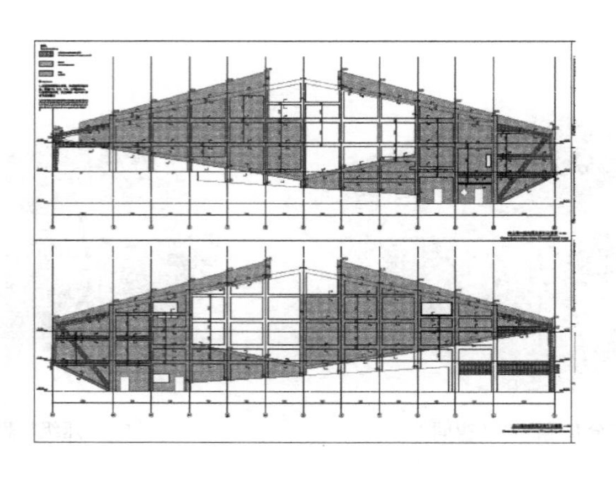

图 10-45　3D 墙板示意图

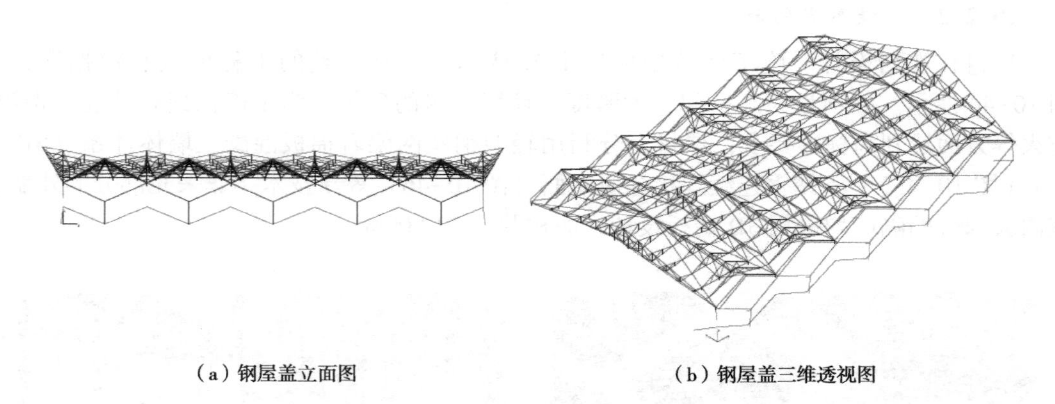
（a）钢屋盖立面图　　（b）钢屋盖三维透视图

图 10-46　钢屋盖立面图及三维透视图

10.2.3　总结

本项目于 2020 年 6 月开工，预计 2023 年 6 月竣工。依据《国际多边绿色建筑评价标准》T/CECS 1149—2022 进行预评价，项目获得绿色建筑国际评价二星级。项目将可持续发展理念贯穿于规划设计、建筑设计、建材选择等建设过程，引导建筑设计向良性、环保、可持续方向发展，促进人与自然、资源、环境和谐发展。此外，项目对推进建筑领域的技术革新具有重要意义，可为我国绿色建筑的国际推广提供实际经验，并带动建筑材料、建筑咨询等相关产业的发展，具有显著的经济、环境和社会效益。

10.3 巴布亚新几内亚星山广场二期

10.3.1 项目简介

巴布亚新几内亚星山广场项目位于巴布亚新几内亚首都莫尔兹比港，为希尔顿二期酒店公寓。建筑标准层层高 3.2m，建筑高度 66.9m，用地面积 4 715m^2，整体建筑面积约 22 000m^2，其中包括 160 套高端公寓，约 1 500m^2 的办公、餐饮功能区，700m^2 的零售区和含 110 个停车位的裙楼。如图 10-47 所示，项目结构形式为钢筋混凝土核心筒+钢框架+压型钢板组合楼板+轻钢龙骨隔墙+玻璃幕墙。建筑平面自西向东分为 1 区、2 区、3 区三块区域，其中 1 区、3 区为裙楼，共 3 层；2 区为主塔楼，共 19 层。项目依山势而建，结构底板呈阶梯状分布，高差 5.2m，效果图如图 10-48。项目是实现中巴双方深化政治互信、加强互利合作的重要平台，也是中巴双方拓展文化、教育和交流合作的重要载体。

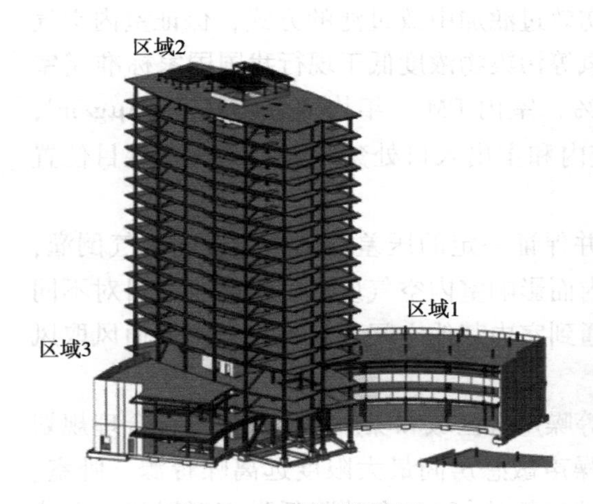

图 10-47 项目结构图

图 10-48 项目效果图

10.3.2 绿色建筑技术

10.3.2.1 安全耐久

项目场地四周开阔，北侧及西侧相隔一条市政主干道，与国家建筑群隔路相望，无滑坡、泥石流等危险地质灾害风险，场地四周无化学品、易燃易爆品等危险源的威胁，无电磁辐射。

项目建筑基础和室外道路基础均采用当地容易获得的沙土进行换填处理，保证足够的地基承载力，满足安全耐久的使用要求。室外场地排水在保留原有天然排水沟的基础上，小部分修改室外排水路径，采用地下混凝土排水管将地面雨水排出场地，保证场地安全。

项目采用工程总承包（EPC）模式，所有外部设施均与建筑主体结构统一设计、施工，包括外遮阳、空调室外机位等；建筑出入口设置结构架空层，每层设置钢斜撑，分区设置抗震缓冲带，保证主体结构的安全。

项目建筑工程等级为一级，设计使用年限 50 年，抗震设防烈度 8 度。其中钢构件采用 Q355B 钢材，钢结构防腐设计耐久年限为 15~25 年，防腐体系为“环氧富锌底漆+环氧云铁中间漆+聚氨酯面漆”，所有钢构件均做防火保护，防火涂料采用薄型，耐火极限 2h。屋面采用压型钢板混凝土楼面+钢结构转换层+铝合金金属屋面，设置隔热、防水、保温、隔汽性能构造层。

建筑外门窗安装牢固，抗风压性能 5 级，气密性 3 级，水密性能 4 级，保温性能 4 级，隔声性能 3 级。建筑门窗、幕墙满足安全、耐久和防护的要求，与建筑主体结构连接可靠，且能适应主体结构在多遇地震及各种荷载作用下的变形。

在适变性方面，项目可根据需要将 G 层商业零售区调整为会议、演出、办公、展览等功能空间，灵活可变，且 G-3 层根据需要可以调整成办公区、餐饮区。3 层景观平台可调整为演出场地，配置舞台、灯光、演播等设备；部分区域开放空间可用作展览、休息等多种用途。

10.3.2.2 健康舒适

项目采用当地易取得的建筑材料，或从就近国家进口绿色建材，选用低污染的室内装修材料，各房间采用通风换气措施。新风采用初效过滤加中效过滤的方式，保证室内空气质量。室内氨、甲醛、苯、总挥发性有机物、氡等污染物浓度低于现行我国国家标准《室内空气质量标准》GB/T 18883 规定限值的 20%，室内 $PM_{2.5}$ 年均浓度不高于 $25\mu g/m^3$，且室内 PM_{10} 年均浓度不高于 $50\mu g/m^3$。建筑室内和主出入口处禁止吸烟，并在醒目位置设置禁烟标志。

项目将卫生间设置于自然通风的负压侧，并保证一定的压差，防止卫生间排气倒灌，且卫生间设置竖向排风道，防止污染物进入室内而影响室内空气质量。同时，项目对不同功能房间保持一定压差，避免气味或污染物串通到室内其他空间，合理规划机械通风取风口和排风口的位置，避免短路或污染。

如图 10-49 所示，项目对电梯、设备管井等噪声源区域和噪声敏感区域进行合理规划和布局。合理布局室内功能空间，保证卧室等噪声敏感房间最大限度远离噪音源。卧室、办公室等房间的内墙装饰材料采用隔声材料（玻璃棉毡等），有效降低噪声对居住、办公环境的影响。空调等设备采用低噪声型并采取消声隔振措施，降低设备噪声对室内声环境的影响。

项目室内墙壁颜色采用灰白而非纯白色，以提升光环境舒适度，并合理设置室内光源颜色和位置，避免眩光和直射。主要功能空间至少 80% 面积比例区域，采光照度值不低于采光要求的小时数平均不少于 4h/d（图 10-50）。项目全部外窗均设置固定外遮阳加内部可调节高反射遮阳设施，室内加装双层窗帘以隔绝光源，避免眩光与室外强光对人员造成不舒适感受。

项目所在地为海洋性气候，降雨频繁，且阳光充沛，因此结合当地原生建筑坡金属屋面的特点，采用金属屋面，并有效组织排水，减小结构承载压力。坡屋面内设置隔层，减

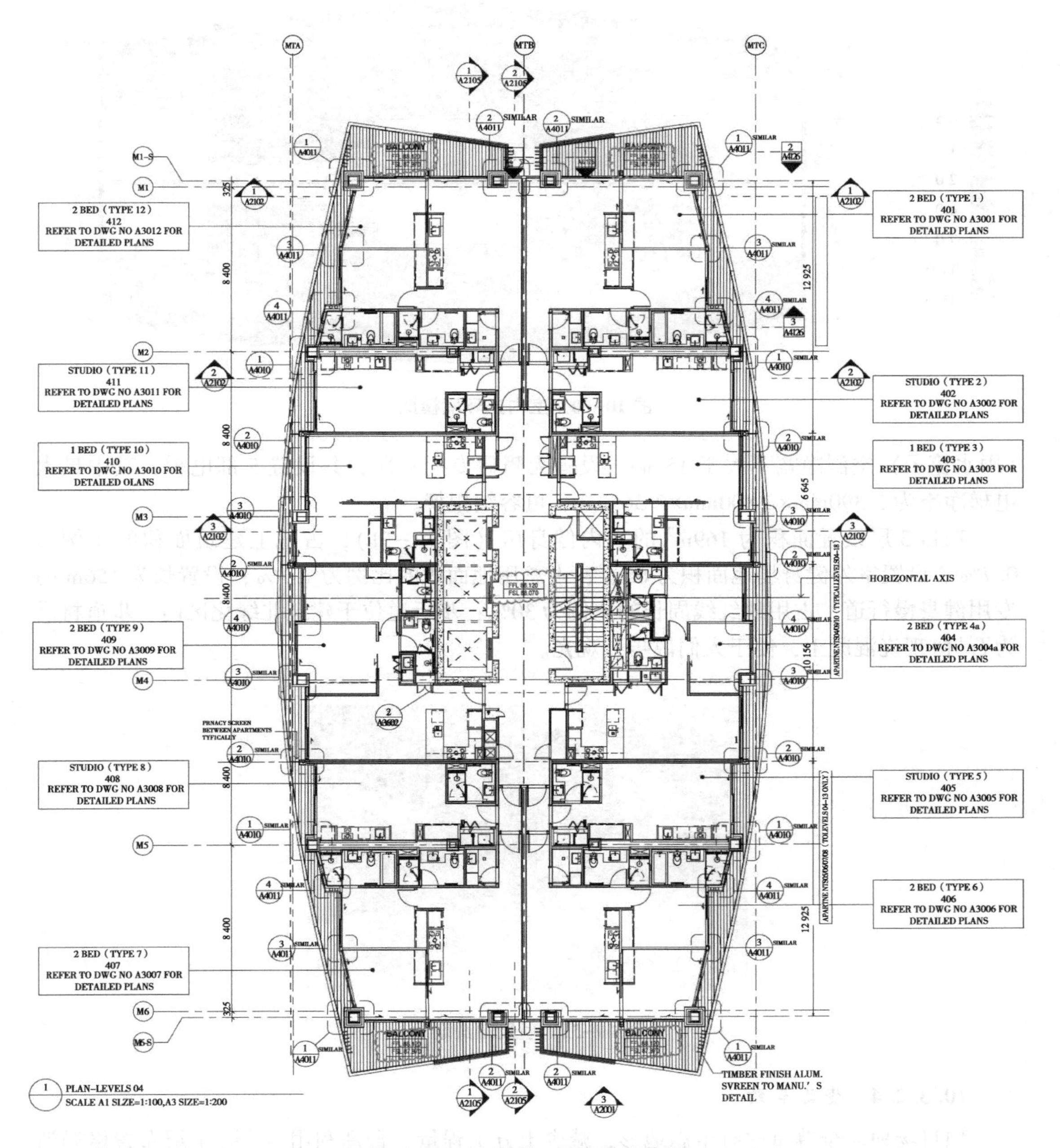

图 10-49 电梯井、设备管井布置

弱阳光的直接辐射，降低室内温度。此外，为降低电力负荷，在保证各功能区高效利用的前提下，设置大落地推拉门窗，增强建筑自然通风能力。

10.3.2.3 生活便利

项目依据我国现行国家标准《无障碍设计规范》GB 50763 进行无障碍设计，主入口设置小于 5% 的平坡；无障碍通道地面、中门槛高度及门内外地面高差不大于 15mm，且以斜面过渡，当大于 15mm 高差时，设置 5% 坡度过渡；无障碍通道经过的明沟、盖板

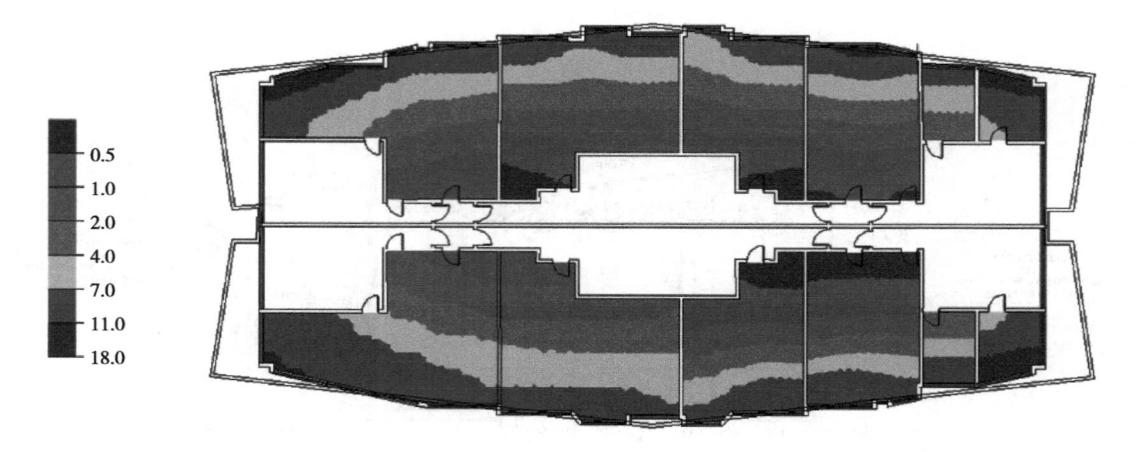

图 10-50　室内光环境模拟

（雨水篦子）空洞净宽不大于 15mm；设置无障碍专用厕所；共设置 5 部电梯，其中最大电梯净空为 2 390mm×2 800mm×2 365mm，可容纳担架。

项目 3 层设置面积为 169m² 的室内健身房（图 10-51），占地上建筑面积的比例为 0.7%。设置室外健身场地面积为 65m²，占总用地面积的比例为 1.3%；设置长为 156m 的专用健身慢行道，占用地红线周长的比例为 30%；步行道位于建筑北绿化区内，步道材质为石材+现浇混凝土，便于人们散步、观光。

图 10-51　项目健身场地

10.3.2.4　资源节约

项目场地完全尊重原有生态地形，减少土方工程量，合理利用 G 层、1 层布置格局消解场地高差，并合理设置绿化区域，保证植被覆盖率，避免大量降雨导致的水土流失。

项目采用玻璃栏杆阳台和退推拉门幕墙结构，提高自然通风能力，降低能耗，且屋面内设置隔层，减弱阳光的直接辐射，降低室内温度。所有功能房间采用中央空调系统，设置高效风机盘管加新风系统。空调系统按照使用时间、温湿度要求、房间朝向和功能等进行分区分级设计，同时提供分区控制策略。走廊、楼梯间、门厅等公共场所的照明采用集中控制，并按建筑使用条件和天然采光状况采取分区、分组控制措施，每个照明开关控制的光源数不多于 4 个。

项目采用一级节水器具（表 10-1）、节水灌溉系统、透水铺装等节水措施，同时设置远程水表实时监测水资源利用情况。

表 10-1 节水器具参数

节水器具	节水器具参数	用水效率等级
水嘴	流量 0.1（L/s）	1
坐便器	平均用水量≤4.0	1
小便器	冲洗水量 2.0L	1

项目采用可再循环材料和可再利用材料，用量占所有建筑材料总用量的比例为 12.5%。室内防水材料、密封材料、卫生洁具、吊顶材料、非承重围护墙、面砖等采用绿色建材，应用比例不低于 80%。

10.3.2.5 环境宜居

项目尊重自然生态，保护原有地形地势，降低对生态造成的破坏。合理设置绿化景观，根据项目需求和当地实际情况采用本地植物，包括槟榔、鸡蛋花、青棕、芭蕉、苏铁、红花月桃、文殊兰、大叶龙船花球、变叶木、自然草等。并合理搭配乔木、灌木和草坪，以乔木为主，灌木填补林下空间，地面栽花种草，在垂直面上形成乔、灌、草空间互补和重叠的效果。此外，根据植物的不同特性（如高矮、冠幅大小、光及空间需求等）进行立体多层次种植，相互兼容，提高绿地的空间利用率、增加绿量，使有限的绿地发挥更大的生态效益和景观效益。

项目严格控制泛光照明和景观照明的光污染，夜景照明不朝向居住区域，最大光强方向禁止朝向来往车辆。建筑玻璃幕墙的可见光反射比及反射光对周边环境的影响符合我国现行国家标准《玻璃幕墙光热性能》GB/T 18091 的规定，外门窗玻璃可见光反射比不大于 0.2 且不大于当地相关要求。室外夜景照明光污染的限制符合我国现行国家标准《室外照明干扰光限制规范》GB/T 35626 和我国现行行业标准《城市夜景照明设计规范》JGJ/T 163 的规定。

项目室外设置停车雨篷、遮阳伞等设施，大大提高了建筑室外环境的舒适性。如图 10-52 所示，场地人行区距地高 1.5m 处风速小于 5m/s，户外休息区、儿童娱乐区风速小于 2m/s，且室外风速放大系数小于 2，场地内人员活动区无涡旋或无风区，50% 以上可开启外窗室内外表面风压差大于 0.5Pa。

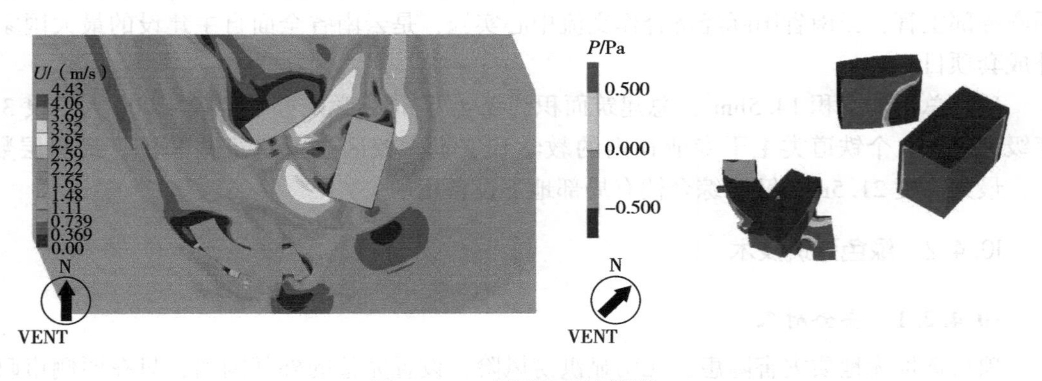

图 10-52 项目风环境模拟

10.3.2.6 提高与创新

项目全程采用智能化建造方式，钢构件加工采用 BIM 技术，采用压型镀锌钢板作为模板支撑体系，减少预拌混凝土损耗，同时采用预制的钢筋网片，减少现场加工钢筋损耗。结合当地技术、设备等方面的条件分阶段制定建造方案（图 10-53），实现高效加工制造的同时，保证现场安装的质量和效率。

2020.10.21
阶段1
阶段3
阶段1

图 10-53 项目 BIM 技术应用

10.3.3 总结

“一带一路”沿线大洋洲区域属经济欠发达地区，整体经济水平较为落后，当地缺少成熟的绿色建筑技术，项目采用钢结构绿色装配式建筑体系，相对传统钢筋混凝土建筑方式自重轻、出错率小、大量减少建筑垃圾，可大幅减少基础造价，且地基处理灵活，适用于山地、坡地等多种地形条件，实现了真正意义上的可持续发展。

项目于 2018 年 2 月开工，2023 年 12 月竣工。依据《国际多边绿色建筑评价标准》T/CECS 1149—2022 进行预评价，获得绿色建筑国际评价三星级。项目综合考虑了建筑节地、节能、节水、节材、室内环境质量提升等方面的技术要求，应用了高效节能照明、复层绿化、节水灌溉、可循环材料、高强度钢材料、可调控外遮阳等适宜且效果明显的绿色建筑技术，对“一带一路”共建国家绿色建筑项目的实施具有借鉴意义。

10.4 老挝铁道职业学院

10.4.1 项目简介

援老挝铁道职业技术学院（图 10-54）位于老挝首都万象，距离中老铁路万象站仅 2km，是“一带一路”倡议下中老铁路的重要配套项目，由我国政府援建，中华人民共和国商务部主管，云南省国际经济合作交流中心实施，是云南省全面自主建设的最大国家援外成套项目。

项目总用地面积 14.5hm^2，总建筑面积约 3.4 万 m^2，学院办学规模 1 000 人，设 3 个年级，包含 6 个铁道类主干专业在内的教学和实训。校区主要建筑共 8 栋，最高层数 4 层，最大高度 21.5m，仅 1$^{\#}$综合楼有局部地下设备用房。

10.4.2 绿色建筑技术

10.4.2.1 安全耐久

项目选址无地质灾害隐患，无明显洪涝风险，设置完整的外部围墙，只在西侧市政路设置主副两个出入口，主出入口设置门卫安保，兼顾安全性和校园绿地对外开放的可能

（a）整体效果

（b）综合楼效果

（c）实训楼效果

图 10-54 项目效果图

性。项目建设按中国国家标准实施，优化平面布置，采用有效技术手段疏导雨水、加强护栏抗推水平、提高护栏高度、增强大跨空间结构强度、简化交通流线、提高疏散效率。项目主要建材均在当地采买，部分易损构件选用当地便于更换或选用更高强度的耐久件。

老挝当地有白蚁，项目在全过程各阶段采取防蚁措施。设计增加通风和防潮措施，选用抗蚁性强的木材或其他建筑材料，从屋面、墙体地基、各类变形缝和木构件等方面考虑防蚁措施。施工过程通过物理和化学相结合的处理技术，阻止白蚁侵入房屋内部，主要包括设置墙基内外保护圈、室内地坪防蚁毒土层、辅助设施（踏步、台阶、管道井、变形缝等）防蚁毒土层和木构件防蚁药物涂刷等。运行阶段通过场地清理进一步断绝白蚁食料遗留，清除地下树根、朽木等废旧木材，做好场地内排水，减少白蚁生存的可能性。

考虑老挝的气候条件，项目结构类型为全现浇框架结构，楼面采用现浇钢筋混凝土梁板体系；考虑到建筑的耐久性、后期维护及施工的便利性，会堂等大跨度屋顶采用钢结构屋架+混凝土屋面。老挝当地主要围护结构有加气混凝土砌块、空心砖，考虑供应量限制、运输成本等方面的原因，选择当地最常用的烧结空心砖作砌体围护结构；金属、实木、混凝土等建材均采用防腐蚀的清漆涂刷；内部五金件、门窗、台面等部品部件均选用不低于15年寿命的产品，其他专业的管线、管材、管件均选用耐腐蚀镀锌件。

考虑当地降水情况，建筑所有半开敞、开敞空间的门窗均采用铝合金门窗，具有良好防水性能。所有涉水、用水房间地面采用防水防滑地砖楼，墙面采用有防水层的瓷砖，屋顶采用防潮乳胶漆。防水涂料选用2.0mm厚JS水泥防水涂料，双层布涂；所有公共走廊均于外侧布置单边排水沟，对可能撒入走廊的雨水进行有组织清离。

基于老挝万象附近区域1918—2010年的地震观测资料，项目拟建场地地震烈度在0.3~4.7度之间，最高烈度情况下峰值加速度为0.02~0.04g，本项目按照地震烈度6度进行设防。结构单跨、大跨等不利部位构件抗震等级提高一级，满足中震抗剪弹性抗弯不屈服的要求。风雨操场、会堂等大跨空间采取局部钢结构提高抗震性能。校园建筑总体控制在20m以下，大多数为3~4层，柱跨总体较为趋近，整体性较好。由于抗震设防烈度较低，本项目并未采取额外抗震措施，而是通过简化形体、强化薄弱区域、降低建筑总体高度等方式实现良好抗震性能。

项目主要公共区域、疏散出入口、楼梯间出入口均设置视频监控系统，覆盖总面积为9 855m^2，占校园总面积的29.43%；排除公寓宿舍、设备用房、卫生间、车间等非公共区域后，监控实际覆盖公共区域（19 007m^2）占比达到51.8%。

项目预留灵活可变空间，如图10-55所示，1$^\#$综合楼的风雨操场可根据教学安排，兼顾体育活动、小型集会、大型演示教学使用；2$^\#$教学行政楼、普通教室均按标准模块设计，可根据实际教学需求调整为多媒体教室、讨论室、操作教室以及其他功能空间。3$^\#$实训楼的空间尺度、荷载均充分预留余量，可根据教学安排调整为不同功能的教室。

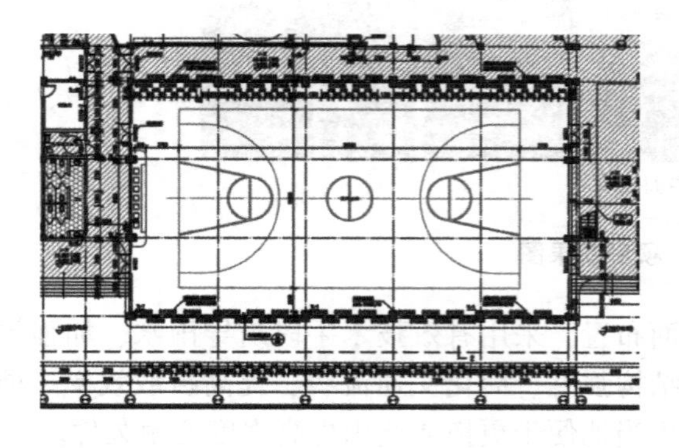

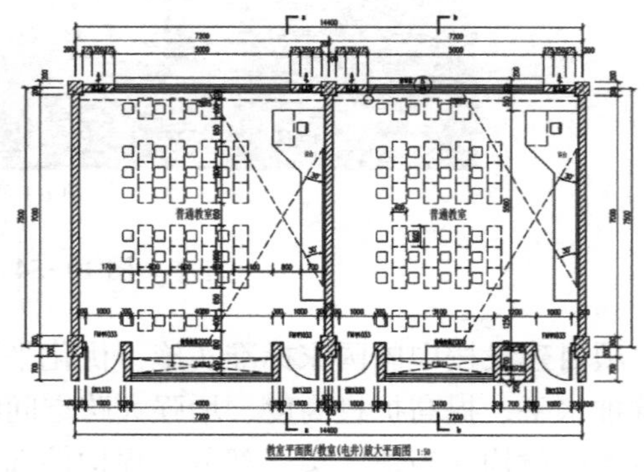

图10-55　项目预留灵活性空间

10.4.2.2 健康舒适

万象市属于典型的热带草原气候类型，干湿分明，全年高温。为使建筑充分适应当地气候条件，建筑除必要设备用房和大型公共空间外，均以自然通风为主，换气效率高。如图 10-56 所示，大量的底层架空空间和半室外平台提供交流空间的同时也可有效疏导季风，有助于提升室内环境的舒适度。

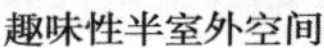

趣味性半室外空间

平台作为交往空间

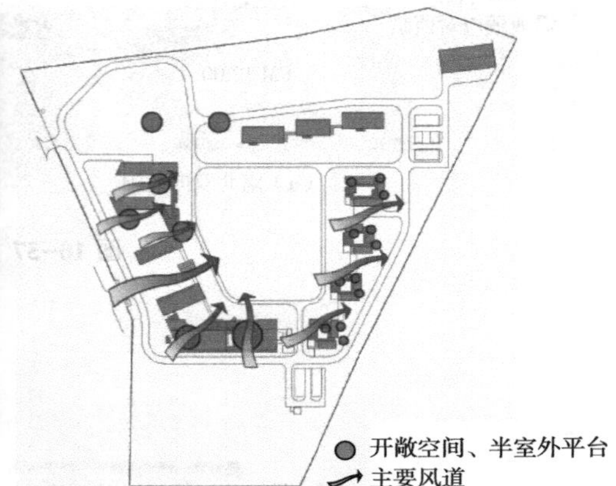

图 10-56 建筑开敞空间与自然通风

项目功能为铁道职业教学，车间、实训楼是主要噪声源，因此在规划布局时特别将主要噪声源房间安排至远离主教学区、宿舍区，同时保留一定规模的树木作为隔声屏障。建筑外墙及内隔墙采用 200 厚烧结空心砖两面抹灰，隔声性能达到 48dB 以上；外门为单层实体木门，隔声性能 33dB；外窗为 6mm 单层玻璃，隔声性能 33dB；楼板为 100 厚钢筋混凝土楼板；地面采取实铺木地板或铺设厚地毯。由于采取了一系列措施，室内声环境满足相关标准要求。

项目主要教学空间采用窗地比较大的条窗，走道侧设置采光高窗，自然采光良好，并布置满足教学要求的人工光源，营造良好的室内光环境。室外主要采用分布式漫反射庭院灯体系，并配置一定规模的太阳能灯源，采用手动、光控、时控相结合的控制方式。如图 10-57 所示，建筑主要房间南北方向均设置遮阳措施，房间南侧设置外廊以阻挡春秋季节低角度直射阳光；部分房间设凹阳台同时实现对东西晒和春夏秋正午直射光的遮挡；设置一体式混凝土屋盖及立墙，可以有效阻挡正午直射和下午西晒，借由隔热构造将将太阳辐射水平最高时段借的热辐射隔绝于主要教学、活动空间之外。

项目所在地长年气温较高，故屋面采用 40mm 厚挤塑聚苯板作为保温隔热层，墙体主体材料满足隔热要求，不易出现结露、冷凝等现象。如图 10-58 所示，由于保留树木，采用自然通风及一体化的遮阳系统设计，室内热舒适水平良好。通过良好的空间布局和开窗方式，教学楼及综合楼利用外廊、窗台挑檐等作为水平遮阳，公寓宿舍专门设置挡板遮阳，有效避免阳光直射入室内，减少外墙直接得热辐射量，再结合良好的建筑室内外布局，促进气流组织流动，使得主要功能房间换气次数均大于 2 次/h，室内平均空气温度可控制在 26℃以下。

阅览室、会堂采用多联机空调系统，通过改变制冷剂流量适应各房间负荷变化。多联

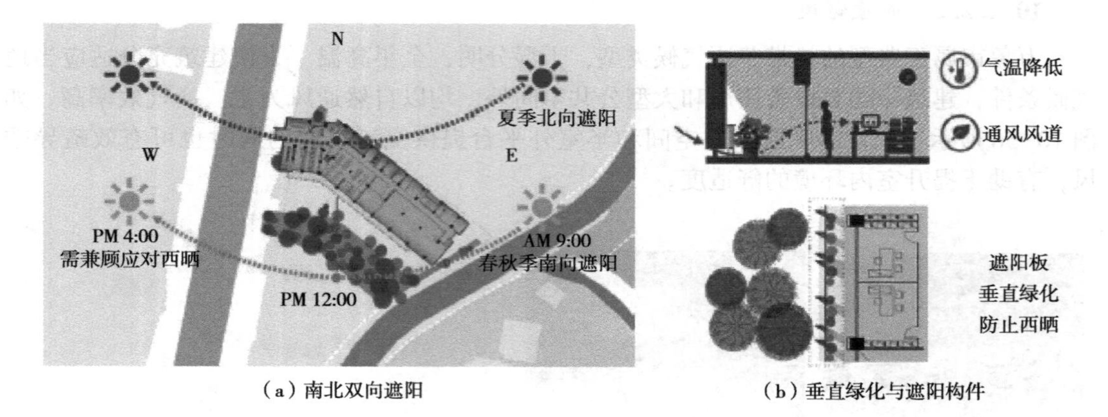

（a）南北双向遮阳　　（b）垂直绿化与遮阳构件

图 10-57　建筑遮阳措施

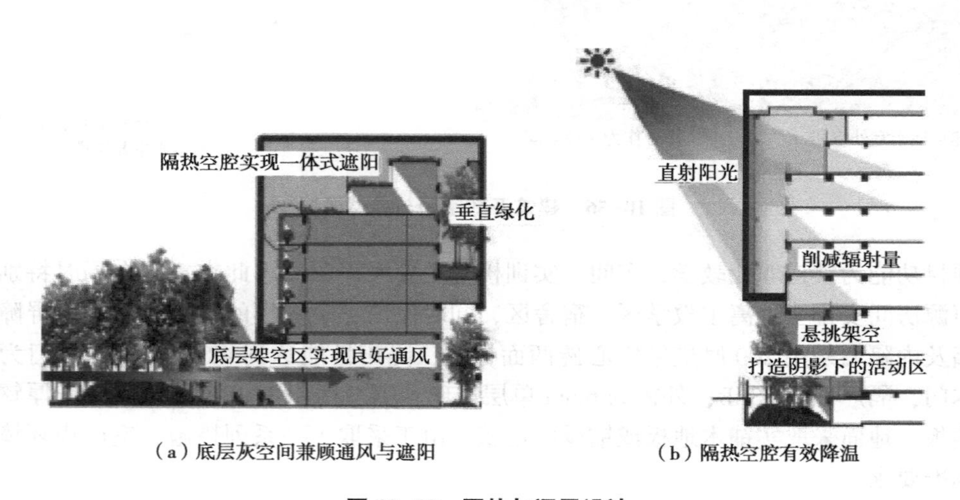

（a）底层灰空间兼顾通风与遮阳　　（b）隔热空腔有效降温

图 10-58　隔热与通风设计

机空调系统设置匹配的自动控制与监测系统，具有对热湿环境进行独立控制和自动调节的功能，由室内温度模拟结果可知，主要功能房间满足热舒适区间的时间达标比例为 71. 52%（图 10-59）。

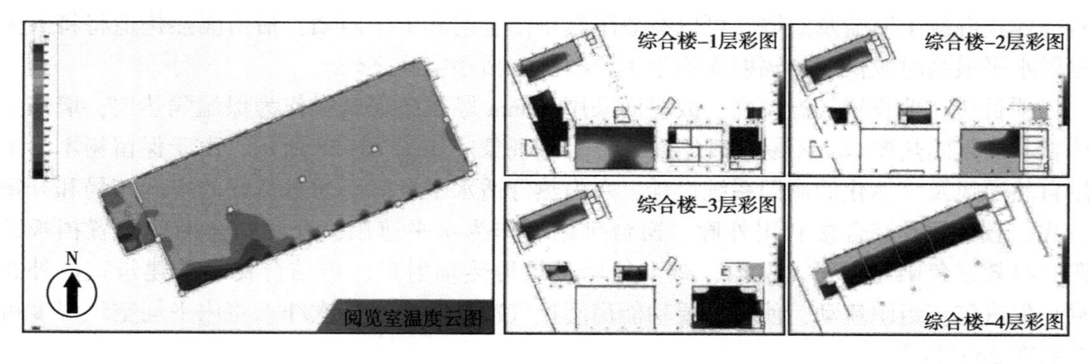

图 10-59　室内温度模拟云图

10.4.2.3　生活便利

项目采用人车分流设计（图 10-60），设外环车道联系整个校区各栋建筑；同时设内环步行道，兼顾救护与消防功能。贯穿于各栋建筑首层的景观连廊系统能够使师生风雨无阻地到达各区域，还可作为休闲、交流的空间。

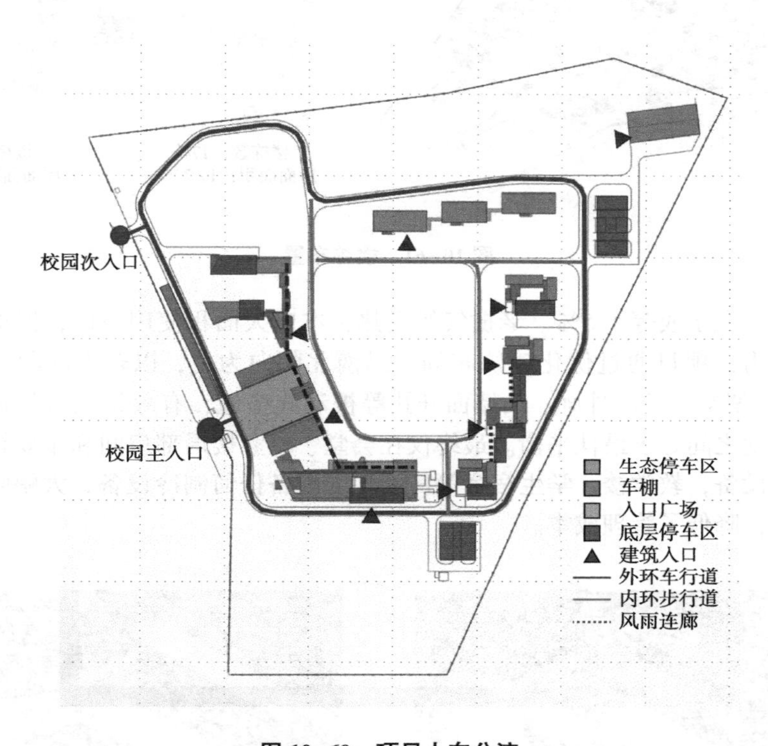

图 10-60　项目人车分流

项目充分考虑全龄化设计，公共区域确保无障碍通行，并针对 1#综合楼设置无障碍电梯。项目主出入口设有停车接驳大厅，大厅处设置有满足无障碍需求的坡道，经主出入口进入场地后便可进入各单体建筑间设置的无障碍连廊空间。

项目减少了楼栋数，加强了建筑间的联系，减少了管理单元数量和运行流线长度，在开口方向、数量和服务半径方面进行优化，提高了后期管理效率。采用三维模型协同数字化设计，搭建运维阶段数字孪生模型，基于 DIVA+Mars+Venus 等第三方平台，可以实现对项目的数字化管理。

10.4.2.4　资源节约

老挝社会、经济正处于发展过程中，各类建设项目需充分预留发展空间，并做到资源节约。在此背景下，本项目注重节约用地及弹性发展，校园用地约 14hm^2，建筑密度小于 10%，大量室外空间用作绿地、活动场地和预留建设用地。如图 10-61 所示，已建建筑采取更为集约的用地模式，减少楼栋数量，从而减少建筑占地，并整合教学及公共功能，缩短交通流线，提高建筑使用效率。

项目外墙均使用保温砂浆作保温隔热，屋面采用挤塑聚苯保温板，外窗采用铝合金中空玻璃，节能设计满足中国现行国家标准《公共建筑节能设计标准》GB 50189 的要求，

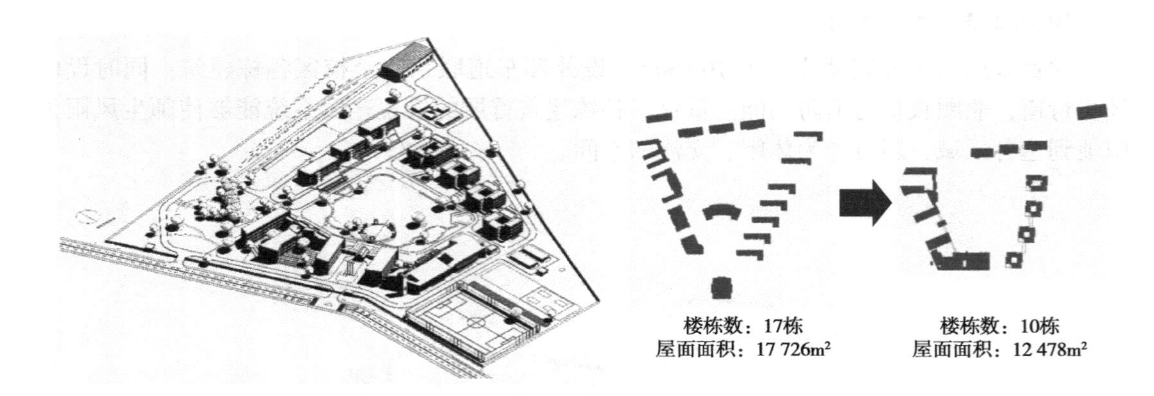

图 10-61　楼栋布置

围护结构节能率大于或等于 5%。老挝气候炎热，本应大面积使用空调，但综合考虑运维成本和管理能力，项目通过优化建筑布局，以南北朝向为主，以较大间距布置（图 10-62），利用底层架空、开放外廊、山墙面开孔等被动式措施，有效组织自然通风，在风环境和人员舒适度之间寻求最佳平衡。最终仅在会堂、专家楼局部房间和重要设备用房配置高效节电空调设备，教学楼、学生宿舍等房间均未配备任何制冷设备，大幅降低了建筑运行阶段的能耗，降低了管理成本。

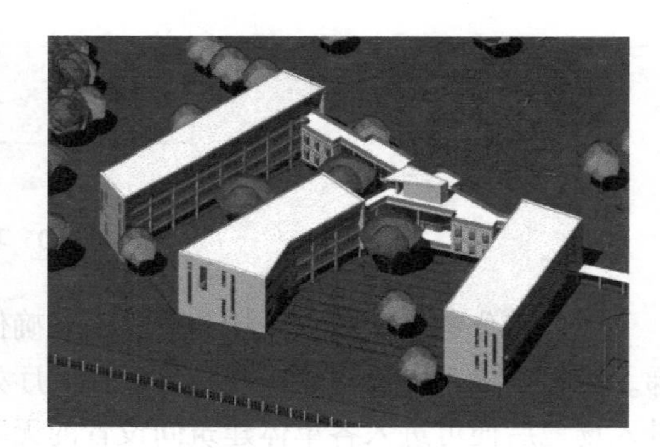

图 10-62　建筑布局优化

10.4.2.5　环境宜居

项目保留了若干原有植物群落，在规划设计中，使道路和建筑巧妙地避开了原有植物群落及大树点位，新增植物整体采用复层种植，中部雨水花园采用水杉、垂柳、水葱、芦竹、菖蒲等热带水生植物。项目植物群落分布如图 10-63 所示。

项目选址原生环境良好，通过保留场地内全部树木、恢复建成后植被、积极生态效应的规划和景观布局，以及采用绿色施工技术、空间格局优化、耐久且环保的材料，实现整个项目对原场地尽可能低的环境影响，以低碳的姿态承载和保护其生物多样性。如图 10-64 所示，中部花园形成自然低洼地段，项目所在地雨季较多，雨季时形成自然汇水面，对原有场地雨水的调蓄起到了较好的作用。该花园仿自然生境水池，以自然缓坡入水的方式，为浅水湿生植物提供了较好的适生环境，设计利用树木或不规则石块等制造鱼类

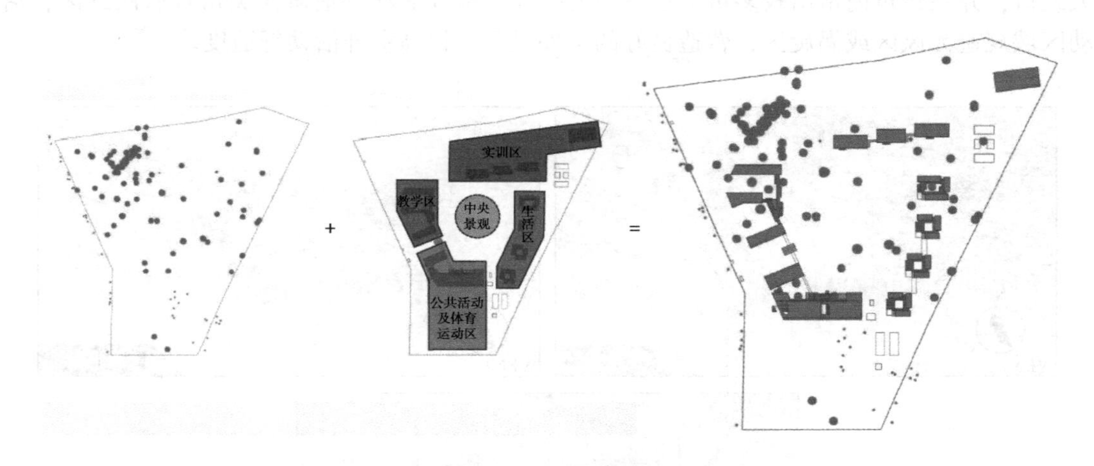

图 10-63 植物群落分布

繁殖场所，使用木桩、铺草、抛石或沉石等模拟自然状态，并增设人工渔礁，优化其生存环境，保护水生生物的栖息环境。

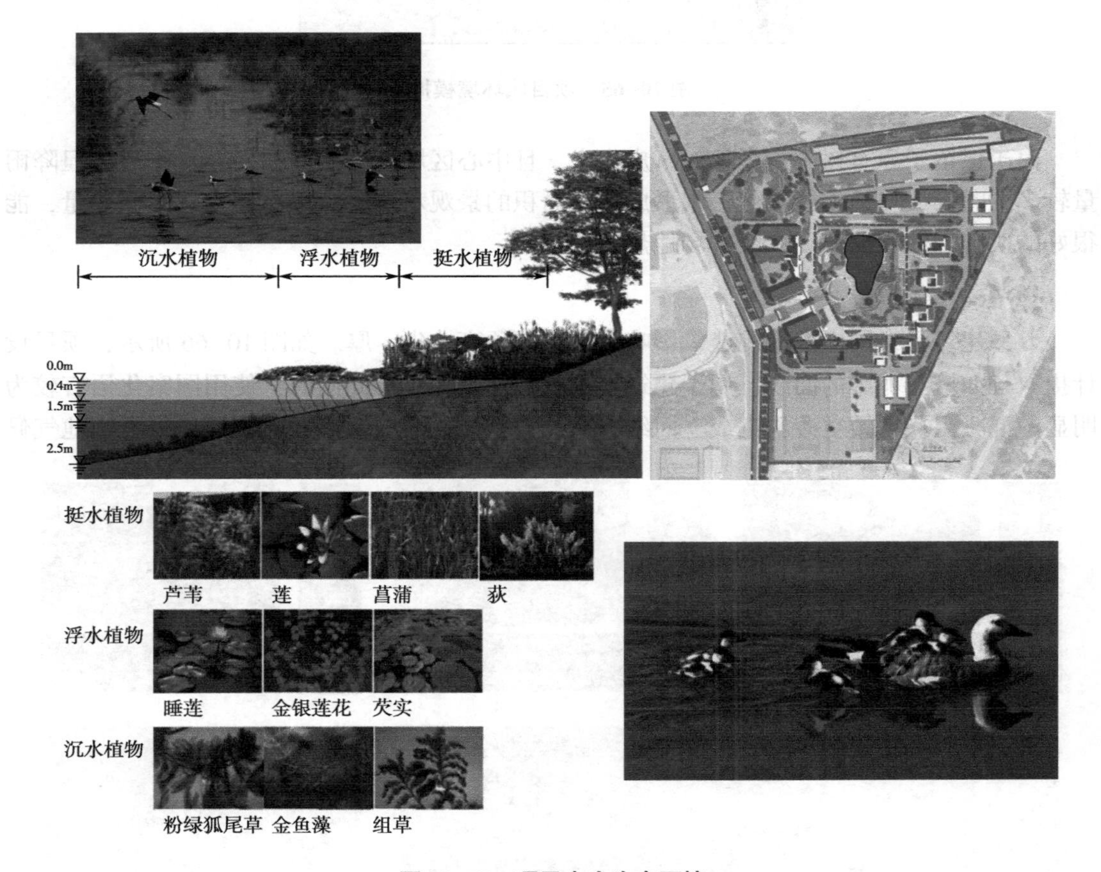

图 10-64 项目水生生态环境

如图 10-65 所示，项目通过模拟方法优化风环境。建筑在面向西南主导风向均留出较

大缺口，并在建筑内留出较多可加强流通的空腔。室外活动场地避让尖角背后涡旋区，活动区域规避无风区或涡旋区，营造良好的室外风环境提高室外活动舒适度。

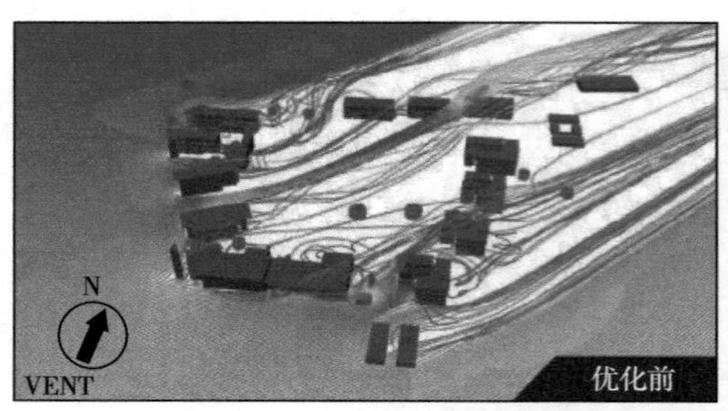

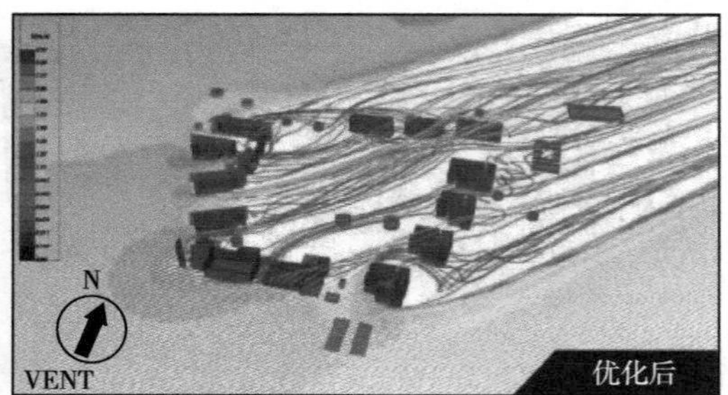

图 10-65　项目风环境模拟

由于保留了原有树木，场地以草皮为主，且中心区域有一定高差，在夏季炎热但降雨量较多的时候，场地内能自然汇水形成一定面积的景观水体，利用水体自然吸收热量，能很好的改善场地表面温度、缓解场地热岛效应。

10.4.2.6　提高与创新

万象建筑受泰国中部寺院建筑影响较大，屋顶高、尖、厚。如图 10-66 所示，项目设计提取犹如塔身剪影的曲线，用于建筑立面分割及装饰。与此同时，使用图案化语言较为明显的混凝土预制镂空砖块完成立面细节，配合一体化的山墙屋面，设计出符合当地气候

图 10-66　项目传统建筑形式传承

需求的建筑形态。局部建筑的底层采用架空设计，保留的半围合空间暗合传统建筑的外廊形制。

项目团队涵盖工程设计、工程管理、智慧运维及数字化应用各专业，如图 10-67 所示，通过利用 DepthMap、Grasshopper、Revit、Naviswork、Unreal、Mars、DIVA 等软件技术实现全过程三维数字化管理。设计阶段，通过模拟优化室内外环境，实现规划与建筑的正向三维设计；施工阶段，基于 BIM 工期模拟、无人机远控等技术，实现数字化远程施工指导，对构造细节、安装流程等进行精准管控，优化进度，保证工期。运行维护阶段，利用数字孪生技术开发数字管理平台，实现对项目运维和教学的三维数字化动态管理。

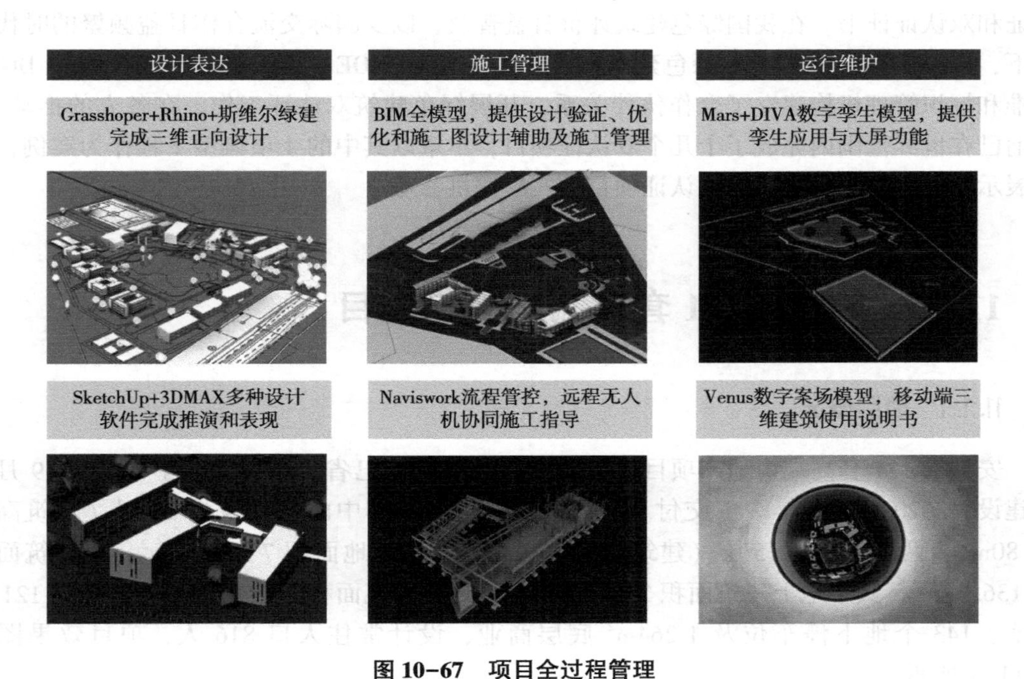

图 10-67 项目全过程管理

10.4.3 总结

项目于 2021 年 9 月开工，2023 年 5 月竣工。依据《国际多边绿色建筑评价标准》T/CECS 1149—2022 进行预评价，项目获得绿色建筑国际评价二星级。作为援建工程，本项目特别注重传递中国高质量发展的理念。生态效益方面，项目保留原有树木、增加植物群落、为本土栖居生物保留良好生存空间，既实现了生物多样性，又提升了整体固碳水平，提高了场地和建筑舒适度；经济效益方面，由于采用了更多的被动式绿色建筑技术，更加适合老挝以及具有类似经济社会发展水平的地域，符合当地经济运行特点。资源节约方面，受制于当地运维条件，项目未使用过多的空调以及可再生能源技术，但由于采用良好的自然通风设计、少量的高位水箱以及局部的太阳能补充照明，降低了能源消耗，实现了校区的节能运行。

11 绿色建筑双认证实践案例

绿色建筑国际双认证，是各国绿色建筑评价认证机构对项目同时进行两国及以上的绿色建联合筑评价认证的过程。认证通过后，申报项目可同时获得两国及以上绿色建筑标识认证和双认证证书。在我国绿色建筑评价日益普及，以及国际交流合作日益频繁的时代背景下，中国城市科学研究会绿色建筑研究中心与法国 HOE、英国 BREEAM、德国 DGNB 标准和标识管理机构建立了合作伙伴关系，开展绿色建筑双认证工作。在各方的推动下，目前已在世界范围内完成了十几个双认证项目，本章以其中的 4 项典型工程作为案例，全面展示项目的实践做法，为双认证项目的实施提供参考。

11.1 安纳巴 121 套高端房地产项目

11.1.1 项目概况

安纳巴 121 套高端房地产项目位于阿尔及利亚安纳巴省安纳巴市，于 2018 年 9 月开工建设，2020 年下半年竣工交付。项目共四栋建筑，其中两栋建筑为 10 层（建筑高度 31.80m），两栋建筑为 15 层（建筑高度 47.55m），总用地面积 7 312.47m^2，总建筑面积 30 136.34m^2，其中地上建筑面积 21 895.15m^2，地下建筑面积 8 241.19m^2，共包括 121 套住宅、143 个地下停车位及 1 264m^2 底层商业，设计常住人口 816 人，项目效果图如图 11-1 所示。

图 11-1　项目效果图

项目结合现代化建筑设计理念、绿色建筑要求，以及阿尔及利亚目标客户需求，通过采取选址优化、土地集约利用、雨水径流控制、节水器具应用、分户采暖空调、节能照明、节水灌溉等多项绿色建筑技术，营造了一个舒适、健康、安全的生态小区，是非洲地区首个获得中国绿色建筑标识认证的建筑，成为我国绿色建筑评价“走出去”的标杆项目。经过专家评审，项目达到中国绿色建筑二星级标准要求，同时还通过了法国 HQE 标准最高等级卓越（Exceptional）级别认证。

11.1.2 绿色建筑技术

11.1.2.1 节地与室外环境

项目当地海拔高度 42m，距离地中海沿岸 1.1km，距离市政厅 3.3km，属于传统居住区。地质情况专项勘察结果表明：项目地质结构稳定，无自然灾害，无洪灾、泥石流、风切变、抗震不利断裂带等安全隐患。如图 11-2 所示，规划建设地块东临城市交通主干道 Route de Zaafrania，交通便捷；南侧为住宅区建设用地；西侧为城市山丘公园；北侧为既有居民区。整个建筑风格与周边城市建设风格相协调，且项目建设符合土地利用规划和城市总体规划，不占用基本农田、自然保护区以及风景名胜区。项目鸟瞰图如图 11-3 所示。

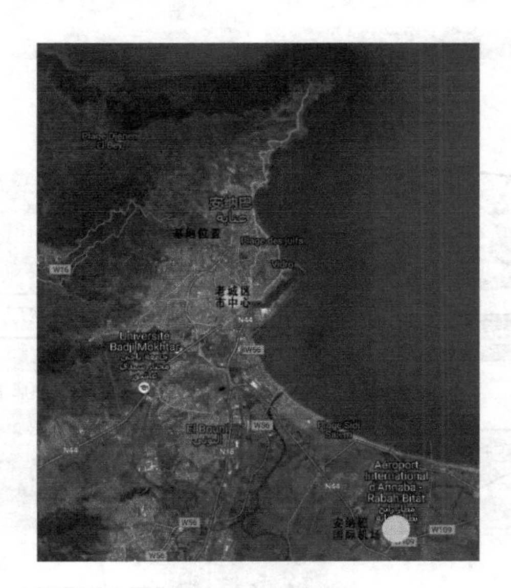

图 11-2 项目区位

图 11-3 项目鸟瞰图

项目位置闹中取静，周围无明显噪声干扰，场地声环境可达到 1 类和 2 类标准，室外环境良好（图 11-4）。场地入口距公交站距离仅 100m，有多条公交线路可通往市中心区域和周边区域，交通便利。结合场地山地地形，项目地下车库可直接通向室外道路，方便车辆出入的同时也减少了土方开挖。如图 11-5 所示，场地周边配套服务设施完善，有小学、中学、医院、高校、银行、餐饮服务、清真寺等各种公共服务设施。

图 11-4　场地室外环境效果图

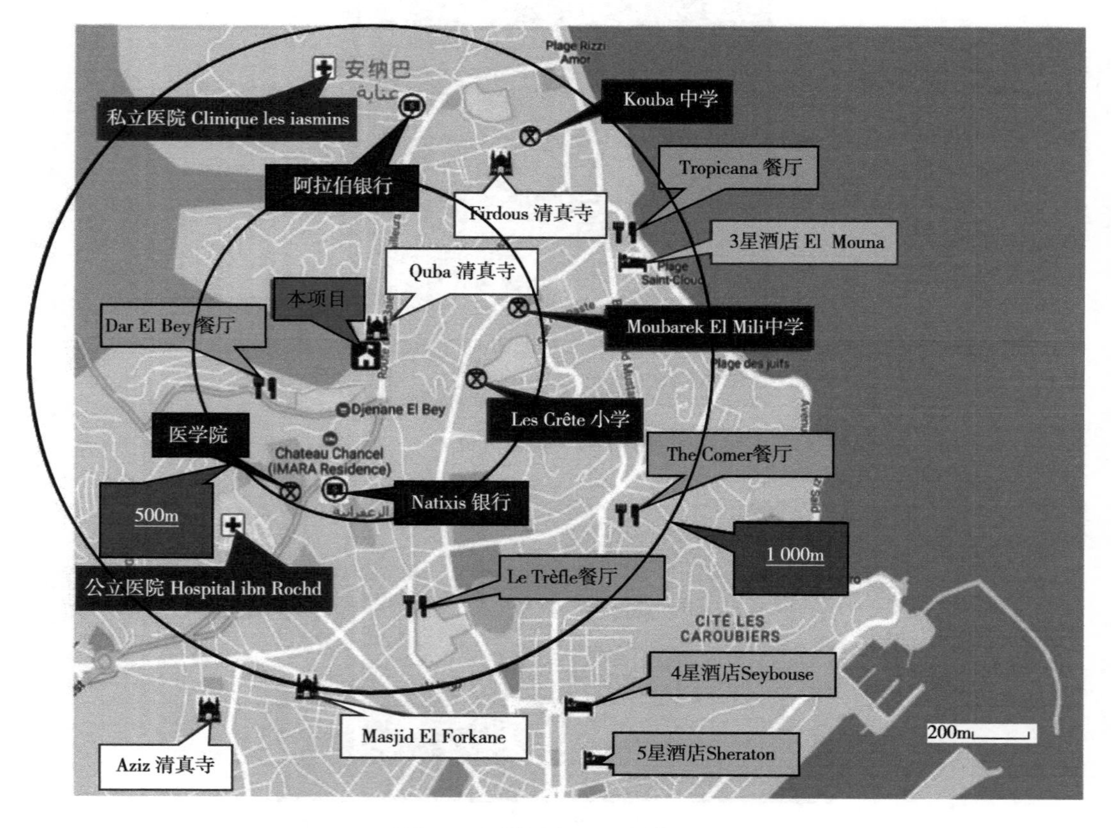

图 11-5　周围生活设施分布图

11.1.2.2 节能与能源利用

安纳巴属于地中海气候区，全年气候舒适。针对当地气候特点，发挥天然气资源丰富的优势，项目采用分体空调+分户燃气壁挂炉采暖的形式，住户可根据各自需求调节房间温度，实现个性化控制和能耗分项计量。项目户型规整（图 11-6），无遮挡，主要功能房间、厨房、卫生间均设有外窗，采光通风效果良好。建筑照明采用节能型荧光灯，并通过分时、分区、声光控制等多种调节手段，达到节能效果。

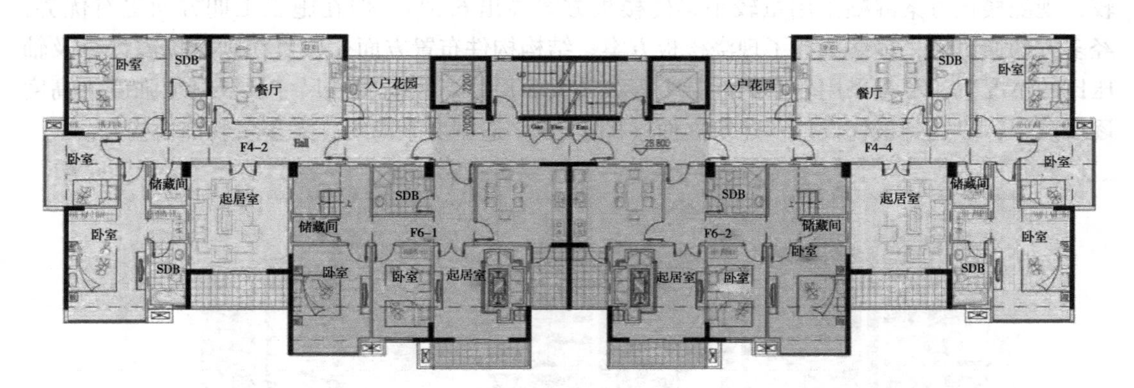

图 11-6 建筑户型图

11.1.2.3 节水与水资源利用

项目分别设有直饮水系统和自来水系统，以保证饮用水水质达标。由于当地市政自来水水压不稳定，项目采用生活水箱+变频水泵的供水方式，在地下室设置 1 个体积为 130m³ 的不锈钢水箱，在楼顶设置 1 个体积为 1m³ 的生活水箱，保证项目用水安全和压力稳定。根据压力情况设置减压阀，保证出水点压力不超过 0.2 MPa。场地绿化灌溉采用喷灌技术，以达到节水目的。通过设置下凹绿地（图 11-7）、透水铺装（图 11-8），降低场地径流，避免水土流失。

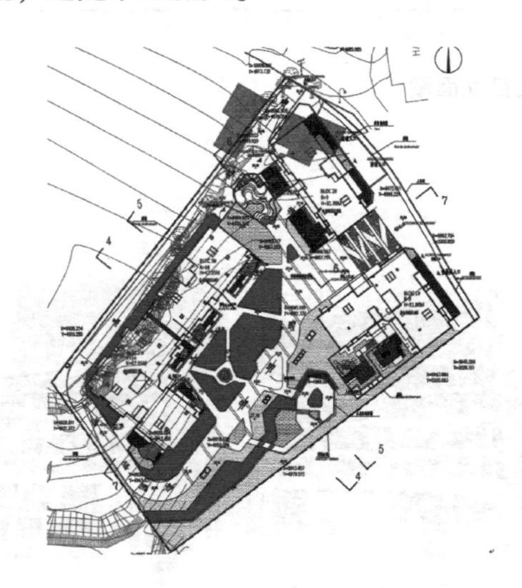

图 11-7 下凹绿地范围示意图

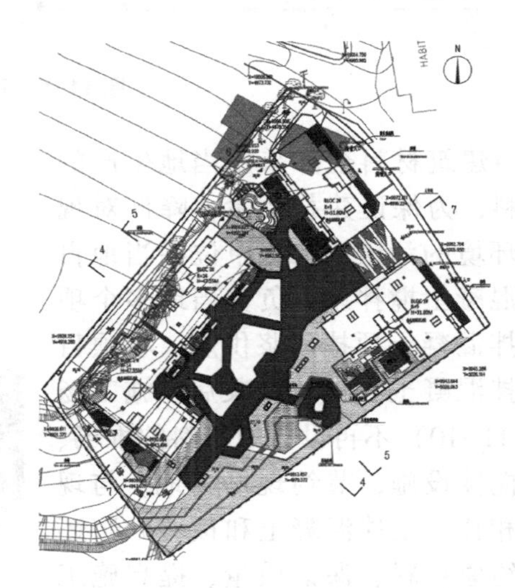

图 11-8 透水铺装范围示意图

11.1.2.4 节材与材料利用

为节约建筑材料，在设计过程中对建筑的基础形式、结构体系、结构构件、建筑立面形式等方面进行优化比选。主楼采用平板型筏板基础，车库部分采用梁筏基础，底面积大，可以减少基底压力，对地基土有更好的承载力，且能有效增强基础的整体性，调整不均匀沉降。地上建筑采用框架剪力墙结构，整体性好，水平力作用下结构侧移小，无梁柱等结构的外漏和突出。楼板布置时，项目对采用小梁砖楼板方案和现浇楼板方案的经济性进行了比较，现浇楼板方案混凝土用量较小梁砖楼板方案高出 6.5%，但在施工工期方面更有优势，经多方沟通讨论，最终选择了现浇楼板方案。结构构件布置方面，项目在满足抗震计算及轴压比的情况下，尽量采用较小的混凝土等级及截面尺寸。竖向构件尺寸及混凝土强度沿高度逐级减小，以达到最优设计。建筑立面（图 11–9）造型要素简约，无多余装饰性构件。

图 11–9　项目立面图

项目建筑材料全部采用当地生产的建筑材料，为保证建材质量，降低对现场施工环境的污染，施工单位在当地自行建设混凝土搅拌站，负责当地多个项目的预拌混凝土预拌砂浆供应。本项目采用预拌混凝土和预拌砂浆后，施工场地（图 11–10）不再设置原材料的堆场、仓库和搅拌设施，节约现场场地。与现场搅拌相比，预拌混凝土和预拌砂浆还具有节约原材料、保证质量、提高施工生产效率的优点。

图 11–10　施工现场

11.1.2.5　室内环境质量

当地全年平均温度为17℃，一月日均最低气温5℃，七月日均最高气温30℃，气候适宜，需要供暖制冷时间短，因此，优先采用自然通风调节室内环境质量。建筑外窗开启面和房间面积的比例大于1：12，在过渡季和夏季主导风向情况下，各层主要功能空间均能形成较为良好的自然通风，不存在明显的通风死角，空气清新度较好。

项目为全装修交付，装修风格融合当地风俗特点，并满足现代生活需求，室内装修效果如图11-11所示。室内客厅、卧室采用木地板铺装，具有美观自然、保温隔热、降低撞击声、防滑防摔等多重优点，全方位提升了使用者的居住体验。室内配置吸油烟机、烤箱、灶台、洗衣机、冰箱等家电设施，住户可拎包入住。灯具色温控制在4 000K以内，房间照明质量满足我国现行国家标准《建筑照明设计标准》GB 50034的要求，营造了温馨舒适的照明光环境。参考我国现行国家标准《建筑隔声设计规范》GB 50118的隔声性能要求，主要构件空气声隔声性能达到高标准和低限的平均值水平，楼板撞击声隔声达到高标准水平，为打造安静的居家环境提供了有力保障。

图11-11　室内装修效果图

11.1.3　总结

项目为首个地中海气候区建筑依据我国国家标准《绿色建筑评价标准》GB 50378进行评价的绿色建筑项目，评价过程中根据当地的气候条件、风土人情、社会习惯对我国标准的适用性进行了诠释和解读，积累的经验为海外项目开展我国绿色建筑标识认证工作提供了借鉴。同时，本项目也是首个“HQE-绿色建筑”中法双认证项目，双认证工作的开展促进了双方绿色建筑理念、技术体系、评价指标、工程应用等方面的相互了解与融合，有助于绿色建筑互认工作的国际化发展。

11.2 金茂青岛西海岸·创新科技城体验中心

11.2.1 项目概况

金茂青岛西海岸·创新科技城体验中心项目地处青岛西海岸中化创新科技城，位于青岛市黄岛区东岳中路与嘉富路交叉口，距离青岛西站仅 10 分钟车程。项目建筑面积 4 736m^2，地上 3 层，建成后将集城市区域未来规划展示、商业产业交流、共享空间、休闲健康等多种功能于一体，项目效果图见图 11-12。该项目于 2020 年 10 月取得 HQE 卓越级（Exceptional）标识证书，是我国首个通过 HQE 认证的项目，同年 12 月获得我国健康建筑二星级设计标识证书。

图 11-12　项目效果图

11.2.2 绿色建筑技术

项目主要采用了分散式直饮水系统、室外全龄活动空间设计、光伏建筑一体化系统（BIPV）、绿色建材、集中新风系统等绿色、健康建筑技术，实现了法国 HQE 及我国健康建筑认证体系对能源、环境、健康和舒适的目标要求。

11.2.2.1 节地与室外环境

项目场地以“体验中心”建筑为核心，将街角空间完全打开，依托“体验中心”建筑的优美形态打造第一精神昭示面。建筑南侧通过一段必经动线连接停车场直达建筑入口，另一侧街角回归绿地，实现绿量平衡。在室外空间的整体设计中，充分考虑人员的休闲娱乐、出行便利、体育运动等需求，打造了集艺术鉴赏、停车落客、科技互动、仿生廊桥、休闲花园 5 大功能于一体的室外活动区域（图 11-13），采用了“形态仿生”“行为仿生”“机理仿生”3 种仿生设计办法。

项目绿地率为 47.5%，室外植物品种丰富，种植云杉、石楠、丛生朴树、国槐、榉树、山杏等乔木，还种植了红叶石楠球、海桐球、小叶黄杨球等灌木，绿化搭配层次鲜明，具有优美的观赏价值，室外景观实景如图 11-14 所示。

项目景观设计的一大特色为互动科技广场，又名“飞鱼广场”，如图 11-15 所示，广场将“燕鳐鱼借胸鳍伸展而滑翔的轨迹”运用到水景设计中。并根据燕鳐鱼趋光的特性，

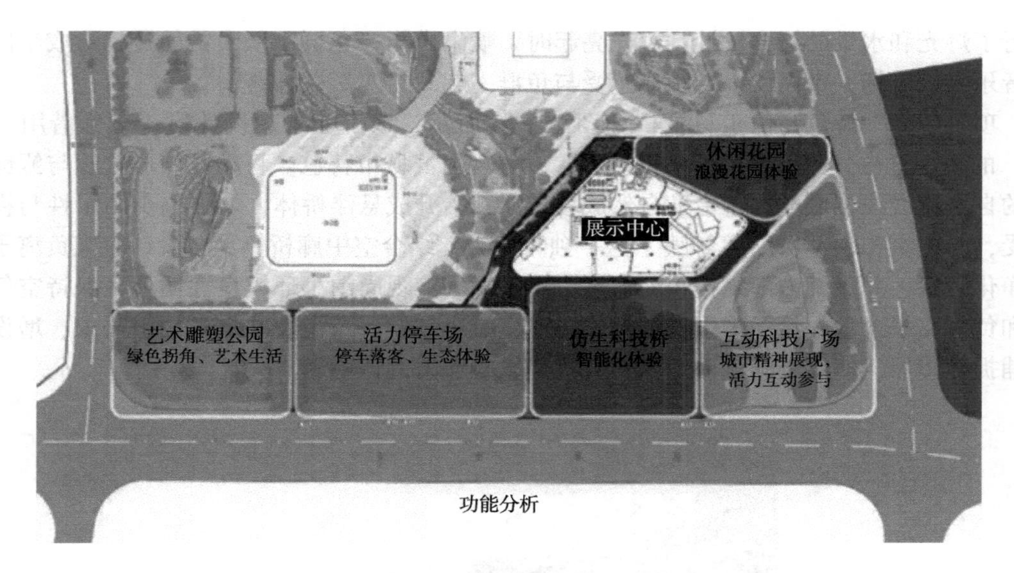

图 11–13　景观功能分区示意图

图 11–14　室外景观实景图

图 11–15　飞鱼广场示意图（引用至景观方案）

进行了灯光和水景的综合设计，灯光亮起时，喷泉模拟“鱼群飞跃”的轨迹，形成半围合的音乐喷泉广场，市民可以近距离感受与鱼群一起“游走”的乐趣。

项目的另一特色为仿生科技桥如图 11-16 所示，该桥在景观设计时，充分借用“鲸鱼”的独特脊柱骨干形态进行仿生设计，以体现海滨城市特色。将动线外形轮廓与鳀鲸脊柱的自然流线线型做类比，借助自然放坡地形，抬升成悬浮桥体，增强临街昭示性与视野感受，与建筑相映。借助“鲸喷”这一独特行为，结合空中廊桥侧翼，设计水雾负离子空气净化装置，并藏于内部结构中，通过负离子喷雾实现周围小环境良性循环，保持空气湿度和负氧离子含量，给予半围合的桥体一份富氧小气候。考虑夜晚灯光导引需求，增设动态捕捉传感器，使灯光随人而走，形成犹如置身深海的体验。

图 11-16　仿生科技桥实景图

11.2.2.2　节能与能源利用

项目冷热源采用变频多联式空调系统，展厅、办公室等均采用多联机风管机加新风系统，新风系统热回收效率不低于 60%，气流组织采用上送上回形式，一楼展厅部分气流组织采用下送下回形式。

如图 11-17 所示，项目应用了光伏建筑一体化技术，采用 6mm+3.2mm 厚的光伏玻璃替代一部分铝扣板充当建筑屋顶，装机容量为 40kWp，实现了可再生能源的利用，体现了绿色可持续性。

图 11-17　项目光伏建筑一体化实景图

11.2.2.3　节水与水资源利用

项目卫生间均采用墙排式同层排水系统，卫生间内无明露排水管，干净整洁，易于清扫打理，可有效降低排水噪声，减少渗漏水的概率，防止病菌传播。为保证饮用水品质，项目采用膜处理式末端直饮水系统，分别设置在2层和3层水吧，为建筑使用者提供洁净、方便的用水体验。

11.2.2.4　节材与材料利用

为降低室内化学污染物浓度，项目选用环保家具建材。依据装修设计方案，选择典型功能房间（会议室、办公室等）实用的主要建材（3~5种）及固定家具制品，对室内空气中甲醛、苯、总挥发性有机化合物的浓度水平进行预评估，评估结果如表11-1所示，可见甲醛、苯、TVOC 3种污染物浓度满足现行国家标准《室内空气质量标准》GB/T 18883的要求。

表11-1　污染物浓度结果统计（选取项目最不利房间平均值）

污染物种类	规定限值	模拟值
甲醛	0.10mg/m^3	0.076mg/m^3
苯	0.11mg/m^3	0.068mg/m^3
TVOC	0.60mg/m^3	0.380mg/m^3

11.2.2.5　室内环境质量

为控制室内颗粒物浓度，项目新风换气机过滤器采用初效及中效二级抗菌消毒过滤器并加装电子除尘净化杀菌及光解紫外线消毒杀菌设施，过滤等级达到F9级，保证了室内空气质量。

通过对空调区域热湿环境和自然通风状态下适应性热舒适进行模拟分析可知（图11-18、图11-19），科技馆空调季馆内整体流场分布较为均匀，室内整体区域空气流通良好，主要功能房间的风速基本处于0.25m/s以下，风口下方区域风速大于0.4m/s。为保证风速在0.25m/s以下，实际项目将模拟中的“垂直送风口”改为“百叶风口”，有效改变了气流方向，降低了气流速度。

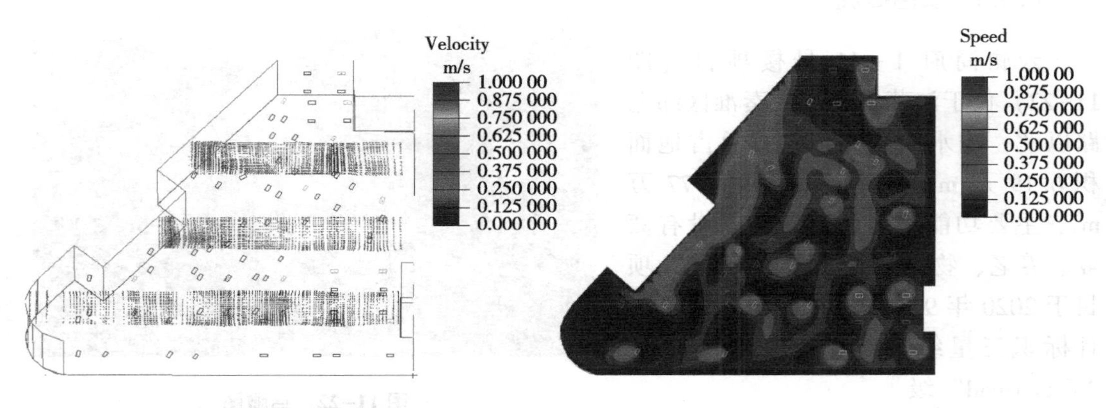

图11-18　流场垂直分布图　　图11-19　风速水平分布图

项目主要功能房间均设有玻璃幕墙，能够提供良好的视野和自然采光（图 11-20），还可减少照明用电。主要功能房间采光均匀度均满足要求（图 11-21）。

图 11-20　项目室内实景图

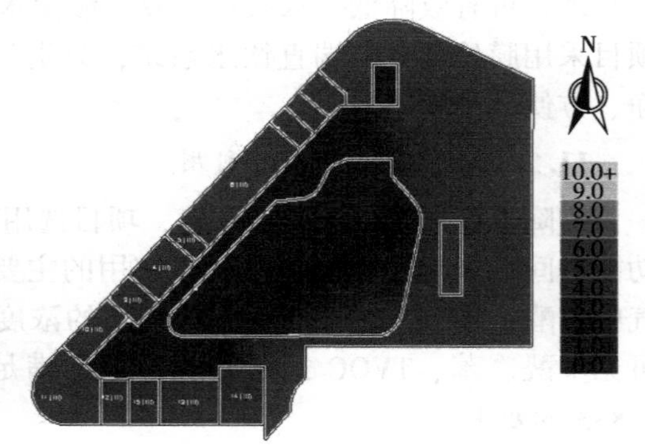

图 11-21　地上 3 层照度达标小时数分布图

11.2.3　总结

在低碳环保型建筑发展越来越迅速的时代背景下，绿色建筑从“浅绿”逐渐走向“深绿”，充分考虑“以人为本”的健康建筑受到大众的青睐和认可，越来越多的建筑在考虑绿色可持续发展的同时，回归于建筑本身的作用，为使用者提供舒适的建筑环境。

金茂青岛西海岸·创新科技城体验中心项目不仅在规划设计阶段充分考虑了法国 HQE 标准体系和我国健康建筑评价标准，并逐一比对了两标准技术要点，重点强化了健康舒适相关的关键技术，同时，还依据绿色建筑的要求，优化了项目的节能效益。该项目可带动开发企业打造有利于提高人员生活品质、身心健康和社会交往能力的建筑和社区，对建筑的可持续发展具有重要促进作用。

11.3　南京秦淮区云澜尚府 1-11 号楼

11.3.1　项目概况

云澜尚府 1-11 号楼项目（图 11-22）位于江苏省南京市秦淮区纬七路以北，响水河西路以东，总占地面积 6.19 万 m^2，总建筑面积 24.77 万 m^2，主要功能为居住建筑，并设有商业、养老、物业等配套服务设施。项目于 2020 年 9 月获得中国绿色建筑设计标识三星级和英国 BREEAM 认证“Very Good”级。

图 11-22　鸟瞰图

11.3.2　绿色建筑技术

项目结合南京市气候特点，应用适用于住宅的绿色建筑技术，包括人车分流、海绵城市、地源热泵、绿色照明、节水器具等，达到了环境宜居、资源节约的目的，为用户提供了健康舒适的居住环境。

11.3.2.1　安全耐久

（1）安全玻璃和防护栏杆。

分隔建筑室内外的玻璃门窗均按照我国现行行业标准《建筑玻璃应用技术规程》JGJ 133 的有关规定使用安全玻璃，尽可能减少玻璃制品在受到冲击时对人体造成伤害。同时，外窗窗台距楼地面的净高低于 900mm 时，设置防护栏杆；阳台和连廊设置防护栏杆，其净高不低于 1 100mm（从可踏面算起）。外窗和阳台的防护栏杆如图 11-23 所示。

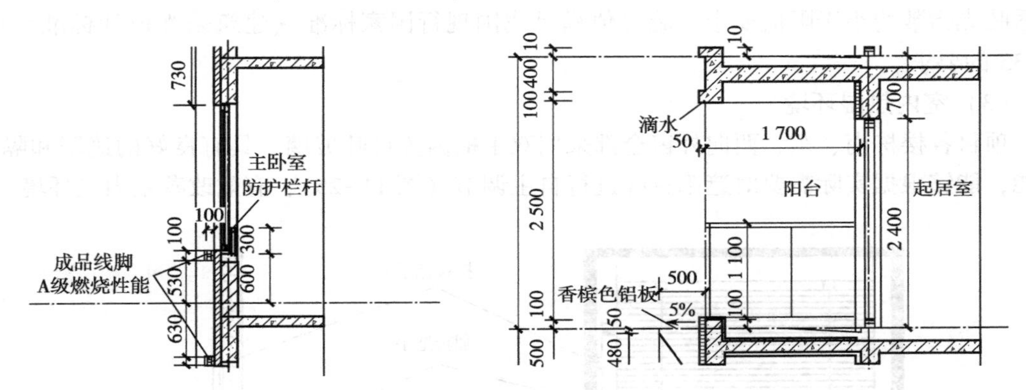

图 11-23　外窗和阳台的防护栏杆

（2）遮阳雨篷。

项目在建筑主出入口设置遮阳雨篷（图 11-24），不仅起到遮阳防雨的作用，还能降低高空坠物对人员造成伤亡的风险，进一步提升建筑的安全性能。

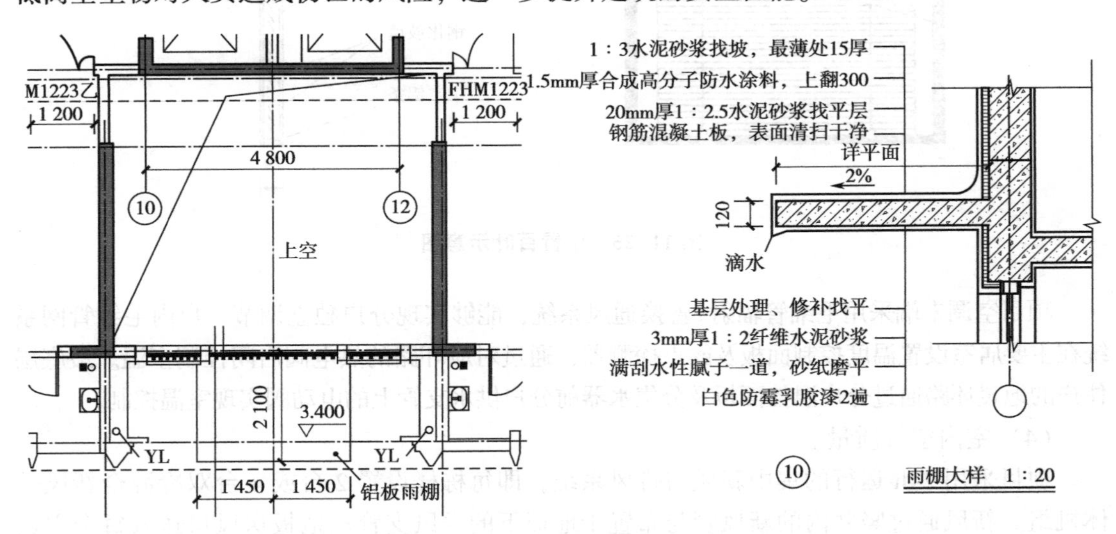

图 11-24　遮阳雨篷

11.3.2.2 健康舒适

（1）室内声环境。

为降低室外交通噪声干扰，为业主创造一个安静的居住环境，项目主要功能房间的外墙、隔墙、楼板和门窗的空气声隔声性能均满足我国现行国家标准《民用建筑隔声设计规范》GB 50118 中低标准限值和高标准限值的平均值要求，楼板撞击声隔声性能达到高标准限值。同时，对建筑平面、空间布局进行合理优化，将设备机房设置在地下室，并采取减振降噪措施，有效防止设备噪声传播到主要功能房间。经计算，主要功能房间的室内噪声级满足《民用建筑隔声设计规范》GB 50118 要求。

（2）室内光环境。

项目通过优化建筑朝向、设置大面积外窗，充分利用自然光改善室内光环境，并有效减少照明用电。室内主要功能房间采取有效措施控制眩光，通过模拟分析，可和各户型不舒适眩光指数均小于限值要求，眩光值满足我国现行国家标准《建筑采光设计标准》GB 50033 的要求。

（3）室内热湿环境。

项目各楼栋南、东、西向外窗全部采用双手柄内置百叶玻璃，具有良好的遮阳和隔声性能，能够根据实际需要对遮阳百叶进行自主调节（图 11-25），有效改善室内光环境。

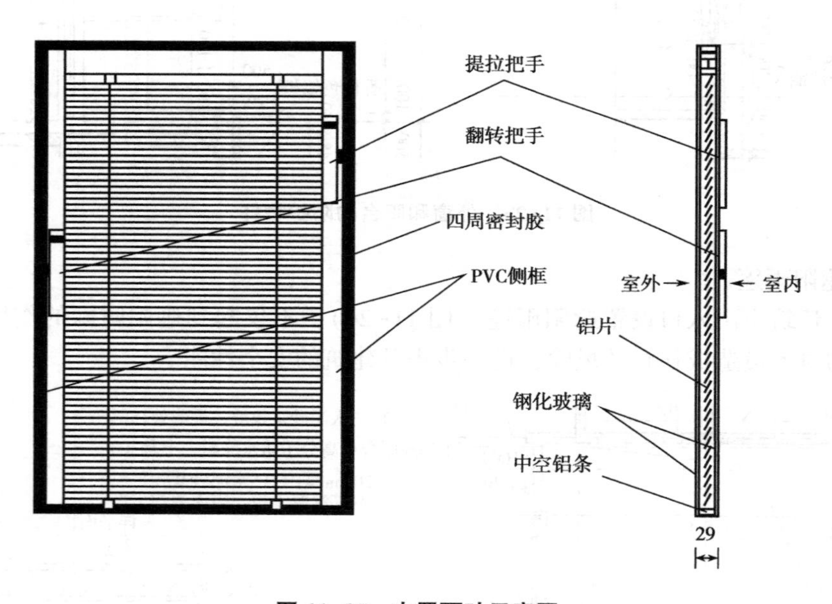

图 11-25　中置百叶示意图

项目空调末端采用毛细管辐射+置换通风系统，能够实现分户独立调节。户内毛细管网系统在主要居室设置温度控制面板及露点探测器，通过对应环路的热电阀启闭控制室温。最底层住户的地暖环路通过分户温控面板及分集水器前分户供水支管上的电动阀实现室温控制。

（4）室内空气质量。

项目采用 24h 运行的集中新风与排风系统，即每栋楼设置 2 台或 4 台双冷源全新风一体机组。新风通过竖井内的新风管与布置于地板下的送风支管从地板送风口送入每个空调房间（图 11-26）；排风口设于厨房、卫生间顶部。低速地板送风与顶部排风的置换通风方式（图 11-27）提高了通风换气效率与室内空气品质。新风机组设初效 G4+双静电（或物理）+中效 F9 四级过滤（图 11-28），能够有效去除 $PM_{2.5}$，防止室外空气污染物进入室内。

图 11-26 地板送风风管

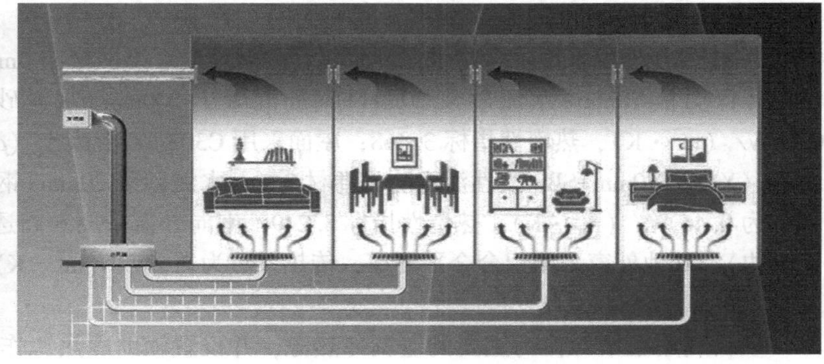

图 11-27 置换通风示意图

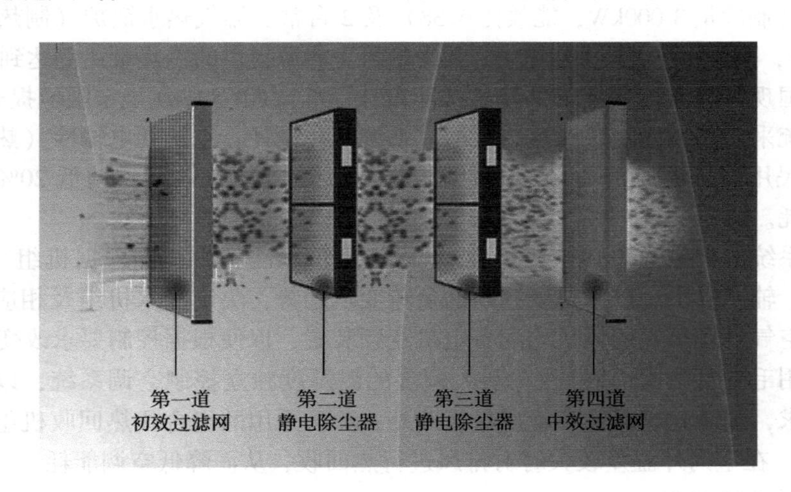

图 11-28 空气处理过程示意图

地下室排风设置 CO 浓度监控系统，每个防火分区至少设置 1 个 CO 浓度监测点。当车库内 CO 浓度高于 $30mg/m^3$ 时，风机按高速档运行；低于 $5mg/m^3$ 时，风机停止运行；$5\sim30mg/m^3$ 之间按低速档运行。管理中心设置的空气质量监控主机具有空气质量实时监测、显示、统计、存储、分析及报警等功能。

11.3.2.3 生活便利

项目场地采取人车分流设计，车辆自场地入口进入地下车库，使人流和车流完全分隔开，互不干扰、各行其道，减少对小区的噪声干扰。车库设于地下室，不挤占地上步行空间和活动场所，并设置智能停车管理系统。

项目所在地及周边配套设施齐全，包括教育机构、商业服务、社区服务、行政管理、市政公用、文化体育等公共配套设施，居民可享受到便利的生活服务。

11.3.2.4 资源节约

（1）高性能外围护结构。

项目位于夏热冬冷地区，参考现行地方标准《江苏省居住建筑热环境和节能设计标准》DGJ 32/J71，对外墙、门窗和屋顶等围护结构进行节能设计，节能率达到65%，各楼供暖空调全年计算负荷与我国现行行业标准《夏热冬冷地区居住建筑节能设计标准》JGJ 134 相比降低 24.07%。

1-11 号楼外墙采用聚合物水泥砂浆复合耐碱玻璃纤维网格布 6mm+G 型热固复合聚苯乙烯泡沫保温板 70mm+水泥砂浆 20mm+钢筋混凝土 200mm+水泥砂浆 20mm，传热系数为 0.65W/（m^2·K），热惰性指标 3.468；屋面采用 C30 细石混凝土（ρ=2 300）50mm+挤塑聚苯板（XPS）70mm+SBS 改性沥青防水卷材 3mm+水泥砂浆 20mm+钢筋混凝土 120mm，传热系数为 0.46 W/（m^2·K），热惰性指标 3.249；南向外窗采用 6 高透 Low-E+12Ar+6（高性能暖边），其他外窗采用铝合金平开窗，传热系数为 2.2W/（m^2·K），气密性等级为 6 级。

（2）高效空调系统。

项目利用土壤源作为主要的空调冷热源，并设置辅助冷热源作为补充。设置 3 台变频螺杆式地源热泵机组（制冷量 2 105kW，制热量 2 200kW，能效比 6.67）、2 台变频螺杆式冷水机组（制冷量 3 000kW，能效比 6.38）及 2 台常压燃气热水锅炉（制热量 1 050kW，热效率 94%），满足用户供冷供热需求，其中可再生能源提供的冷热量比例达到 66.63%。机组能效比我国现行国家标准《公共建筑节能设计标准》GB 50189 规定限值提升 12% 以上。

输配系统采用高性能水泵和风机，通过系统优化设计，空调耗电输冷（热）比比现行国家标准《民用建筑供暖通风与空气调节设计规范》GB 50736 规定值低 20%，进一步降低了系统能耗。

冷热源系统的群控通过热泵机组/冷水机组负荷率法实现，即根据机组（运行中的）实测负荷率，辅之以由总回水温度判断的负荷变化趋势，决定冷水机组及相应水系统的投入或退出。空气处理机组的风机均配备电机变频装置，以便根据控制要求改变风机转速。

末端采用毛细管顶面辐射+独立新风调湿的温湿度独立控制空调系统，以达到建筑的高舒适度要求，提高建筑居住环境质量。此外，项目采用的组合式热回收机组显热回收效率达到 60%，在室内外温差较大时对排风进行热回收，从而降低空调能耗。

（3）高效节能照明。

项目各主要场所照度及照明功率密度值（LPD）满足我国现行国家标准《建筑照明设计标准》GB 50034 的要求，公共部位灯具采用紧凑型节能荧光灯、T5 荧光灯及 LED 灯，主要以 LED 灯为主，光源显色指数 *Ra* 不小于 80，色温在 3 300~5 300K 之间，荧光灯配电子整流器，灯具效率大于 70%。

住宅公共部位的照明设置节能控制措施，公共走道、门厅、电梯机房、楼梯间等均采用分散控制，采用节能自熄开关；泵房、风机房采用分散控制；地下车道、车位、自行车库采用时间控制。

（4）节能电梯。

项目所有电梯均采用集选控制方式，同时采用了永磁同步无齿轮钢带曳引机技术、可再生能源变频技术，有效减少系统能耗、运行能耗及运营成本，能效等级符合 VDI4707 A 级能效标准。

（5）太阳能热水。

住宅地上六层设置太阳能热水系统，每户在屋面设置一套整体非承压式太阳能热水器，其中顶上两层太阳能出水管在室内设置增压泵一台。太阳能热水器集热面积为

1.80m²，太阳能保证率40%，集热效率不低于50%。太阳能热水器出水作为户内燃气热水器进水。根据计算本项目设置太阳能热水的户数为246户，项目总户数为1 034户，太阳能热水使用比例为23.79%。

（6）给排水系统。

项目生活给水水源采用城市自来水，由市政给水管网接入，小区内给水管网成环状布置，供生活和消防用水，市政给水压力约为0.35MPa，水质符合我国现行国家标准《生活饮用水卫生标准》GB 5749的要求。地下室、住宅1~6层、商业生活给水由市政给水管网直接供水，住宅7~32层采用水池、水泵变频恒压供水。住宅给水7~12层为加压一区，13~19层为加压二区，20~26层为加压三区，27~32层为加压四区。用水点处水压大于0.2MPa的住户，在水表后设置分户可调式减压阀，以保证各用水点处水压不大于0.2MPa，防止超压出流。

项目住宅卫生间均采用同层排水（图11-29），下沉楼板降板高度按250mm设计，回填层所用管道及配件性能符合抗压、耐老化、韧性好的性能要求，能够有效降低排水流水下落高度和撞击力，从而降低排水管产生的噪声，减少对相邻楼层的噪声干扰。厨房与卫生间排水分别设置排水立管，高层厨房排水采用特殊单立管系统，卫生间排水设置专用通气立管，阳台洗衣机排水采用单立管排水系统。屋面雨水、阳台排水及管道井排水分别设置排水立管，阳台排水立管底部采用间接排水。

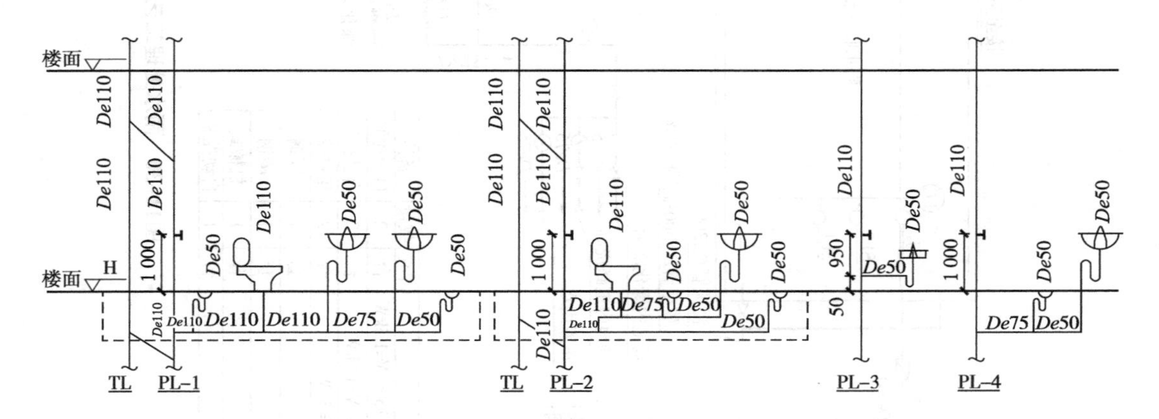

图11-29　同层排水系统示意图

（7）用水计量。

在给水接入总管设置计量总表。商业设施设置分总表，每间商铺及住户设置计量分表。消防水泵房、雨水回收机房补水等均在小区市政供水环路管上接出分表计量。住宅水表设于公共部位水管井内。

（8）雨水回收利用技术。

项目采用雨、污分流排水系统。地下一层设置雨水处理机房，收集屋面、绿地及道路雨水汇集至安全分流井后，通过管道汇入格栅井，并经机械式弃流器弃流后，自流进入雨水收集池内。雨水收集池内的雨水经工作泵加压通过过滤处理后进入清水箱，清水箱内的雨水通过绿化兼反冲洗泵加压并经过流式紫外线消毒器处理后，供绿化、道路冲洗、洗车用水（图11-30）。雨水回用系统有效降低了自来水水耗，年节约自来水用量为5 938.66m³。

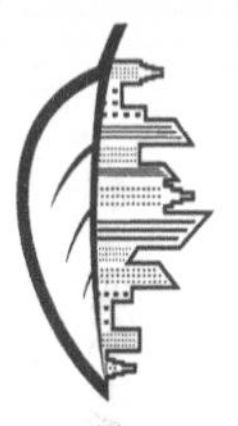

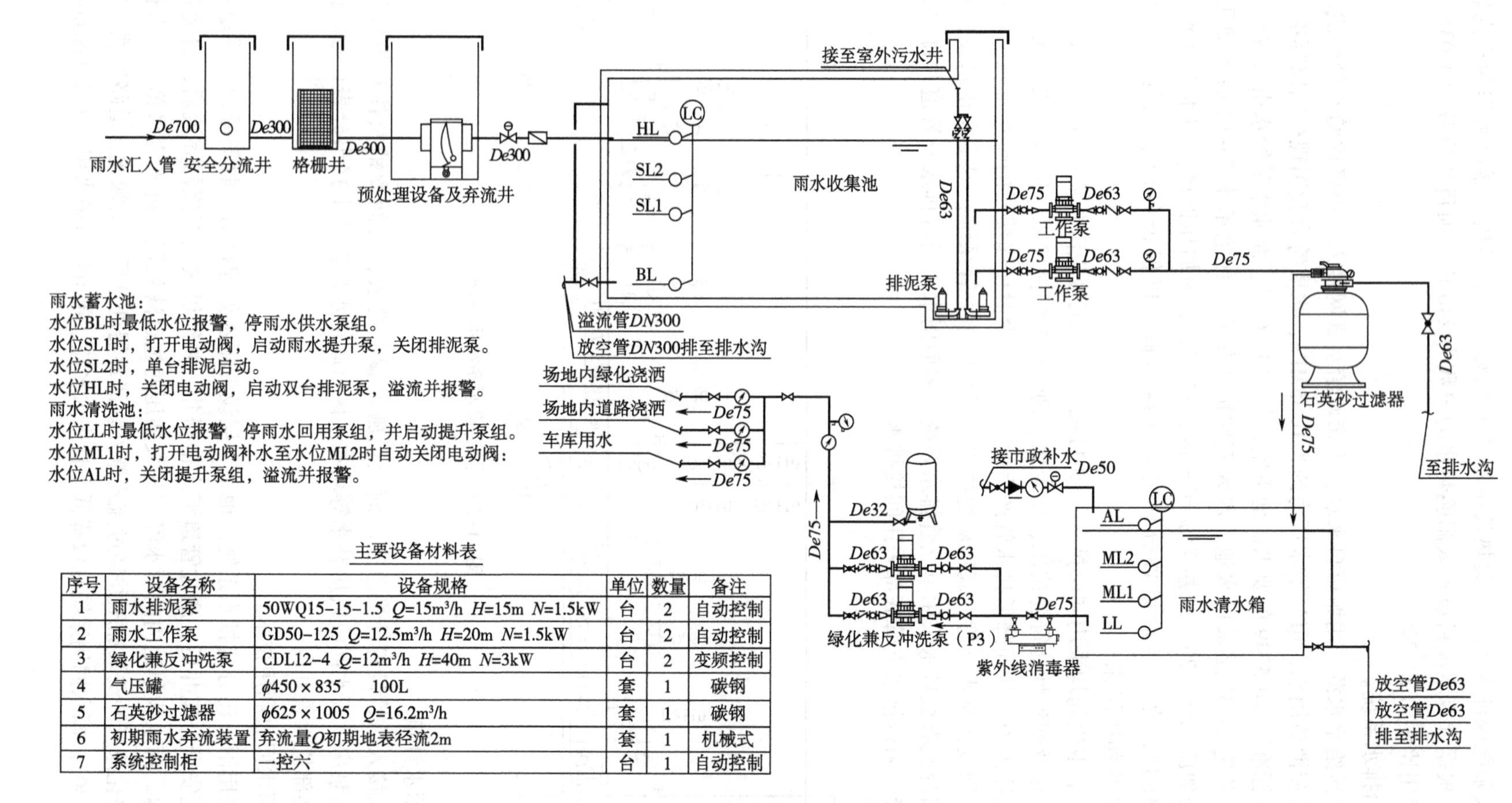

雨水蓄水池：
水位BL时最低水位报警，停雨水供水泵组。
水位SL1时，打开电动阀，启动雨水提升泵，关闭排泥泵。
水位SL2时，单台排泥启动。
水位HL时，关闭电动阀，启动双台排泥泵，溢流并报警。
雨水清洗池：
水位LL时最低水位报警，停雨水回用泵组，并启动提升泵组。
水位ML1时，打开电动阀补水至水位ML2时自动关闭电动阀；
水位AL时，关闭提升泵组，溢流并报警。

主要设备材料表

序号	设备名称	设备规格	单位	数量	备注
1	雨水排泥泵	50WQ15-15-1.5 Q=15m³/h H=15m N=1.5kW	台	2	自动控制
2	雨水工作泵	GD50-125 Q=12.5m³/h H=20m N=1.5kW	台	2	自动控制
3	绿化兼反冲洗泵	CDL12-4 Q=12m³/h H=40m N=3kW	台	2	变频控制
4	气压罐	ϕ450×835　100L	套	1	碳钢
5	石英砂过滤器	ϕ625×1005 Q=16.2m³/h	套	1	碳钢
6	初期雨水弃流装置	弃流量Q初期地表径流2m	套	1	机械式
7	系统控制柜	一控六	台	1	自动控制

图11-30　雨水处理工艺流程图

（9）节水器具。

项目选用的节水器具满足我国现行国家标准《节水型产品通用技术条件》GB/T 18870及行业标准《节水型生活用水器具》CJ 164的要求，节水效率达到一级，各节水器具详见表11-2。

表11-2　节水器具参数及形式

节水器具名称	流量或用水量	备注
水嘴	0.10L/s	一级节水效率
坐便器	大档4.5L/次，小档3L/次	一级节水效率
蹲便器	4L/次	一级节水效率
淋浴器	0.080L/s	一级节水效率

（10）节水灌溉。

项目采用喷灌的节水灌溉方式（图11-31），由回收处理达标后的雨水作为水源，喷灌喷头采用地埋散射喷头，工作压力0.2MPa，射程2.4~3.9m。

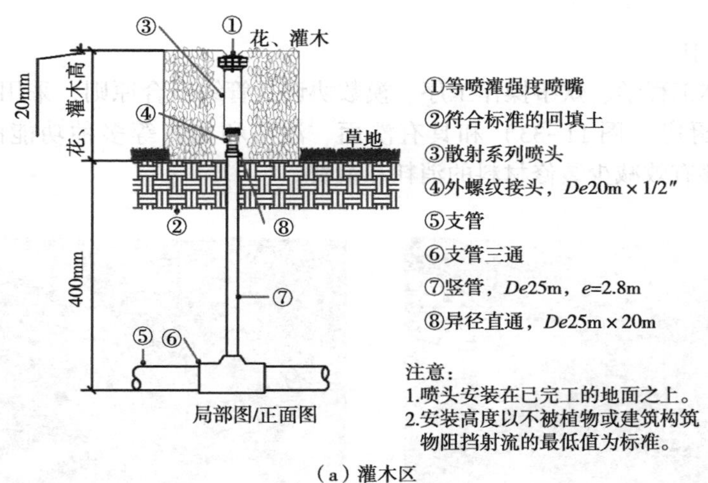

（a）灌木区

①等喷灌强度喷嘴
②符合标准的回填土
③散射系列喷头
④1/2″铰接接头
⑤支管
⑥支管三通
400mm
提示：
喷头的安装高度应和沉降后的地面相平
局部图/正面图

（b）草坪区

图11-31　散射喷头安装图

（11）土建与装修一体化。

项目在土建设计时考虑装修设计需求（图 11-32），事先进行孔洞预留和装修面层固定件的预埋，避免装修时对已有建筑构件进行打凿、穿孔，既能减少设计的反复，又可保证结构的安全，还可减少材料消耗，降低装修成本。

图 11-32　室内装修效果图

（12）整体厨卫。

项目按照人体工程学、炊事操作工序、模数协调及管线组合原则，采用整体设计方法而建成的标准化厨房（图 11-33）和具有洗面、沐浴和如厕等多种功能的独立卫生间（图 11-34），能够有效减少装修材料的消耗和浪费。

图 11-33　标准化厨房效果图

图 11-34　独立卫生间效果图

（13）材料选用。

项目采用高强度钢筋，HRB400 级及以上受力普通钢筋用量为 12 067. 7t，占总受力钢筋用量的 98. 19%。砌块、钢材、木材、铝合金型材、玻璃等可再循环/可再利用材料的用量达到 16 573. 76t，占建筑材料总量的 6. 63%。

（14）全生命周期分析。

项目在前期引入 LCC（Life Cycle Cost，全生命周期成本）、LCA（Life Cycle Assessment，生命周期评估）两个建筑全生命周期理念。通过对 LCC 和 LCA 的计算和分析，合理选择绿色环保材料和绿色建筑技术，从而实现成本优化，并有效降低碳排放，降低建筑对环境的影响。

11.3.2.5 环境宜居

（1）室外物理环境。

项目在规划前期对场地周围的噪声环境进行了检测（图 11-35），其昼间和夜间的噪声值均能满足国家标准《声环境质量标准》GB 3096—2008 中 2 类/4a 类标准要求，具体结果见表 11-3。

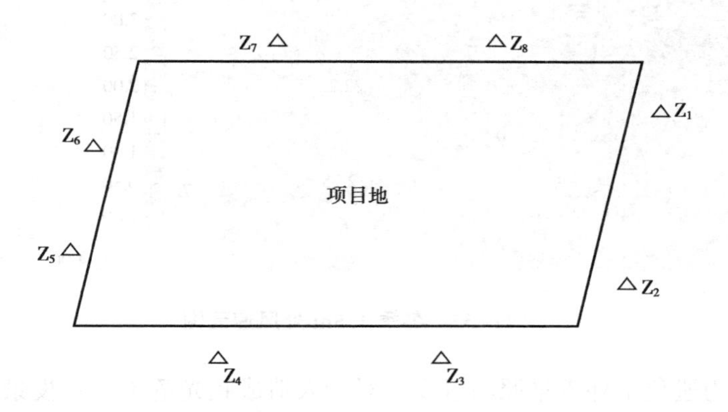

图 11-35 噪声检测点位图

表 11-3 场界噪声检测结果

测点号	等效声级/dB（A）		测点号	等效声级/dB（A）	
	昼间	夜间		昼间	夜间
Z1 项目地东北侧外 1m	58.7	49.1	Z5 项目地西南侧外 1m	59.0	49.2
Z2 项目地东南侧外 1m	43.9	47.7	Z6 项目地西北侧外 1m	58.1	47.7
Z3 项目地东北侧外 1m	55.8	48.0	Z7 项目地西北侧外 1m	54.4	46.8
Z4 项目地西南侧外 1m	57.7	47.2	Z8 项目地东北侧外 1m	55.8	48.3

项目通过对日照、风环境等的模拟分析和专项优化，营造了良好的室外环境，日照小时数满足大寒日 2h 以上（图 11-36），冬季典型工况下人行区域的风速不大于 5m/s（图 11-37）。

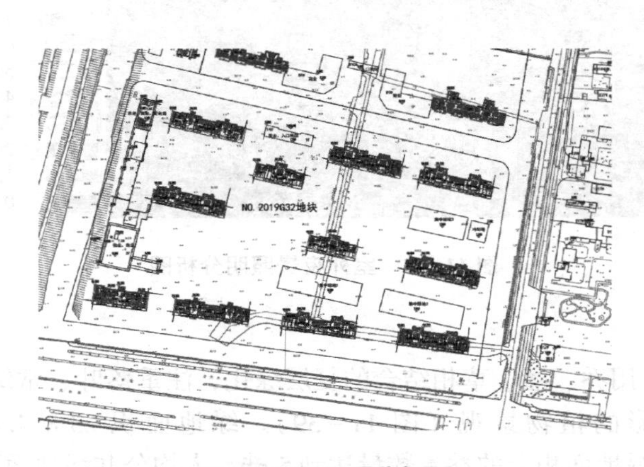

图 11-36 日照分析图

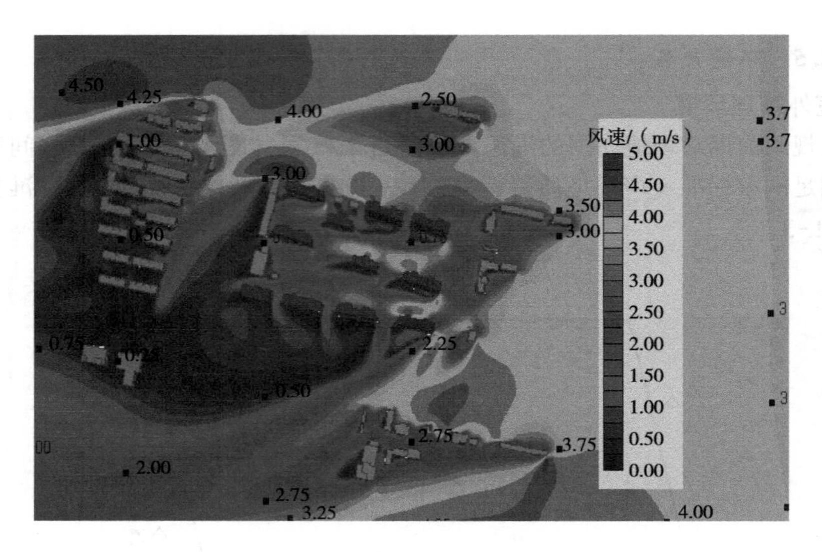

图 11-37 冬季 1.5m 处风速云图

除此之外，为避免室外夜景照明过度，对行人造成眩光危害，对夜景照明进行优化分析（图 11-38），使其满足现行行业标准《城市夜景照明设计规范》JGJ/T 163 的规定，最大程度地保证人员和车辆的出行安全。

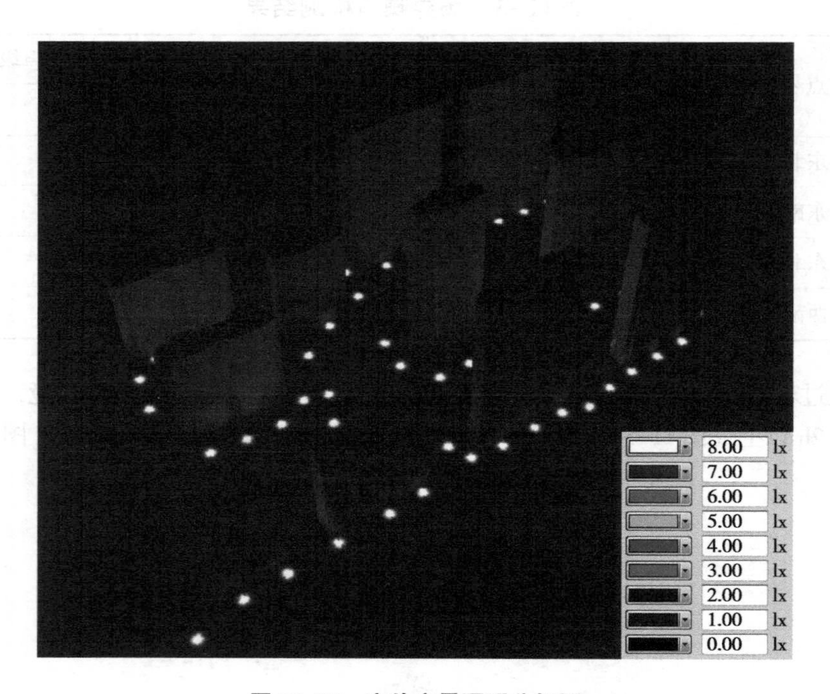

图 11-38 室外夜景照明分析图

（2）景观绿化。

项目室外景观采用乔、灌、草相结合的复层绿化，注重落叶、常绿乔木与灌木的合理搭配，形成丰富多彩的植物景观（图 11-39）。绿地面积 23 884.83m^2，绿地率达到 38.57%，每 100m^2 绿地面积上的乔木数量达到 5 株，人均公共绿地面积达到 4.8m^2，不仅为居民提供了丰富的室外活动空间，还能有效降低场地热岛强度，进一步改善室外环境。

图 11-39　室外绿化效果图

（3）海绵城市设计。

项目采用了海绵城市的设计理念（图 11-40、图 11-41），通过下凹式绿地和透水铺装的合理利用，结合雨水回用蓄水池，场地年径流总量控制率达到 70%，不仅有利于修复城市生态环境，为生物提供栖息地，还能有效防止城市内涝，进一步提升人居环境质量。

图 11-40　海绵城市技术措施实景图

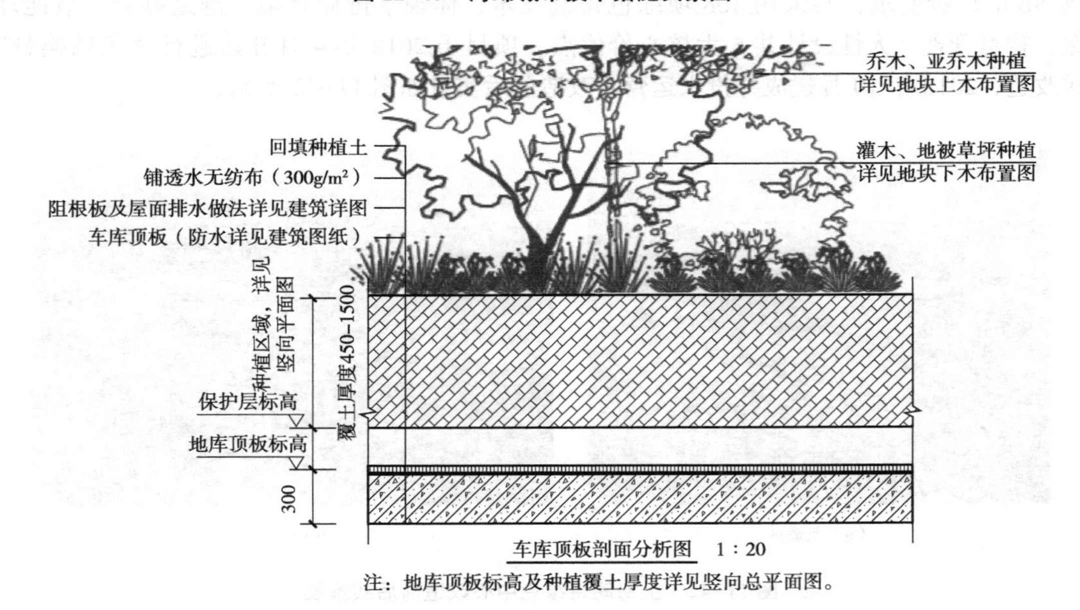

图 11-41　海绵城市技术措施示意图

11.3.2.6 其他技术措施

项目在设计阶段应用建筑信息模型（BIM）技术，建模范围包括建筑、结构、给排水、暖通空调、电气等专业，各专业协同设计，减少了缺漏碰缺等设计缺陷，大大提高了设计效率。

11.3.3 总结

项目因地制宜地将绿色建筑技术融入建筑方案设计中，采用节水器具和雨水回用系统节约了用水量；利用高性能围护结构和高效冷热源机组，降低了建筑能耗；通过毛细管辐射系统和置换新风系统，进一步改善了室内热湿环境；采用隔声性能较好的外窗和卫生间同层排水技术，改善了室内的噪声环境。本项目绿色建筑技术措施的应用不仅能够节约资源，还可以提升用户的生活品质，增强用户的可感知性，体现了“以人为本”推动绿色建筑高质量发展的趋势。

11.4 上海朗诗绿色中心

11.4.1 项目概况

上海朗诗绿色中心坐落于上海虹桥国际商务区，北至临新路、东至协和路、南至临虹路、西侧为广顺北路，是朗诗集团上海总部办公大楼。建筑整体5层，地上4层，地下1层，总用地面积3 391m^2，总建筑面积5 724.36m^2。地上主要功能为办公，地下一层为员工活动区，包括餐厅、健身房、更衣室及车库入口，屋顶为花园及设备室。

该项目结合了中国绿色建筑三星、LEED-NC铂金、WELL铂金、BREEAM以及DGNB的评价要求，共采用108项绿色建筑技术，体现了健康环境、舒适办公、节能环保、智慧管理、人性设计共5大核心价值点。项目于2018年4月开始进行“脱胎换骨”式改造，2018年10月建成并投入运营，改造前后实景如图11-42所示。

（a）改造前

（b）改造后

图11-42 上海朗诗绿色中心改造前后实景图

11.4.2　绿色建筑技术

项目对大楼围护结构、机电系统和室内装修装饰进行了改造，运用了自然通风、热湿分离空调、舒适末端送风、室内空气质量监控、光伏发电、雨水回用、节水卫生器具、智能照明、屋顶花园、装修污染物控制、健身工位设计等系列技术措施，贯彻了健康、舒适、节能、环保、智能等理念，传递出“以人为本”的初心，成为国内“绿色办公”趋势下极具参考价值的办公建筑样本。

11.4.2.1　安全耐久

（1）幕墙优化。

大楼原有门窗全部拆除，重新改造外围护结构，选用幕墙结构（图 11-43），采用 6+12A+6+12A+6 三玻两腔中空玻璃，窗框采用热镀锌角钢外挑，并采用 3mm 厚氟碳喷涂铝单板螺栓连接；一层顶板处设置雨篷，采用镀锌钢方管与外墙结构螺栓连接加固，楼顶装饰用构架预埋在墙体结构中，并采用 8+1.52PVB+8 钢化夹胶玻璃。改造后，幕墙抗风压性能达到 9 级，气密性达到 8 级，水密性达到 6 级。

（2）场地人车分流。

项目采取人车分流措施（图 11-44），地下层设有机动车和非机动车停车位，其中机动车停车位 18 个，自行车停车位 13 个。机动车由大楼西侧通道进入，自行车由大楼北侧专用通道驶入，通道宽度为 1.5m。

图 11-43　幕墙

图 11-44　场地人车分流

11.4.2.2　健康舒适

（1）装修污染物控制。

项目从源头管控室内污染物浓度，装饰装修材料要求甲醛浓度小于或等于 0.03mg/m^3，TVOC 浓度小于或等于 0.2mg/m^3。建造过程中，所有受控材料均从材料数据库中选用，包括涂料、内墙腻子、胶黏剂、人造板及其制品等，80% 的材料和家具通过了 Greenguard、Cradle to cradle、AFRDI、Environmental choice 等国际环保家具建材认证。完工后经检测，大楼主要功能空间内甲醛浓度为 0.02mg/m^3，TVOC 浓度为 0.115mg/m^3，氨浓度为 0.091mg/m^3，苯浓度小于 0.009mg/m^3，污染物浓度满足国家现行标准要求。

（2）综合遮阳。

项目采用多种遮阳形式，幕墙外立面挑出构件自遮阳（图 11-45），2-4F 东、西侧方向选用中空铝合金百叶自动遮阳（图 11-46），可控遮阳面积占透光总面积的 25.64%；1F 东、南设雨篷，南侧垂直立面种植常青爬藤，充分利用构件和绿植遮阴，不仅减少了建筑眩光作用，还有利于降低太阳辐射进入室内的热量，减少了夏季空调负荷。

（3）自然通风。

各层幕墙增加可开启部分，开启面积占总面积的 22.8%，新增中庭、楼梯开洞，室内空间布局选用开敞式，实现了大楼全年 30% 时间的自然通风，不仅为封闭的办公空间带来了新鲜空气，还能带走建筑结构中蓄存的热量，降低空调负荷。建筑自然通风见图 11-47。

图 11-45　构件自遮阳

图 11-46　可调中空百叶遮阳

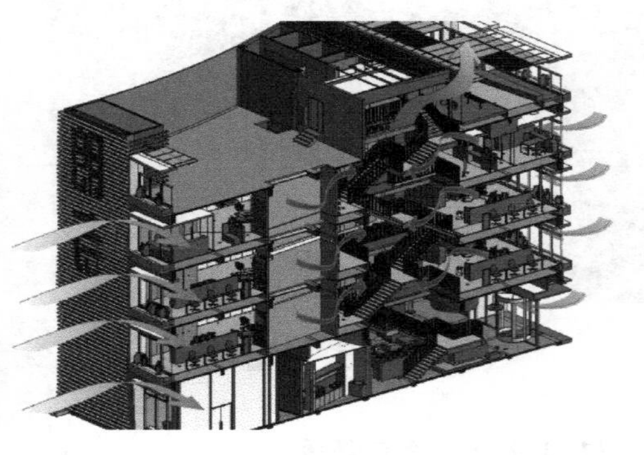

图 11-47　建筑自然通风

11.4.2.3　生活便利

（1）建筑智能化。

大楼设置了智能化监控系统，集系统、应用、管理及优化为一体，实现了远程空调机组自动控制、智能照明控制、环境监控、能耗分项计量、安全报警、智慧办公等功能。其中一层大厅设置智慧显示大屏，整个大楼的分项能耗、空气质量等数据可供查阅。

（2）室内环境质量监控。

室内各层主要功能空间的 $PM_{2.5}$、空气温湿度、甲醛浓度、TVOC 浓度、CO_2 浓度、O_3 浓度可实时监测，通过分布在 B1 至屋顶的 32 个屏幕（图 11-48、图 11-49）实时向大楼办公人员及来访者展示室内环境质量参数，实时掌控大楼各个区域的空气质量。

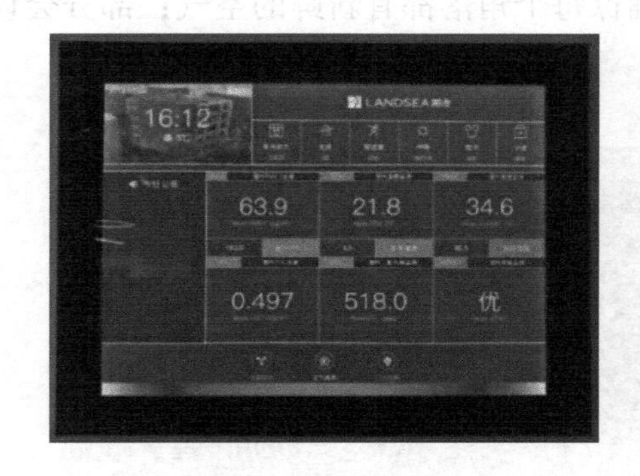

图 11-48 室内空气质量显示屏

图 11-49 大楼运行参数显示大屏

11.4.2.4 资源节约

（1）被动式建筑技术。

项目围护结构进行了节能改造，外墙保温层为 70mm 石墨聚苯板，采用 200 厚砂加气制品（B06 级），传热系数 0.35W/（m^2·K）；幕墙选用 5Low-e+9Ar+5+9Ar+5（东西向）、6Low-e+12Ar+6+12Ar+6（南北向）节能构造，传热系数 1.6W/（m^2·K），可见光透射比 0.5，热工性能参数高于现行国家标准《公共建筑节能设计标准》GB 50189 的要求，提升幅度达到 20% 以上。

（2）空调系统节能技术。

空调系统采用热湿分离设计，分为上下两套系统，机组均放置在屋顶，如图 11-50、图 11-51 所示。冷热源采用 6 台模块化变频风冷热泵机组，其中负一层至一层配置 3 台机组，二至四层配置 3 台机组，每台机组制冷量为 58.5kW，制热量为 60kW，机组 COP 值为 2.95，达到国家一级能效标准要求。新风处理采用 4 台四效新风机组，具有高效热回收功能，大幅度降低空调用能，与传统使用冷凝水的中央空调不同，干式风盘从“通道”中扼杀了细菌的滋生，同时，新风经过三重过滤，$PM_{2.5}$ 过滤效率高达 95% 以上。

图 11-50 变频式风冷热泵机组

图 11-51 四效新风机

空调末端选用多种复合送风形式，其中 B1 层选用多联机四面出风“上送上回”形式；1F 大厅及书店选用全空气系统，经 AHU 处理好空气由负一层顶板进入房间，大厅、多功能会议室补充风机盘管，风机盘管吊装于外墙边，采用“下送上回”形式；2F~4F 采用地台式风盘下送风（图 11-52），处理好的新风由架空地板送入室内，特有的“下送下回”设计，提高了换气效率，减少了吹风感，确保每个角落都有新鲜的空气；部分会议室还设置了顶面金属板、毛细管辐射空调。

图 11-52　地台式送风风口

（3）光伏发电应用。

如图 11-53 所示，大楼屋顶安装太阳能光伏板，由 60 块 275W 多晶硅电池组件构成，组件每 5 块为一串，共 12 串，总装机容量 16.5kW。系统光伏组串通过汇流箱输出进入独立的充电控制器，通过离网逆变器将蓄电池直流电逆变成交流 380V 电源进行供电，主要用于地下车库和屋顶照明，全年光伏发电量 1.98 万度，占建筑总用电量的 2.33%。

（4）非传统水源利用。

项目收集屋面雨水，经雨水回用系统（图 11-54）处理后的非传统水源除用于屋顶绿化灌溉、地库冲洗、道路浇洒外，还用于办公室内冲厕，大幅减少了自来水用水量。

图 11-53　光伏发电系统

图 11-54　雨水回收利用系统

11.4.2.5　环境宜居

（1）垂直绿化。

场地景观最大限度地保留了原有植物，同时结合建筑风格采用了简洁明快的种植搭配。从南入口至东侧无障碍坡道设置了垂直绿化，采用了生命力较强的爬藤类植物，利用北侧建筑立面的格栅进行攀爬，随着时间的延续，植物的生长形成了绿墙，既丰富了景观层次，又能改善围护结构热工性能。

（2）屋顶花园。

大楼设计了约 250m^2 的屋顶花园（图 11-55），木平台、白色廊架、简洁明快的种植植物和蓝天白云交相辉映，不仅能美化环境，净化空气，丰富城市的俯仰景观，还能提高城市的绿化覆盖率，同时也可以起到降温隔热的作用，改善局部小气候，为员工提供美观、舒适的放松休息场地。

图 11-55　屋顶花园

11.4.3　特色技术应用

（1）运动与健身。

大楼采购了 50% 的自动升降桌椅，并在每层休息区吧台布置了健身工位，包括脚踏车工位、跑步机工位等，有效减少工作人员久坐时间，鼓励随时运动。此外，为了使员工在工作之余得到更多锻炼身体的机会，地下一层设置健身房并配备各类健身器材，创造良好的运动环境。运动与高效办公设计见图 11-56。

图 11-56　运动与高效办公设计

（2）新生命元素室内装修设计。

大楼分别以河流、大地、山脉、森林、天空作为不同楼层及屋顶的主题元素，从低到高，层层递进。如图 11-57 所示，以负一层和一层为例，该两层以河流为定义元素，以灵动、自由的功能和空间组合来展示水流的特性，两层之间通过楼梯联动，将就餐、健身、休息和活动空间与大厅联系在一起，满足多种功能需求。建筑内部色彩以白色、木色和蓝色为主色系，入口大厅以白色系为主色系，与外立面的色系相呼应，logo 墙以绿植墙为背景，与白色相配，营造简洁、灵动、精致的空间氛围。

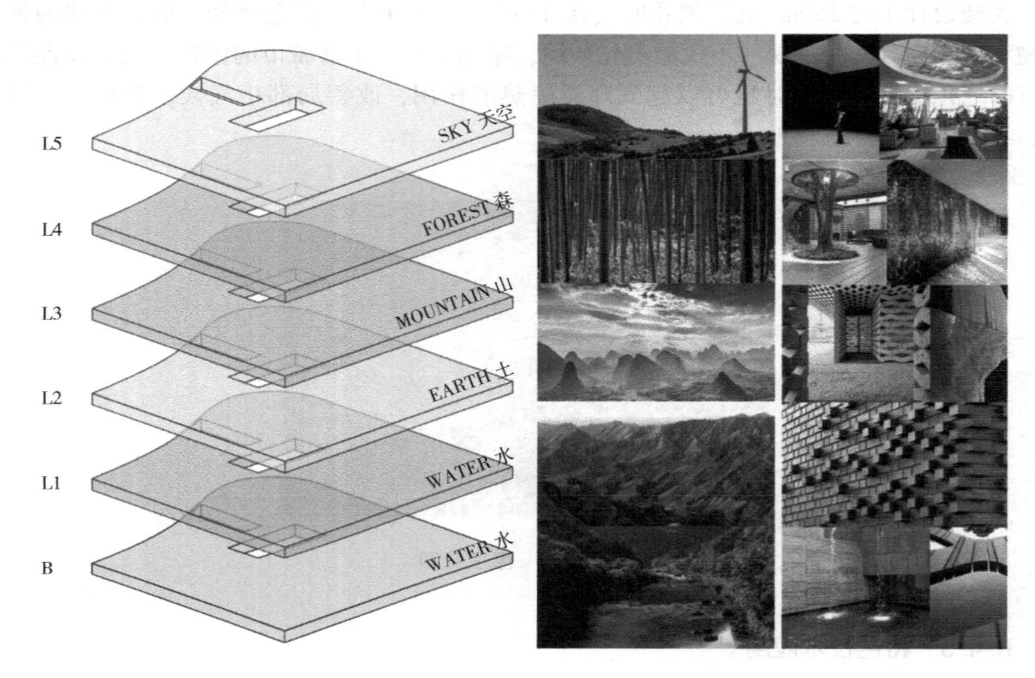

图 11-57　亲生命元素室内装修设计

（3）健康照明。

项目通过楼宇设备控制系统对公区照明进行定时控制，其他区域照明采取手动开关，照明设计与自然光相结合（图 11-58）。一层书店灯光结合生理等效照度，采用昼夜节律照明设计；开敞办公区灯光采用日光感应设计，确保工作台面照度均匀。

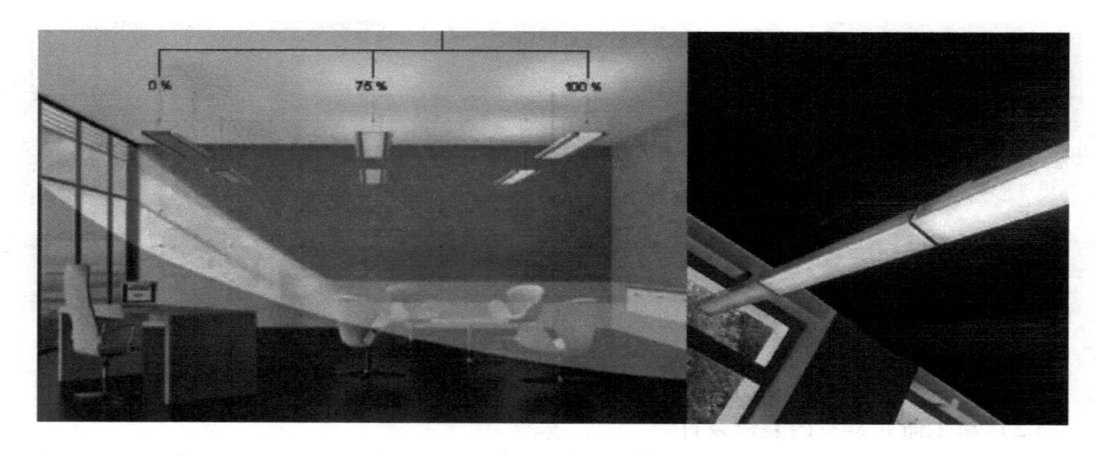

图 11-58　智能照明

（4）直饮水。

洁净、健康的饮用水对人体健康十分重要，不仅如此，良好的饮水习惯也同样重要。大楼在每层办公空间、员工餐厅的吧台设置终端式直饮水设备（图 11-59），通过纳滤分离膜装置对市政自来水进行过滤，改善水质，同时杀死其中的病毒与细菌，保留微量元素，保证人体健康饮水。

图 11-59　终端式直饮水

11.4.4　总结

绿色办公的价值在于企业品牌打造和社会价值实现，提升员工认同感和工作效率，提升商业价值和入住率。上海朗诗绿色中心经过多年的运行，在功能、舒适、节能、智慧等方面都达到了预期的效果，在科技的赋能下建筑有了“生命特征”，全楼 500 多个探头如同贯穿全身的神经系统，让整栋大楼可以有条不紊地运作，甚至根据环境的变化进行自我判断、自我调节，为国内“绿色办公”趋势下的办公建筑设计提供了极具参考价值的范例。